儿童社会性发展

张文新 著

北京师范大学出版社

图书在版编目(CIP)数据

儿童社会性发展/张文新著.—北京：北京师范大学出版社，1999.8（2017.8重印）
ISBN 978-7-303-04102-2

Ⅰ.儿… Ⅱ.张… Ⅲ.儿童心理学 Ⅳ.B844.1

中国版本图书馆 CIP 数据核字（1999）第 41172 号

营销中心电话 010-58802181 58805532
北师大出版社高等教育分社网 http://gaojiao.bnup.com
电子信箱 gaojiao@bnupg.com

出版发行：	北京师范大学出版社 www.bnup.com
	北京新街口外大街 19 号
	邮政编码：100875
印　　刷：	北京京师印务有限公司
经　　销：	全国新华书店
开　　本：	889mm × 1194mm　1/32
印　　张：	15.875
字　　数：	385 千字
版　　次：	1999 年 8 月第 1 版
印　　次：	2017 年 8 月第 16 次印刷
定　　价：	25.00 元

责任编辑：张丽娟　　装帧设计：孙　琳
责任校对：李　菌　　责任印制：陈　涛

版权所有　侵权必究

反盗版、侵权举报电话：010-58800697
北京读者服务部电话：010-58808104
外埠邮购电话：010-58808083
本书如有印装质量问题，请与印制管理部联系调换。
印制管理部电话：010-58800825

目 录

序一……………………………………………… 林崇德
序二……………………………………………… 程学超
第一章　儿童社会性发展的理论与研究……………（1）
　第一节　儿童社会性发展的三种主要理论观点………（2）
　　一、精神分析理论……………………………………（2）
　　二、社会学习理论……………………………………（5）
　　三、认知发展理论……………………………………（10）
　第二节　儿童社会性发展的几个新学派………………（13）
　　一、习性学……………………………………………（13）
　　二、发展心理生物学…………………………………（14）
　　三、布朗芬布伦纳的人类发展生态学模型…………（16）
　第三节　当前儿童社会性发展研究中的若干理论主
　　　　　题与新趋势……………………………………（18）
　　一、理论主题…………………………………………（18）
　　二、当前社会性发展研究的若干新趋势……………（24）
　第四节　儿童社会性发展的研究方法…………………（26）
　　一、社会性发展研究的两种基本类型与研究设计……（26）
　　二、儿童社会性发展研究的数据收集方法…………（30）
　　三、非实验性数据因果关系推断的方法……………（41）
　小　结……………………………………………………（48）

讨　论……………………………………………………（50）
第二章　社会性发展的遗传与生物基础…………………………（52）
　第一节　进化与生物适应………………………………………（53）
　　一、适应性的进化……………………………………………（54）
　　二、生物适应性行为及其调整………………………………（60）
　第二节　遗传的影响……………………………………………（68）
　　一、人类行为遗传学的方法…………………………………（69）
　　二、社会适应性性状形成和发展的遗传与环境
　　　　机制………………………………………………………（72）
　　三、关于人格和气质的遗传学研究…………………………（75）
　第三节　生物环境………………………………………………（77）
　　一、怀孕与生育的危险因素…………………………………（78）
　　二、药物的影响………………………………………………（82）
　　小　结…………………………………………………………（84）
　　讨　论…………………………………………………………（85）
第三章　家庭、父母与儿童社会性发展…………………………（89）
　第一节　家庭系统与亲子之间的双向互动……………………（90）
　　一、家庭系统…………………………………………………（90）
　　二、亲子互动的双向影响……………………………………（91）
　第二节　父母教养观念、教养方式和父母行为………………（95）
　　一、父母教养观念……………………………………………（95）
　　二、父母教养方式……………………………………………（98）
　　三、父母行为…………………………………………………（100）
　第三节　家庭中儿童的社会化过程……………………………（104）
　　一、儿童社会化过程的几种理论模型………………………（104）
　　二、认知社会化………………………………………………（106）
　　三、情感社会化………………………………………………（107）

四、亲子关系影响儿童社会化的机制…………………(108)
　第四节　影响父母行为及其教养观念的因素……………(111)
　　一、影响因素的理论模型………………………………(111)
　　二、影响父母行为的因素………………………………(114)
　　三、上述因素影响亲子互动的方式……………………(127)
　小　结…………………………………………………………(128)
　讨　论…………………………………………………………(129)
第四章　同伴关系与友谊……………………………………(132)
　第一节　同伴关系的性质与功能…………………………(133)
　　一、同伴关系的性质……………………………………(133)
　　二、同伴关系的功能……………………………………(137)
　　三、同伴关系与家庭关系的联系………………………(140)
　第二节　儿童同伴关系发展的趋势………………………(144)
　　一、婴儿期………………………………………………(144)
　　二、学前期………………………………………………(146)
　　三、童年期………………………………………………(147)
　　四、青少年时期…………………………………………(148)
　第三节　同伴关系的测量及影响同伴接纳的因素………(150)
　　一、同伴群体关系的测量………………………………(150)
　　二、影响同伴接纳的因素………………………………(152)
　第四节　儿童的友谊关系…………………………………(159)
　　一、儿童关于友谊的概念………………………………(160)
　　二、友谊关系的测量……………………………………(164)
　　三、友谊关系的功能……………………………………(166)
　第五节　同伴群体及其社会化影响………………………(170)
　　一、同伴群体的形成……………………………………(170)
　　二、同伴群体的结构……………………………………(171)

三、同伴群体的影响……………………………………（173）
　　四、同伴合作与竞争……………………………………（175）
　小　结………………………………………………………（180）
　讨　论………………………………………………………（181）
第五章　儿童的依恋…………………………………………（183）
　第一节　依恋的性质与发展………………………………（183）
　　一、依恋的界定与特征…………………………………（184）
　　二、依恋的发展…………………………………………（186）
　第二节　依恋理论…………………………………………（193）
　　一、精神分析理论………………………………………（193）
　　二、学习理论……………………………………………（195）
　　三、习性学理论…………………………………………（197）
　　四、社会生物学的"亲情投资理论"……………………（199）
　第三节　依恋的测量与类型………………………………（201）
　　一、依恋的测量…………………………………………（201）
　　二、儿童依恋的类型特点………………………………（205）
　　三、依恋类型的稳定性…………………………………（207）
　第四节　影响依恋的因素…………………………………（210）
　　一、抚养质量……………………………………………（211）
　　二、母亲缺失……………………………………………（214）
　　三、文化特点……………………………………………（215）
　　四、儿童的气质…………………………………………（217）
　第五节　依恋对儿童心理发展的影响……………………（219）
　　一、依恋质量的现实意义………………………………（220）
　　二、"性向假设"与早期依恋质量的持久影响…………（221）
　小　结………………………………………………………（225）
　讨　论………………………………………………………（227）

第六章 儿童社会认知发展……………………………(229)
第一节 社会认知发展概述………………………………(230)
一、社会认知的界说………………………………(230)
二、社会认知发展研究起源………………………(231)
三、社会性知识与非社会性知识的区别…………(233)
四、社会认知能力与智力的关系…………………(235)
第二节 儿童观点采择的发展……………………………(236)
一、观点采择的定义、特性与分类………………(237)
二、观点采择与相关概念的关系…………………(242)
三、儿童观点采择发展……………………………(246)
四、儿童移情的发展………………………………(256)
第三节 儿童的心理理论的发展…………………………(258)
一、"心理理论"的概念……………………………(258)
二、儿童"心理理论"的发展………………………(261)
三、关于"心理理论"发展的两种理论观点………(265)
第四节 儿童对权威和社会规则的认知发展……………(267)
一、权威认知………………………………………(267)
二、社会规则认知…………………………………(270)
小 结…………………………………………………(276)
讨 论…………………………………………………(278)
第七章 儿童道德与亲社会行为的发展……………(280)
第一节 儿童的道德发展…………………………………(281)
一、皮亚杰的理论…………………………………(281)
二、柯尔伯格的理论………………………………(286)
三、艾森伯格的亲社会道德理论…………………(293)
四、吉利根的关怀道德理论………………………(299)
第二节 儿童亲社会行为的发展…………………………(303)

一、亲社会行为的早期发展……………………………（304）
　　二、利他与亲社会行为发展的一致性和连续性………（312）
　第三节　艾森伯格的亲社会行为理论模型………………（314）
　　一、亲社会行为的初始阶段——对他人需要的
　　　　注意……………………………………………………（315）
　　二、亲社会行为意图的确定阶段……………………（317）
　　三、意图和行为建立联系的阶段……………………（320）
　　四、对亲社会行为理论模型的简评…………………（321）
　第四节　亲社会行为的影响因素与培养…………………（323）
　　一、亲社会行为的影响因素…………………………（323）
　　二、儿童亲社会行为的培养…………………………（328）
　小　结…………………………………………………………（332）
　讨　论…………………………………………………………（334）
第八章　儿童的攻击…………………………………………（337）
　第一节　攻击及其分类……………………………………（338）
　　一、攻击的涵义………………………………………（338）
　　二、攻击的分类………………………………………（339）
　第二节　攻击的理论………………………………………（341）
　　一、习性学理论………………………………………（341）
　　二、挫折——攻击假说………………………………（343）
　　三、社会学习理论……………………………………（345）
　　四、认知理论…………………………………………（348）
　第三节　儿童攻击行为的发展……………………………（357）
　　一、儿童攻击行为的早期发展与特点………………（357）
　　二、儿童攻击发展的基本模式………………………（360）
　　三、儿童的意图认知及其对攻击行为的调节的
　　　　发展……………………………………………………（362）

第四节 儿童的欺负行为……………………………(365)
　一、欺负及儿童欺负发生的一般特点……………(366)
　二、关于儿童欺负产生原因的几种理论假设………(370)
　三、儿童欺负与家庭、学校及同伴群体的关系……(372)
　小　结……………………………………………(374)
　讨　论……………………………………………(375)
第九章　儿童自我的发展……………………………(378)
　第一节　儿童自我的发生…………………………(379)
　　一、儿童自我的发生……………………………(379)
　　二、儿童自我发展的一般趋势…………………(381)
　第二节　儿童自我概念的发展……………………(382)
　　一、谢弗尔森关于自我概念的结构模型………(383)
　　二、儿童自我概念形成与发展的前提条件……(385)
　　三、自我概念发展的一般趋势…………………(389)
　　四、我国有关儿童自我概念发展的研究………(390)
　第三节　儿童的自尊………………………………(391)
　　一、自尊的定义…………………………………(391)
　　二、自尊的结构及其分类………………………(393)
　　三、自尊的稳定性………………………………(397)
　　四、影响儿童自尊的因素………………………(399)
　第四节　儿童自我控制与自我调节能力的发展…(404)
　　一、自我控制与自我调节的过程………………(404)
　　二、自我控制的机制……………………………(405)
　　三、自我控制和自我调节的发展………………(406)
　小　结……………………………………………(410)
　讨　论……………………………………………(411)
第十章　儿童性别差异与性别角色发展……………(412)

第一节　儿童的性别差异……………………………(413)
　一　认知方面的性别差异…………………………(413)
　二　个性与社会性方面的性别差异………………(418)
第二节　儿童性别概念与性别角色知识的发展………(426)
　一、性别概念的发展………………………………(427)
　二、儿童性别角色知识的发展……………………(434)
第三节　儿童性别角色发展的理论……………………(435)
　一、生物学的解释…………………………………(436)
　二、社会学习理论…………………………………(437)
　三、认知发展理论…………………………………(440)
　四、性别图式理论…………………………………(442)
　五、群体社会化理论………………………………(443)
小　结……………………………………………………(445)
讨　论……………………………………………………(446)
参考文献…………………………………………………(448)
后　记……………………………………………………(489)

序 一

林崇德

我的面前放着即将由北京师范大学出版社出版的张文新博士的书稿《儿童社会性发展》，读后感受颇多。在发展与教育心理学领域中，过去很重视品德（morality）的发展与培养，后来将品德和个性或人格（personality）的概念紧紧联系在一起。自80年代后，社会性（sociality）这一概念的使用频率猛增，甚至替代了品德和个性。由此可以看到"社会性"的地位及其在德育中的位置。其实，品德、个性（或人格）和社会性是密切相关的三个不同概念。它们之间，既联系紧密，但又有区别。品德，又叫道德品质或德性，即个人的道德面貌，它是社会道德现象在个体身上的表现。个性这个概念，是一个社会范畴，它是指一个人的整个精神面貌，即具有一定倾向性的心理特征的总和。社会性则是指由人的社会存在所获得的一切特征，符合社会规范的典型行为方式。显然，三个概念是有区别的，但是他们又具有较一致的内涵。品德是个性心理的一个特殊表现，它反映个性中具有道德价值的核心成分。社会性所揭示的个体的典型行为方式，例如，能公正、健康地与人合作，对他人的权利和行为予以适当的关怀；能从远大目标出发对重要的问题进行思考，作出成熟的判断；对自己采取客观态度，不以自我为中心；从集体利益出发评价判断事物，等等，这些典型的社会性的行为方式，正是一个人的个性特征的集中体现，也是道德规范（准则）的反映和表现。所以，我们认为社会性成熟与品德发展和个性完善具有一致性。人的社会化过程，不仅显示了品德发展和个性完善的过程，而且也从中获得了行为方式的各种成分。我们北京师范大学发展心理研究所所属的博士点为发展与教育心理学专业，其中一个研究方向就是"品德、个性和社会性发展"方向，张文新博士正是主攻这个方向的，因此，他的新著《儿童社会性发展》既探索了品德、个性和社会性发展的内在机制，又为德育工作开辟了一条崭新的途径，其价值是不言而喻的。

张文新博士的《儿童社会性发展》展示了很高的科学性和学术性。首先，它有坚实的研究基础。这个"研究"不仅体现在文献资料的研究，更重要地是有一系列的实证研究。这些实证研究，有国家教育部的重点教育科学规划项目中的研究，又有博士论文的实验，也有国际合作课题的研究，可以说，本书是作者完成多项课题的综合成果。其次，它突出创新精神。本书采用的资料新，所运用方法新。例如，他的"社会认知发展"研究，完全采取了现代化研究技术手段；本书运用全新的见解评价了各种社会性发展的理论、学派及其研究，并在此基础上评介了当代社会性发展研究的理论主题和发展趋势；本书提出了许多与众不同的创造性观点，例如，在社会性发展的条件、同伴关系与友谊、儿童的依恋、儿童道德与亲社会行为、儿童的攻击行为等章节里，出现了新颖、独特且有价值的创见。第三，它具有可操作性。本书作者写作的目的是为了引导儿童青少年实现社会化。即促使他们掌握和再现社会经验、社会联系和社会必需的品质、信念、价值观以及社会所赞许的行为方式。社会化的过程，正是在一定的社会环境中，个体通过所接受的教育而在生活和心理两方面获得发展，形成适应社会的人格并掌握社会认可的行为方式的过程。本书从学习、适应、交流、自我等各过程中,提出了学会基本技能,掌握社会规范,确定生活目标,形成社会职能,培养社会角色的方法、要领和技巧,这是本书的应用价值。

我相信《儿童社会性发展》会得到广大读者,特别是发展心理学与教育学工作者的重视,并和著者一起探讨儿童、青少年社会化的课题。

是为序。

一九九九年六月六日
于北京师范大学

序 二

程学超

  尽管人类关于个体社会化的哲学思考与教育实践由来已久,可谓"有一个悠久的过去",但作为心理发展的重要组成部分并运用实证方法加以研究,则是自本世纪30年代始,只能说有一个"短暂的历史"。经过半个多世纪的研究历程,尤其是进入80年代以后,西方心理学界关于社会性发展的研究逐渐深化,积累了大量颇有深度的研究文献。在我国,社会性发展则是发展心理学中新崛起的研究领域,社会化,尤其是儿童社会化问题,自本世纪80年代以后,越来越受关注,理论和实证研究均呈逐年上升态势,涌现了一些有价值的研究成果。在新的世纪即将来临之际,如何对国内外儿童社会化研究成果进行新的理论概括或评价,以为国人在新的世纪进一步深化这一领域的研究,提供新的、更富有深度的参考文献,实乃我国发展心理学事业的迫切需求。张文新博士的《儿童社会性发展》一书,正是在我国心理学界的这一背景下应运而生的新作,自然可喜可贺!

  书稿付梓之前,我有幸先睹为快。初读之后,感慨良多,欣喜不已!我以为本书至少有以下一些显著的特点。

  其一,全书10章,洋洋洒洒近40万言。第一章概述了儿童社会性发展的理论与研究方法,这实际上是全书的"绪论篇"。第二、三、四章分别论述了儿童社会性发展的遗传与生物基础,家庭、父母与儿童的社会性发展,同伴关系与友谊,可名为影响儿童社会化的"因素篇"。自第五章起至最后一章,作者不惜笔墨,用6章的篇幅,"浓妆重抹",系统、深入地阐述了儿童的依恋、儿童的社会认知发展、儿童道德与亲社会行为的发展、儿童的攻击、儿童的性别差异与性别角色的发展以及儿童自我的发展。此乃全书之主干或本体部分,可谓儿童社会性发展之"内容篇"。全书内容丰富,重点突出,结构得体。

其二,作者在构思和编撰过程中,广泛涉猎国内外有关个体社会性发展的文献资料,勿论中外,亦无论古今,均汲取其精华,广采博纳,旁征博引。故对所论及之问题,每每言之有理,言之有据。这从书后所附参考文献的"小计"中亦可窥见一斑:共附参考文献388篇,其中外文342篇,中文48篇。全书亦述亦评,立论公允,资料翔实,作者兼收并蓄之功不浅。

其三,打开本书,宛如一股清新之风扑面而来。首先映入眼帘的是"形式新":各章开头有一"导语",旨在导读;正文之后,作一"小结",对全章内容进行概括;更令人感兴趣的是每章后均附一"讨论",就与本章内容关系紧密的问题展开讨论。这在我国境内业已出版的学术著作中并不多见,颇有创新之意。其次,"观点新":既在第一章介绍了儿童社会性发展的习性学、社会生物学、发展心理生理学、人类发展生态学模型,概述了当前儿童社会性发展研究中的理论主题与新趋势以及社会性发展研究的新方法;又在其后的各章分别阐发了诸如家庭中儿童社会化过程的理论模型、依恋的社会生物学的"亲情投资理论"、儿童"心理理论"的发展、艾森伯格(N. Eisenberg)的亲社会行为理论模型等。这些都是国内十分鲜见甚至是首次介绍的、即便在西方也是较为新鲜的理论观点,读后使人产生耳目一新之感。再次是"文献新":所引388篇文献,其中本世纪80年代以前的106篇,80~90年代

167篇，90年代以后138篇。由此不难看出，作者总是力求反映国内外儿童社会性发展研究的最新成果，以全新的视野剖析当前儿童社会性发展研究的新趋势。这对一位刚过而立之年的年轻学者来说，当属难能可贵。

"桐花万里丹山路，雏凤清于老凤声"。每当看到张文新等一批我国心理学事业的后起之秀的新作问世，我这个年过花甲的心理学工作者，总感到莫大的欣慰，那喜悦、兴奋以及更加美好的期待之情，实难以言表……

总之，这是一本成功的学术专著，是近年来我国心理学百花园中的一朵奇葩。相信她的问世，会得到我国心理学界同仁的认可和欢迎的。

庄子曰："始生之物，其形必丑"。一位年轻学者的新著，当难免有不足或缺失之处，至祈学界先进赐教，以匡正之。是为序。

1999年4月于
山东师范大学

第一章 儿童社会性发展的理论与研究

儿童社会性发展的研究起源于20世纪初期,到20世纪70年代末期,心理学家提出的关于儿童社会性发展的理论学说主要有三种:精神分析理论、社会学习理论和认知发展理论(包括新皮亚杰学派的发生社会心理学)。近年来,习性学、发展心理生物学也提出了各自关于儿童社会性发展的理论观点,反映出儿童社会性发展理论探讨的一些新动向。另外,70年代以来兴起的生态化运动也对儿童社会性发展的研究产生了深刻的影响。特别是美国心理学家布朗芬布伦纳(Bronfenbrenner,1979)提出的人类发展的生态学思想,不管在对儿童发展的认识上,还是在研究方法上都对儿童社会性发展的研究产生了强有力的影响。除上述学派以外,G.H.米德创立的"符号互动理论"也是儿童社会化研究领域中一个颇有影响的重要理论派别。但由于该理论主要是从社会心理学的角度来考察儿童的社会化问题,因此在发展心理学中通常不把它作为一种主要的社会性发展理论来介绍。

本章首先介绍精神分析理论(含新精神分析学派)、社会学习理论和认知发展理论等三种主要理论学派关于儿童社会性发展的理论观点；其次，对习性学、发展心理生物学和生态学等有关儿童社会性发展的观点进行简要的评介；然后，对当前儿童社会性发展研究中的一些重要的理论主题及发展趋势进行讨论；最后，简要介绍儿童社会性发展研究方法的问题。

第一节 儿童社会性发展的三种主要理论观点

一、精神分析理论

弗洛伊德（S. Freud）创始的精神分析理论是儿童心理发展史上第一个关于个体发展的理论学派。众所周知，精神分析理论的儿童发展观的基础是其人格学说和弗洛伊德对成年期精神病患者在治疗过程中的自由联想的解释。精神分析理论认为，人格是由伊底、自我和超我三个成分组成。新生儿人格结构中的唯一成分是伊底。弗洛伊德在对他的患者的治疗过程中发现，这些成年病人都不可避免地回忆起童年期发生的一些事件。这一现象使弗洛伊德确信，个体童年期的生活事件在成年期的人格发展中起着十分重要的作用。

在儿童心理发展的内容方面，精神分析理论关注的主要问题是儿童动机和情感的发展。1905 年，弗洛伊德在《对性理论的三大贡献》一书中，提出了其关于儿童情绪和动机发展的观点。他认为，成年期人格的特点根源于生命的头 5 年。这是弗氏理论中的一个十分重要的观点，因为这一观点表明，个体童年早期的经验在人格发展中起着决定性的作用，成年期的人格特点在生命的头几年里就已被决定了。

在儿童心理发展的连续性与阶段性问题上,弗洛伊德是一位阶段论者。他认为,儿童情绪与动机的发展具有阶段性。他把这些阶段称之为"性心理发展阶段"或"心理性欲发展阶段"(Stages of Psychosexual Development)。这些阶段是根据儿童在发展过程中身体的哪些器官为儿童提供"力比多"的满足来划分的。由此,他把儿童心理发展划分为5个阶段:口唇期、肛门期、性器期、潜伏期和生殖早期。在上述每一个阶段中,儿童都面临着一个满足自我身体需要与服从社会需要之间的冲突。当社会允许适当的身体满足时,这种冲突便可以获得满意的解决,但是,如果这种需要得不到满足或满足过度时,个体就会在以后的成人生活中反映出这种遗留行为。例如,如果一个儿童在口唇期(0~1岁)有过严重断奶的经历,那么,他长大之后就可能具有固执和坚决的性格特点,而一个幼时得不到足够食物的儿童,长大后就可能会有贪婪追求知识和权力的特点。在发展的第二个阶段——肛门期,父母对儿童的大小便训练会对儿童成人后的行为产生影响。如果父母过分重视大小便训练,儿童成年后容易具有固执的特点,并且会特别爱整洁。

新精神分析主义者埃里克森(E. H. Erikson),一方面继承了弗洛伊德的人格结构理论,但又认为,在考察儿童发展时既要考虑到生物因素在儿童心理发展中的作用,同时也要考虑社会文化因素在儿童心理发展中的作用。埃里克森认为,儿童的自我是一种独立的力量,其作用在于帮助个体适应社会。儿童逐渐形成的自我在儿童与周围环境的相互作用中起着一种整合作用。儿童心理发展的阶段是儿童按某一方式被社会化的结果。在儿童社会化历程的不同时期,正在成长中的儿童与社会环境之间存在着普遍的冲突。儿童在不同的发展阶段中面临着不同的发展任务或危机,即儿童心理与社会的矛盾。儿童在每一个阶段中所形成的与环境之间发生作用的模式，或者具体地说，儿童教养者的行为决定着该阶段心理发展的成败,并构成儿童日后社会行为的原型。例如，在人生的第一年中，当儿童在获得他们需要的食物时，他们就要与养育者发生相互作用。在这种相互作用过程中，儿童会逐渐发现父母行为中的某种一贯性和连续性。如果他们发现父母的态度是一致的并且是可信赖的，那么，他们就会对父母产生一种基本的信任感。因此，当他们感到饥饿、寒冷时，就会指望别人来解除自己的痛苦；反之，如果儿童觉得父母的行为与态度是不可预测、不能信赖的，它们在自己需要的时候不一定出现，就会产生一种对父母的不信任感。当儿童对护理他们的人形成了信任感时，这种情感便会在儿童的行动中表露出来。埃里克森认为，婴儿对母亲的信任感的最初征兆表现在婴儿可以让她脱离自己的视线而不过分地感到焦虑和愤怒。

埃里克森根据个体在社会化历程的不同时期中所经历的自我与社会环境之间的冲突，把个体人格和社会性发展划分为 8 个阶段：(1) 基本的信任对不信任；(2) 自主对羞怯、疑虑；(3) 主动性对内疚；(4) 勤奋对自卑；(5) 统一性对角色混乱；(6) 亲密对孤独；(7) 生殖与停滞；(8) 自我整合对绝望。表 1-1 是埃里克森和弗洛伊德的社会性与人格发展阶段的对比。

表 1-1　埃里克森和弗洛伊德的社会性与人格发展阶段的比较

年龄（岁）	心理社会危机（阶段）	有重要影响的人	相应的心理性欲阶段
婴儿期(0～1)	信任对不信任	母亲	口唇期
1～3	自主对羞怯与疑虑	父母	肛门期
3～6	主动对内疚	家庭	性器期
6～12	勤奋对自卑	邻里教师学校	潜伏期

续表

年龄(岁)	心理社会危机(阶段)	有重要影响的人	相应的心理性欲阶段
青少年期(12~17)	统一性对角色混乱	同伴群体、理想"英雄"	生殖早期
成年早期	亲密对孤独	朋友、异性伙伴	
成年期	生殖对停滞	配偶、子女	
老年期	自我整合对绝望	自我与他人的对比	

（资料来源：J. E. Crusec，& H. Lytton. Social Development, Spring-Verlag, 1988, 10)

二、社会学习理论

社会学习理论诞生于行为主义日益陷入困境、认知心理学迅速崛起的历史背景下，其主要代表人物是班杜拉（Albert Bandura）和沃尔特斯（Richard Walters）。班杜拉在建构其社会学习理论的过程中，行为主义所倡导的客观性原则和认知心理学对心理内部事件的重视都对他产生了很大的影响，他试图在社会学习理论中把两者结合起来。社会学习理论区别于行为主义之处在于它并不反对对个体内部因素如认知因素的研究，认为个体行为的变化是由个体的内在因素和环境因素相互作用所决定的。1963年班杜拉和沃尔特斯两人合作出版了《社会学习与人格发展》(Social Learning and Personality Development)。该书用学习理论的术语分析了人格和社会性发展问题，由此开创了一个新的研究领域，也标志着该学派的诞生。社会学习理论关于儿童人格和社会性发展的主要观点可以从以下两个方面来介绍。

（一）关于儿童行为的起源

班杜拉认为，个体社会行为起源于以偶然强化为中介的直接学习和模仿。儿童的社会行为，如对他人的信任、对自己的攻击冲动抑制、道德行为以及性别化行为等不是性本能发展的产物,而是直接学习、模仿和强化的结果。例如,在班杜拉和沃尔特斯对青少年攻击性行为的研究中,他们发现,攻击性行为之所以发生,是因为这些行为受到了强化。过失青少年的父亲与非过失青少年的父亲相比,前者更倾向于对其子女的打架行为给予言语的或物质的强化。此外,他们还发现,当儿童接触攻击榜样时,他们的攻击性会增强。

1. 直接学习

班杜拉认为,对于个体社会行为的掌握而言,与模仿相比直接学习是一种更基本的途径。在直接学习中,儿童的某种行为所产生积极的或消极的结果直接决定着儿童是否重复这些行为。也就是说,儿童通过观察自己的某一行为所产生的后果,就会逐渐形成"何种行为在何种场合下是适宜的"假设。这些假设指导着儿童日后的行为或行动。在通常情况下,儿童根据这些假设做出相应的行为时又会得到肯定或否定的结果。肯定是一种强化,会激发儿童继续从事这类行为;反之,如果行为的结果是否定的,儿童就会设法抑制这类行为的发生或设法逃避这种否定的结果。

2. 模仿

班杜拉认为,模仿在儿童行为的习得中是一种更重要的途径或机制。因为人类社会的一些行为是无法直接学习的,而必须依靠模仿。例如,随着儿童年龄的增长,儿童必须学会怎样既坚持自己的权利同时又服从社会要求。如果仅依靠直接学习,那么可以想象,儿童在最终掌握这些社会规范之前不知要受多少惩罚。因此,儿童的许多行为是通过对现实的或象征性榜样行为的模仿而获得的。社会学习理论中的模仿概念与精神分析理论中的"自居作用"的含义有许多相似之处。精神分析理论所谓的"自居作用"(identification)是一种自我防御机制或适应性行为。弗洛伊德认为,儿童最初不懂社会规范,在与父母的交往中,由于害怕受到惩罚或失去父母的宠爱,就对父母的行为、态度产生一种认同的心理倾向。但是,在社会学习理论中,模仿作为儿童掌握社会行为的一种主要的机制或途径,则是一个复杂的过程,它由4个子过程组成(见图1-1)。

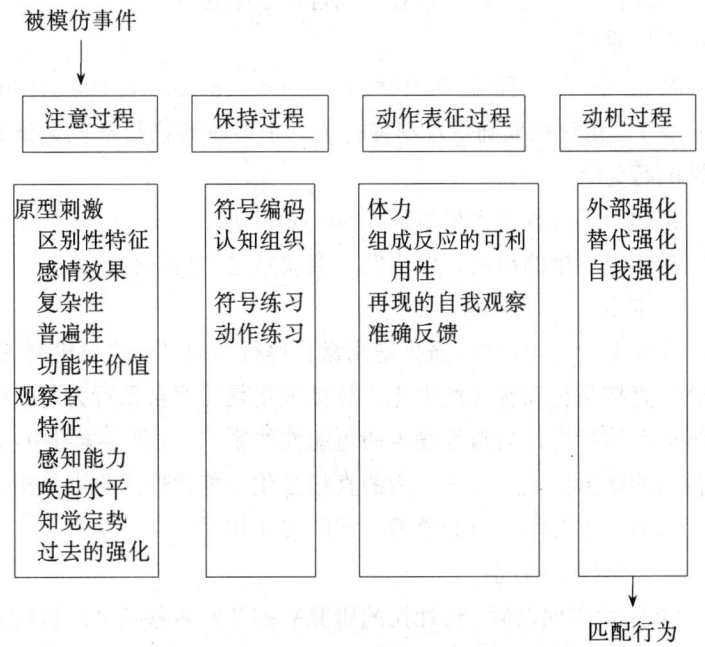

图1-1 社会学习分析中支配观察性学习的组成过程

(资料来源:P. H. 墨森. 儿童发展与个性. 缪小春等译. 1990,366)

模仿学习的第一个子过程是注意过程(attention process),即儿童对榜样行为的注意。注意的产生是由一系列的变量决定的,其中包括榜样的吸引力、普遍性以及行为发生的环境等。例如，电视呈现给儿童的榜样之所以对儿童有很强的影响力，其原因就在于这种媒体能够有效地唤起和保持儿童的注意。所以，心理学家认为，电视暴力具有增强儿童攻击性的作用。

第二个子过程是保持过程（retention process）。注意过的榜样事件必须被儿童记住，通过想象或言语表象使观察过的行为在记忆中得以重现。

第三个子过程是动作表征过程（motor representation process），儿童在准确重现榜样行为之前经常要进行一些尝试错误性的行为。

第四个子过程是动机过程（motivational process）。这一子过程包括相应刺激的出现，以引发儿童观察过的榜样行为。

3. 强化

在社会学习理论中，强化是儿童获得行为的又一重要机制。强化分为直接强化和替代性强化。直接强化是儿童自己行为所产生的结果对该行为以后重复发生的可能性的影响。在直接学习中，儿童行为的结果构成了对该行为的直接强化。替代性强化则是指榜样行为的结果对学习者的学习所起的强化作用。

（二）自我与社会学习

70年代末期以后，班杜拉的研究兴趣开始转移到个体自我效能感（self-efficacy）上来。所谓自我效能感，即是指个人对影响其生活的事件能够施加控制的信念（Bandura，1986）。自我效能感与人的行为动机之间有着密切的联系，这是因为人们对自己能力的判断影响着其对自己将来行为的期望。因此，自我效能感通过决定着人试图去做什么以及在做的过程中要付出多大的努力的预期而对个体行为起着重要的引导作用。尤其是个体自己的行为与榜样行为之间存在差距时，其自我效能感就会对差距产生影响。

譬如，如果一个人觉得榜样的行为在自己的能力之内，那么，他就会设法去模仿这一行为。反之，如果他的自我效能感很低，觉得榜样行为超乎其能力之外，自己不具备出色完成活动的能力，就会产生消极的情绪，进而妨碍其采取积极的行动。因此，从自我效能感的功能来看，两个具有同样数学能力的人，如果其中一个具有较高的自我效能感，而另一个自我效能感较低，那么，在实际的学习中，前者的学习效果要好于后者。

个体的自我效能感来源于两个方面：一是他迄今在某一领域所取得的成就。班杜拉认为，即使儿童也会形成关于自己能力的知觉。如果他能够成功地作用于环境，那么，这些成功便会导致他更加密切地关注自己的行为及其效果。因此，父母过分的保护会损害儿童的自我效能感，因为父母的这些行为会剥夺儿童的成功机会，从而也剥夺了儿童体验成功的机会。自我效能感的第二个来源是对他人活动效能的观察。在这方面，儿童同伴间比较对儿童自我效能感的发展有着重要的影响。儿童通过对同伴所能够完成的活动的观察，可以为自我评价提供参照。

（三）对社会学习理论的评价

1. 从上面的介绍可以看出，社会学习理论把儿童行为的发展主要看作一种由经验的增加而导致的量变过程。尽管社会学习理论在其发展的后期强调了认知因素的作用，但是，该理论存在的一个明显的问题是忽视了生物成熟因素在儿童社会行为发展中的作用。例如，年幼儿童记忆功能的局限和生理发育水平都会制约儿童对他人行为的模仿，而对于这些问题班杜拉在他对儿童行为获得过程的分析中均没有提到。

2. 在研究方法方面，社会学习理论主要采用的是实验室模拟技术，即在实验室中模拟真实的生活情境，通过对有关变量的操纵来观测儿童行为的变化。这种方法虽然保证研究具有较高的内部效度或科学性,但是这种研究的人为性太强,其外部效度难以保证,研究结论难以解释儿童在真实社会生活中的社会性发展。

3. 社会学习理论在解释儿童社会性发展时对年龄变量的作用重视不够。虽然年龄作为一个标识变量并不直接影响儿童的发展,但是与儿童年龄有关的儿童的注意、记忆、理解等认知机能的发展水平却对儿童的行为的发展有着重要的影响。

三、认知发展理论

认知发展理论关于儿童社会性发展的观点主要体现在皮亚杰和柯尔伯格等人关于儿童道德认知发展和性别认知发展的论述中。众所周知,作为发生认识论领域的专家,皮亚杰主要关心的是儿童认知的发生问题,即个体如何从包括社会世界和物理世界在内的现实世界中获取知识以及如何对这些知识做出解释。虽然皮亚杰理论是以儿童认知尤其是思维发展为核心的,但是他在儿童社会性发展领域同样取得了令人瞩目的成就,对后来儿童社会性发展研究产生了极大影响。

(一) 皮亚杰认知发展理论对儿童社会性发展研究的影响

这种影响首先在于它改变了人们对于儿童的看法。行为主义把人看作环境的消极适应者,认为儿童的发展完全是由环境决定的。精神分析主义则把儿童发展看作性本能的生物成熟的过程。对此,皮亚杰均持反对态度。皮亚杰认为,儿童从一出生就是其自身发展的积极的动因。他积极地从环境中寻找、选择适宜自己的刺激,积极主动地与环境发生交互作用。儿童在这种相互作用中不断地建构着自己的经验系统(认知结构),形成和改变着自己的知识体系。儿童关于客观世界的知识既不来源于主体,也不来源于客体,而是来源于主客体之间的相互作用。通过这种作用,环境事件与机体自发的成长在知识的发生中整合为一体。皮亚杰的这些观点对于我们理解儿童社会性发展过程的实质具有十分重要的意义。根据这些观点，父母抚养儿童并不是一个类似用"模具"对孩子进行塑造的过程，而颇似一个与有自己观点的伙伴的"谈判"过程。因此，一方面，在皮亚杰看来，儿童的发展依赖于一个先天的时间表，它使儿童对环境的适应方式发生周期性的变化，相继产生新的适应方式。另一方面，要使这些周期性的变化实际发生，儿童还必须"遭遇"适宜的经验，即刺激的形式对于儿童当前所处的发展阶段必须是有意义的。恰恰在这一方面，成人起着重要的作用，即设法使儿童获得适宜的经验，以保证儿童能够顺利地发展到下一阶段。而皮亚杰却忽视了成人的这种作用。

（二）皮亚杰关于儿童社会性发展的主要观点

关于认知发展与社会性发展之间的关系，儿童的社会性发展和认知发展不是彼此分离的过程，而是相互依存的。但是，相对而言，认知发展是一个更为基本的过程。儿童的某些特定社会机能只有在相应的认知机能形成之后才能出现，某一年龄阶段儿童社会性发展的特点都可以从相应的认知发展阶段中找到根源。因此，可以通过儿童认知发展来解释其社会性发展的特点。例如，亲子关系发展中儿童的"分离焦虑"的产生是以认知发展中的"客体永久性"的形成为基础的，儿童道德判断中的他律特征和自律特征分别与认知发展中的前运算阶段和形式运算阶段的思维发展水平直接相联系。同样，儿童在自我－他人关系方面的发展也是与其认知发展相平行的。在学前期由于"中心化"的存在，儿童在对物理客体的认知中只能注意物体最显著的一些特征或主要的维度，而不能协调不同维度之间的关系，因而在认知发展中表现为无法达到"守恒"。同样，在社会性发展领域，由于"中心化"的存在，儿童在自我－他人认知中往往只能注意自己的观点而不能理解他人与自己不同的观点，表现为自我－他人关系认知过程中的"自我中心主义"。而只有在儿童获得了"去中心化"机能之后,儿童才能克服社会认知中的"自我中心主义",达到对他人观点的采择。

柯尔伯格在其关于儿童性别化发展的研究中强调,儿童性别概念的发展是性别角色发展的前提,在形成性别恒常性之前,儿童是不可能形成稳定的性别化行为的。

(三) 皮亚杰在社会性发展领域的开拓性研究

皮亚杰对儿童社会性发展的影响不仅在于其基本理论观点方面,皮亚杰本人及其同事在儿童社会性尤其是社会认知,如儿童的道德判断和空间观点采择方面的研究(这是他阐述前运算阶段儿童自我中心思维的重要实验依据之一)都对后来的儿童社会性发展的研究产生了深远的影响。例如,他关于儿童规则意识或者道德判断的发展的研究为柯尔伯格道德判断的研究奠定了基础,而他关于儿童自我－他人关系认知发展的趋势(从自我中心向观点采择或者观点协调发展)的论述和实验研究(三山实验)以及他的结构分析方法则构成了塞尔曼(Selman,1974;1980)儿童人际认知(观点采择)研究的基础。

由此可见,尽管皮亚杰的理论是一种认知发展理论,但是,它对儿童社会性发展的研究产生了久远而深刻的影响。这也正是我们在讨论儿童社会性发展的理论观点时把皮亚杰理论包括在内的原因。

第二节 儿童社会性发展的几个新学派

一、习性学

习性学（ethology），作为生物学的一个分支，是研究动物在自然环境中的行为进化与机能的一门科学（Archer，1992），又叫作"行为学"。习性学与其说是一种关于个体行为及其发展的具体理论，毋宁说它是行为研究中的一种新方向或新视角（Schaffer，1997）。然而，近年来这一理论在儿童社会性发展领域，尤其是在儿童的依恋和同伴关系研究领域中产生了很大的影响。同时，由于这一理论反对严格控制的实验室实验，强调在自然环境中对行为的观察研究，因而在心理学研究方法方面也产生了巨大影响。

习性学的创立者主要有劳伦茨（K. Z. Lorenz）和廷伯根（N. Tingbergen）。他们认为，研究物种行为的最佳方法是对物种在进化过程中对环境适应的性质进行考察。每一物种都有自己区别于其他物种的行为模式，生物学家的主要任务就是研究这些在自然环境中可以观察到的行为模式。20世纪30年代以后，习性学家对鸟类行为的研究发现丰富并发展了习性学。他们在研究中特别强调"固定行为模式"（fixed action patterns）的概念。所谓"固定行为模式"就是物种与生俱有的用以帮助其适应环境的行为反应。其中最著名的一个例子就是一些鸟类动物所具有的"印刻"现象——这些动物有一种追随在出生后遇到的第一个活动物体的倾向。习性学家认为，这种行为反应是非习得性的，其作用在于使动物幼雏通过空间的接近，与父母产生依恋并获得保护以便生存下去。

习性学家还特别强调学习发生的时间,即"关键期"(critical period)或"敏感期"(sensitive period)问题。早期的习性学家认为,诸如鹅追随某一活动客体之类的学习,只能够在个体发展的某一特定阶段发生,错过了这一特定阶段,这类反应就不会形成,因此,他们把这一时期称为"关键期"。后来的一些研究者发现,动物获得某些特定反应的时间并不像前面所说的那样严格,而是具有一定的适应性,因而,他们提出了"敏感期"的概念。然而不管怎样,习性学家所提出的个体发展过程中的最佳学习时间问题受到了广泛的关注和重视。

在研究方法上,习性学家强调环境在行为发展中的作用,强调对自然情境中个体行为的观察,认为对行为的研究要以"自然行为",即发生在个体日常环境中的行为为基础,而不是以实验室人为环境中的行为为基础。习性学家并不反对实验室研究,而是强调,对人和动物的行为要从实验室分析和自然描述两个条件中反复进行考察。而在这一研究历程中,首先要进行自然条件下的观察,然后再进行实验室分析,否则就会失去自然环境中的丰富信息,并在研究中出现过分人为的现象。

二、发展心理生物学

发展心理生物学是70年代以后从习性学中分化出来的一个学科分支。它主张从有机体的生理机能和结构两个方面来研究行为的发展问题,强调既要研究个体的经验过程,同时也要研究生物过程,因为个体的行为是由两者的相互作用决定的。由于发展心理生物学强调必须把有机体及其行为作为一个整体来考察,所以,这一理论又被称为"整体性理论"(holistic theory)(Crusec & Lyton,1988)。

发展心理生物学关于个体社会性发展的基本观点主要包括4

个方面：

1. 行为是一个有组织的系统，其中成熟和经验是融合在一起的。

2. 在社会性发展中，生物成熟引起并保持经验，同时，经验的变化又会改变有机体的行为生物状态和行为潜能。

3. 对物种不同进化阶段之间的比较必须依据行为的组织原则。在这种组织中，有机体的活动是一个部分。例如，从蚁群社会中概括出来的结论不能推广到人类的社会行为中，因为蚂蚁的社会行为更多地受生物因素的制约。

4. 有机体在其整个一生中都具有适应性和主动性。因此，从出生到死亡之间的发展是一种生物和经验之间的双向发展。

美国发展心理学家凯恩斯（Cairns，1986）从整体性理论出发，提出了一套比较完整的个体社会性发展理论。这一理论由5个基本假设组成：

1. 个体的社会行为、社会网络以及两者发生于其中的生态环境是一些连续不断的发展过程的结果。所有的人在其发展过程中都不可避免地要经历生理结构和机能方面的生物变化。根据这些变化，可以把个体的整个生命周期划分为5个主要的生物生理阶段和15个子阶段。这些阶段是可以预测的、系统的和前后相继的，同时也与个体的认知变化、所处的生态环境和社会活动主体存在着密切的联系。但是，人的社会模式（认知和行为）与生物发展模式和认知发展模式相比，受外部环境的影响更大。所以，更具有变化性。个体早期形成的社会模式在生命过程中被修改的可能性更大。

2. 社会行为模式是一个由生物的、认知的、社会网络系统和生态系统等环境因素组成的生物——社会系统的一种特性。因此，个体的社会模式反映了个体内外影响源的活动以及它们之间的相互作用。

3. 人在一生社会性发展的各个阶段都是有倾向地进入与他人的社会交流中的。

4. 个体的社会模式,一旦组织起来,随着每一次的重复,会变得日益难以改变。社会行为具有完整性和保守性。

5. 任何特定的社会交流的方向——谁服从谁——取决于活动本身的性质、互动各方的发展状况、参与者的角色特性以及交流发生的环境。

三、布朗芬布伦纳的人类发展生态学模型

美国心理学家布朗芬布伦纳(Bronfenbrenner,1979)提出了一个颇有影响的儿童发展理论模型。他强调研究"环境中的发展"或者说"发展的生态学"的重要意义。"生态"在这里是指有机体或个人正在经历着的,或者与个体有着直接或间接联系的环境。布朗芬布伦纳认为,儿童发展的生态环境由若干相互镶嵌在一起的系统组成(见图1-2),其中对于心理学家来说,他最为熟悉的是"微系统"(microsystem)。这是个人在环境中直接体验着的环境。儿童的微系统之一是由父母和儿童的同胞组成的家庭。

儿童的另一个微系统是学校环境,主要由教师和同伴组成。大部分心理学研究是在微系统水平上进行的。例如对于家庭中儿童母亲的谈话和儿童言语的关系,或者学校中儿童的悦群性与其攻击性之间的关系。

儿童生态的另一个水平是中间系统(mesosystem),指儿童直接参与的微系统之间的联系与相互影响。例如,家庭环境质量可能会影响到儿童在学校中的自信心和同伴关系。

儿童生态环境的第三个水平是外层系统(exosystem)。它是指那些儿童并未直接参与但却对个人有着影响的环境。例如,儿童

父母的工作环境会影响他们在家中的行为，并因此影响到父母的抚养质量。因此，尽管儿童并不直接参与父母的工作环境，但却间接地受到这些环境的影响。

儿童生态系统的最后一个水平是宏系统（macrosystem），指儿童所处的社会或亚文化中的社会机构的组织或意识形态。因此，父母在工作方面的压力或者失业所产生的效应，又是受社会中规定的工作时间的长短、酬金、假期、职业地位或者与失业相联系的不良名声等因素的影响的。

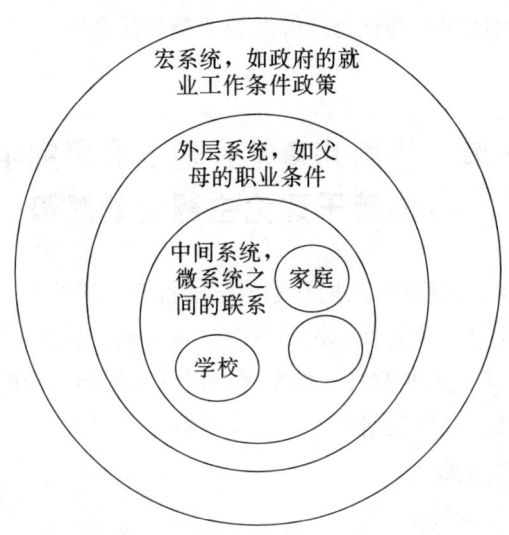

图1-2 布朗芬布伦纳的宏观、外层、中间和微系统之间的嵌套模型

（资料来源：Bronfenbrener, U. The Ecology of Human Develpment）

布朗芬布伦纳的生态学模型表明，宏系统的变化（职业状况的变化）会影响到外层系统（父母的工作经历），并进而影响到儿童的微系统和中层系统。这一模型对发展心理学研究的一个重要启示是,在研究设计时,对儿童发展的分析不应仅停留在微系统上,而应在各系统的相互联系中来考察儿童的发展。

布朗芬布伦纳认为,人类发展的过程是一种在日益复杂的水平上连续不断地认识和建构其生态环境的过程。儿童首先认识的是父母,然后是家庭其他成员、幼儿园或学校环境,最后是更广阔的社会。布朗芬布伦纳认为,生态环境的变化或者"生态过渡"(ecological transition),如上学、找工作、提升、结婚等,在儿童发展中具有特殊的重要性。在这些时刻,个体由于面临挑战,必须学会适应,发展就会因此而发生。因而,布朗芬布伦纳认为,观察一个人如何应对变化是理解发展的最好的基础。

第三节 当前儿童社会性发展研究中的若干理论主题与新趋势

在心理发展研究中,人们开始疏远那种割裂式的孤立发展观,而日渐认同儿童心理的整体发展观。这种发展观反映在社会性发展研究领域,使当前儿童社会性发展的研究表现出整合的特点,这从当前儿童社会性发展研究中的若干理论主题及其在总体上呈现的发展趋势上可见一斑。

一、理论主题

不同于以前只注重心理发展的某一侧面或层次而忽视其他的倾向,当前儿童社会性发展研究的理论主题日益集中于儿童心理整体中认知、情感与作为心理表现的行为的关系、生物因素与环境尤其是社会环境因素对社会性品质发展的作用、个体特定行为表现与情境因素的关系以及儿童自身在其社会性发展中的地位等方面。不难看出，这些主题正是心理发展整体观在儿童社会性发展的本质及其影响因素上的体现。

（一）认知、情感与行为的关系

认知、情感与行为是社会性发展的三大方面或内容，然而很长一段时间内，不少理论学派只把其中的一个方面看作儿童社会性发展中最基本的方面，把研究的兴趣和努力仅仅集中于其中一个发展过程的探讨上，对其他方面缺少应有的重视或置之不理。如精神分析理论关注儿童人格或动机与情感的发展问题，社会学习理论强调行为的研究，而皮亚杰学派探讨的核心问题则是儿童对物理世界和社会世界的认知发展问题。这种局面曾长期主宰着发展心理学的研究。然而，在社会性发展领域中，个体的认知与情感通常最终要在社会行为中表现出来。换言之，三者是相互联系着的，而不是彼此分离的。

1. 社会认知与社会行为

在认知或思维与行为的关系方面，社会心理学中关于归因的研究有着相当长久的历史，社会心理学家很早就致力于对人的行为原因的研究，例如 F. 海德的朴素心理学关于个人行为责任归因的研究，琼斯和戴维斯的对应推论理论和更近期的凯利的三维归因理论等。社会心理学家关于归因的研究可以说为社会性发展研究者考察儿童对社会事物的认知发展问题提供了十分有益的材料。但是，很长一段时间内，发展心理学却没有有意识地把儿童社会认知的发展与行为结合起来进行研究。近一二十年来，社会性发展研究人员日益认识到社会认知与儿童社会行为之间存在着密切的联系，并开始在儿童社会行为的研究中把认知作为一个十分重要的中介变量来研究。近年来的研究已充分表明了儿童的思维或认知在行为变化中所发挥的重要作用。例如，正如本书第 8 章中所介绍的那样，在儿童攻击行为方面，福格逊和鲁尔（Fugerson

& Rule，1986)的研究表明,儿童对给自己造成伤害的他人行为的归因直接制约着他会作出什么样的行为反应。道奇(Dodge,1980；Dodge & Framl,1982)的研究表明,儿童受伤害后的行为反应取决于儿童对伤害意图的认知或知觉,在伤害意图不明确的情况下,如果儿童把他人给自己造成的伤害知觉为敌意性的,那么,该儿童就更可能对对方进行报复性攻击；反之,如果儿童认为,自己受到的伤害是由于对方不小心造成,他就有可能化释自己的攻击动机。

同样,在儿童的道德发展领域,尽管对于两者之间的联系尚未取得确定的研究结论,但是,当前的一个重要的理论趋势也是强调认知与行为之间的联系。

在儿童性别角色发展方面,柯尔伯格指出,性别概念的发展是儿童性别化行为形成的认知前提。尽管后来的研究没有完全支持柯尔伯格的结论,但是有关研究结果的确证明了儿童的性别认同与性别化行为有着密切的联系,对此,本书第7章有较详细的讨论。

2. 情感与社会行为

行为不仅受认知的支配调节,同时也受情感中介的影响。例如,有关儿童亲社会行为与情感关系的研究发现,儿童在高兴时比不高兴时会作出更多的分享行为。近年来儿童社会行为的研究中出现的一个明显的趋势是把情感与行为结合起来进行研究。这方面的一个典型的例子是强调移情对儿童亲社会行为和攻击行为的影响。有关研究表明,移情在儿童亲社会行为的发生中起着动机作用。本书第7章对这一问题有较详细的介绍。

(二) 生物与环境

生物因素与环境因素在儿童发展中的相对作用是发展心理学中一个争论不休的老问题。传统上,人们以简单的二分法来对待这个问题，并把心理学家划分为环境决定论者、遗传决定论者和折衷主义论者。例如高尔顿（Golton，S. F.）强调能力的个别差异是由遗传决定的。而行为主义则强调环境的决定作用，认为人格的发展完全是由后天环境决定的。作为折衷主义的代表人物之一，斯坦利·霍尔（Hall，S.）认为，个体在青春期以前的发展是由生物因素决定的，但是在青春期以后，经验在发展中起着更为重要的作用。当代社会性发展研究在这一基本理论问题上发生的一个重要转变是，研究者普遍承认，个体的心理发展是环境和遗传的相互作用决定的，要想把遗传的作用和环境或经验的作用精确地区分开来是不可能的。这种观点或趋势突出地表现在生物学家的研究中。例如，社会生物学家对猫的性行为的研究发现，如果在被阉割之前有过性行为的经验，那么，在阉割之后它依然能够表现出性行为；但是，如果在被阉割之前猫没有性经验，那么阉割后它就不能表现出性行为。

（三）个人与情境

儿童的人格和社会性发展是连续的还是非连续的？成年时期个体的行为模式是否是在儿童早期的发展过程中决定的？我们能否根据儿童在某一情境中的行为表现推断他在其他情境中的行为模式？换言之，儿童的社会行为模式是否具有跨情境的一致性？前面的问题所涉及的是儿童社会行为的跨时间的稳定性问题，后面的问题则是跨情境的一致性问题。

关于人格或社会性发展的稳定性问题，长期以来占主导地位的观点是，人的行为是受人格特质引导的，而人格特质是稳定的。因此，根据这种观点，一个高攻击性的儿童在所有可能的情境中都会表现出攻击性，而且可以根据儿童攻击性的早期表现来预测其成年后的攻击性水平。弗洛伊德的观点是，成年期的人格是由早期经验，尤其是人生头5年的生活经验决定的，早期的人格特质在以后的生活中将难以改变。

20世纪60年代以后,人格的特质理论开始受到心理学家的强烈批评。社会学习理论者,如米歇尔和沃尔特斯等认为,个体的行为不是由某种潜在的特质决定的,而是由环境中的刺激以及与刺激相联系的强化的可能性决定的。他们的研究表明,儿童在不同情境中行为的一致性事实上是很小的,其相关系数最高只能达到0.30的水平。因此,从这时起,更多的心理学家开始强调儿童行为的情境特殊性(situation speciality)。

当前在这一问题上的一个新的趋势(理论观点)是大多数研究者认为,上述两种观点对人格和社会性发展的稳定性和一致性的解释都存在偏颇之处,而主张个体的社会性行为是由相对稳定的行为倾向和情境特点之间的交互作用决定的。例如道奇的研究(1986)表明,对于同一情境(如某一意图不明的伤害情境),高攻击性和低攻击性的儿童在对行为者意图的知觉上存在差别,高攻击性儿童倾向于对行为作敌意性归因,而正常儿童则更多地作事故性或善意的归因。但是,在伤害的行为意图十分明确的条件下,攻击性与非攻击性儿童的意图归因不存在差异,两者都能够作出准确的判断(详见本书第8章)。这表明,个体的社会行为受情境因素与儿童稳定的特点相互作用的制约,而有关研究之所以没有发现儿童行为中的气质特点与情境的一致性,原因是多方面的。其中一个主要的原因就是,研究者把连续性与同一性等同起来。但是,在考察行为的稳定性时,需要注意的是儿童不同行为中所存在的质的相似性,而不是行为表现方式的同一性。以母婴依恋与儿童同伴关系的质量为例,如果考察的重点是儿童12个月对母亲依恋的牢固程度与4岁时同伴关系的牢固程度,那么,将很难在两者之间发现高相关;反之,如果考察的重点是两类行为中表现出来的行为倾向性,如12个月时儿童依恋的牢固程度与4

岁时儿童在同伴中的受欢迎程度，那么两者之间就可能存在较高的一致性。

（四）儿童的社会互动

当前社会性发展研究中表现出的另一重要趋势是重视对儿童与社会环境之间的社会性相互作用的分析。这一趋势主要表现在以下几个方面：(1) 强调儿童与成人之间的双向影响，而不再仅仅把儿童看作是社会化过程中的被动承受者；(2) 不仅重视对儿童社会性发展结果的分析，更强调儿童社会性发展过程的研究；(3) 在儿童与社会环境相互作用的背景中考察儿童的发展。

（五）个人与社会系统

当前社会性发展研究者认识到，个人与社会系统的关系是当代社会性发展研究中的又一个重大理论课题，只有把儿童当前的生活环境看作是更大的社会系统的一个子系统，才能正确地认识儿童的发展。换言之，也就是强调社会系统对儿童行为的影响。儿童处于家庭、同伴群体、亲友、学校、传媒等各种不同的系统之中，这些系统之间相互制约，相互影响。这样，在考察一个系统对儿童发展的影响时，必须考虑到其他系统的存在和影响，如同伴群体对儿童的影响会受到家庭系统的特性的影响。假若一个儿童尊重父母，与父母有着亲密的关系，这时，同伴的反社会性行为对该儿童的影响就会大大减弱，这个儿童甚至会主动反对或抗拒来自同伴的这种消极影响，但是一个亲子关系很糟糕的儿童可能更容易受同伴行为的影响。

生态心理学家布朗芬布伦纳认为，儿童生活在复杂变化的环境中，其生活环境不仅包括那些与之直接相互作用的环境，而且也包括那些更为广阔的社会世界。他把儿童的生活环境从微观到宏观依次分为4个系统（见本章第二节）。

二、当前社会性发展研究的若干新趋势

与儿童发展的整体观相对应,当前社会性发展研究呈现出若干新趋势。人们不再拘泥于单纯的理论研究或盲目的实践,而开始把理论与实际的结合作为增强理论研究生命力的基础和实现其现实意义的根本途径,研究课题开始从分离走向整合,而且日益注重儿童自主性的发挥。

(一)强调理论与实践的结合

理论与实践或知识与应用是科学研究的两大任务。然而,在发展心理学史上,它们曾长期被看作两个彼此分离的领域,专业研究人员的工作局限于纯科学探讨,而把自己的研究结果交给实践工作者去应用。现在,这种理论与实践的分离状态正日益消失。当前社会性发展研究人员已经开始关注现实生活情境中的问题,如日托中心、儿童的邻里团伙问题。对这些问题的研究不仅可以解决儿童发展中的实际问题,而且这些研究结果还可以丰富发展儿童社会性发展的基本理论。因此,当前社会性发展的研究重视理论与实际问题之间的循环往复,研究者不再仅仅关心儿童社会性发展的结果,同时也重视儿童发展的过程,即儿童是怎样产生这些结果的。换言之,查明哪些特定的家庭模式会导致儿童过强的攻击性固然是重要的,但这仅仅是第一步。当需要对这种家庭进行有效的干预时,研究者还必须对具体的亲子互动过程作进一步的分析。

(二)强调儿童在社会化过程中的主动性

曾经在较长的一段时间内,心理学家认为,儿童是社会化过程中的"纯"客体,儿童的行为是由社会化的各种动因,特别是父母塑造的,儿童的特点及其个别差异是由父母通过奖惩的手段塑造的。因此,要对儿童发展作出解释,研究者只需对儿童的父

母及其社会化实践进行考察即可。然而，这一观念现在已被彻底改变。人们意识到，儿童不是社会化的被动接受者，他们能够对自己的发展过程施加重要的影响，在儿童与社会化动因之间存在着双向影响。简言之，儿童在社会化过程中的主动性被广泛接受。

这种关于儿童作用的看法的改变基于以下原因：

1. 研究发现，儿童特点与父母教养实践之间存在着微妙的关系，后者无法有把握地预测前者的发展。

2. 行为遗传学的影响。行为遗传学的研究表明，儿童的遗传特点在某些条件下会对儿童施加显著的影响。

3. 即使幼小的儿童也能主动地建构和解释自己的经验，儿童这种能力会对其行为产生重要的引导作用。

（三）研究课题从分离走向整合

在过去儿童社会关系及社会化动因的研究中，研究者对儿童与父母、兄弟姐妹的关系是分别进行考察的。这种研究模式似乎表明，儿童的这些关系是彼此孤立、互不相干的，通过计算各种影响源影响的总和可以确定儿童所受到的总体影响。由于系统理论的影响，特别是布朗芬布伦纳儿童发展生态学理论的影响，当前的研究者认为，进行研究时不仅要考察单个影响因素的作用，同时还必须对儿童与不同社会化动因之间的关系进行考察。例如，在考察儿童发展与母亲的影响的关系时，还要考虑到儿童与父亲之间的关系，以及儿童父母之间的关系，后两者均会对母子关系或母子互动产生影响。有关研究业已表明，儿童母亲的婚姻质量制约着母亲对待儿童的方式。

当前社会性发展研究课题之间的整合趋势还表现在，研究者开始关注儿童社会化的各种场所之间的关系或相互影响问题。传统上，研究者对儿童与家庭、学校及同伴群体的关系是分别进行考察的，而不考虑它们之间的相互影响和彼此之间的联系。当前研究者业已认识到,儿童在不同社会化环境中的发展是相互影响的,在一种情境下发生的事件会对儿童在其他情境中的发展产生影响。因此,要深入探讨儿童社会性发展与所处的社会环境之间的关系,不仅要对各种环境中儿童的发展进行研究,还必须同时考察各种环境之间的关系及其相互影响。

(四)注重在多种不同水平上对儿童社会性发展进行分析

长期以来,心理学家对儿童社会性发展的分析一直定位在个体水平上。在这种分析水平上,研究者所探讨的问题是:儿童什么时候开始会笑?男孩是不是比女孩更具有攻击性?学前儿童具有利他行为吗?等等。当前社会性发展研究的一个明显的趋势是在不同水平上对儿童的发展进行分析,包括在社会互动和社会关系的水平上以及在群体和社会关系的水平上进行分析。由于各种水平是相互联系着的,为了全面理解儿童的发展,研究者必须对儿童生活的各种环境和社会关系进行整体考察。当前社会性发展研究者特别注意这些环境因素对儿童的影响,并努力探讨儿童一种水平的发展对其他水平的发展可能产生的影响。

第四节 儿童社会性发展的研究方法

一、社会性发展研究的两种基本类型与研究设计

(一)社会性发展研究的两种基本类型

在发展心理学中,研究者所探讨的两个最普遍的问题是:

1. 个体的心理和行为是如何随年龄而变化的?
2. 个体的心理、行为及其变化是由什么决定的?

第一个问题属于对心理现象的描述,而第二个问题则属于对

心理现象的解释。根据其功能，可以把社会性发展的研究划分为两种类型：描述性研究和解释性研究。描述性研究的目的具体表现在两个方面：一是获得研究问题本身的知识，以便获得儿童心理发展的常模、各年龄阶段的年龄特征，或者是对儿童的行为进行分类。二是为了提出儿童心理现象发展变化的假设，以便在实验条件下进行验证。因此，从这个意义上说，描述性研究通常是实验研究的前期或前奏。但是，描述性研究和解释性研究的区分只是相对的。两者之间经常存在着交叉。例如，在实验研究中，研究者同样有机会收集描述性数据，反过来，在进行现场研究时，研究者可以对研究假设进行验证。例如，在儿童攻击性的研究中，我们可以对"观看电视暴力会增加儿童攻击性"的假设进行验证。

虽然描述性研究和解释性研究之间经常存在着交叉，但是从根本上讲，两类研究之间在功能上是不同的：一类要回答的问题是"是什么"，另一类回答的是"为什么"的问题。

在描述性研究中，研究者的任务是收集有关研究现象的信息，但是，这种信息的收集必须在一定的理论指导之下进行。即研究者在进行这类研究时必须在头脑中非常明确要研究的目的和要探讨的问题是什么。只有这样，研究者在研究过程中才能有明确的研究目标。否则，信息的收集工作就会变成盲目的，甚至是毫无用途的。

描述性研究可以为我们提供大量的有关儿童心理如何随年龄变化以及个别差异方面的信息，但是这类研究无法对儿童心理发展的机制和发展变化的原因作出解释。例如，儿童在人生的第二年是如何表现出自我意识的信号的？儿童的观点采择在学前期末的巨大发展变化是如何发生的？诸如此类隐藏在儿童心理发展变化背后的深层的机制和原因则是发展心理学的核心问题。这些问题靠描述性研究是无法解决的，必须进行解释性研究。

儿童社会性发展研究中的另一类"为什么"的问题是个别差异问题。"为什么一些儿童的攻击性高于另一些儿童？导致攻击性差异的原因是什么？是天性还是教养？抑或是两者之间的交互作用？""父母行为对儿童人格发展的影响究竟有多大？""为什么一些儿童会出现行为异常？"要回答这类问题，同样必须依靠解释性研究。

（二）社会性发展的研究设计

传统上，发展心理学的研究主要采用两种研究设计：横断研究和纵向研究或追踪研究。在前一种研究设计中，研究者同时对不同年龄组儿童的某一心理现象进行考察，而在后一种设计中，研究者对同一组儿童在不同年龄阶段的某种心理现象进行追踪考察。毫无疑问，与横断研究相比，追踪研究可以获得关于儿童心理的年龄变化的更可靠的信息。但是，追踪研究也有其缺点，主要表现为：(1) 被试流失。由于追踪研究通常需要在较长的时间内对被试进行研究。在研究期间，被试常会由于各种原因不能继续参加研究，造成被试流失。研究持续的时间愈长，被试流失的可能性就愈大。而由于被试的流失，样本的代表性有可能受到影响。(2) 研究工具的有效性在研究过程中有可能发生变化。这主要表现为，在研究过程中，会出现更新的更有效的研究工具，从而使研究者陷于继续使用原来的工具还是改而采用新研究工具的两难状态。(3) 追踪研究的一个最实际的问题是由于它持续时间较长，因而需要研究者在时间和其他各种资源方面的投入较大。

另一设计类型称为区组设计。在区组设计中，研究者可以在同一时间对不同的区组（如不同年份出生的儿童样本）进行比较。

三种设计的特点可以概括如下（Smith，1998）：

横断设计：

不同的被试　　　　不同的年龄　　　　相同的历史时间

纵向设计：
相同的被试　　　　不同的年龄　　　　不同的历史时间
区组设计：
不同的被试　　　　相同的年龄　　　　不同的历史时间

除此之外，还有一种设计称为区组系列设计（cohortsequential design）。例如，假设我们要考察义务教育计划对分别出生于1970、1975和1980年的3个年龄组儿童的影响，可以对每一个区组进行追踪，比如从3岁追踪到18岁。通过这种设计，研究者不仅可以获得若干组横断的和纵向的数据，而且还可以考察过去10年中的历史因素（教育改革、少数民族在社会中的相对地位等）对义务教育计划的影响（见图1-3）。

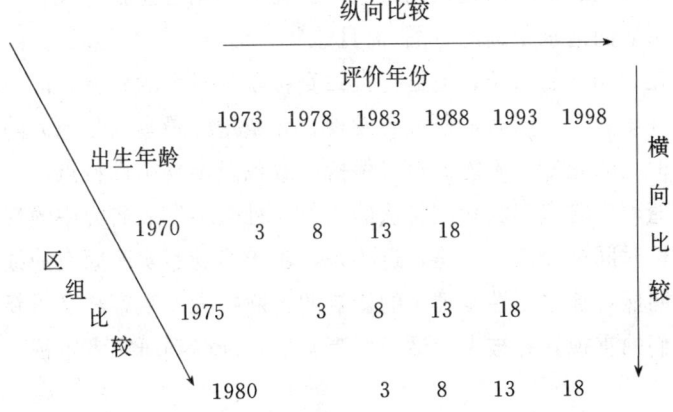

图1-3　一个把横断设计、纵向设计和区组设计结合在一起的假设的研究设计

（资料来源：Peter, K. S. & Helen, C. & Mark, B. Understanding Children's Development, 1998, 10）

二、儿童社会性发展研究的数据收集方法

(一) 观察法

在本世纪 30 年代以前,观察法是儿童社会性发展研究的主要研究方法。研究者首先对儿童在幼儿园和学校的行为进行观察,然后对这些在自然情境中发生的行为和事件总结描述。例如,在这一时期的一项代表性研究中,史密斯(见 Crusec & Lytton,1988)对儿童如何使用批评进行了观察研究。他先收集到了 2~6 岁儿童的 20 000 句言语,然后从中挑选出 325 句指向儿童或成人的批评性言语。通过对不同年龄儿童使用这些批评性言语的情况的分析,发现在学前早期,儿童的批评性言语不是指向给他造成问题或麻烦的人,而是指向其他人。儿童使用这些批评性言语是带有明显的请求帮助的意图,而且这些言语通常带有恳求的性质。随着儿童年龄的增长,他们把批评直接指向批评的对象,即给他造成麻烦的人。同时,研究者发现,儿童抱怨最多的是他人的干涉、他人的无知、不能与自己保持一致以及不良个性特点。

随着实验室实验和测量法的兴起,社会性发展研究中的观察法曾长时间被冷落。但是,近年来,由于实验室实验固有的缺陷日益明显,加之习性学理论的影响的不断扩大,观察法又重新受到人们的重视,并被大量运用。观察法重新受到研究者重视,原因有 5:

1. 由于观察法可以提供儿童日常生活中的行为情况,所以它回答了对心理学研究描述性不强的批评。

2. 观察法具有较高的生态效度。

3. 避免了实验室实验中实验变量的操纵可能遇到的伦理问题。

4. 现代化电子技术为观察法的使用提供了新的手段,例如,

录像带可以重播、慢放，可以对被观察的行为事件进行仔细、准确的编码分析等。

5. 新的统计方法的问世使研究者能够对观察获得的数据作出因果推断。

采用观察法研究儿童社会性发展时也必须慎重：

1. 他人对被观察者的反应会产生影响，尤其是在家庭互动观察中，他人在场会使观察结果失真。有人让儿童母亲在其他家族成员不知道的情况下观察其家庭成员之间的互动，然后再由一位正式的研究人员来家庭中进行观察，比较两次观察结果，发现在后一种情况下，儿童母亲的积极行为比第一种情况增加一倍还多。

2. 家庭录像法。为了避免观察者在场对被观察行为所造成的影响，有的研究者试图采用录像机进行家庭录像。但结果并不尽如人意，据被观察儿童的母亲报告，家庭录像机的存在反而比实验者在场使他们感到更不自在，进一步强化了实验意识。家庭录像的另一个缺点是，由于被观察者不断活动，人们在超出摄录范围时，摄像机无法记录被试的活动。

3. 利用母亲报告儿童行为。为了避免陌生研究人员的介入对真实活动的干扰，近年来有的研究者设法培训儿童的母亲扮演观察者的角色。由于儿童母亲在家中的时间较长，而且她作为家庭成员，不容易唤起家庭其他成员的实验意识。例如，威克斯勒和亚罗（Zahn-Waxler & Radke-Yarrow, 1982）利用该方法考察过幼儿早期亲社会行为表现问题。他们首先对儿童的母亲分3次进行为期8个小时的培训，两次集体培训，1次个别培训。在观察开始以后，实验者每3周去被试家中亲自进行观察1次，这样双方就可以分别对儿童的反应进行报告。通过记录两者的相关，发现两者有较高一致性，表明母亲报告法是有较好的观察者信度的。

母亲报告的方法的缺点是：为了让母亲观察，研究者就得让她们了解有关行为的知识，这样就自然导致母亲对这类行为的意识，在这种条件下，母亲的行为就可能发生变化，与平时表现不一样。当儿童表现出不良行为时，母亲甚至可以抑制其发生，这在一定程度上会削弱观察的可靠性和有效性。

（二）访谈法

本世纪40年代，父母和家庭在儿童人格和社会性发展中的作用问题开始受到人们的关注。随着对父母作用的日益重视，在社会性发展研究中，研究者在精神分析理论和学习理论的指导下探索儿童的父母，尤其是母亲的教养实践与儿童人格和社会性发展的关系问题。这一时期研究者通常所采用的研究方法是对儿童母亲在喂饭、大小便训练等各个方面的教养实践进行访谈，利用投射技术获得儿童以后人格发展特点的资料，然后对母亲的儿童教养实践与儿童日后的人格发展特点进行相关分析。例如，这一时期西尔斯等人（Sears，Maccoby & Levin）对波士顿地区379位儿童母亲教养实践的大规模的研究就是这类研究的典型代表。在这项研究中，他们向每一位参加研究的儿童母亲提出72个开放性问题，以了解她们在儿童喂饭、大小便训练、性别化、依赖性和攻击性以及对儿童的控制和要求等方面的情况。此外，研究者还要求这些母亲报告儿童在上述方面的特点。然后，通过对母亲报告的儿童教养实践的分析，以及对母亲报告的儿童人格和社会性发展的特点的相关分析，来考察母亲行为的类型以及不同教养方式在儿童人格和社会性发展中的有效性问题。

在这一时期的相关研究中，研究者收集数据的主要方式是访谈法，观察研究很少。访谈的对象通常是儿童的母亲。尽管有的研究者曾尝试对儿童进行访谈，但在绝大多数研究中母亲既是自己教养实践的信息来源,同时又是儿童行为信息的报告者。

研究者把通过访谈获得的原始数据在转化为等级之后往往非常零乱繁杂,为了从中概括出父母教养行为或亲子互动的基本特性,这一时期研究者通常利用因素分析和聚类分析的多因素统计技术,对众多的测量进行化简以发现并确定那些潜藏在众多测验问题背后的父母行为的一些基本维度,其中一个典型的例子是E.谢弗(Earl Shaffer)对父母行为的研究。他通过对儿童报告的父母行为的分析,提出了一个著名的父母行为概念模型(见图1-4)。

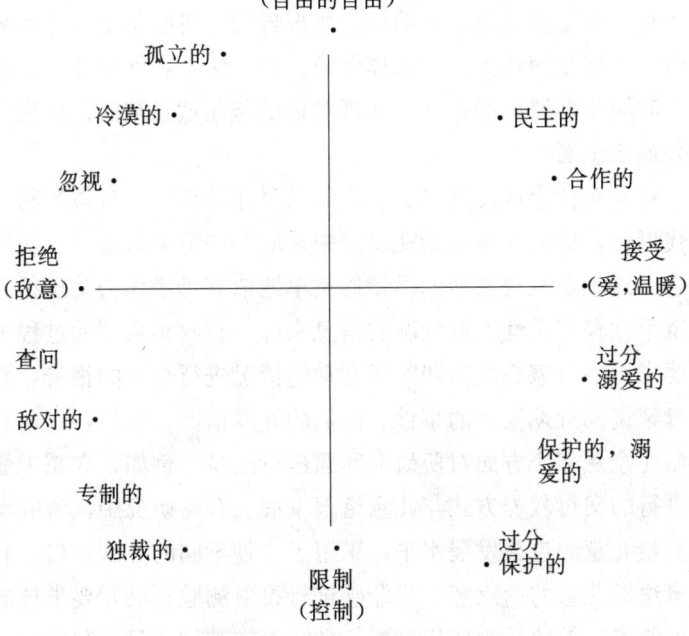

图1-4 儿童报告的父母行为

(资料来源:Crusec & lytton. Social Development,Spring-Verlag,1988. 47)

在该模型中，父母行为由3个维度组成：接受－拒绝、心理自主－心理控制和严格控制－宽松。

对父母教养行为与儿童社会性发展特点的关系的这类相关研究，虽然在家庭与儿童发展问题上取得了一些有意义的结果，但是这种方法本身存在不少局限性：(1) 由于儿童母亲在访谈时所报告的是自己的行为以及自己子女的心理发展情况，有时报告的内容的可靠性和真实性难以保证。(2) 父母通常难以对自己的行为进行严格的区分和整合。(3) 由于儿童母亲在抚养孩子方面经常可以得到专家的建议和指导，因此，她们所报告的行为特点很可能存在专家建议效应，即母亲所报告的有可能不是自己实际怎样做的，而是她认为应该怎样做的；(4) 父母在评定儿童的行为特点时缺少参照标准；(5) 父母对自己与儿童互动的记忆往往不充分或不全面。

随着对社会性发展相关研究的局限性的认识的日益深刻，60年代以后，研究人员开始在研究中采取一些措施对这一方法进行改进。这主要表现在他们尽量避免单纯依靠母亲作为父母行为与儿童个性和社会性发展状况的信息来源，在收集数据的过程中不再要求母亲对家庭生活和亲子互动的情况进行全面的报告，而仅向母亲询问近期发生的事件和她们的教养情况。此外，在研究中开始注意从多个方面对所研究问题进行测量。例如，在霍夫曼等人进行的父母教养方式与儿童道德发展关系的研究中，研究者为了测量儿童的道德发展水平，采用了4种不同的方法：(1) 利用故事法对儿童的内疚感、犯罪感进行投射测验；(2) 要求被试对假设的道德越轨行为作出判断；(3) 要求被试的母亲和教师对儿童对实际道德越轨行为的反应作出评定；(4) 利用社会测量技术要求儿童对班级中道德水平最高的儿童提名。在对父母行为的测量中，研究者不再向当初的研究人员那样，单纯依靠母亲的报告，他们要求儿童的父母双方对四个具体的情境中儿童的越轨情况进行想象。然后要求他们从提供的一份关于父母管教措施的表中挑选出他们现在和以前对儿童的越轨行为采取的管教方法来。同时，研究者还要求被试儿童对父母在这些情境中将会采取的反应进行报告。

（三）问卷法

问卷法是研究者用统一、严格设计的问卷来收集研究对象有关的心理特征和行为数据资料的一种研究方法。由于心理学研究对象的特殊性和问卷法自身的日益完善性，目前，问卷法在研究中应用得越来越广泛，在揭示人的心理活动规律中发挥着重要的作用。

根据不同的标准，问卷法可以分为不同的类型。如根据问卷中提出的问题的结构程度可将其分为结构问卷和非结构问卷。结构问卷对每一个问题都有几个明确规定的备选答案，被试只需从中选择一个，回答简单方便，资料便于整理。但有时备选答案并不能完整、深入地表述被试所要传达的信息。非结构问卷的问题是统一的，但并不列出备选答案，被试可自由回答，不受限制，能得到较为丰富多样的信息。但非结构问卷的结果由于没有统一的格式，整理起来难度较大。因此，鉴于结构问卷和非结构问卷的上述特点，研究者们常根据具体情况选择适当的类型，并在很多情况下将二者结合起来使用。若根据问卷的传递方式可将问卷分为发送问卷、访问问卷和邮寄问卷。发送问卷是研究者（或培训的主试）将问卷送到研究对象手中，待回答者填完后，再由研究者（或培训的主试）逐一收回。这种方法适合于集体的、组织的研究对象，因而能保证较高的回收率和有效率。但由于施测时被试相对集中在一起，相互询问、相互讨论是难以避免的，因而会影响到回答结果的客观性和准确性。访问问卷是研究者按照统一设计的问卷向研究对象当面提出问题，然后将研究对象的口头回答填在问卷中。在使用这种方法时，研究者可以控制整个研究过程，灵活地使用有关的方法，及时捕捉对分析和讨论结果有利的信息。一般来说，在各种问卷法中，访问问卷的回收率是最高的，有效率也较高；但这种方法费时、费力，只适用于小样本研究，而且很容易受主试与被试特点的影响。邮寄问卷顾名思义是指研究者通过邮局向一定范围的研究对象寄发问卷，要求被试按照规定的要求填答问卷，并在预定期限以前再通过邮局将问卷寄回给研究者。该方法的主要优点是可以做大范围的研究，样本较大，因而效度较高，此外，它的保密性也较好。但这种方法的明显缺点是回收率较低，而且对研究过程中的影响因素也难以进行控制。

一份结构完整的问卷应包括标题、前言、指导语、问题和结束语等几部分。(1)标题即问卷的题目，是对问卷内容和目的简洁而明了的反映，因此，标题的选择和确定是至关重要的，否则含糊不清的题目将给被试造成不良印象，甚至直接影响其答题态度。(2)前言是对研究目的、意义和内容的简要说明，一方面是为了引起被试的重视和兴趣，另一方面是为了消除其戒心，以取得良好的合作。一般来说，前言的设计在文字上要简洁、明确、有吸引力，在语气上要谦虚、诚恳、朴实。(3)指导语是用来指导研究对象填写问卷的一组说明性文字，包括填表的方法、要求、时间、注意事项等。在整个问卷结构中指导语是非常重要的，它直接关系到问卷研究的信度和效度，使用不同的指导语获得的施测结果有显著差异。(4)问题是问卷的主要组成部分。根据问题的内容可将其分为事实型题目，旨在了解被试的基本情况和已有行为；态度型题目，旨在了解被试意向、情感、动机、价值观方面的信息。根据问题的表述形式可将其分为开放式问题和封闭式问题。无论哪类题目，都要注意避免"社会认可效应"，即问题和答案有明显的社会评价标准,答卷者容易按社会认可的标准回答而不反映真实情况。因而在问题表述上要加以仔细考虑和技术处理。(5)结束语一般包括两种方式,一是以简短的话语以表示对研究对象合作的感谢;一是让研究对象补充说明有关情况,对有的问题作更深入的回答,或谈谈对问卷有何看法建议。当然,在有的问卷中也可以省略。

问卷的编制要遵循一定的原则,主要有:(1)目的性原则:问卷的标题、指导语、问题、备选答案都要反映研究的主题和目的;(2)简明性原则:问卷所用文字应通俗易懂、简单明了,以便被试能准确理解、正确作答;(3)计划性原则:问卷设计应考虑实施过程和结果整理中各种可能出现的问题和要求,以方便实施简化结果的处理。

总起来看,问卷法实施简便,适合于大面积施测,较为省时、省力;其答案可以统一形式,便于整理分析。但它也存在明显不足,首先,由于问题和答案往往是已规定好的,被试可选择的余地较小,因而会丢失许多信息,不利于问题的深入分析和研究;其次,数据收集过程中难以严格控制无关因素的干扰,因而问卷有效率常常受到多种因素的制约。所以研究者们常将问卷法用作对某一问题初步了解探索的方法,全面深入地研究则要配合使用其他方法。

(四)实验室实验

虽然通过各种方法可以在较大程度上提高相关研究的质量,但是这种方法无法对变量间的因果关系进行因果推断,因而研究者无法利用它对儿童社会性发展的一些深层的机制问题进行探讨。在这种情形下,社会性发展的研究人员自然把目光转向实验研究的方法。众所周知,实验法是通过对实验条件的控制来考察自变量和因变量之间的因果关系的一种方法。实验法在心理学中并不是一种新方法。长期以来,学习心理学、生理心理学乃至社会心理学研究都广泛采用这种方法。即使在社会性发展研究中,60年代以前,亦有不少独立的实验研究,但是这些早期的实验研究的目的通常只是为了通过经典条件反射技术和操作条件反射技术揭示儿童某些特定的行为反应的形成,例如,通过利用微笑和抚摸等社会性强化物可以对婴儿的微笑和发音建立操作性条件反射(Crusec & Lytton,1988),但是,在60年代以前,实验法还不是社会性发展研究中的主要方法或研究范式。只是到了本世纪60年代,实验法才成为主要的研究方法。

在这一时期社会性发展的实验研究中,班杜拉为代表的社会学习理论对儿童社会行为的实验室实验研究最具特色和典型意义,代表着这一时期社会性发展研究的主要范式。众所周知,班杜拉认为儿童行为获得的主要机制是模仿和强化。在60年代,班杜拉研究的重点是儿童的模仿问题。在一项研究中,他和他的同事对有关模仿发生的三种理论假设进行了比较,这三种理论分别是:地位羡慕假设、社会权利假设和次级强化假设。第一种理论认为,儿童模仿那些消费着儿童羡慕的资源的人;第二种理论认为,儿童模仿那些控制着他们渴望得到的资源的人;第三种理论认为,儿童模仿那些给予他们所希望得到的资源的人。为了检验这三种理论,研究者让幼儿园的儿童到一间"惊讶房间"(surprise room)来。在这里,儿童会遇到两个成人。成人要么有糖果、有趣的玩具和其他吸引儿童的物体(代表社会权利和次级强化条件),要么他会得到上述东西(代表地位羡慕条件)。在次级强化条件下,成人还把这些东西送给儿童。然后,成人做出各种不同的行为给儿童看。研究者观察儿童模仿哪些行为。结果表明,儿童在"地位羡慕"条件下的模仿少于其他两种条件。

实验室实验由于可以对无关变量进行严格的控制,因此研究的内部效度和科学性通常较高。同时，由于实验研究中研究者可以对变量间的因果关系进行推论，因而，这种方法可以对儿童心理发展的机制进行深入的解释性研究。这种方法在本世纪60年代和70年代早期极其盛行，成为社会性发展研究中的主导方法。然而，随着时间的推移，实验室实验的人为性的弱点日益暴露出来。70年代早期，人们对这种方法的质疑和批评日益增多。这些批评主要包括以下三个方面：

1. 实验室实验缺少生态效度。由于实验室实验是在人为环境中对两种变量之间的关系进行考察，因此，在这种情境中观察到的变量之间关系与实验室所欲模拟的真实情境中的事件之间缺少一致性或相似性。著名的生态学家布朗芬布伦纳（U. Bronfenbrenner, 1979）曾对这种研究方法存在的问题提出了严肃的批评，指出它是"在尽可能短暂的时间内由陌生的成人在陌生的情境中研究儿童陌生的行为"。由于实验室实验缺少生态效度，因此，通过实验室实验得出的结论对于理解自然情境中儿童的社会互动的价值就受到影响。例如，在儿童真实生活中，儿童与父母的互动通常具有较强的情绪色彩。这种真实的情境在实验室陌生的实验者和儿童的交往中是难以模拟的。因此，尽管实验室实验可以对儿童简单的知觉和认知过程进行有效的研究，但在研究儿童的社会行为和社会互动方面无疑具有很大的局限性。因为在这类研究中，作为研究对象的儿童不可避免地要受到实验效应的影响。同时，儿童对实验的期待和认知也必然使其难以在实验室中作出自然情境中的反应。然而，矛盾的是，实验研究的目的又恰恰在于理解儿童在真实情境中的自然或真实的行为与社会互动。

2. 实验情境不适合于研究儿童的社会互动，因为在这种情境中缺少真实情境中儿童社会互动中存在的相互性。当代发展心理学家均已认识到,儿童与成人之间的互动是双向的。即不仅儿童受成人的影响,同时儿童也在影响着成人。但是在实验室情境下,儿童完全处在成人的控制之下。

3. 在实验室条件下,儿童与实验者之间缺少真实生活条件下儿童与父母或教师等成人之间所存在的复杂的情感关系。因此,他们在实验情境中的行为会发生变化。

(五) 现场实验

现场实验是在儿童真实的社会生活环境中(如家庭、托儿所、学校等)进行的实验。它在一定程度上可以说是实验控制与研究的生态效度之间折衷的产物。在现场实验中,研究者可以对自变量进行操纵,尽可能地控制无关变量,进而对它们的效应做出评定。

70年代以来,不少研究者利用现场实验的方法对儿童的社会性发展问题进行过研究。例如,在儿童道德与亲社会行为发展领域,亚罗等人(Yarrow et al, 1973)对儿童对他人的亲社会行为的模仿问题以及成人与儿童之间的良好情感关系是否会促进儿童的模仿问题进行了现场实验。这一问题提出的背景是,有关研究发现,虽然儿童确实会在实验室情境中模仿他们接触到的榜样行为,但儿童与成人之间的积极情感关系并不能使这种模仿增加。这种现象产生的原因是什么?是有关理论(如社会学习理论的模仿说和精神分析理论的认同说)的错误?还是实验室实验这种方法不能对这个假设做出准确的检验?为此,亚罗等人决定用现场实验的方法对这一假设进行检验。在研究中,实验者把幼儿园儿童分派给女教师,在为期2周的实验期间,让一些女教师对儿童很热情、主动,而另一些女教师对儿童很严肃、冷淡。然后在一种条件下,教师做出一些关心遇难的动物和人(以微缩画代表)的亲社会行为给儿童看(给儿童作示范)。在另一种条件下,教师把这种表演和真实情境中的助人行为结合起来作为对儿童的示范。研究结果发现,在教师把表演训练和真实的助人行为结合起来,而且教师是对儿童热情主动的条件下,儿童的利他行为明显增加。亚罗等人的这个现场实验证明了与儿童之间具有积极情感联系的成人的榜样行为能够增加儿童的帮助行为。

三、非实验性数据因果关系推断的方法

伴随非实验法的大量采用以及与此相应的研究思路的生态化趋势而产生的一个难题是对研究变量之间的因果关系的推断问题。例如,儿童行为变化是由哪些相关变量引起的?两个相关变量是否是由未被测量的第三个变量引起的?尽管实验方法本身存在很多缺点,但其最大的优点在于它能够使研究者有机会对变量间的因果关系作出推论,而这一点则是其他方法所不具备的。

为了解决这些问题,近年来研究人员提出了一些新的方法手段,利用这些方法手段可以对用非实验方法收集到的数据在一定程序上做出因果推论。

（一）短期因果关系的推断

在对社会互动中的个体进行观察时,研究者经常需要确定一方所表现出的行为如何直接激发或导致另一方的行为反应。这就涉及行为之间的短期因果关系问题的推论问题。当前研究者在这一问题上的最常用的方法是计算行为发生的条件概率。如果某一特定的反应之后另一反应的频率高于期望发生的频率,在后一反应的基线概率确定的情况下,则可以认为前一种反应促进和激发了后一种反应。例如,在对家庭情境中儿童行为的观察中,如果经过较长时间观察发现,儿童的攻击性行为在所观察到的全部行为事件所占的比例小于1%（基线水平）,假设在观察过程中研究人员发现,被观察儿童每次在受到来自其他家庭成员的攻击之

后,其攻击性行为发生概率增至5%,那么,就有证据认为,攻击导致了攻击,即打、叫喊或其他敌意性行为是以相互的方式发生的。

运用这一因果推断程序可以沿着一条时间线对互动双方行为的实际结果作出考察。即描述出父母与儿童互动行为发生的时间顺序:父母行为A→儿童行为B→父母行为C→儿童行为D。研究者可以任意指定其中的一个行为作为标准反应(R),这样其前面的行为便成了该反应的前提条件(A)。通过把A之后R的实际发生率与R的基线水平进行比较,就可以确定A是否促进了R或者是影响R的因素之一。从而把A的效应探测出来。

林顿(Lytton,1980)利用这一方法考察了在服从和依恋方面父母行为对儿童行为,或儿童行为对父母行为的直接影响。其研究结论是,父母的控制(命令、禁止、建议和说理)对儿童的服从和不服从有着显著的影响,但是,儿童的服从或不服从结果对父母的后继行为的影响要少得多。具体表现为,虽然儿童的不服从会增加父母使用一些控制方式的可能性,但在儿童表现出服从之后,父母的不同的行为仍保持其基线比率的等级水平。而在儿童依恋行为情形上则与此大相径庭,在这种互动中,儿童的行为与父母的行为在同样程度上控制着双方的互动,儿童行为的作用甚至远大于父母。母亲是根据儿童的愿望与要求作出反应,另一方面,儿童的反应受母亲行为的影响要小,除非这些行为具有消极的特点。

这种方法使用的局限性主要表现在两个方面:

1. 它只能使研究者鉴别出标准反应的直接引发原因。例如,通过这种方法我们可能会发现儿童对伴随着惩罚威胁的命令所作出的直接反应是服从。而威胁性惩罚的长期效应很可能恰恰相反。因此这种方法不能对行为的长期效应做出评估。

2. 在建立这种关系中遇到的另一问题是行为的持续问题。即在一个反应之前发生的行为很可能在该反应之后又发生，因为其具有连续性。例如，儿童哭，得到安慰，而安慰之后他还会哭，这仅仅是因为哭是婴儿的一种连续性行为。因此，不能下结论说，哭是儿童对安慰的反应。

（二）长期因果关系的确定

1. 交叉时滞平面分析（CLPA）

如果研究的目的在于确定某一变量的长期效果（影响），研究者就可以采用交叉滞后平面分析技术（cross-lagged panel analysis），缩写为"CLPA"。

在"CLPA"中，研究者在两个或更多的时间点上对两个以上的变量进行观测。假设我们研究的问题是：是儿童在学前期时父母身体惩罚这种教养方式造成了其青少年期攻击行为，还是儿童的攻击性行为迫使父母采用身体惩罚的方式以使其服从？研究者需要分别在学前期和青少年期对儿童的攻击和父母的管教同时进行两次测量（T1 和 T2）。如果是父母的管教方式导致了儿童的攻击，则 T1 测得的父母管教方式与 T2 测得的儿童的攻击之间的相关就应高于 T1 测得的儿童的攻击与 T2 测得的父母管教之间的相关。

近年来不少研究者利用 CLPA 对用非实验的方法收集到的数据进行因果关系的推断。其中一个著名的范例是修司曼等人（Huesman et al, 1972）对儿童早期的电视暴力的偏爱与其后来的攻击性之间的关系的研究。其数据分析结果见图（1-5）。

从该图中可以看出，三年级时儿童对电视暴力节目的爱好与十三年级时儿童的攻击性水平之间存在显著的正相关，而三年级的攻击性水平与十三年级时对电视暴力节目的偏爱之间的相关则不显著。这个相关模式在一定程度上支持了儿童早期对电视暴力节目的偏爱是其攻击性行为产生原因的假设。

在使用该方法对变量间的关系进行因果推断时,它要求所测量的变量必须具有相同的跨时间的稳定性。这是该技术在使用上存在的主要局限性。

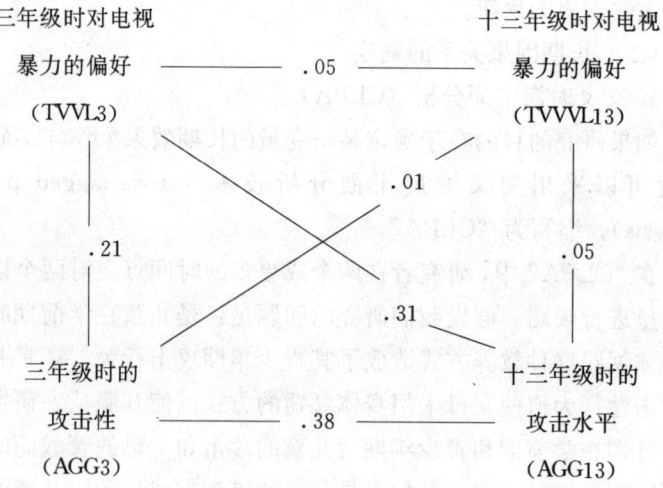

图1-5　儿童早期对电视暴力的偏爱对其后来攻击性影响的CLPA

(资料来源:Huesman, L. R., Eron, L. D., Lefkowitz, M. M., and Wallder, L. O. Television violence and aggression: The causal effect remains. 1973, 28: American Psychologist, 617~620)

2. 路径分析

因果关系模型是研究者在考察变量间的长期关系的性质和方向问题时采用的另一种方法技术。这一方法要求研究人员首先建立一个关于这些变量间关系的理论模型。如果该模型与数据拟合度不好,则可以据以确定变量之间不存在因果关系。路径分析是最常用的因果关系模型之一。它要求研究人员根据以往的研究结果和自己的理论构想，为所测量的一组变量之间因果关系建立起一个假设的模型，通过一组结构方程把模型表达出来，并绘制路径图（见图1-6）。图中的箭头表示一个变量对另一个变量的影响。然后，利用多元回归分析对结构方程的参数进行估计，这样就可以确定该模型的有用性。

挪威心理学家D. 奥维尤斯（Dan Olweus，1980）利用路径分析技术对家庭和儿童气质因素对儿童攻击的影响进行研究（见图1-6）。

图1-6描述了儿童4.5岁时母亲的消极态度（否定）、儿童早年的气质、母亲对儿童攻击的允许（放任）、父母对儿童使用惩罚的管教方式及其结果变量（男孩在小学六年级时的攻击X_5）之间的因果关系。由于研究者认为，儿童的气质与母亲的消极态度（否定性）之间不可能存在任何因果关系，所以没有进行回归分析，并用双箭头曲线表示。

图1-6是一个递推性模型，也就是说，尽管研究者在分析中使用了非递推程序，因而可以对变量间的相互性影响做出考察，但是，该模型中所涉及的变量都不存在相互影响性。路径分析中的偏回归系数是根据从六年级男孩收集到的数据计算出来的。

奥维尤斯利用从九年级儿童样本收集到的数据对该模型准确性进行评定，发现该模型中的相关系数与从后者计算出来的相关系数之间存在着极大的相似性，由此可以证明，该模型在理解儿童攻击的前提条件方面是一个有用的模型。

（六年级样本，$N=76$，$R=.579$，$R2=.335$。单向箭头线上下的数值为标准偏回归系数，它代表在其他变量恒定的情况下一个变量对另一个变量的影响。）

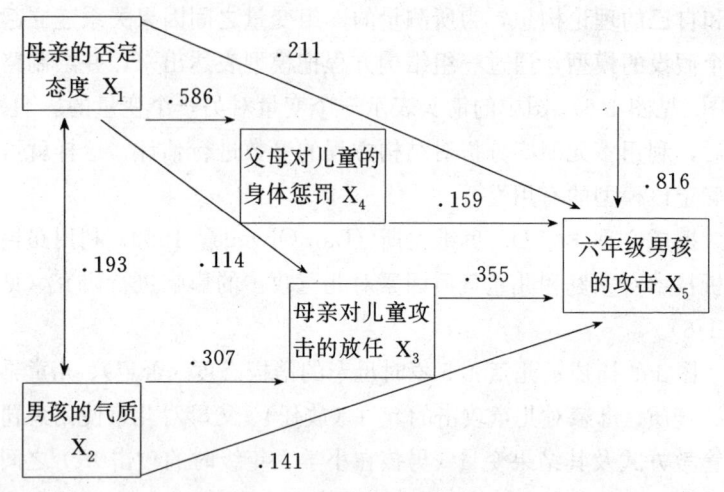

图1-6 调整后的因果关系路径图

（资料来源：Olweus, D. Familial and temperamental determinants of aggressive behaviors in adolescent boys: A causal analysis. Developmental Psychology, 1980. 644~666）

3. LISREL 技术

与路径分析相比，LISREL 是可以对变量之间的关系作出因果推断的一种更为复杂的关系模型。它需要在分析过程中对潜变量（latent variables）作出估计。该方式主要运用于大样本调查所获得的数据。在对某一特定的现象进行了众多的测量之后，首先要对它们进行聚类以确定潜变量。由于潜变量是以多项测量为基础的，所以与任何某一测量相比它就具有更高的可靠性。然后，研究者对于各潜变量之间的关系提出一个理论上的构想模型。该模型要包括研究者提出的关于变量之间影响的方向的假设。然后通过计算机程序对这一因果模型的参数作出估计，利用 X^2 检验对构想模型与观察数据之间的整体拟合程度进行评定。修司曼

(Huesman，1984)等人曾运用 LISREL 技术对 8 岁到 30 岁之间个体攻击的稳定性问题进行过考察，由于他们对攻击的测量不是很可靠，而且在不同时间对儿童的攻击使用了不同的测量方法，所以有必要对代表"攻击特质"的潜变量的结构模型的参数作出估计。图 1-7 所示统计结果表明，儿童当前的攻击对其以后攻击具有很好的观测效果，也就是说，攻击是一种个体稳定的特质。

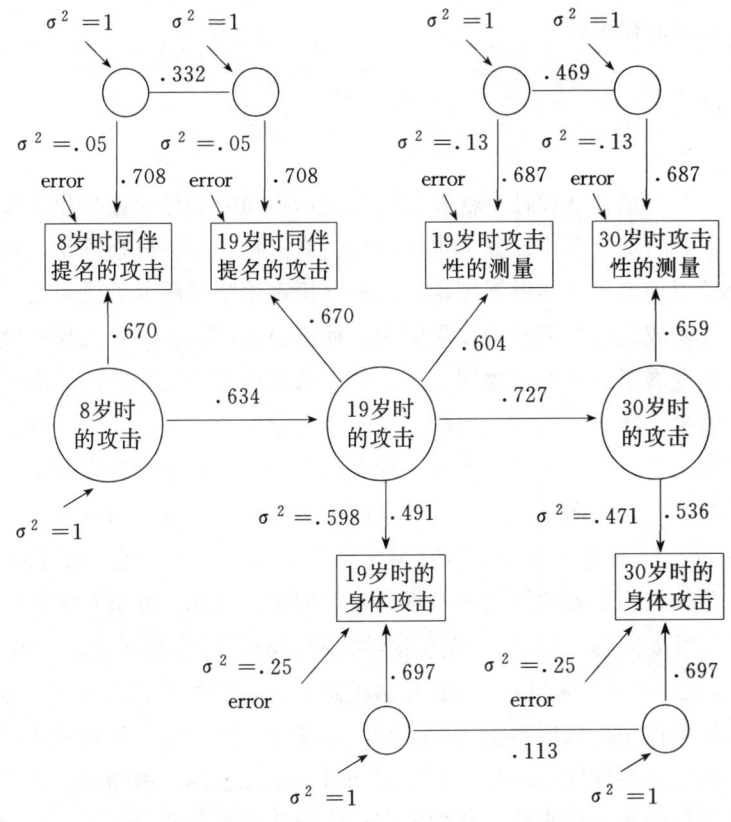

图1-7　一个表示被试在22年中攻击性的稳定性的结构模型

图中的大圈代表攻击这一潜变量，矩形代表攻击的实际测量（如同伴评定、被试配偶对其攻击性的评定、被试对子女惩罚的严厉性、交通违章事件数）。这些测量共同构成对被试攻击特质的测量。较小的黑圈代表显变量（manifest variables）的测量及其测量误差。利用实际获得的数据与通过 LISREL 计算出来的参数进行比较，发现数据与数据模型有很好拟合（$X^2=2.67$，$df=8$，$P=.95$）。由此，修斯曼得出结论，从 8 岁左右起，个体的攻击具有相当高的稳定性。

小　　结

在儿童人格和社会性发展问题上，不同的心理学派提出了彼此不同的理论观点。其中重要的理论有三种：精神分析理论、社会学习理论和认知发展理论。精神分析理论学派研究的重点是个体人格或动机与情感的发展问题。弗洛伊德认为，儿童人格和社会性发展要经历由生物因素决定的一系列性心理发展阶段，而早期的生活经验对儿童人格的发展起着决定性的作用。埃里克森注意到了社会环境因素对儿童心理发展的影响，他根据在发展的不同时期中可能遇到的个体与社会的冲突来划分儿童人格的发展阶段，而且，他把个体的心理社会发展看作是一个持续终生的过程。以班杜拉为代表的社会学习理论研究的重点是儿童社会行为起源及其发展问题。该理论强调观察学习和经验在行为发展中的作用。但是自 70 年代末期以来，它开始注意到自我及个体的认知对行为的调节作用。从根本上讲，认知发展理论本身不是一种直接探讨个体社会性发展的理论，但是它却对儿童社会性发展的研究产生了深刻而久远的影响。认知发展理论强调认知发展是儿童社会性发展的前提，强调行为与认知之间的密切联系。更为重要的是，该理论反对把儿童看作社会化的被动接受者，强调儿童在对环境适应过程中的主动性，认为环境的力量只有在适合儿童当前认知发展水平的条件下才对儿童的发展有意义。认知发展理论的这些观点极大地改变了人们关于儿童在社会化过程中的作用的看法。

习性学、发展心理生物学和生态学关于儿童社会性发展的理论观点反映了儿童心理发展理论探讨的一些新趋势。习性学主张从进化论的角度来看待儿童的社会性的发展，强调在儿童生活环境中研究儿童的发展问题。发展心理生物学家主要探讨有机体的生物与经验之间的相互作用，认为成熟和经验在个体的发展中是交织在一起的。布朗芬布伦纳提出人类发展的生态学模型强调在儿童生活于其中的、真实的社会生态环境中研究儿童的发展问题，并把社会生态环境划分为4个子系统。

尽管当代社会性发展理论模型的建构正呈多元化发展，但是一些基本问题仍为人们所普遍关注，成为当前社会性发展研究中的理论主题。这些问题包括：认知、情感与行为的关系；生物与环境；个人与情境；儿童的社会互动；个人与社会系统。但是在这些问题上，心理学家的认识已发生了巨大的改变。80年代以来，儿童社会性发展的研究呈现出一些新的趋势，主要表现为：(1)强调理论与实践的结合；(2)强调儿童在社会化过程中的主动性；(3)研究课题从分离走向整合；(4)重视在不同水平上对儿童发展的分析。

简言之，发展心理学要研究两类问题：(1)儿童的心理和行为如何随年龄而变化？(2)导致儿童心理、行为发展变化的原因是什么？为了回答这些问题，心理学家通常采用两类不同的研究设计：横断研究和追踪研究。近年来不少研究者开始采用区组顺序设计。儿童社会性研究的数据收集方法主要包括：观察法、访谈法、测验法、实验室实验和现场实验法。鉴于实验室实验固有的缺点,越来越多的研究者开始采用非实验的方法来收集数据。为此研究者创立了若干方法程序来解决这类数据的因果关系问题。这些技术主要有基线概率法、交叉时滞平面分析、路径分析和LISREL技术。

讨 论

心理学是否处于前解释阶段

麦考尔(McCall,1977)认为,为了取得与物理科学相同的地位,心理学在其科学进程中省略了一个基础阶段。在对研究的现象进行解释之前,首先必须对有待解释的现象做出鉴别。任何一门科学在进入解释阶段之前首先要经历一个描述研究阶段。他批评说,尽管心理学通过广泛采用实验方法在近几十年中取得了快速的扩展,发展心理学仍然对儿童的自然的发展过程缺少深入的实质性的研究。麦考尔认为,发展心理学的知识如果与儿童在真实的邻里中的、真实的家庭中的成长没有相关,便毫无价值。美国心理学家布朗芬布伦纳也持同样的观点。在麦考尔看来,最根本的问题之一是"能够"(can)与"实际能做"(does)的问题。过去几十年中发展心理学的实验室实验无疑向人们提供了关于什么条件可以产生那些特定结果的知识,然而问题在于,在真实的生活中,这些条件是否真正地导致了某些特定结果的产生?毫无疑问,儿童会模仿那些有力量并控制着吸引他们的资源的人,但是这是否就是儿童人格发展的真正机制?在儿童人格的形成中是否还有其他更重要的决定因素?如果发展心理学要为真实生活中真实的儿童发展问题提供答案,那么,它将必须对儿童真实生活中所发生的事件进行探讨。只有在对这些儿童生活中发生的事情做出描述之后，发展心理学才能利用各种方法技术，其中包括实验的方法对其做出解释。

不少心理学家不太喜欢自然描述性研究，而更愿意去从事解释性的研究工作，因为后者能够带来更多智力上的挑战。但是麦考尔认为，心理学家在选择其所要研究的行为、测量的变量、研究被试的年龄，以及开展研究的生态环境方面，必须采取更加经验性的态度。他批评说：我们大多数近期的研究代表着见木不见林的盲目倾向。

有人提出，通过对儿童自然发展的观察，可以确定在什么时候儿童的行为更具可塑性（通过确定发展过程中的一个点，在该点上儿童的行为表现出更大的变异性），同时，所观察到的变量之间的关系能够显示出它们之间的因果关系，尽管这些关系并不总是符合实际，但是却可以对它们进行因果检验。

发展心理学关于实验与观察或描述的争论远未得到解决。当今不少心理学家仍力主，只有通过实验的方法，心理学方可得到最好的发展。但是，正如美国心理学家布朗芬布伦纳指出的那样，虽然我们可以在真空中研究物理客体，但是想在社会真空中对人进行研究要困难得多，因为人类具有一种顽皮的习惯，他们会立刻把真空充满意义。

第二章 社会性发展的遗传与生物基础

人类的发展受两种因素的影响与制约,其一是文化与学习,它们构成人生存的外部环境因素;其二是进化与环境因素,它们在总体上构成人类发展历史的、潜在的动力机制。这两类因素并不是各自孤立的,而是在个体与物种发展历程中交互作用并整合的。习性学、心理学、行为遗传学和社会生物学等学科力图从各个角度解释这种交互作用的机制。其中社会生物学强调基因在人发展中的作用,产生了较大的影响。虽然对社会生物学观点仍存在着广泛的争议,但近年来从生物学的视角观察人的行为尤其是社会性行为,却为许多人所接受。

社会生物学认为,个体发展的差异受生物因素的影响,这种生物性影响因人而异,它制约个体适应能力发展的程度和性质。实际上是认为人生而具有不同的生物基础,个体的可塑性并不是无限的。本章旨在探讨社会性行为(如微笑、拒绝与母亲的分离、陌生恐惧、友善性等)的生物机制,阐明生物因素与环境影响的关系。全章共分三部分,首先讨论进化与人类普遍特征的生物适应性;其次讨论个体行为差异的生物影响因素;最后探讨生物环境即产前生理与化学反应的影响。

第一节 进化与生物适应

进化科学认为,生物机体的发育有其特定的基因基础及与之对应的外部性状表现,即基因型与表现型。前者是控制生物性状的基因组织,它构成机体发育的内部因素;后者则是基因型与环境相互作用所造成的性状的具体表现,它是可以观察和测量的。外部环境必须通过基因方可实现对机体遗传性状的影响。

物种经由进化而发展,进化有其特定的驱动机制,而自然选择尤为重要。它倾向于保留那些最有利于物种生存延续的基因型的变异,从而增强适宜性(fitness),即提高物种生存和繁殖的机会。另一方面,任何增强适宜性的行为都是适应性的,对特定环境的适应性行为会因环境的变化而失去增强适宜性的功能。虽然由于适应性与适宜性观念基于自然选择的理论之上,而使进化中的变异与适应难以由实验加以确证,但化石研究充分证明,进化确实推动了人类的发展。进化使人类保留了与其他物种的行为模式的相似性或连续性,同时又使人类行为表现出自身独特性。与其他物种相比,人类的行为具有更高的社会性,它在很大程度上服务于语言和文化传递的目的。而且其行为模式较其他物种具有更强的可塑性,更易受文化技术因素与学习经验的影响。进化科学提供了一种考察人类行为的新视角,即主要从进化意义上研究人类行为,文化被纳入进化机制加以考察。而我们更习惯于从进化与文化两个水平上对人类行为进行分析。

一、适应性的进化

人类今天的社会特性与智能品质是在长期进化过程中不断适应、调整的结果。众所周知，人是数百万年前由类人哺乳动物进化来的，人类的许多性状因具有较强适应性、更有利于个体与物种的存续发展而被保存下来，如母亲在亲子关系中的稳定地位就可能是适应性进化的结果。对比研究表明（Jones，1972），哺乳频率与乳汁的蛋白质含量呈负相关。人乳的蛋白质含量较低，母亲只有经常（高频率）喂养方可满足婴儿的食物需要，因而这种较高的喂养频率对于人类的存续发展是适应性的，它客观上需要母亲经常在场，以保证稳定的食物供给。但我们难以确定人乳蛋白质的低含量与母亲经常的乳汁供给哪个首先出现。

人类的这种适应主要是通过基因进行的。自然选择对人的基因而非直接对个体的人发生作用。近年来的研究发现，个体可能以降低自身生存和繁殖的机会为代价而使拥有相同基因的其他几个个体得以生存和繁殖，以使整体适宜性达到极致。在此意义上，自然选择是以亲缘选择而非个体选择的方式进行的。

由此可见，女性养育携带其基因的自己或亲属的后代才是有利的，而照看其他妇女的后代则不符合自身的利益，在某些情况下甚至会舍弃或伤害与其没有血缘关系的后代。与此相应，儿童则更倾向于在早期表现怯生和对母亲的依恋，这些行为有利于儿童自身的生存与亲代基因的延续，因而是适应性的。而且，由于自然选择在亲缘群体水平上进行，因而进化倾向于将个体结合进小的家族群体中去。由此，个体间更能在养育后代与保护自身方面相互帮助。考古学研究证明，早期人群一般包括12～50个人，其中大部分有血缘关系。

尤其值得一提的是，人类性状的适应是相对于特定的环境而言的,在进化环境发生变化后,与该环境相应的某些性状就不再具有适应性或具有不良适应性。新的环境客观上要求与之相应的新的性状的产生。在此意义上,性状的进化很大程度上取决于环境长期而稳定的变化。某些由进化力量促成的人类性状是适应于100万年或50万年前狩猎和采集生活环境的,而现在已不再是适应性的。如人类对性的迷恋曾适应了物种延续和更新的需要,但现在它已不再是物种存续的必要条件。人对变化的生活环境的适应主要通过社会与技术的革新(如避孕)而非基因物质的变异来实现。性与生殖的分离可能导致性行为与家庭结构及妇女社会地位的改变,而这又会影响儿童的经验与发展。

人类在过去200万年左右的进化历程中具有决定意义的适应性进化是:(1)由用四肢走路到直立行走的转变;(2)大脑两半球的分工及随之而来的以工具使用与符号应用为标志的社会技术方式的出现,进而表现为文化的进化;(3)父母对儿童养护期的延长。它们都服务于人生存发展的目的,而后二者最为显著。

(一)人脑的进化

人脑体积的历时性发展充分说明了进化尤其是生理进化的基本机制。相对而言,在漫长的生物进化史中,作为人类祖先的灵长类动物较其以下的物种有着更灵活的反应系统。其他物种依赖于由固定的基因结构所控制的共享(栖息地与防护区等)机制、抵御机制及相应的符号系统,生物意义的成熟是其有效存续的根本,这决定了它们的反应缺乏灵活性。而灵长类动物则开始通过学习而获取有利的生态地位,进而对脑体积的增大提出了需要。

研究发现,在过去3万年左右的时间里,大脑的体积没有增长,这极可能是社会结构与文化技术的缓慢发展消弥了脑体积继续增大的必要性。原始人类通过学习语言与文化规则使应付自然的能力日益增强,从而减缓了选择的压力,自然选择对人脑体积增大的要求大大降低。

大脑两半球的分化与体积的增大是进化的结果,而它又反过来极大地影响了人类自身的发展。一方面,它通过刺激个体间的相互合作,促成了生活社会化程度的提高和语言的产生,迎合了大规模原始狩猎的需要,进而促使基因发生变异,为个体间进一步的社会性协作创造条件。同时,智能的提高不仅能使人有效地制造和利用工具,而且能有效地利用语言符号系统;另一方面,由于脑体积的增大与功能的复杂化,使其所需的发育期相对延长。而直立行走导致女性生理结构的变化尤其产道变窄,胎儿必须较早降生方可确保安全,这使脑的发展与成熟大部分要在子宫外完成,从而增强了婴儿对父母的依赖,导致父母养护期的延长。

(二)亲代养护

儿童养护期的延长引发了一系列的"连锁反应",它客观上要求具备适应性的行为策略,而这又直接导致新的种内矛盾的产生。

首先,儿童养护期的延长促成了家庭规模的缩小。养护期的延长意味着养护资源(时间、体力、精力)耗费的增多,原来拥有众多子女的家庭必然导致有限资源分配的矛盾的加剧。

其次,整体适宜性原则导致亲代与后代生物利益的竞争。它通过协调个体间甚至损害某些个体的生存利益而使种族的基因得以保存和传递。由于家庭养育较少的子女,其亲代基因得以遗传的机会大为减少,从而大大削弱了整体适宜性。虽然由于后代成活率的上升而使繁殖本物种基因的机会提高,但这更主要地来自婴儿通过学习对变动环境的灵活适应。为了增强整体适宜性,需要抚养较多的子女以提高自身基因成功传承的机会。因此,当父母为确保自身基因传承不再把所有的资源集中投入到某一子女(尤其较大儿童)身上,从而与该儿童对养护资源投入最大化的期望发生抵触时,亲子间及子女间生物利益的冲突产生了。在此意义上,主要是父母的进化适应性行为而非儿童自身的原因致使子代与亲代关系日渐疏远而获得独立。对猴子的研究得到类似的发现。当然,人类文化与个体自身的因素也起作用,但问题的关键在于,父母的行为可在生物层次上加以解释。

(三) 不同父母行为的适应性

从进化的观点来看,不同的父母行为模式是生物适应的结果。父母的社会地位在很大程度上决定了其养育子女的行为模式。生物界的规律表明,生物个体的行为与其所处的"生态位"是相应的。对狒狒的研究发现,地位较低的母亲更倾向于对狒婴采取"限制型"的对待方式,而地位较高的母狒狒则往往允许狒婴有更大的独立性。人类亦然,对处于较低阶层的父母来说,限制型行为可能是适应性的,而对于社会地位较高的父母而言,放任型的抚养方式可能具有更大的生物适应性。有研究发现,下层社会的父母更具有限制性,更期望直接的服从。此类行为可由各群体所处的生态位或"小生境"来解释。

生物适应还使父母养育资源的投入出现性别差异。对人类而言,通常对男孩的投资多于女孩,从进化的观点来看,这可能是由男性更强的生殖潜能促成的适应性结果,因为这种潜能可大大增强种族基因成功传承的可能性。这同样可由文化传统赋予男性的更大的社会价值来解释。

自然选择使人类的性别角色明显分化,同时促成了用于增强这种性别角色的父母尤其是母亲的养育方式。海德等人 (Hinde, et al, 1983) 研究发现,4 岁时腼腆的女孩较不腼腆的女孩与母亲有更积极的人际关系,而腼腆的男孩较不腼腆的男孩与母亲有更消极的人际关系,母亲更易于接受女孩而非男孩的羞涩。从进化的角度来解释,女性羞涩与男性缺乏羞涩一样可提高繁殖成功的机会或可能性,因而都是增强适应性的人格性状。但应该指出,性别角色分化的倾向与社会期望相一致,而与繁殖成功的相关程度仍然无法具体确定。

(四)文化的进化

就文化的生物学意义而言,生物进化是文化发展的基础与基本动力机制,文化作为进化的结果又反作用于进化。二者关系的本质是生物因素与社会环境之间的辩证运动。

首先,进化创造了文化赖以发展的生物前提。与其他动物相比,人类发达的大脑与特定的机体结构(如语言赖以产生的发音器官)使人类婴儿具有"可教性",可以通过学习增强适应环境的能力。低等动物只能通过生物遗传传承性状,而只有人类发展了文化,能通过生物学遗传和社会文化的双重机制使适应性性状得以保存。"人的才能的发展和文化的流传也要取决于特殊的生物学的适应性,这些适应性就是大脑的发展、舌和其他语言器官的发展、直立的姿势和灵巧的手。人的身体从根本上说是很一般的,但上述这些适应就使他特化到能发展出文化。"

另一方面,文化又推动着进化。从人类学意义上说,"文化指人类经过教育而进行的全部事情的结果而不是某种天生的行为"。这种结果的积累在人类的深层进化中发挥必要作用。那些与文化发展相一致的个体或群体更适于吸收新的交流方式与工具使用方法,他们较那些不能适应先进文化者更具有选择的相对优势。"进化要求个体适应群体生活的需要,使那些最能适应的个体具有优势。"

总之,生物因素与文化以不同的方式在人类进化中发挥作用。正如威尔逊(Wilson,1978)指出的,文化的进化是拉马克式的,通常很快;而生物进化是达尔文式的,通常极慢。遗传学家多布赞斯基(引自 Wilson,1978)则认为,基因在人类进化中的首要位置已为一种非生物性的动因——文化所取代。然而,不应忘记,该动因（在生物进化意义上）反过来又依赖于人类的基因型。前已形成的文化构成人类进化的社会性环境动因，它必然要通过基因的变异而使某些适应性性状得以传递。因此，基因型对进化具有潜在的决定作用。

（五）社会适应性行为的生理机制

面对特定的刺激情境，个体为何能表现出特定的社会性反应？在具体的社会抚养环境中，人类的个体又为何能表现为一致的行为模式？这不仅与人类宏观进化历程有关，而且与机体生理特点尤其脑和腺体的活动密不可分。简言之，人的社会性行为是生理机制、尤其是脑与腺体的活动与环境因素相互作用的结果。

某些社会性行为与饮食、性等基本生理行为一样，都因其能确保人类的生存与和谐而被保存下来，这些具有特殊适应性的社会性行为模式经过数十万年的进化已"嵌进"我们的基因结构，从而使人类在某些特定时期能"自然地"表现出来。如婴儿的依恋行为，因其能提高婴儿生存的机会而在进化过程中逐渐模式化，整合进人的基因，因而在社会性刺激充分的条件下，婴儿的依恋就会"自然"地展开。而与具体情境相应的社会性反应是高级神经系统、尤其是脑与外部刺激以一种极其复杂的方式相互作用的结果。刺激情境构成行为产生的外因，它起着"激活器"的作用，激活进化过程中形成的某些基因程序，进而启动相应行为。雄性刺鱼可因另一雄性刺鱼进入其领地而发起攻击，同样，人类的攻击性行为也可因目标受阻激起。

研究表明，社会性行为与情绪的基本生理机制是下丘脑。它位于大脑皮质下的基底部，对于自我保护与个体基因程序的激活具有核心作用。它不仅控制着饮食、性等生理行为，而且支配着脑垂体的活动。它还控制情绪性行为，并在很大程度上决定个体在特定刺激情境中的攻击性反应的发动或抑制。

腺体的活动构成社会性行为的另一种生理机制。它使人能够及时有效地对危险信号作出反应。危险信号首先激活体内的压力——反应程序，使肾上腺释放肾上腺素进入血液，并使人产生恐惧或焦虑，从而进一步增强机体的抵御或逃离反应。大脑中还存在着另一些神经细胞，能传递一种类似于肾上腺素的物质，进而导致机体的攻击与防御行为。

二、生物适应性行为及其调整

前面，我们讨论了适应性行为的历时性发展，即行为的进化基础与前史。而人类的哪些社会性行为有其生物基础，或者说是在进化历程中被预先编程的？罗西（Rossi）提出了判定社会性行为受生物因素影响的4个标准：(1) 社会性行为与某些荷尔蒙的分泌之间具有稳定的相关；(2) 该行为（模式）在受主要社会化影响之前的幼儿身上已经存在，即与社会化影响之间具有低相关；(3) 该行为（模式）具有跨物种的稳定性；(4) 具有跨物种的显著相似性，尤其表现于人类与其以下的高级灵长类之间的相似性。帕森斯（Parsons）进一步指出，只要有两条符合，就可以认为该行为有可能存在生物因素的影响。

新生儿的许多行为是有其基因基础或被预先编程的，但行为的发展及其具体表现形式却深受环境的影响。基因决定行为发展的基本倾向及行为表现的基本模式，而环境则对行为起一种"异化"作用，促使行为发生某种程度的"变异"以达到机体与环境之间的平衡。这就需要机体能动、有效地调整自身行为。

机体首先是一个生理意义上的自我调节系统，有研究指出，机体具有一种天生的补偿倾向，以确保自身的发展不过分偏离或返回正常的发展轨道。这就是一个"贯通"的过程。经过一段时间的营养不良，体重可以恢复正常，即是"贯通"的典型例证。

同时，机体又是心理或社会意义上的自我调节系统。婴儿很早就表现出良好的行为调整能力。他们能在特定场合或背景下作出合适的反应。如吮奶是一种生物适应性行为，在不同哺乳情境下，婴儿能表现出不同的反应。当母亲发出喂奶的信号时，婴儿会主动调整自身的姿势以适于喂养。

简言之，个体按照基因程序的逐步展开，而在特定的时期表现出特定的行为模式，环境作为一种外在动因驱使个体作出某些具体的调整以达到自身与情境之间的平衡。由于这种内在的调节机制，机体能够实现某种基因程序的"守恒"，即将某种严重偏离基因程序的状态恢复到"正常"。从社会启动者、怯生与依恋、亲社会行为与攻击行为及其他一些社会性反应形式的产生与作用机制可以管窥人类某些社会性行为的生物适应意义及其在进化过程中的调节。

(一) 社会启动者

社会启动者是指特定条件下激起或启动动物某种社会性反应（包括人的真正意义上的社会性反应和非人动物的类社会性反应）的特定物种刺激。它是一种典型的生物适应性现象。廷伯根(Tinbergen)对三鳍刺鱼的经典研究表明，雄性刺鱼会对侵入其领地的红腹刺鱼模型发起攻击，而对非红腹的刺鱼模型则没有表现出攻击性反应。显然，红腹构成刺鱼攻击性反应的"社会启动者"。

严格意义上的社会启动者存在于人类社会中，其实质是一种相应于特定生活环境的生物适应性刺激。由于进化的原因，这种刺激与其所激活的社会性反应之间建立起稳定的联系，并且，这种联系在适应机制的运作下被固化到个体的基因结构中。因而在该类刺激呈现时，会在同一物种中激起类似的社会性反应。

劳伦茨(Lorenz, 1943)假定，人类婴儿聪明伶俐的长相包括娇小、圆胖的脸颊与较大的额头,就是一种社会启动者,它能够吸引成人的爱心和关注,为婴儿的成长作出牺牲。而在早期亲子关系中,人脸是激起婴儿微笑的最可靠的社会启动者。婴儿的哭也是社会启动者性质的行为,其微笑是激起父母的养护反应、建立健康的亲子关系的重要手段,借此儿童能发展起与周围成人的情感联系,并形成对特定个体的依恋。

对人类的个体而言,作为社会启动者的微笑有一个自生理性向社会性发展的过程。在这个发展过程中,生物成熟因素起重要作用。婴儿最初的微笑由消化过程的通畅、身体上的舒适感所引起。到3个月时,已表现出相应于具体情境的社会性微笑。微笑的发展(如微笑发生的时间)具有跨文化的规律性与一致性,这表明微笑有其赖以发生的生理基础。有心理学家研究指出,某些大脑结构的逐步完善如视觉和运动神经纤维的髓鞘化为社会性微笑的产生提供了必要前提。然而,其进一步发展则依赖于成熟与环境因素的相互作用,其中环境事件尤其是社会强化的影响尤为明显。在此意义上,社会启动者并不排斥或否认学习与经验在特定行为形成中的作用。

(二)怯生与依恋

依恋是儿童早期最重要的社会性行为,它在七八个月时已出现。几乎与此同时,儿童还表现出明显的怯生或陌生谨慎,而且在9～13个月之间尤为明显(见图2-1)。

值得注意的是,依恋并非为人类所独有,从低等动物到除人之外的高级灵长类动物都表现出程度不同的依恋行为。劳伦茨很早就描绘了鸟类的"印刻"现象,即鸟类在出生后对移动物体的追随行为。表现出印刻现象的鸟类在以后会稳定地依恋它们熟悉的母鸟。显然,在学习因素尚未发生影响时表现的依恋和追随只能从动物本能得到解释。类人猿如黑猩猩的依恋发展程度更高,

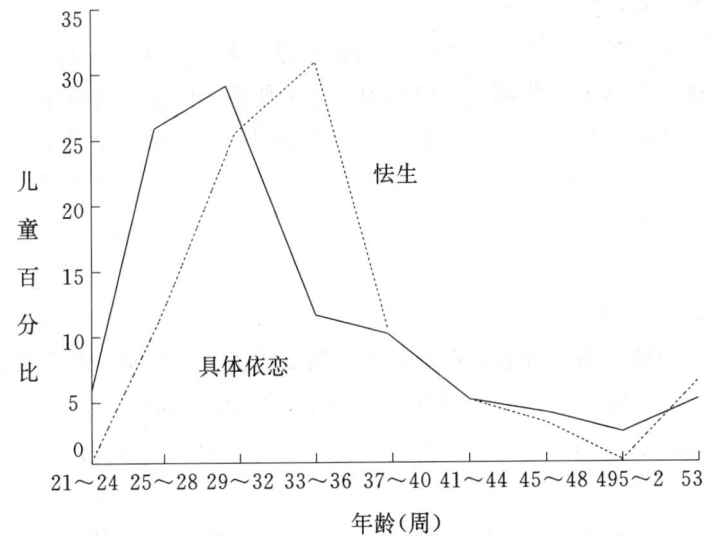

图2-1 具体依恋与怯生开始出现的年龄

（资料来源：Shaffer, H. R., & Emerson, P. E. The development of social attachments in infancy. Monographs of the Society for Research in Child Development, 1964, 29: 3）

它们除承袭了依恋的一般特征外,具有更大的灵活性和可塑性,因而,人类的婴儿很早就表现出的依恋行为是具有深刻的进化根源和生物学意义的。在一定程度上可以说,人类的这种依恋是动物尤其是类人猿依恋行为的"自然延续",是在漫长进化过程中自然选择的结果。

研究表明,依恋和怯生这两种社会性行为的产生和发展具有跨文化的一致性,因而能够从生物意义上得到最好的解释,如怯生的产生很大程度上是第一年末儿童大脑神经纤维髓鞘化的结果。而儿童认知能力的发展及亲子互动同样具有重要意义,而且,依恋与怯生的进一步发展更主要地取决于儿童与母亲及其他养护者的互动经验。

毋庸赘言,在进化意义上,依恋和怯生都是人类适应环境、自然选择的结果,即都是适应性的。它们使弱小的子代能够依靠亲代的养护而生存下来,从而使亲代的基因得以传承。正是由于这种生物学的目的性,才使它们作为一种能够增进种内适宜性的生物适应性行为模式而被固化到基因结构中,被编成基因程序保存下来。

(三)表情

表情作为一种普遍存在的非言语交流方式,近年来得到广泛的研究。早在1872年,达尔文就指出,动物的表情是一种增强适宜性的适应性行为,而人类也存在一套与此相似的非言语交流系统。

表情作为一种适应性行为,具有双重功能。一方面,它通过提供对有意识的情绪体验的感官反馈,即对情绪经验的自我意识和生理感受,执行生物学功能。另一方面,它通过向他人传达特定的非言语信息和意义,影响他人的行为而执行社会功能。它能激起特定对象的特定反应而使个体得到某种外来的支持与动力。婴儿的面部表情会"启动"在场成人的适应性行为,如对婴儿痛苦表情的"查明反应",对悲伤表情的"搂抱反应"等。

表情具有跨文化的一致性。近年的研究一再表明表情的普遍性及其特征的相似性。尤其是跨文化研究发现,不同文化背景下的观察者会跨越具体文化的界限而以相同的方式辨别和解释不同的表情,即使在尚未产生文字的文化背景中也不例外。文化对表情的影响主要在于对不同文化价值下形成的特定表现规则的影响。如有权势的人物在场时,日本人较美国人表现出更多的微笑,表情更拘谨。如果没有这种表现规则的影响,不同文化背景的成员在经历相同的情境时会表现出基本相同的面部表情。

不仅如此，某些颇具成人特色的面部表情在婴儿早期已有初步表现，而其他高级灵长类动物则具有某些与婴儿相似的表情。这充分说明，表情不仅具有跨文化的一致性，而且呈现出某种"先验性"，即在经验产生影响之前即已出现。依据上述帕森斯与罗西的观点，不难推断，表情有其特定的生物基础和进化前史，或者说是预先进行了基因编程的。

表情的发展是一个日趋社会化的过程，随着个体成熟及其社会经验的积累，儿童的表情逐渐由笼统、呆板的本能反应转化为一种有目的的表达特定意义、分化而灵活的社会性行为。达尔文（1872）等人观察指出，婴儿与成人的表情有所不同，婴儿在不适和疼痛时往往低眉、闭眼，而且恐惧、愤怒等表情在6个月之前尚未出现。有人研究了一种表达自信与接受挑战的表情即"优势面孔"，发现该表情最初只是儿童机体内部状态的非自愿的表现，后来由于学习才发展为一种灵活而有意的反应。

（四）亲社会行为

除上述社会性反应外，人们对亲社会行为的研究也由来已久。但在很长的历史时期内，人们更多地是从哲学意义上探索人性的本质与道德的起源，其方法也往往限于抽象的思辩。近30年来，人们开始收集事实，以生物学的观点探求道德与亲社会行为产生和发展的基因机制，试图从基因和遗传的角度作出新的解释。60、70年代兴起的社会生物学是其中影响较大的一个学派，其观点受到习性学家的支持。

社会生物学认为，动物的利他行为具有特定的进化与生物基础。人类作为类人猿进化的结果，其道德与亲社会行为是动物利他行为的自然延续。这类行为与个体的利己行为一样，具有生物适应意义，因为，个体为群体作出的自我牺牲确保或提高了种族存续及其基因传承的机会。在此意义上，社会生物学家威尔逊

(Wilson, 1975)指出,人类的道德行为包括协作、助人及其他的自我牺牲和亲社会行为都植根于种系的基因遗产之中。

社会生物学观点得到动物习性研究的支持,习性学家观察发现,动物在某些危险情境下能帮助同一种系的其他成员摆脱危险。某些鸟类如知更鸟、画眉鸟在天敌逼近时能够冒着暴露自身的危险,用尖厉的叫声向同伴们报警。蜜蜂、蚂蚁等昆虫表现出更"悲壮"的自我牺牲行为,蜜蜂在蜂巢受到威胁时,常常挺身而出,用蜂刺痛蜇"敌人",而自己却随之牺牲。高级灵长类动物如黑猩猩能与合作捕食的伙伴分享猎物,还能收养失去母亲的小猩猩。

人类在进化中延续了动物这种利他行为模式,从而使亲社会行为具备一定的进化根源与生物基础。新生儿很早就表现出同情的反应,这种在环境和教育发生作用之前的表现表明,人类可能保留了灵长类动物的"情感"基因程序,在特定情境中用以激活利他行为。按照威尔逊的观点,人类的利他行为模式因其有助于适应环境、有利于种系生存而促进了基因的改变,或者说被编进人类的基因程序。

但人的亲社会行为也并非如此简单,环境的影响显得更为重要。儿童道德情感与其移情能力发展的性质、程度和方向与父母的抚养方式尤其是抚养过程中的反应性与敏感性密切相关,而且在儿童认知能力尤其是观点采择能力尚未得到一定发展时,也难以产生相应的道德情感,表现出亲社会行为。道德认知在一定意义上构成道德行为的基础。另外,特定的情感与动机并不等同于亲社会行为(Rest, 1983),不能以此作为亲社会行为的根本标志。尽管如此,强调亲社会行为的进化根源与生物适应意义还是值得深思的。

(五)攻击行为

与亲社会行为一样,攻击行为产生的机制也得到广泛的研究。

在探讨环境影响的同时,基因在攻击行为中所起的作用也引起了人们的关注。习性学理论与近年来开展的相关研究在一定程度上揭示了攻击行为的基因基础。

习性学家劳伦茨在广泛观察的基础上指出,攻击是人必然存在的本能,是人性的重要组成部分。它具有跨物种的普遍性,与饮食、性和争斗一样都是生物适应性行为,因其有利于种系的存续发展,被编进基因程序而得以遗传下来。种系成员在相互的攻击中优胜劣汰。人有一种攻击他人的需要,它能为环境中的特定刺激所激活,并常以一种"仪式化"的形式表现出来。

显然,劳伦茨的攻击本能论带有较浓的悲观主义色彩,这应引起我们的注意。但近年来开展的有关研究确实表明了遗传因素对攻击性尤其是高攻击性的影响。孪生子研究和收养研究的元分析发现,虽然某种具体的攻击性表现并不遗传,但反社会行为具有中等程度的遗传力(遗传力是性状遗传可能性的指标),暴力、犯罪等严重攻击行为尤为明显。而这种遗传经常在某些气质特征上表现出来,卡塞培(Caspi)等人在新泽兰岛对800名儿童进行的追踪研究表明,儿童早期的气质特性对其以后的行为会产生一定的影响,早期自我控制力缺乏(如情绪不稳定、多动性、注意持续时间短、消极性)与后来产生的攻击等外部行为问题相关。

当然,攻击行为受基因遗传的影响并不意味着否定环境的作用。大量研究发现,家庭是产生攻击及后来反社会行为的重要的早期环境根源。

(六)其他早期的社会性行为

跨种族研究还发现其他一些具有基因和生物基础的社会性行为。卡根等人(Kagan et al, 1978)研究了年龄在3个半月到2岁的华裔和欧裔美国儿童的发展与反应,结果发现,与欧裔儿童相比,华裔儿童更安静,更愿意接近母亲,母亲离开时常哭闹;与生人在一起时,少游戏;而且他们的心率也较稳定。如果说华裔儿童这种抑制的倾向最可能由父母施加的社会化影响所致,那么后来对欧裔与华裔新生儿的调查结果则有力地说明了两个种族儿童的差异有某种基因基础和生物前提。调查发现,尽管二者在感觉运动能力的发展与社会反应性上并无显著差异,但华裔新生儿仍然表现出较安静、少烦忧的特征。在尚未受到系统的社会性影响时所表现的这种气质倾向的差异只能在生物学意义上得到解释,在本质上它起因于高级神经类型的差异。

儿童的这种气质性差异在某种程度上表明,不同种族具有不同的适应性的特征系统,这种特征系统在特定的自然环境与文化背景下形成,并使整个种族及其个体保持同其所处的自然与文化环境的动态适应。而在具体特征上所表现的种族差异则是各自基因系统与其自然、文化环境在漫长进化过程中交互作用的结果。

需要特别强调的一点是:几乎所有具有生物适应性的社会性行为都是动态的,除喂奶时婴儿的转头行为之外,并不存在完全固定不变的行为模式。外部情境的变动性和个体自身的成熟与发展决定了个体经验的变化性。而且由于人类具有通过学习改变和修正其行为的能力,其行为具有更大的不确定性。这也是适应的本质表现。

第二节 遗传的影响

如前所述,人类许多行为是适应性的或预先编程的。这种适应性本身就包含基因信息的遗传机制在内,即某种适应性性状能通过基因型进行代际传递,从而得以保存。因此,行为的遗传机制得到广泛的关注。习性学和社会生物学主要从行为发展的历史及其普遍存在性推断基因传递的宏观机制,而遗传学家则直接探讨导致个体行为差异的微观机制及基因与环境之间的相互作用机制,从而加深了人们对行为的深层原因的理解。基于遗传学与行为科学,又出现了新的边缘科学即行为遗传学。它应用遗传学的方法尤其是量化统计分析法,在生理、细胞与分子水平上考察基因对行为发生影响的方式。

一、人类行为遗传学的方法

人类行为遗传学确定个体差异的基因或遗传基础主要采用两种方式:一是采用相应方式控制基因因素,使之保持个体间的相对稳定,以此观察环境变化所产生的影响;二是保持环境条件的相对均衡,考察基因变异所导致的生物性状的变化状况。显然,前者重在考察生物机体发展的环境效应,后者则旨在考察机体发展的遗传效应。由这两种效应的综合分析,测定机体发展的基因机制及其与外部环境的交互作用机制。

考察动物发展的环境效应的典型方法是采用近亲繁殖链。它将基因相同的动物分别置于不同的环境条件下,因为基因的变异保持为0,故任何性状的变化都必定存在环境上的根源。而对人进行此类繁殖研究是不道德的,也是为社会所不容的。因而人类水平上的行为遗传学研究主要采用其他方法进行。19世纪弗兰西斯·高尔顿(F. Galton)应用家谱调查法研究天才智慧及其他性状的遗传问题。使用该方法能有效地确认不同的遗传模型,如伴性遗传与非伴性遗传等。

通常采用的另一种方法是进行同卵孪生子与异卵孪生子的比较研究,它将相同环境下成长的同卵孪生子之间的相似性的平均值与异卵孪生子之间相似性的平均值加以统计学上的比较,由此确定某种性状中基因所发挥的作用。这种研究的基本前提是所谓的"对等环境假设",即保证同卵孪生子与异卵孪生子抚养方式或对待方式上的对等性或相似性,从而排除和抵消由抚养或对待方式的差异所造成的影响,由此确保孪生子内部的相似性都可归因于基因而非环境的影响。另一方面,由于同卵孪生子基因完全相同(因二者由同一个受精卵分裂发育而成),异卵孪生子的基因相关性为0.5(因由两个不同受精卵发育而成),因而不同环境中隔离抚养的同卵孪生子之间的差异在相当程度上可归因于环境的影响。

孪生子方法因其具有自动控制、操作较简易等优点而广泛应用于多基因影响下的性状研究。另一方面,正如有人指出的那样,因为同卵孪生子的相同基因易导致父母对其采取相同的抚养和对待方式(相同的基因型在一定条件下会产生相同或近乎相同的表现型,这种相似或相同的性状表现又可能影响父母的抚养反应),因而使同卵与异卵孪生子的抚养环境出现不对等性,违背了"对等环境假设"。同时,由于难以找到孪生子尤其是同卵双生子,这也限制了该方法的应用。

与环境变化法相比,基因变异法则是在环境对等的前提下通过考察基因变异导致的机体性状的差异来确定生物发育的遗传效应。一个经常使用的办法是对动物进行选择性交配实验。实验者选择不同学习能力的雌雄动物交配,如让高能力者与高能力者交配,低能力者与低能力者交配,然后在它们的后代中按照能力的高低再次进行选择交配,从如此重复进行数代后形成的两大不同种群的差异鉴定遗传因素对行为性状的影响。特里昂(1940,见Crusec & Lytton,1988)利用白鼠进行的杂交实验即是如此。他依据走迷津能力的高低将一群最初未加挑选的白鼠分类,然后将聪明的公鼠与聪明的母鼠配对、繁殖,迟钝的公鼠与迟钝的母鼠匹配、组合。这样重复繁殖8代后,发现二者形成具有不同性状特征(尤其是走迷宫智慧程度的差异)的两个种群。由于他严格保持喂养环境的同质性(即都放在空笼子里喂养),因而两种群性状的差异可主要归因于基因的差异。唐姆逊(Thompson,1954)进行了类似的研究,得到了几乎相同的结果(见图2-2)。

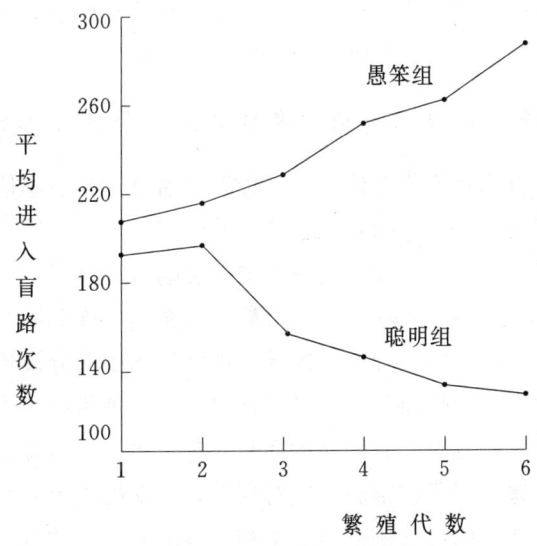

图2-2 行为遗传的选择性交配研究

(白鼠选择交配后聪明、愚笨两种系间的差异,随繁殖代数的增多而加大)

(资料来源:Thompson, W. R. The inheritance and development of intelligence. Proceeding of Association for Research on Nervous and Mental Disease, 1954, 33: 209~231)

近年来流行的行为遗传学方法是通过对收养子女的研究确定基因和环境的影响。它主要解决两个问题:一是被收养子女在多大程度上与其亲生父母和姐妹相似;二是被收养子女在多大程度上同其养父母与(非亲生)姐妹相似。前者主要考察行为性状发展的基因或遗传效应;后者则旨在考察性状形成和发展的环境效应。这种方法的不足在于，因被收养子女与其（亲生与非亲生的）父母姐妹年龄的差异而导致同一性状在不同年龄的分布与表现产生差异，因而无法使用同样的测验。这种年龄与测验的不同构成导致性状测量变动的潜在的混淆变量。

总之，行为遗传学能从严密的实验出发，确立有关基因与环境机制的理论，这是其科学性的重要依据和表现。

二、社会适应性性状形成和发展的遗传与环境机制

严格说来，行为是不能遗传的。遗传只能通过携带亲本信息的基因传递来实现。该信息指导某些具体的酶与其他蛋白质的产生，并由此控制细胞的新陈代谢过程，进而影响行为。

早在19世纪60年代，基因科学的鼻祖孟德尔（Mandel）通过其先驱性实验与严密的统计分析揭示了性状遗传中的分离规律与自由组合或独立分配规律，提出了遗传因子说。他指出，生物每一相对性状（具有相对差异的某种性状）都是由一对遗传因子所决定和支配。遗传因子在细胞中成对存在，而在配子里成单存在。杂种的成对遗传因子分别来自母本和父本的配子，并且在其性状发育中发生或显或隐的相对效应，即显性与隐性性状，但二者又互不影响，保持相对稳定。当亲本中有显性基因遗传时，就表现为显性性状；当双方的隐性基因配对时，隐性基因才得以表现。他还发现了分离现象与独立分配规律。前者指那些在杂种子一代中未能表现的隐性性状在杂种子一代自交的条件下重新得到表现；后者指两对或两对以上的遗传因子或基因杂合时，在形成配子时的分离是彼此独立并自由组合的。孟德尔的这些发现奠定了后来基因学的基础，同时也不断为后来的研究所修正和补充。

随着遗传学研究的深入，人们对行为的基因机制的认识日益深化。发现大部分人类性状并非单纯由某一套基因所决定，而是

由多种基因共同作用的结果。这表现为连续变异的数量性状的遗传,对每一种相对性状而言,都表现为由许多基因的附加性影响而产生连续的等级分布。这种分布标志着个体所表现的差异。行为遗传学的目的正在于揭示这种个体行为差异的原因,而基因正是以其自身与环境之间的适应与平衡为前提和目的得以遗传、变异和发展的。在此意义上,行为的基因机制是与其外在环境动力机制合而为一的,即机体及其行为的发展是由遗传和环境的共同作用所促成,无法具体确定基因和环境作用于某一性状的程度。但可以评定二者对某一性状的个体差异的形成具有的相对贡献,即何者对决定个体性状差异更为重要。这也构成行为遗传学的重要任务。

机体基因型与表现型的不可分割性及基因对性状的内在决定性,可由苯丙酮尿的形成加以说明。苯丙酮尿症是一种由基因缺陷导致的机体代谢失常反应。机体内的氨基酸——苯丙氨酸对建造蛋白质具有重要作用。而且,在其他产品中多数苯丙氨酸要转化成洛氨酸。而患苯丙酮尿症时,这种转化受阻,而由苯丙氨酸转化成苯丙酮酸再转换成洛氨酸的过程缓慢。由此导致体内的苯丙酮酸与苯丙氨酸的积累,进而引起脑损伤,造成智力低下、精神失常。但给婴儿吃不含苯丙氨酸(不多于身体蛋白质合成所需的量)的合成蛋白质食物,可有效制止该病导致的脑损伤。

确定某一性状所体现的基因或遗传效应的一个重要指标是遗传力,它是基因或遗传变量在表现型变量中所占的比率,以此表示某一种群在某一性状上的个体差异可归因于基因变异的程度($H=V(G)/V(P)$)。某一性状的遗传力与其遗传效应及选择效果成正比例关系,而与其环境效应成反比关系,即某一性状的遗传力越大,其遗传效应越大,选择效果越好,环境效应越小。

通过同卵孪生子与异卵孪生子对子内部相关性程度的对比,

发现在相同环境下抚养的同卵双生子在某些性状表现（如智商、体重等）上更相似，这表明前者在这些性状上的遗传力大于后者。在不同环境条件下养育的同卵孪生子之间的相似性与异卵孪生子大体相同。这种比较已成为测定人类遗传力的一种重要方法。但值得注意的是，遗传力是针对特定时间与特定环境条件下种群某一性状的个体差异而言的，而非指个体的某一性状（社交能力、友善性或亲和性）由基因决定的程度。而且，在不同环境与不同时期测定的同一性状的遗传力也可能会发生很大变化，因而环境的变化会对遗传力产生影响。这也从一个侧面体现了基因与环境的相互作用。

基因型潜在地决定着性状发展的基本方向或趋势，但这种方向或趋势又不断为环境所修正。同一基因型在不同环境下产生不同的表现型，这种与不同条件相适应的性状表现的可能范围就是反应规范。如青少年的身高在限制性环境、自然环境、丰裕的环境三种条件下表现出很大的变动性与环境效应。北美的日本裔父母所生的孩子较日本的孩子表现出身高上的优势即是一例，这可能是其产前产后环境的改善的结果。基因型对特定环境的这种敏感性充分反映了机体性状发育的环境——基因机制。

总之，机体生物成熟过程基本上是基因程序的逐步展开，它决定性状发展的范围。同时，又使之在不同环境条件下表现出特定的反应规范，由此进而表现出个体发展的差异。

基因与环境的相互作用体现了稳定性与灵活性或可塑性的统一。值得一提的是，人类生活的社会环境不同于非人动物所处的自然环境，人类个体及其组成的社会本质上也不同于动物个体及其组成的种群，因而人类性状的发展主要是基因程序与社会环境交互作用的结果。另一方面，这种在某种社会环境下得以表现的性状又反作用于环境。在此意义上可以说，人类既适应环境，又创造环境；在适应中创造，又在创造中适应。正是在二者的统一中实现自身的进化与发展，并反映为更广的反应规范。

三、关于人格和气质的遗传学研究

一个人的人格与气质在多大程度上为基因所决定，即基因影响人格与气质的程度如何一直为人们所关注。由于方法上的缺陷及人格本身的复杂性，大量孪生子与收养儿童的研究结果并不一致，但在总体上表明了基因对人格与气质变量的某种程度的影响。

（一）孪生子研究

人们以孪生子研究作为检验人类性状的基因效应与环境效应的重要方法，发现了基因对人格变量的影响较小，而且结果缺乏跨年龄、跨样本的一致性，但在某些社会性特征上的基因效应仍然存在。

在对孪生子研究结果进行元分析的基础上，人们发现同卵与异卵孪生子在能力、人格和兴趣方面的内部相关的平均差异约为0.2即三种性状的遗传力或基因效应大体相同，但并非都具有统计学上的显著性。另一些更严密的研究发现，基因对不同性状领域影响的程度并不相同。

基因对气质与社会性特征的影响弱于其对生理和认知发展的影响，孪生子研究结果表明，在8个月时生理的发展与4岁时智力的发展较气质表现出更大的基因或遗传效应。人们在对男性孪生子的研究中发现，9岁儿童生理与认知变量的发展受到基因的显著影响，而只有36%的社会性特征表现出遗传效应。正如有人指出的那样，自1939年以来的研究结果可以看出，孪生子智力与生理性状的相似性甚于人格特征。

然而，旨在考察同一性状在不同年龄阶段的基因效应变化的孪生子追踪研究结果表明，极少社会性人格变量的基因效应表现出跨年龄的一致性。而且，综观近年儿童人格特征的基因研究可以看出，除某些选择性变量（如趋进性、坚持性等）外，绝大多数社会性特征的基因效应并不存在跨研究的一致性。这种一致性的缺乏表明了人格及其影响因素的复杂性与测量的困难性。但另一方面，许多研究确证了基因对某些社会性特征的影响。人们发现，以反社会形式存在的神经过敏、焦虑等社会性倾向、幻想性、活动性水平与社会性适应不良等特征的基因效应尤为明显。而且有证据表明，基因对男性而非女性的支配性行为有重要影响。

（二）收养研究

与孪生子研究相比，收养研究结果表现出更大的不一致性和不稳定性。由于环境因素的作用，考察基因对收养儿童人格性状的影响更为困难。某些研究表明，人格发展具有较小的基因效应。近年来在美国进行的三次大规模的收养研究，即明尼苏达、得克萨斯与科罗拉多3个州收养研究（the Minnesota, the Texas and the Colorado Adoption Projects）发现，生物学意义上的（即亲生）父母与其子女之间和收养关系的亲子之间在人格上的相关度都很低，只是在幻想性与神经过敏性上二者存在相关程度上的显著差异，但其遗传力指数却低于孪生子研究结果。娄埃琳（Loehlin）也发现了基因对活动水平与幻想性的影响。得克萨斯、科罗拉多与明尼苏达收养课题研究结果否定了人格性状的基因效应。

来自收养儿童犯罪与成人犯罪的研究结果也表现了显著的遗传效应。尽管同卵与异卵双生子在青少年犯罪的一致率（即表现出犯罪特征的对子数目）上几乎没有差异，但收养研究发现，亲生父亲有过犯罪史的儿童较其父亲无犯罪史的儿童具有更大的犯罪可能性；而且，儿子发生犯罪的概率与其亲生父母犯罪的次数成正相关。另一方面，养父的犯罪对其生父无犯罪记录的养子的影响却很小。这些都证明了基因对反社会性或攻击行为倾向的影响，同时也说明基因与环境的交互作用。

同时，收养研究又在一定程度上验证了人格性状形成和发展的环境效应。人们发现了收养家庭成员之间在许多人格变量上的相似性，如养父母与儿童之间及同性别收养姐妹之间在幻想性与神经过敏上存在某种相关，这表明了生活环境的相似性对某些人格特征发展的影响，相似或相同的环境使生活于其中的成员在某些人格变量上出现"趋同"现象。

因此，收养研究与孪生子研究对人格性状的基因或遗传效应与环境效应的揭示为我们更深刻地理解人类行为的深层根源具有重要意义，但这种努力只是初步的，仍存在研究方法和技术等方面的问题亟需解决。科学评价人格性状的基因效应是深入探讨行为产生的（基因—环境）动力机制的基本前提。

第三节 生 物 环 境

个体的发展不仅受社会环境因素的影响，而且受其所处的生物环境与物理环境的制约。生物、物理因素在特定社会条件与基因前提下形成并与之互相渗透，但又不同于社会性因素与遗传因素。物理与生理环境主要是指那些客观存在于个体之外并对其产生影响的物理条件与满足个体生理需要的条件，如怀孕与生育的时空条件、食物、空气及天气、气候等条件。在孕前、怀孕以及婴儿出生后都直接或间接地影响着胎儿机体的发育及儿童机体的发展与成熟。而生物环境主要由机体特定的生物物质及其生化反应所构成，它主要在孕期与产期对儿童最初机体的形成与发育发生影响，这种最初的影响往往构成儿童在以后阶段出现的一系列行为问题的根源。因此，研究生化因素对发展的作用具有重要意义。

一、怀孕与生育的危险因素

对正常怀孕与生育构成威胁的生物性危险因素主要有：非遗传性的染色体异常、孕期与产期并发症以及可导致生化反应异常的母亲的情感压力等。这些生物性危险与特定的社会性环境条件相互作用而发生或显或隐的"效应"。

（一）生物性危险

早产及孕期的各种并发症可导致自流产、胎死、中风乃至儿童精神失调、行为失常等一系列恶性后果，这一"生殖变故的连续体"可为环境的作用所缓冲。然而，这些危险因素对儿童生理与认知发展的恶性影响仍然显而易见。而且，对社会性与情感发展的影响也应引起注意。

1. 非遗传性的染色体异常

染色体负载一定数量的携带遗传信息的基因。若染色体的完整性为内在或外在的因素所破坏，就会引发相应的染色体疾病。很多染色体疾病是不遗传的。常染色体疾病与性染色体疾病都起因于染色体数目异常或结构的变异。

基因物质的过剩和缺失可导致染色体畸变，由常染色体数目异常而导致的三体综合症，如唐氏综合症是较为常见的一种染色体疾病，它是由于卵子发生过程中发生（减数）分裂时出现三体不分离，从而出现一个额外染色体而导致的异常表现。患这种病的儿童具有较多的多动症状与攻击倾向。

性染色体数目异常可导致各种性别畸形及其他有关疾病。众所周知，性别主要由性染色体决定，男性为 XY，女性为 XX。在性细胞形成过程中性染色体数目可能增加或减少，出现 XO、

XXX、XXY等染色体异常及相应的综合症,而多余的X染色体的数目与相应精神障碍严重的程度成正相关。男性XYY染色体携带者曾被认为较正常人具有更强的攻击倾向,更易于使用暴力。但最近的研究表明,这可能与他们较常人有更多的犯罪机会有关。这说明,遗传物质的畸变或变异导致了个体行为及其与社会环境相互作用方式的异常。个体表现出与基因型相应的性状,环境给个体行为以反馈性影响,由此拓展了基因作用的范围。

2. 孕期并发症

孕期尤其是早期阶段婴儿器官迅速形成和发展,此时孕妇所处的物理环境及其吸收的某些化学物质可能导致婴儿生理或精神的缺陷,畸变的致因包括病毒感染、血毒症、某些药物、酒精、营养不良等,某些因素只在怀孕早期起作用。这些因素对婴儿生理结构与认知能力发展的有害影响已得到大量研究的证明,但对社会性与情感品质发展的影响知之甚少。

3. 产期并发症

在有关产期并发症的研究中,早产问题得到人们的极大关注。大量研究集中于早产对儿童以后的生理发展与心理尤其是社会性与情感品质发展的影响。

一些研究表明,早产对儿童前期智力的发展可能会产生一定的影响,但这种影响会随着年龄的增长逐渐消失。卓琳(Drillien)指出,其研究样本中40%的早产儿童在以后表现出智力或神经方面的继发症。另有研究表明,一部分早产儿的学习问题相当突出,出生时具有优势条件(如健康、较胖)的正常儿童较处于劣势(如病弱)的早产儿在学习成绩上也表现出实质性的优势,早产儿的这种不足有赖于产后环境条件发挥必要的补偿作用。有研究发现,该智力缺陷到10岁时可基本得到弥补,这体现了环境影响的"积累效应"。

与智力发展问题相比，早产儿表现出的行为问题尤其是社会性行为失调尤为显著。有研究指出，早产婴儿5岁时较其满期出生的姐妹存在更多的行为问题，其多动行为极为明显；孕期与产期的并发症及严重的家庭压力都会导致或激化行为问题的产生。对中产阶级早产儿的母亲的调查也发现，与满期出生的儿童相比，2岁早产儿存在较多的行为问题（如多动性、易怒、注意持续时间短）与较低的社会成熟度。而且，更大规模的追踪研究结果表明，到18岁时，即使在轻度产期压力条件下出生的早产儿也具有3倍于正常儿童的精神健康问题与2倍于正常儿童的精神缺陷。这些研究表明，早产极可能是某些行为问题尤其是社会性发展失常的原因。而这又可能与婴儿分娩或产后的缺氧有关，因缺氧而身体状况较差的婴儿在发展过程中确实表现出较多的适应不良、分心以及较低的社会技能。

（二）生物危险因素与社会环境的交互作用

生物性危险并非孤立地起作用，而是与个体所处的社会环境相互作用的。而且，生物性危险因素本身即有其深刻的社会根源。不同的社会环境条件下生物性危险因素对儿童发展的影响或造成的后果是不同的。

不良社会环境条件会导致生物性危险因素的增加。较低社会阶层中，孕期与产期综合症的发病率相对较高。这不仅与较低的社会经济地位所导致的物质条件的贫乏有关，而且与这种环境对孕妇精神上的影响直接相关，而母亲的情感压力尤其值得注意。有人综合有关研究指出，孕妇情感压力与其生殖结果之间存在相关。母亲情感压力与习惯性流产、婴儿血毒症与过度哭闹之间的相关也得到不少研究结果的支持。一个明显的结论是，母亲焦虑与其孕期和产期综合症的发生机率及其严重程度密切相关。

不仅如此，对缺陷儿童的研究的结果表明，孕妇的情感压力还会影响到儿童以后社会性行为及其品质的发展。研究发现，孕妇的情感压力与儿童表现的顺从性密切相关。后来的研究还指出，孕妇在身体健康、情感方面的压力与儿童在小学阶段出现的行为问题有关。

母亲情感压力与身体健康状况对儿童机体和行为发生影响的机制是复杂的。孕妇压力有可能导致自身生理状态的失常，从而影响胎儿的新陈代谢。母亲机体某些分泌过量的荷尔蒙（如肾上腺素），可引起早期胎儿机体结构的畸变，或儿童以后生理发育的障碍和心理功能的失调。而且，母亲产前的精神状态会影响其产后对抚养新生儿的态度。产前的情感压力可持续到产后，进而影响到儿童的抚养环境，导致儿童机体与心理发展中的多种问题。

另一方面，优越而丰富的社会刺激环境则可在很大程度上补偿由生物性危险因素所导致的认知和社会性发展的缺陷。较高社会阶层为缺陷儿童（如早产儿）提供的这种环境或教育干预的显著效果证明了这一点。科普（Kopp）指出，社会阶级因素比产期事件对出生结果的影响更为重要。

环境影响尤其对早期儿童的影响，主要通过亲子互动的性质尤其是亲代抚养质量来实现，它构成儿童的具体经验环境。良好的抚养条件可削弱乃至消除产期危险因素的严重影响。研究发现，在儿童最初几个月中某些类型的亲子互动，尤其是相互微笑、注视与交谈可预测2岁时心理测验的成绩，2岁时的母婴互动可预测5岁时的测验成绩。他们还指出，与较低社会阶层的母亲相比，较高社会阶层的母亲与婴儿有更多的社会性交流，更积极、活跃，富于敏感性与反应性，也更注重儿童认知品质的发展。这种互动方式对于早产儿心理发展的缺陷起到明显的补偿作用。在此意义上，亲代的社会经济地位对儿童的发展只是起间接作用。

如前所述，环境性质对早产儿发展起一种推动或阻碍作用，但这种作用有一定的局限性；另一方面，生物性因素及其导致的后果又反作用于儿童成长的社会环境与抚养环境。研究表明，早产儿的行为（如相对不积极、活动水平低、反应性不高等）在最初两年基本不受社会阶级因素的影响。而且，早产造成的生物学后果又在某种程度上导致了早产儿与父母及同伴互动方式的"畸变"。

与正常的抚养环境相比，早产儿的母亲缺乏情境性反应与儿童式的行为，母婴间的游戏也较少。在与正常儿童的交往中，早产儿也表现得更消极，缺少主动性。

不难看出，儿童所处的环境与各种生物性危险因素是相互作用的。儿童发展的现状是两者共同作用、相互制约的结果。其相互作用的实质仍是个体发展过程中内外因的辩证运动。

二、药物的影响

儿童行为不仅受各种"原发性"生物危险因素的影响，而且还受到多种主要由药物引起的"继发性"疾病的影响。由药物引起的母亲的生化反应在相当程度上制约着婴儿机体及以后心理的发展。

（一）药物与儿童心理发育

母亲在孕期服用过量的助产药物会严重损害新生儿的健康。过量的镇静剂与镇痛药物可降低婴儿肌肉的紧张度与对视觉刺激的反应性，并导致哺乳的困难。而且，临产期服用的镇静剂可影响1岁儿童的心理与运动技能的发展。其他物质（如导致婴儿大脑血清素水平变化的物质）也可减少其行为的激活水平。

性激素尤其是雄性激素分泌异常或外摄性激素过量会影响婴儿正常的性别分化及性心理的健康发展。对受过量外摄孕激素影响的女童与雌雄同体症或同性肾——生殖器综合症女性患者的研究发现，由于二者都受雄性激素影响（孕激素过量则具有雄性激素的性质），不仅具有相同的性生理结构，表现为内部性器官的女性化与外部生殖器的男性化，而且，在4～16岁期间，两类儿童还表现出兴趣与爱好上的趋同性，但是二者与没有激素影响的先天性性腺发育不全症（即Turner综合症）患者有很大差异。这表明了性激素对行为品质发展的影响。

胎儿期过量的雄性激素使肾——生殖器综合症患者表现出男性化的行为特征，如爱好户外体育活动。这虽然可以用性别社会化的期望效应来解释，但在某种程度上进一步说明了雄性激素对女性性心理分化的影响。

一般认为，雄性激素只有在性别分化时才会对女性化产生长期影响。来自恒河猴的研究表明，注射睾丸酮可导致攻击行为的增多，这表明了雄性激素与攻击性行为的某种联系。

（二）药物与精神失常

各种参与胚胎发展的生物化学物质都会以不同方式影响不同的行为系统，其中某些甚至可以导致精神失常，并加强或减弱其症状表现，这表明药物对心理健康的重要意义。

兴奋剂的作用机制说明，抑郁症主要起因于去钾肾上腺素与血清素的缺乏，但同时该病是多种胺的神经传导系统相互结合、协同作用的结果，是通过多种而非某一种生化途径产生的。研究表明，偏执、多动症、幻想等精神和行为障碍同样也并不只由某一种生化方面的畸变或损伤所引起，而是由多种生化功能的失调和社会环境事件综合作用的结果。这也反映了人类行为的普遍机制。

小　结

　　人的发展是生物与环境因素的协同作用促成的。人类现存的许多特性都有其进化根源,它们因有利于物种及其个体的存续、具有适应性而得以保存。

　　文化的进化与生物进化是相互促动的。文化的进化方式很大程度上依赖于基因的传递;基因的传承又不断为环境所修正,基因与环境的相互作用体现了事物发展过程中内外因的辩证运动。

　　人类的许多社会性特征是在基因的影响下形成和发展起来的。遗传和环境的相互作用促成个体差异及种群性状的变异。行为遗传学以统计方法揭示机体性状的遗传效应与环境效应,其中孪生子研究与收养儿童研究得到了大量有启示意义的结论。而且,基因对某些人格特征（如友善性、主动性）的一致的影响得到证明。然而人格与气质的基因效应总体上并没有生理与认知尤其智力特征显著。

　　生物环境是影响未出生儿童发展的重要因素,孕期与临产期前后的多种生物性危险因素可对儿童以后生理与心理的发展产生重大影响,并可能导致多种行为问题,但这多种因素又是与特定社会环境交互作用的,环境对其影响起一种强化或削弱作用。

　　某些荷尔蒙对儿童性别与性心理分化及心理品质的发展有持久的影响。一些事实证明,某些情绪性行为很大程度上受体内生化因素的制约和影响。

讨 论

如何看待人格性状的基因效应和环境效应

特定人格的形成和发展是多重因素驱动的结果,从生物学意义上,探讨人格旨在发掘人格性状的基因基础及基因与环境交互作用的机制。人格及其影响因素的多维性不仅本身就已带来确立研究假设的困难,而且导致研究方法与因素控制的复杂性。科学审视人格性状的基因效应与环境效应,就是要客观分析这种复杂性,并采取系统化的研究方法,全面揭示这种复杂性的深层本质,而不致沦入单一因素决定论的误区。

应用行为遗传学方法进行的大量研究所得出的总体结论是:基因对某些人格变量的影响确实存在,甚至可在不同年龄阶段加以验证;同时对不同样本与年龄的基因效应的研究又具有某种不一致性和不稳定性。这既确证了人格本身的复杂性,同时也标明了影响人格发展的环境的外在动力作用。

基因作用的存在不容否认。如前所述,人类的性状通过基因得以传递,从而使物种得以保存。而在个体发展中,基因程序的逐步展开从总体上标志或指导着个体日趋成熟的过程。它使某些与特定成熟程度相应的性状只在生命的特定阶段出现,从而使生命表现为一个有序的递进过程。如人类的性行为以及与性有关的社会性特征或倾向只在青春期以后明显化。同时,由相对性状的排列所标志的个体差异也与决定相对性状的连续变异的基因差异相对应,因而在发生学或本初意义上,人类表现的性状和行为特征有其特定的基因基础。人格作为稳定的整合性性状正是如此。至于基因研究结果的跨年龄乃至跨研究的不一致性和不稳定性,一方面表明了儿童早期行为的易变性，另一方面则暴露了行为基因学研究方法的局限，二者都不足以否定基因对人格的客观影响。而且，就人格的内涵而言，早期儿童除具有特定脑机制控制的气质倾向外，真正意义上的人格尚未形成或尚在形成。因而，对早期儿童人格研究的科学效度值得怀疑。这种研究假设的不足或缺憾本身在另一方面削弱了以其研究结论否定人格的基因效应的可信性。

另一方面，基因又不足以解释所有的人格特征及其发展和变异。前述某些研究结果所表明的生物学意义上的亲子之间在许多人格变量上的低相关以及随着年龄的增长而下降或减少的趋势就说明了基因作用的有限性。这不能不归因于环境影响的"积累效应"。

如前所述，环境对基因展开的基本过程和趋势起修正和调节作用。环境对人格的影响主要表现在它作为一种外在驱动力使个体作出某种适应性行为以达到自身与环境尤其是社会环境之间的动态平衡。这种保证平衡的动态调整方式稳定化的结果即是人格的心理结构。由于个体所处的环境各异，因而形成与各自环境相应的特定人格。在不同性质的环境中抚养的同卵双生子表现的人格上的差异即是典型例证。

正如单一的基因影响不足以解释所有人格性状一样，人格特征的变异也并非都可归因于单一的环境影响，如焦虑等人格特征表现出显著的基因决定性，从而在某种意义上否定了环境对人格的单一作用。而且，环境因素的作用方式本身是极为复杂的。正如有的研究所表明的那样，家庭成员共同承受的环境影响对人格差异的形成似乎无关紧要，而真正使家庭成员表现出人格"分化"的环境却又以随机的形式起作用。环境作用的这种复杂性不仅导致了进行人格的环境效应研究的困难，而且表明基因与环境的互动对人格发展的决定性意义。

因此,基因与环境的相互作用才是个体人格发展的根本动力机制,其作用的实质是制约机体发展的内因与外因的辩证运动。人类的整个进化历程就是基因与环境的辩证运动史,基因遗传或变异以保证机体适应和改造环境;环境则保持和改变基因,以使机体适应自身,并由此创造新的生存环境。

在基因型与环境的互动中,基因起潜在的决定作用,环境为基因型所"激活",性状的发展与其适应或契合环境的程度息息相关;环境则对个体由基因决定的性状起选择作用。斯卡与麦卡尼(Scarr & McCarney)指出,"基因型与环境的作用分为3种类型:(1)消极型或被动型,基因上相关的父母提供与儿童基因型相关的抚养环境,这种类型在儿童早期较为显著;(2)激活型或唤起型,儿童受其基因型所决定的性状特点引发他人的反应;(3)积极型或主动型,儿童主动关注和选择与其基因型相关的环境,即寻求(适合)自己的环境,该类型在较大儿童中表现较明显。由此可见,只有与个体基因型发生相互作用的环境才被赋以发展的内涵;不为基因所激活、独立于个体之外的环境并不构成个体发展的外因。在此意义上,可以说基因型驱动着环境适应自身,因而二者的运动构成某种相互适应的机制,人格在这种相互适应的运动中生成和发展。

应该指出的一点是,由于基因与环境的不可分割性、复杂性及研究方法的不完善,导致了对人格基因效应和环境效应的研究结果的不一致性。因而,除了不能根据已有结果对人格变量的基因效应及其关系作出武断的结论外,还要注意对相同人格性状的不同研究结果的比较及该性状在年龄维度上的变化。同时,从社会学、遗传学(包括分子遗传学与计量行为遗传学)及社会生物学、心理学等多个角度系统地审视人格发展的基因效应及其与环境相互作用的机制,理解人格行为的起源。这也是建立系统的基因科学研究方法的必要,是内外因相互作用的本质在方法论上的体现。

第三章　家庭、父母与儿童社会性发展

家庭是儿童最初的生活场所，儿童的社会性发展首先是在家庭中开始的。通过家庭成员特别是父母的抚养与教育，儿童逐渐获得了知识和技能，掌握了各种行为准则和社会规范，从一个基本依靠本能生活的婴儿发展成一个合乎其社会角色系统的要求、被其所在的社会环境认可和接纳的人。家庭之所以成为儿童发展的理想环境，其原因主要有以下3个方面：首先，家庭是一个社会成员相对较少的群体，成员间的关系非常亲密，这有利于儿童获得较为一致的行为准则；其次，家庭成员与外部环境的联系较多，这有利于儿童逐步参与社会活动，发展其社会交往的能力，为以后社会交往奠定基础；再次，每一个家庭成员都有抚养儿童的责任，这有利于儿童得到较多的关心和爱护，获得安全感。

家庭是由家庭全体成员及成员间的互动关系组成的一个动态系统。该系统又由许多子系统（如夫妻系统、亲子系统等）组成。家庭系统与其子系统之间以及家庭各子系统之间存在着双向的影响过程。儿童是家庭系统的一个组成部分，家庭系统对儿童社会性发展的影响主要通过亲子间的互动来完成。一方面，父母通过自己的教养观念、教养行为影响儿童的社会性发展；另一方面，儿童社会性发展的水平又反作用于父母的心理状态、教养观念及其教养行为。儿童正是在与家庭系统的互动过程中，不断发展自己各方面的能力，完成其社会性发展的任务。

家庭系统中的诸多因素对儿童社会性的发展都或多或少地产生着这样或那样的影响。其中，父母的人格及行为特征、儿童自身的特点及其所处的社会环境等对儿童社会性发展的作用更重要，尤为研究者们所关注。

第一节 家庭系统与亲子之间的双向互动

一、家庭系统

家庭对儿童发展的影响是心理学研究的传统课题之一。人们关于家庭对儿童发展的作用的认识随社会的变迁而不断演变。最初，人们普遍认为，家庭是一个由男女双方及其子女组成的结构，男方的职责是外出挣钱、养家糊口，女方的任务是在家里抚养子女、操持家务。因此，研究家庭与儿童发展的关系就是探讨母亲与儿童发展的关系。而后，随着社会的不断进步，家庭为儿童提供的环境发生了很大的变化。首先表现在母亲在社会和家庭中的地位不断提高，越来越多的妇女外出工作，父亲也越来越多地参与抚养孩子。于是人们发现，父亲对儿童的发展，特别是对男孩发展的影响在许多方面不同于母亲；其次，家庭的结构也在不断变化，单亲家庭、离异家庭、再婚家庭等不断增加。尽管家庭形式的改变对儿童的发展有一定影响，但是，在任何一种组合形式的家庭中，都可能培养出身心健康的儿童。由此人们开始认识到，家庭作为一个系统，可能通过多种方式影响着儿童的发展。

一个系统必须具有以下特征：(1) 整合性。指整体大于部分之和。(2) 层次性。指一个系统能够分成相互联系的许多子系统，而且每一子系统都有其独特的功能。(3) 相互依存性。指系统内的各部分之间相互依存、相互影响。(4) 稳定性和变化性。指系统一旦形成就具有相对的稳定性，同时系统又是一个开放的结构，不断受到多种外界环境因素的影响而发生变化。家庭作为一个系统，同样具有上述四个特征。在由父亲、母亲及其所有的子女组成的这个整体系统中，又包含着夫妻、亲子及兄弟姐妹等子系统。这些子系统各具其独特性，又相互联系、相互影响，如亲子系统影响子女间的交往，而子女间的交往反过来又作用于亲子系统。同时家庭又具有相对的稳定性。家庭一旦形成，一般维持的时间较长。但由于家庭系统是社会系统乃至整个地球生态系统的一部分，不断受到诸如社会经济发展水平、文化传统、重大政治事件等环境因素的影响，而且其内部各子系统间也存在着动态的影响过程，因此家庭系统也在不断发生变化。

关于家庭系统的研究较有影响的是贝尔斯克（Belsky，1984）的理论模型。该模型向人们描述了家庭系统内各部分间的相互影响关系，如儿童的行为特征既对父母的反应产生影响，又受到父母反应的影响；亲子互动过程既受父母婚姻关系好坏的影响，又反过来影响父母的婚姻关系。总之，家庭系统的任何两个部分之间的影响都是双向的。

二、亲子互动的双向影响

（一）父母对儿童的影响

父母对儿童心理的发展具有极其重要的影响，这种影响涉及儿童发展的许多方面：一般能力、社会交往能力、认知能力、社会情感的发展等。

在一般能力的发展方面,儿童从一出生就受到父母的影响。人类的婴儿天生有一种进行社会交往的倾向,父母对这种倾向能否作出适当的反应,对儿童早期依恋的发展具有重要的影响。儿童在12~18个月大时建立的安全型的母婴依恋关系,与其年龄稍大后的依从行为,情感、意志力的发展,与人合作的能力及解决问题的能力间关系密切。瓦克斯等(Wachs et al,1993)在北美和埃及的研究中发现,母亲给儿童言语刺激的多少与儿童的行为发展水平之间呈正相关。总之,无论是对婴幼儿还是青少年来讲,母亲的温情、鼓励、支持、期望及对儿童多讲道理、少用惩罚等行为特征都与儿童较高水平的能力发展有关。权威型教养方式是比较理想的父母教养方式,父母采用这种方式教养的儿童,其合作性和独立性发展都较好;而父母采用专制型和允许型方式教养的儿童,其能力发展一般较差。在社会交往能力的发展方面,父母对儿童的影响有直接和间接两种方式。直接影响表现在:父母关心儿童的社会交往,有意识地训练他们进行社会交往的能力,让他们参与家庭中某些事情的决策,为他们提供交往的机会等都会促进儿童社会交往能力的发展。间接影响表现在:儿童早期的亲子依恋及亲子间日常的互动是儿童发展同伴关系的实验地,如儿童在安全型母婴依恋中获得的经验使其在离开母亲与同伴交往时有安全感,并具有与同伴交往的技巧,这有利于儿童建立亲密的同伴关系。另外,父母的社会交往能力较强、亲子关系较好,也潜移默化地影响着儿童社会交往能力的发展。在亲社会行为的发展方面,父母从儿童小时候起就通过榜样作用,通过指导和约束,培养儿童形成为社会所接受的行为方式。另外,父母还批评孩子不符合道德准则的情感、思想,控制其非亲社会或反社会行为的发生。在社会情感的发展方面,父母除给予儿童情感支持、尽力满足儿童的情感需要外,还通过鼓励儿童表达情感,让儿童与情感丰富的人交往等方式促进儿童社会情感的发展。随儿童自控能力的不断发展,父母逐渐重视培养儿童的道德感、理智感及美感。父母充满温情的控制在促进儿童对道德标准和行为规范的内化方面最为有效,而强制性的体罚或威胁往往引起儿童的愤怒和敌对情绪,不利于儿童对道德规范的内化。除上述几个方面外,儿童的认知发展水平及学业成绩也与父母参与学校活动的程度和水平、父母与儿童交往的质量、父母的期望和观念等存在密切关系。

父母对儿童的发展也具有消极影响。帕特森(Patterson,1989)认为,父母对儿童过失行为的形成负有很大的责任(见图3-1)。父母拒绝儿童,对儿童的攻击行为不进行制止,对儿童的纪律约束不一致及强制性的惩罚等都与儿童的攻击行为及反社会行为关系密切。另外,非安全型的母婴依恋关系以及父母对婴儿反应的敏感性较低通常会导致儿童在行为及情感发展方面存在问题;父母婚姻状况不佳、家庭气氛紧张则可能导致青少年精神病的发生乃至出现吸毒、犯罪等严重的问题行为。

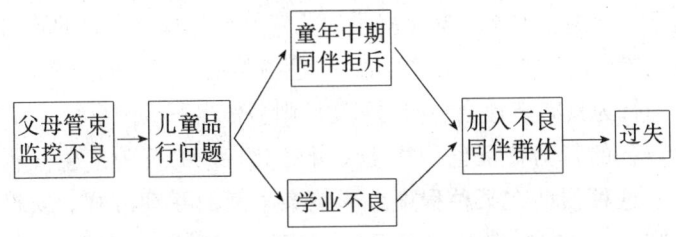

图3-1 父母在儿童过失行为形成早期的作用

(资料来源:Patterson et al. American Psychologist,1989,44:323~329)

(二)儿童对父母的影响

如前所述,家庭系统各部分间的影响是相互的,父母各方面的因素影响儿童的发展,而儿童的出世及其发展水平反过来对父母的行为和心理状态也有重要作用。首先,儿童的出世,特别是父母第一个孩子的出世往往使父母的生活发生巨大的变化。由于婴儿的需求往往是无条件的,父母对孩子的满足也是被动的、无条件的,父母的生活方式因此而受到许多限制;同时家务活的增多,长时间的劳累也严重影响父母的情绪及婚姻关系。其次,儿童的年龄和发展水平影响父母的抚养方式。如父母对幼儿更多地采用简单的惩罚方式,而对年龄稍大的小学儿童则较多运用讲道理的方式。第三,儿童的行为特征也影响父母的行为方式。如虐待儿童的母亲并不是虐待其所有的孩子,其虐待的对象往往是那些经常不高兴、爱哭、长相不惹人喜爱的孩子;而且,无论是虐待儿童的母亲,还是正常儿童母亲对有问题行为的儿童的消极性控制都较多。这充分说明,儿童自身的行为特征对父母行为有很大影响。为了更确切证明这种关系,有的研究者采用行为操作技术对此进行实验研究(Schaffer,1997)。结果发现,在不提供儿童行为发生的背景只显示儿童的行为时,大多数父母对儿童的反应是不确定的。而在给父母提供的儿童的行为具有明显的攻击和不依从趋向时,父母对儿童的命令、惩罚等消极行为明显增多;当孩子的行为具有亲社会趋向时,父母则多作出积极的反应。另外,儿童以往的行为特征也往往使父母对其将来的行为产生一种预期,而这种预期在某种程度上影响亲子间的互动方式。安德森(Anderson,1986)的研究发现,在孩子的行为趋向不明确的情境中,那些具有易冲动、难控制的行为特征的男孩的母亲对自己的孩子比对具有相同行为特征的其他男孩更多地采用消极的行为方式。

第二节 父母教养观念、教养方式和父母行为

一、父母教养观念

父母教养观念指父母在教育和抚养儿童的过程中，对儿童的发展、教育儿童的方式和途径以及儿童的可塑性等问题所持有的观点或看法。父母教养观念与父母行为及儿童发展间存在着双向的影响。一方面，父母教养观念通过直接影响父母行为间接作用于儿童的发展；另一方面，父母对其行为结果的理解与评价又反作用于父母教养观念，引起父母教养观念系统的某些变化；同时，儿童自身的行为及个性特征也在一定程度上反作用于父母的行为方式及其教养观念。

长期以来，有关父母教养观念的研究主要包括以下4个方面：父母教养观念的实质、父母教养观念的来源、父母教养观念与父母行为的关系以及父母教养观念与儿童发展的关系。

(一) 父母教养观念的实质

父母教养观念的实质包括以下3个方面：父母的儿童观、发展观和父母观。儿童观是指父母对儿童在发展过程中是被动接受外界影响，还是积极主动地获得发展这类问题的基本看法；发展观是指父母对儿童发展的规律及其影响因素的观点或看法；父母观是指对父母在儿童发展过程中的作用问题的看法。

我国心理学工作者陈会昌等人(1997)研究了1~10岁儿童的父母的教养观念。认为父母教养观念主要包括以下3个方面：家庭养育观，父母关于儿童的性别、个性及其将来的职业的观点，父母对学校教育的看法。因素分析的结果表明，家庭养育观包括4个

因素：父母教育子女的责任心、对孩子的信任感、亲子关系的亲密性及对子女天性的积极评价。家长对学校教育的看法也分为4个方面：学校对孩子个性和创造性的培养、家庭影响和儿童自身的努力、学校教育和自我教育的关系及孩子的天资与学习成绩的关系。上述研究结果表明，对中国父母而言，不同年龄的儿童的父母均把教育子女的责任心及学校对孩子个性与创造性的培养看作是教养观念中最重要的因素，而孩子的天性和天资在他们心目中的位置处于次要地位。在儿童的性别与其将来职业的适合性问题上，大多数父母认为适合女性的职业有：教育、中文、外语和音乐；适合男性的职业有：数学、物理、工程、电脑；两性都适合的职业有：生物、商业、艺术及社会科学。父母认为培养儿童的个性，最重要的是培养儿童的自信心，其次是恒心、创造力、礼貌、专心和独立性。

（二）父母教养观念的来源

父母的教养观念主要来源于父母的文化背景、父母的人格特征及亲子关系的特点。处于不同文化背景中的父母，其教养观念在许多方面不同。如哈克尼斯和撒波（Harkness & Super, 1992）对美国城市母亲与肯尼亚农村母亲的教养观念进行对比研究发现：在与儿童的谈话中，美国母亲所用的关于认知发展的词语比例较大，而肯尼亚母亲所用的关于依从和助人方面的词语较多；美国母亲注重孩子在语言和想象方面的发展，而肯尼亚母亲注重培养儿童对社会角色的责任感，如为全家做饭。这说明美国母亲比肯尼亚母亲更注重培养孩子的认知能力，而肯尼亚母亲比美国母亲更注重培养孩子的依从、助人等亲社会行为。可见，父母所处的文化背景不同，对培养儿童哪些方面的能力最为重要这个问题的看法不同。另外，父母的个性特征（如父母的认知风格）也影响父母的教养观念，具有全面、细致的认知风格的父母，其教养观念往往比较复杂。另外，父母的家族传统、情感状态、抚养任务的具体特点、儿童的行为特征、亲子交往情境的条件等也是影响父母教养观念的因素。但是，目前已有的关于不同文化背景中父母教养观念的比较研究大多是对父母教养观念的一般的、抽象的比较，而关于其特定的、具体的抚养观念的比较研究则较少。

父母教养观念是相对稳定的，又是可以变化的。父母教养观念是由各种因素结合而成的结构，该结构一旦形成，往往具有相对的稳定性，这表现在父母在各种情境中的教养行为往往具有很大程度的一致性。同时，父母教养观念又受到许多因素的影响，如社会环境、儿童的年龄、性别及个性特征等都可能引起父母教养观念的变化。

（三）父母教养观念和父母行为的关系

父母教养观念与父母行为之间存在着密切的关系。父母认为儿童的内在动机对其发展有重要作用，那么在亲子交往中，父母往往就较多运用讲道理的方式，而较少采取强制命令来控制儿童。父母对子女的期望也影响父母行为，虐待儿童的父母对儿童多抱有不现实的期望，当孩子达不到他们的期望时，他们感到失望从而更可能虐待孩子。此外，父母教养观念的复杂程度与父母行为间也存在相关。父母教养观念越复杂，父母行为越有利于儿童的发展。但是父母教养观念和父母行为间的相关并不太高，原因可能是父母行为除受父母教养观念的影响外，还可能受儿童的行为特征、亲子交往情境的特点等多种因素的影响，如图3-2所示。

（四）父母教养观念与儿童发展的关系

父母教养观念和儿童发展间存在着密切的关系。父母教养观念的复杂性与儿童自我认知的精确程度呈正相关，与儿童在IQ测验中的成绩呈正相关（Martin & Johnson，1992）。我国陈会昌等（1997）关于家长教育观念和儿童发展的关系的研究也表明，父

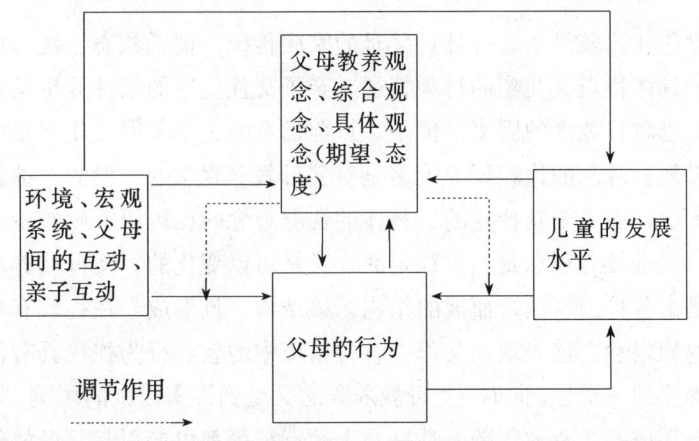

图3-2 父母教养观念对儿童社会化的作用

母家庭教养观念、父母对学校教育的看法和孩子的社交能力间有一定程度的相关;家长对孩子独立性、礼貌及整洁等个性品质培养的重视程度与儿童社会交往能力的发展呈显著相关。但上述相关都不高,这也是因为父母教养观念并不是唯一影响儿童发展的因素,除父母教养观念以外,还有很多因素影响儿童的发展。但是由于父母教养观念是从宏观上来影响儿童发展的,因此父母教养观念比父母行为在预测儿童的发展水平方面更好一些。

二、父母教养方式

父母教养方式是父母的教养观念、教养行为及其对儿童的情感表现的一种组合方式。这种组合方式是相对稳定的,不随情境的改变而变化,它反映了亲子交往的实质(Darling & Steinberg, 1993)。最早研究父母教养方式的是鲍姆令特(Baumrind),他根据父母行为的控制和温情两个维度把父母教养方式分为三类:权威型、专制型和放任型。权威型父母对儿童有较多的温情、较明确的要求和较为一致的反应,能够在亲子间相互理解的基础上完成对儿童的约束。权威型父母教养方式被认为是最费时费力的方式,但也是最有效的教养方式。专制型父母对儿童的成熟行为有较高的要求,但对儿童反应较少,对儿童缺乏热情,用较为绝对的标准来塑造、控制和评价儿童的行为,强调儿童要无条件顺从,崇尚权威和传统,不鼓励亲子间相互迁就,对儿童的奖励和表扬较少,对儿童的控制严厉、不妥协,且带有强制性。放任型父母教养方式既不期望儿童的成熟行为出现,也不提出要求,他们或者溺爱儿童或者忽视儿童,对儿童的纪律要求不一致,鼓励孩子自由表达自己的愿望,对儿童有中等程度的热情,不主动指导孩子的行为。

麦考贝和玛丁(Maccoby & Martin, 1983)在鲍姆令特对教养方式的分类的基础上,把放任型父母教养方式按要求和反应两个维度又分为沉溺型和忽视型。对儿童要求较少、反应较高的放任型教养方式为沉溺型,这类父母对儿童有较多的温情和接受,经常对儿童让步,较少利用权威控制儿童,对儿童的成熟行为要求较少,主张让儿童自我管理。忽视型则对儿童要求和反应都较少,这类父母不指导儿童的行为,也不支持儿童的兴趣,他们沉溺于自己的事情而忽略做父母的责任。最近,鲍姆令特(1991)又把父母教养方式概括为7类:期望型、民主型、非指导型、专制—指导型、非专制—指导型、投入型和一般型。

我国近年来对父母教养方式进行了大量的研究。如刘金花把家庭教养方式分为:拒绝型、严厉型、溺爱型、期待型、矛盾型、分歧型;白燕则分为:溺爱娇纵型、专制型、启发诱导型、放任自流型(陶沙,1994);陶沙等(1994)又把父母教养方式分为七类:溺爱、忽视、专制、民主、惩罚、成就要求和教育的不一致。研究发现,我国父母的教养方式与儿童发展间的关系是和西方的结论相似的,但我国父母的教养方式受社会文化背景的影响又存在许多不同于西方的特点：

1. 国外研究者多认为中国父母对儿童较为严厉，可能严厉型教养方式较多。我国研究者则认为由于我国具有强调父母权威和子女顺从的社会传统，我国父母以严厉为特点的教养方式，称为严格型更为合适，因为，一、这种严厉是建立在双方认可的基础上的，且严慈相济的。我国父母尽管对孩子的非期望行为给予严格限制，但父母和孩子都意识到父母是爱孩子才惩罚孩子的。二、这种严格要求更接近于民主而非严厉（曾奇、陈欣银等，1997），这和西方的拒绝型教养方式有很大差异。

2. 尽管在中国严格型父母教养方式较多，但是，父母教养方式和儿童发展间的关系在不同的社会文化背景中却是相似的。如父母对儿童较为民主与儿童自主能力的发展关系密切，从而否定了西方有的研究者的结论：在中国，父母教养方式和儿童发展间的关系可能不同于西方。严格型的父母教养方式在中国并没有导致比西方国家有更多的儿童在社会性发展方面出现问题，这是因为中国的社会文化背景是以社会价值取向为主流，父母的责任是培养孩子成为社会需要的人，严格型教养方式特别有利于家庭权威的形成和儿童对社会行为规范的内化。但这种教养方式却不适合于个人价值取向的西方社会文化背景。因此严格型教养方式对中国儿童社会性发展的影响不同于其对西方社会儿童社会性发展的影响。但无论在中国还是在西方社会，严格型父母教养方式都与儿童较多的依从行为关系密切。

三、父母行为

对父母教养方式的研究是从类型学的研究范式出发，将父母行为划分为不同的类型，这种综合考察父母行为的研究范式，尽管有利于探讨父母的教育行为风格，但忽视了父母与儿童在真实环境中的具体交往内容。为了更好地分析父母具体教育行为的特点，了解亲子互动过程的真实情况，有必要考察父母行为的具体维度的特点。我国邹佩霞（1995）等人的研究发现，2~6岁儿童母亲的行为的不同维度就开始有了明显的分化，主要的维度有：敏感、反应、参与程度、促进儿童言语、认知和社会性发展的行为以及表达积极情感和消极情感的行为。大多数母亲在促进儿童言语、认知发展和积极情感的表达3个维度上表现较好，而在消极情感的表达及对儿童各种心理需要的反应性两个维度上得分较低。

（一）父母行为的分类

早在本世纪50年代末，人们就发现，父母对不同子女的抚养行为存在一些稳定的成分，于是研究者开始把这些稳定的成分作为区分父母行为的维度。如谢弗（Shaffer）最早按照温情－敌对、控制－自主两个维度对父母行为进行了区分。尔后，随着研究的深入，区分父母行为的维度逐渐增多。按照父母不同的行为目的主要可分为3大类：

1. 以塑造儿童的行为为目的。(1) 敏感性（sensitivity），指父母对儿童的需求给予及时、一贯和适当的反应。这首先要求父母能够正确理解儿童的需求信号；其次父母能够权衡儿童的需求和愿望与父母或成人的需要间的关系以及儿童的愿望和儿童社会化目标间的关系；再次父母是以儿童为中心给儿童提供适当的反应。与敏感相对的维度是忽视（ignorance）。(2) 合作（cooperation），指父母积极为孩子创造条件，培养孩子的自主能力，较少干扰性地限制孩子的活动。与合作相对的维度是干扰（intrusiveness），指父母不顾及孩子当时的情绪和孩子正在进行的活动，而把自己对孩子的期望强加给孩子。(3) 控制（restrictiveness, demandingness, strictness, discipline, arbitrary

exercise of power)。关于父母的控制模式，较为著名的是麦考贝和帕克(Parker)的研究。前者将父母的控制概括为：严厉控制、限制控制、要求控制、干涉控制、专断控制。后者认为除以上 5 种控制模式外,另外还有 3 种：过度保护控制、接受(允许)控制、忽视(放任)控制。比较有效的父母控制模式是给儿童讲道理,对要求儿童遵守的规则作出解释,对儿童的惩罚既严格又温情；同时父母还要控制自己的消极情感和冲动行为,注意对儿童的约束的前后一致性,避免强化儿童的不良行为。与其相对的维度是自主,即给儿童尽可能多的自由,较少限制儿童的行为。(4)指导(monitor),指父母给儿童提供问题情境,并给予及时反馈和积极强化。在指导方式上,较多运用传授、演示、劝说和讲道理的方式,而较少采用惩罚和奖励。(5)奖励(reward)和惩罚(punish)。奖励有物质奖励和精神奖励两种方式。惩罚的方式也有两种：强制(power assertion)和爱的回收。强制是指父母对儿童身体上的惩罚、冷漠的拒绝、剥夺以及威胁等。爱的回收是一种心理上的惩罚形式,主要包括父母对儿童表示失望,不理睬儿童或孤立儿童等几种形式,爱的回收可使儿童产生一种对自身安全的威胁和焦虑感,迫使儿童就范。(6)父母的参与(involvement),指父母爱孩子,关心孩子的利益,尽可能满足孩子的需要。比较有效的参与方式不仅包括给孩子提供物质条件而且要抽出一定的时间陪伴孩子,同时父母的参与方式还必须适合儿童的年龄特征。(7)期望(anticipation),指父母对儿童的发展有符合现实的、积极的期望并且设法让儿童体验到父母的期望。(8)成熟要求(maturity demands),指父母对儿童的社会性发展、认知发展和情感发展不断提出较高的要求,而且强调儿童独立,鼓励儿童自己进行决策。

2. 以表达情感为目的。(1)温情(warmth 或 nurturance),指父母通过行为和态度表达对孩子的爱,关心孩子的身心健康,对孩子的成长充满兴趣,同时对孩子的进步经常给予表扬和赞赏,为孩子取得的成就感到自豪,并和孩子分享成功的欢乐。与其相对的维度是敌对(hostility)。(2)接受(acceptance),指父母喜欢照顾孩子、爱孩子、对孩子的消极情绪较少厌倦,并且积极促进孩子消极情绪的转化。与其相对的维度是拒绝(rejection)。(3)情感反射(emotion reflect),指父母把儿童的情感表现模仿给儿童看,并对儿童的情感需要给予适当的反应。这有利于儿童发展理解他人并对他人情感进行适当反应的能力。

3. 以了解儿童为目的。(1)对儿童发展的认知(perception)指对儿童身心发展状况、儿童的学业水平及游戏伙伴等方面的精确感知和对儿童各方面能力的适宜评价。(2)对儿童发展的归因(attribute),指把儿童发展归因于内部因素还是外部因素,归因于可控制因素还是不可控制因素。

(二)父母行为的研究趋势

1. 注重研究父母行为的可变性。父母行为虽然包含许多比较稳定的成分,但并不是不变的,父母要随自身、儿童及所在的环境的变化而改变自己的行为方式。因此,研究父母行为,同时应研究与父母行为有关的父母自身、儿童及环境方面的因素,以真正理解父母行为的特点。

2. 注重研究父母和儿童间的互动过程。越来越多的研究者认识到,儿童不是被动地接受父母行为对他的影响,而是具有积极主动性,父母与儿童间的交往是一个双向的、相互依存的互动过程。研究父母行为就要研究亲子间互动过程中的人际效应。

3. 注重研究父母行为的质量或有效性。一方面表现在对父母行为的分析愈加细致,旨在确定父母有效的行为方式的特点。如上述对父母控制模式的分析。另一方面,研究者不断提出父母行为的新的维度。如力量均享(power sharing)、指导(monitoring)、平衡亲子双方的需要(balancing parental needs with child's needs)等，发现新的父母行为维度有利于我们更好地理解父母行为的本质。

4. 注重从生态系统的角度研究影响父母行为的因素。对影响父母行为的生态学因素的研究当前最为著名的是布朗芬布伦纳(Bronfenbrenner,1979)的生态学理论模型。该模型认为影响父母和儿童发展的因素是一个完整的生态系统，其中既有近距离的直接影响父母行为的因素，也包含远距离的间接影响因素。

第三节 家庭中儿童的社会化过程

一、儿童社会化过程的几种理论模型

人类的婴儿刚刚诞生时，其发展的水平是很低的，也是很软弱的。无论是其行为发展的水平还是适应外界环境的能力都远远落后于某些高级动物的幼仔，如牛、羊等动物的幼仔出生后很短的时间就能跑、跳、觅食，学会生存所需的能力。而对人类的婴儿来讲，单是学会走路就要花费很长的时间，个体的社会化过程更是贯穿于生命的始终。然而，正是由于人类婴儿绝大多数生存所需要的能力是在社会环境的影响下，经过漫长的发展过程形成的，遗传仅为其提供了最为基本的物质基础，因而使儿童的发展具有很大的潜能和可塑性。而动物由于其生存所需的能力大多是先天具有的，出生后可塑性小，最终所能达到的水平也就较低。那么，在人类婴儿发展的过程中，儿童自身的因素对其发展的水平有多大的影响呢？关于这个问题的探讨就反映了人们对儿童本质的理解问题。长期以来，心理学家关于儿童本质的理解有一个逐步深入的过程。由于对儿童本质的理解不同，关于儿童的社会化

就形成了许多不同的理论。

（一）先天形成说

该理论认为儿童在出生之前，其未来发展可能达到的最高水平就已确定。也就是说，儿童发展所能达到的最高水平是由遗传因素所决定的。儿童出生后，其各种个性特征和各方面能力的发展都是其先天形成的相应部分的逐步展现，儿童的父母及其他抚养者所起的作用是非常有限的，只能延缓或加速儿童发展到这个水平的时间。因此，亲子之间的交往应以儿童为中心，成人的任务是积极为儿童发展创造条件，使儿童早已形成的能力顺利表现出来，尽量不要限制儿童，以免阻碍儿童的发展。

（二）后天塑造说

该理论主张儿童在出生时个体间在个性、能力等方面并不存在差异，儿童的发展是其抚养者利用条件反射对儿童加以系统改造的结果，通过训练和榜样的作用使儿童形成理想的行为，并通过奖励和惩罚的方式来制止儿童的反社会行为。因而成人与儿童间的交往应以父母为中心，儿童是被动的，社会环境对儿童的发展起着决定作用。

（三）冲突模型

该理论认为，儿童从一出生就不是被动地接受外界影响，而是有自己的欲望和需求，并在这种欲望的推动下，选择自己特定的行为方式。但是儿童的愿望与父母乃至社会的期望往往不一致，或存在冲突。因此，抚养者的任务就是帮助孩子发展抑制其原始冲动的能力，培养孩子发展社会可以接受的行为。亲子间的矛盾不断被解决的过程就是儿童不断发展的过程。

（四）互动模型

互动理论认为，儿童是在与其社会环境的积极的相互作用中获得发展的。社会环境与儿童之间存在着双向影响。一方面，社会环境通过其各个子系统直接或间接作用于儿童的发展；另一方面，社会环境的影响又受儿童已有的心理发展水平与个性特点的制约。因此，对家庭环境与儿童发展的关系问题的考察，必须既要考虑到儿童的社会生活环境的特点，又要对儿童自身方面的因素进行分析。

二、认知社会化

在儿童认知发展的过程中，个体的成熟与学习都起着重要的作用。但是，儿童的认知发展同时还受到许多外界因素的影响，其中，儿童的社会交往为儿童的认知发展提供了坚实的基础。

维果茨基指出，儿童的认知发展有一个社会基础，儿童与一个有能力的成人间的交往对促进其社会技能的发展具有重要的意义。儿童的思维、学习及解决问题等高级心理过程的发展首先是在儿童与成人的交往中完成，然后经过内化以能力的形式表现出来的。在儿童与成人的交往中，儿童并不是被动地接受成人的指导，而是积极主动地寻找、选择和组织成人及周围环境所提供的条件。因此，在促进儿童认知发展的过程中，儿童与成人间的相互配合是非常重要的。而儿童和成人要达到和谐的配合，首先，儿童的发展水平必须达到"最近发展区"。"最近发展区"的下限是儿童独立完成任务的水平，上限是在成人的帮助下，儿童能够完成任务的水平。维果茨基认为，儿童的认知能力只有在这上下限之间的范围内即"最近发展区"内，儿童与成人的交往才会促进其认知的发展。因此，在促进儿童的认知发展方面，成人的任务在于确定某个孩子在某种发展任务中的"最近发展区"，给予孩子所需要的帮助，并能够在孩子的能力发展到能够独立完成任务时及时停止帮助。其次，儿童能够积极主动地寻求帮助。再次，成人要能够敏感地觉察孩子的需求，及时作出反应或停止帮助。

以往的研究均证明,社会交往对儿童的认知发展有重要影响。儿童的注意水平、问题解决能力等方面的发展,曾一度被认为纯粹是个体成熟的过程,受人际关系影响较少。但现在人们发现,这些认知过程与儿童的社会交往关系非常密切。例如,父母对儿童活动的不同程度的参与水平与儿童注意保持的时间有关。在父母中等程度参与的情况下,儿童注意保持的时间最长,而父母的高度参与会使儿童体验到太大的压力,其注意保持的时间反而不长。而且,儿童自身的特点也影响父母的参与程度与其注意稳定性之间的关系,父母的参与对于那些注意力原本不集中的孩子的积极作用更大。儿童的游戏水平与其认知发展之间也存在密切的关系,合作游戏比单独游戏更能促进儿童的认知发展。如母亲和孩子一起游戏,相对于孩子单独玩时,儿童游戏持续的时间较长,游戏的水平也较高。但是母亲参与的质量和儿童的个性特点对母亲参与的效果具有制约作用,母亲的行为参与,母亲明确的鼓励性的建议比母亲的命令对儿童游戏的影响大(Schaffer,1997)。总之,儿童与成人间的交往对其认知发展的作用,不在于使儿童形成新的类型的认知能力,而在于加快儿童形成新的认知能力的速度。

三、情感社会化

初生的婴儿还没有形成情感,其情绪的表现形式也较为单调,个体间差异较小。随儿童年龄的增长,其参与社会实践的机会增多,儿童的情感不断得到发展。父母主要是通过亲子交往塑造和指导儿童,使其形成抚养者或其所处的社会文化背景所期望的情感表现形式。但是,父母对儿童情感发展的作用受到社会环境因素、亲子交往的特点、儿童的年龄及气质特点等因素的制约。社会文化传统对儿童情感的社会化,特别是情感的表现形式影响较大,影响方式主要有三种:一是某些社会对情感的表现方式有所限制；二是在特定的文化背景中，有些情感占绝对优势；三是情感的表达方式具有文化特定性。国外的研究发现，父母的抑郁水平影响亲子间的互动，高抑郁水平的父母对儿童的支持较少，批评和干扰较多，对孩子的消极情感也较多；儿童则感到比较冷漠，从亲子交往中体验到的兴奋和乐趣较少。这种消极的交往方式对两岁以下儿童情感的发展影响更大，因为两岁的孩子对其情感的控制能力较小，当没有达到父母的期望时，很容易导致亲子间发生冲突；同时，这个年龄段正是儿童新的情感类型形成的时期，母亲消极的交往方式不利于儿童积极的情感类型的产生（Schaffer，1997）。

四、亲子关系影响儿童社会化的机制

亲子关系对儿童的发展具有重要的影响这是毋庸置疑的。那么父母和儿童两个方面的因素通过怎样的途径作用于儿童的发展呢？换言之，亲子关系影响儿童社会化的机制是什么？已有的研究表明，这些机制主要包括态度转变、观察模仿、认同作用及儿童的归因方式。

（一）态度转变

态度转变指父母通过种种方法改变儿童的态度，使儿童接受、内化行为规范的过程。父母用来改变儿童态度的方法主要有：使用权利、爱的回收、信息内化等。使用权利是一种运用强制性的压力手段迫使儿童接受行为规则的方法。但实验表明，"使用权利"并不一定能够引起儿童对行为规则的内化，从而使儿童发生长期、可靠的态度转变，而且使用权利不当也很容易产生反面的效果（周宗奎，1995）。"爱的回收"是一种心理上的惩罚形式，主要指父母对儿童表示失望、不理睬或孤立儿童等。这种心理的惩罚形式使儿童感受到一种对自身安全的威胁和焦虑感，迫使儿童就范，从而达到约束儿童的目的。但是运用这种方法往往只能引起儿童外在行为的变化，却不能引起儿童对社会规范的内化，而且还有可能导致父母与儿童情感关系的破裂。同时，使用爱的回收的效果受其所处的社会环境的影响较大，如父母采用的教养方式不同，其运用爱的回收的效果也不同。在权威型家庭中，爱的回收有积极作用，但在专制型家庭中却会引起相反的效果。"信息内化"又叫引导，是父母通过信息的传递使儿童长期、有效地接受或内化社会规范或行为规则的一种方法。运用信息内化最重要的是引导儿童注意乃至理解父母传递的行为标准。霍夫曼(Hoffman)是信息内化与儿童社会性发展领域研究的代表人物。他认为，父母帮助儿童预见其行为的后果、认识其行为将造成的危害对儿童道德规则的内化非常重要。父母对儿童信息内化的具体方式可随儿童的年龄或具体情境而变化。对年龄较小的儿童，父母要直接指出其行为的外部后果；对年龄稍大的儿童，父母不但要给儿童分析行为的动机还要指出其行为可能给他人造成的伤害，这些信息有利于儿童理解行为间的因果关系。霍夫曼提出了一个信息内化的模型即"信息加工模型"。该模型指出，信息内化的效果主要受两个因素的影响，一是儿童已有的编码能力和储存新信息的能力，即认知能力，它保证父母传授的信息能够为儿童所理解；二是儿童的情绪状态，父母传递信息时，既要富有情感又要严格，只有当儿童体验到适度的压力，处于"最佳激活状态"时，才能产生积极有效的影响。压力过小或过大，都不利于儿童对信息的内化。总之，父母与儿童的沟通只有和父母的控制相结合才能有效地影响儿童的信息内化，父母控制的目的在于激活儿童的情绪状态，父母和儿童的沟通还要适合儿童社会认知能力的发展水平。

（二）模仿

模仿父母行为是儿童社会性发展的重要途径之一。社会学习理论认为，在社会交往过程中，儿童一方面通过直接观察他人的行为学会新的行为方式；另一方面，通过观察他人行为产生的后果得到"替代性强化"。儿童模仿父母行为的原因非常复杂：他们可能希望通过模仿父母来获得父母对自己的感情，从而免于父母对自己的惩罚；也可能希望通过模仿父母的行为来控制周围的环境。

（三）认同作用

弗洛伊德是研究认同作用影响个体行为发展的先驱。他以"奥底普斯"情结来解释儿童对父母的认同。他认为，男孩的某些愿望由于受到父亲的压抑，使其对父亲的地位产生嫉妒，但是又害怕父亲，于是就通过模仿、认同父亲来免于受到父亲的惩罚，久而久之，儿童通过这一机制完成了性别角色的社会化。后来，有许多研究者重新对认同作用进行了解释。哈根（Kagan）把认同作用看作是一种"获得性认知反应"，认为认同并不仅仅是由儿童和父母行为间的相似造成的，当然也不是简单的模仿。认同发生的首要条件是儿童对榜样感到钦佩，这种情感导致儿童想拥有榜样的行为和情感表现的特征。因为儿童认为，只要自己具备这些特征，同样会受到别人的钦佩，儿童于是才模仿榜样的思想和行为，并在认同过程中得到强化。柯尔伯格（Kohlberg）则强调儿童认知能力在其认同发展中的作用。他认为，儿童首先在探索环境的过程中建立与环境的同一性，然后，根据自己的条件寻找与自己相似的个体，并以此为模仿对象，而且从模仿中获得满足感。

（四）归因方式

儿童的归因方式对其发展具有重要的影响。儿童的归因方式决定其对成功的期望，这种期望又影响儿童对未来行为目标的选择及其努力的程度。儿童的归因方式可分为功能良好的归因及功能不良的归因两种方式。具有功能良好的归因方式的儿童有自信心，对学业有积极情感和适度的期望水平，自控能力及责任心都较强；反之，具有功能不良的归因方式的儿童则缺乏自信心、责任心及自我效能感，往往把成功归因于外在因素，把失败归因于自己的能力较低。父母教养方式影响儿童归因方式的发展。国外的研究表明，权威型父母由于对儿童的要求和反应均较多，经常和儿童共同参与决策，这有利于儿童正确理解行为的因果关系，形成功能良好的归因方式；沉溺型父母对儿童要求较少，反应较多，忽视或接受儿童的错误，致使儿童自信心较低，成就动机较弱，自控能力较差；忽视型父母对儿童要求和反应均较少，对儿童行为较少提出期望和标准，导致儿童不能正确理解行为的因果关系；专制型父母对儿童要求多、反应少，强调儿童对外在规则的遵守和服从，并较多运用外部强化，因而不利于儿童自我效能感、自主能力和自控能力的发展。上述三类非权威型父母往往导致儿童形成功能不良的归因方式 (Glasgow et al, 1997)。

第四节 影响父母行为及其教养观念的因素

一、影响因素的理论模型

本世纪 80 年代以来，国内外对影响亲子互动的因素进行了较为系统的研究，提出了多种理论观点，其中较为著名的有以下三种。

（一）哈曼的理论观点

哈曼 (J. Harmon) 认为，影响父母行为的因素主要包括以下四个方面：一是一般的文化因素，如所在国家、地区等社会文化背景因素；二是个体因素，如父母的个性、行为特征等；三是人际关系方面的因素，如儿童的行为、家庭的规模等；四是社会情境因素。该理论模型存在许多的局限，它只简单列举了许多影响父母行为的因素，却没有探讨这些因素影响父母行为的过程，也没有阐述各因素间的相互关系。

（二）巴斯克的理论观点

巴斯克认为影响父母行为的因素主要有三类（见图3-3）：一是父母的心理因素，如父母的个性特点、发展经历等；二是儿童自身的特点如年龄、性别、行为等；三是社会环境因素，其中，既包括使父母体验到压力的因素，也包括为父母提供社会支持的环境资源，如婚姻关系、社会网络和工作场所等。这三方面的因素通过不同的组合方式直接或间接地对亲子交往产生影响。从上述因素对父母行为的影响程度来看，父母的心理特点作用最大，心理健康的父母适应、抵御环境压力以及适应儿童不良特点的能力较强。其次是社会支持，特别是来自配偶的支持。该模型不仅提出影响父母行为与其教育观念的三类影响因素，而且提出了各类因素间互相作用的机制，然而却忽视了社会文化背景及社会经济

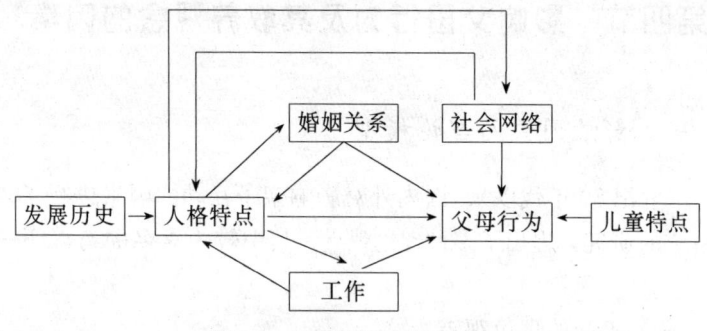

图3-3 父母行为的影响因素

（资料来源：J. Belsky. Child Development，1984，55：83～96)

因素对父母行为的作用。

(三) 布朗芬布伦纳的理论模型

该模型 (1979) 认为, 所有影响父母行为及儿童发展的因素组成了一个完整的生态系统 (见图 3-4)。该系统可分为四个子系统: 宏系统 (macrosystem), 包括父母所处的社会文化背景、社会经济地位、种族及受教育水平等对儿童影响较为深远的因素; 外部系统 (exosystem), 包括父母的就业状况、社会压力和社会支持等影响亲子交往的社会环境因素; 中间系统 (mesosystem), 包括父母、儿童及其家庭方面较为稳定的因素, 如父母的个性特征、家庭生活经验, 儿童的年龄、性别、气质、家庭结构等因素; 微系统 (microsystem), 包括离儿童较近对儿童有直接影响的社会情境中的因素、父母及儿童短暂的情绪状态、父母对情境的评价或感

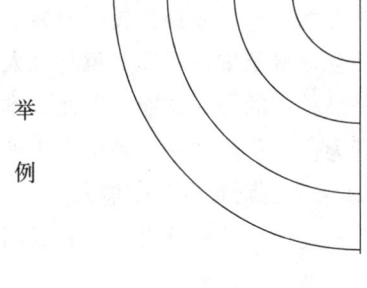

图3-4 父母行为影响因素的生态系统模型

知、亲子交往的方式、时间等因素。这是一个较为全面的理论模型，既分析了影响父母行为的诸多因素，也描述了这些因素间的关系，同时指出儿童所在的社会生态系统中的因素通过直接或间接两种方式影响父母行为及儿童发展。

二、影响父母行为的因素

（一）社会文化背景

在不同的社会文化背景中，父母的生活方式、心理特点、价值观及可接受行为的标准是不同的，儿童社会性发展的目标和方法也存在差异。在一个社会文化背景中被认为是良好的、受到鼓励的父母行为方式在另一个社会文化背景中可能被看作是不好的或是病态的。如在危地马拉的一些村落里，人们普遍认为外面的新鲜空气、阳光及嘈杂的事物对儿童的发展都是有害的，因此，婴儿出生后第一年都要在狭窄、黑暗、没有窗户、没有玩具的小屋里度过。而现代西方中产阶级的母亲却尽可能多地为儿童提供适宜其发展的刺激，她们在孩子周围放满了各种教育性的玩具，给饰有彩带的小床再缀上旋转的小球和小盒，每天带孩子进行常规的日光浴或到公园散步。再如巴斯顿的研究发现，美国、法国和日本三个国家的母亲对儿童注视他人的反应存在显著差异。由于日本是一个集体价值取向的社会，母亲重视发展儿童与他人间的亲密关系，而学会注视他人是最基本的交往技能，因此日本母亲鼓励并引导儿童注视他人的行为。而美国和法国是个人价值取向的社会，注重发展人的个性，母亲不鼓励儿童顾及他人的看法，因此对儿童注视他人的行为无明显反应。这种社会文化背景因素的影响还表现在父母教养方式与儿童社会性发展间的关系上。在西方以个人价值取向的社会文化背景中，严厉型的父母教养方式不利于儿童的社会化，而在中国、日本等一些以社会价值取向的文化背景中，严厉型教养方式却有利于造就大批服务于社会的人才。而且，城市与农村这种社会亚文化背景对父母教养方式也有重要的影响。我国研究者张文新（1997）的研究发现，父母教养方式存在城乡差异。与农村青少年的父亲相比，城市青少年的父亲对子女有更多的温情和理解，但对子女惩罚与严厉、过分干涉和拒绝、否认也多于前者；与农村青少年的母亲相比，城市青少年的母亲对子女的干涉和保护、拒绝、否认及惩罚严厉较多；但在对儿童的温情与理解方面，城市父母与农村父母间不存在显著差异。

（二）社会经济地位

父母的社会经济地位主要由其职业、受教育水平和经济收入所决定。父母的社会经济地位不同，其教养行为与教养观念也存在差异，主要表现在：（1）社会经济地位低的父母强调儿童要顺从、尊重他人、爱整洁、少惹麻烦；而社会经济地位高的父母则重视培养儿童的积极情感、创造性、理想、独立性、好奇心和自我控制能力。（2）社会经济地位低的父母较多控制儿童，对儿童使用权威，对儿童的事情武断专横且经常利用体罚；社会经济地位高的父母敏感性和反应性较高、对儿童比较民主，能够通过角色转换理解儿童、对儿童的惩罚也多是心理惩罚。（3）社会经济地位高的父母和儿童言语交流较多，喜欢给儿童讲道理，言语的结构也较复杂，对孩子的情感投入较多。我国研究者发现，受教育程度是影响父母行为的重要因素，受教育程度低的母亲在教养方式中的溺爱、忽视、专制、惩罚、成就要求及教育的不一致等趋向性高于受教育程度高的母亲，而受教育程度高的母亲则更具有民主性。但研究者同时指出，家庭经济收入对母亲教养方式的影响不显著（陶沙等，1994）。

（三）母亲就业

近年来，随着妇女就业率的增加，母亲就业对亲子关系的影响日益引起人们的关注。尽管母亲就业后，随其社会角色的增多，其用来抚养孩子的时间和精力相对减少，特别是当母亲就业的愿望与抚养孩子的责任相矛盾时，母亲更是感到焦虑、有犯罪感，这些因素对母亲的抚养行为都具有消极的影响。但以往这一领域的研究表明，母亲就业一般不会对儿童发展造成消极影响。这主要是因为决定抚养质量的并不只是母亲参与抚养孩子的时间，更重要的是参与的质量。母亲就业可能并不会降低抚养的质量，主要有以下三个方面的原因：首先，尽管不就业的母亲参与抚养孩子的时间较长，但由于这些母亲往往具有消极、被动的生活观，这使她们对儿童的支持较少，消极情感和惩罚行为较多，因此教养效果未必好于就业母亲；其次，从家庭系统的角度来看，母亲就业在一定程度上引起了家庭角色及其功能的变化。父母双方都外出工作，母亲花在家里的时间较少，这使父亲参与抚养孩子和家务劳动的时间增多，从而担当了一些原来属于母亲角色的任务。父亲作用的充分发挥在一定程度上可以弥补母亲就业对儿童发展造成的消极影响；再次，母亲就业对儿童性别角色社会化的发展也具有重要影响。母亲就业的女孩其性别角色观念更加平等，而且她们往往认为女性同男性一样有能力，也应有选择职业的自由，因而其传统女性的兴趣和特征较少。母亲就业的女大学生在个性特征上表现为：自尊水平较高、成就动机较强、追求目标的坚持性较好，且有较强的支配欲望。此外，研究还发现，母亲长期就业也影响母亲的价值观、心理健康水平、情绪状态和其对抚养活动的参与，她们对儿童成熟行为期望较高。我国的研究者指出，母亲就业对其教养方式的影响可能有两个途径：一是观念层次的，表现为不同的职业对职工的素质及工作中人际交往的原则要求不同，由此形成就业的母亲关于理想人的品质及人际关系的不同认识和观念,从而影响其对儿童应有品质的期望,也影响其对母子交往中母亲应有的权利、地位及对亲子关系的认识和观念;二是行为层次的,表现为不同职业对个体行为规范的要求使个体形成不同的职业行为体系,这影响个体为人处事的策略和方法,对子女的教育方式也不例外(陶沙等,1994)。

(四)压力和社会支持

父母体验到的压力对父母教育儿童的效果往往具有消极影响。父母感到的压力主要来源于四个方面:婚姻关系和人际关系、经济原因、父母的个性特征以及与儿童的教育有关的因素。多个来源的压力相结合,对父母往往造成更大的压力。研究发现,处于压力中的父母自我效能感差,对儿童的温情较少,缺乏耐心和参与,提供的支持和帮助也较少,消极性的控制较多,容易受到激惹(McLoyd,1994)。在压力情境中,父母对儿童不良的个性特征和行为的感知和归因也较为消极,父母也因此体验到更大的压力,亲子交往更为困难,形成恶性循环。社会支持有助于减少压力对父母的消极影响。父母社会支持是以父母(被支持者)为中心,由父母、父母周围与之有接触的人(支持者)及他们之间的交往活动(支持性的活动)构成的系统。母亲社会支持是一个复杂的多维度的系统,该系统主要包括三个方面:一是母亲社会支持网络;二是母亲得到的社会支持,按其功能主要分为三类:工具性支持(如给母亲钱物、帮母亲照看孩子)、信息支持(如提供有关解决问题的指导或建议)和情感支持(如安慰身处困境的母亲、听母亲的倾诉);三是母亲对社会支持的感知,如母亲对社会支持的需要程度、满意程度等。关于社会支持发挥作用的途径,已有的研究提出了两个模型:主效应模型(main effect model)和缓冲作用模型(buffering model)。主效应模型理论认为,社会支持直接对个体产生影响。社会支持水平较高的父母感到自己受关心、爱护和尊重，在自己需要时能够得到别人的帮助，这有利于其身心健康及其功能的发挥。缓冲作用模型理论认为社会支持是通过减小压力对个体的消极作用，间接有利于个体的身心健康及其行为；在父母体验到的压力较小的情况下，社会支持的积极作用并不显著。总之，社会支持是影响父母对儿童的教育效果的非常重要的因素。

母亲社会支持源指与母亲有不同类型的社会关系的人们（如父母、配偶、朋友等），他们为处于抚养儿童过程中的母亲提供支持和帮助。不同来源的社会支持对母亲行为的影响存在着程度上和范围上的差异。研究发现，在抚养儿童的过程中，母亲从配偶处得到的支持最多，影响最大，影响范围也最广；朋友和自己父母的支持次之；随后是邻居、亲戚的支持；而来自配偶父母的支持最少（Levitt et al, 1986）。配偶的支持既影响母亲的心理健康，也影响母亲的多种行为。在夫妻关系良好的情况下，母亲从其配偶处获得的关于抚养孩子的支持最多，而且由于夫妻相处的时间较长，母亲随时获得和利用配偶的支持，故来自配偶的支持对母亲影响较大。研究表明，配偶支持较多的婴儿母亲对其生活和抚养行为的满意程度较高，对婴儿有较多的温情，对婴儿反应的敏感性及对母子交往的兴趣都较高（Crnic et al , 1983）。随着儿童年龄的增长，来自朋友和社区的支持对儿童母亲的影响逐渐增大。儿童年龄较小时，母亲因需要照顾儿童，较少外出参加朋友及社区的活动，因而来自朋友及社区的支持较少，对母亲的影响也较小；儿童年龄稍大些以后，母亲与其朋友及社区交往增多，从而有可能从朋友和社区获得较多的支持。研究表明，对于婴儿的母亲，朋友及社区的支持对其行为的影响小于配偶的支持，而对于5岁儿童的母亲，朋友及社区支持的作用反而大于配偶的支持（Crnic & Greenberg, 1990）。母亲社会支持对儿童的发展既有间接影响也有直接影响。由于学前儿童各方面的能力发展水平较低，因而母亲社会支持主要是以间接的方式对儿童发展产生着影响。这表现在：一方面，社会网络的成员传授给儿童母亲抚养知识和技能，并鼓励其采取积极的抚养方式；另一方面，社会支持可能降低母亲的抚养压力，从而减少抚养压力对其行为的消极影响。大约到学前晚期，随着儿童各方面能力的发展，母亲社会支持对儿童发展的直接影响才逐渐出现。母亲社会支持网络的规模是指与母亲有交往关系的人的数量。关于母亲社会支持网络的大小问题，以往的研究得出了很不一致的结论。雅各布森等（Jacobson et al, 1991）的研究发现，母亲社会支持网络的大小平均为 5.5 人。詹宁斯等（Jennings et al, 1991）则发现大约为 8～9 人。莱维特等（Levitt et al, 1986）的研究表明美国农村中产阶级儿童母亲的社会支持网络平均为 13 人，城市的黑人母亲的社会支持网络平均为 15 人。詹宁斯等（1991）和伯奇纳尔等（Burchinall et al, 1996）认为导致研究结论不一致的原因主要是研究者没有形成统一的母亲社会支持网络的概念。在有的研究中，社会支持网络是指母亲全部的人际关系网络；而在另外的研究中则是指实际给母亲提供过支持的人群，前者显然要比后者大得多。另外，儿童母亲的种族、社会经济地位不同及研究者采用的研究方法不同也是导致研究结论不一致的重要原因。

母亲社会支持网络的大小既影响母亲对抚养困难的感知和归因（Melson, 1993），也影响母亲的行为。那些社会支持网络大的母亲所感知到的抚养困难较小；在归因方面，她们通常把抚养困难大归因于母亲和儿童方面的那些不稳定因素，而把抚养困难小归因于母亲和儿童方面的那些稳定因素；在行为特征上，她们喜欢参与孩子的活动，给孩子提供尽可能多的认知刺激，在指导孩子时较少采用命令的口气（Burchinal et al, 1996）。母亲社会支持网络的规模和儿童的发展也存在密切关系:较大的母亲社会支持网络可能给儿童提供更多的认知要求和丰富的认知刺激,从而有利于儿童认知的发展;母亲社会支持网络大,儿童就有更多的机会与网络成员及其子女进行交往,从而有利于儿童社会交往能力的发展;同时,在较大的社会支持网络中,为了保证网络内人际交往的正常进行,网络成员必须共同遵守较多的行为规范,母亲的榜样作用也有利于儿童行为的发展。已有研究也表明,具有较大社会支持网络的母亲,其子女的认知能力和同伴关系发展较好(Malson et al,1993),儿童的活动水平较适宜,多动症的发病率也较低(Burchinal et al,1996)。社会支持网络的密度(network density)是指整个网络内网络成员间交往的情况,一般用网络内实际存在的交往关系与最大可能存在的交往关系之比表示。母亲社会支持网络的密度与母亲行为之间存在着复杂的关系。一般来讲,当个体想摆脱以往的经历或当前的处境时,密度小的社会支持网络对其有利;而当个体遇到有意义的或令人愉快的事件时,密度大的社会支持网络对其有积极作用。例如一个健康婴儿出生后,如果母亲社会支持网络密度和分界密度大,有较多亲友来祝贺就会增加欢乐的气氛,使母亲感到自己和孩子受到重视,被社会网络所接受,这就有利于母亲的产后适应,并会增加母亲对儿童的积极抚养行为;在一个残疾婴儿出生后,如果网络的密度较大,网络成员间较多的交往和关注会使婴儿的母亲体验到更大的压力,产生更多的焦虑和烦恼,而对其抚育行为产生消极影响。扎林等(Zarling et al,1988)的研究也证明了上述观点,在母亲社会支持网络的密度较大的条件下,足月婴儿的母亲对婴儿的敏感性较高,而早产婴儿的母亲其敏感性却较低。

母亲得到的社会支持的多少和类型都影响母亲行为和儿童发展。研究表明,母亲得到的社会支持的多少与其对儿童的积极抚养行为呈正相关,与其对儿童的惩罚行为呈负相关。这是因为社会支持不仅有利于增加母亲对母亲角色和婴儿的满意程度,减少母亲的抚养困难和社会孤立感,而且能够提高母亲的自我效能感(McLoyd et al,1994)。但需要指出的是,母亲得到的社会支持对母亲行为的影响还受到多种因素的制约,如母亲的经济地位、婚姻状况等。当家庭收入较高时,母亲得到的社会支持的多少与母亲报告的惩罚孩子的行为相关不明显;然而在家庭收入较低的情况下,母亲得到的社会支持越多,母亲报告的惩罚孩子的行为就越少,而在得到社会支持较少的情况下,母亲对儿童的温情较少,约束较严厉(Hashima & Amato,1994)。对单身母亲来讲,母亲得到的信息支持与其控制行为呈正相关,与其积极的抚养行为相关不明显;但对已婚母亲来说,母亲得到的信息支持与其控制行为相关不明显,而与其积极的抚养行为却存在显著的正相关(Weinraub & Wolf,1983)。

社会支持的不同类型影响母亲的不同行为。得到工具性支持多的母亲,其表扬孩子等积极的抚养行为也较多,母子交往较好,特别是亲近孩子的行为较多,诸如喜欢抱孩子,吻孩子,与孩子进行身体接触等(Weinraub & Wolf,1983;Feiring et al,1987)。这主要是因为工具性支持缓解了母亲的经济压力,减少其对母亲角色的消极感受,从而有利于提高母亲的自我效能感和心理健康水平,减少母亲惩罚孩子的可能性(McLoyd et al,1994)。母亲得到的情感支持特别是关于母亲角色的情感支持在促进母亲的积极行为方面起着重要作用(Jennings et al,1991)。由于母亲的情感需要可以从其社会网络提供的情感支持中得到满足,母亲因而也特别重视对孩子的情感需要的满足。她们会给孩子较多的温情,尽可能给孩子处理自己的事情的权利。这一切都有利于儿童社会情感及自主能力的发展(Jennings et al,1991)。母亲得到的信息支持主要影响母亲的抚养技能。那些得到信息支持较多的母亲能够获得较多的育儿知识，从而有利于母亲控制抚养情景，顺利解决亲子交往中的障碍。

社会支持对母亲行为及儿童发展的影响并非机械决定于社会支持的各种客观特征，儿童母亲的主体变量如母亲对社会支持的需要、预期及评价等对社会支持的影响起着重要的调节作用。阿弗莱克等的研究（Affleck et al，1989）发现，对于那些需要较多的社会支持的母亲，社会支持有利于增强其自我效能感，在行为特征上表现为：母亲的敏感性较高，她们喜欢和孩子在一起，亲子交往活动较多。但对那些需要较少的社会支持的母亲，社会支持则具有消极作用。为了更确切了解母亲对社会支持需要这一主体变量的调节作用，有关研究者提出了"最佳匹配模型"理论（optimal-matching model）。其主要观点为，个体对体验到的压力的危害性、可控性、将持续的时间和将造成的后果进行评价后，产生对社会支持的需要，社会支持的作用就是由个体对社会支持的需要与社会网络实际提供给该个体的支持两者之间的匹配状况所决定。只有当个体的需要与其网络提供的支持处于最佳匹配状态时，社会支持才具有最大的积极作用。近期的一些研究结论间接地支持上述观点：信息支持和工具性支持对个体在假设情境中解决问题最为有效；情感支持最有利于减轻个体的精神抑郁；对于那些不可控制的事件，所有类型的支持都同等有效（Ruk-Ki Chen & So-Kum Tang，1997）。

母亲对社会支持的预期指母亲对自己在将来需要时能够得到的社会支持量以及这些社会支持的可资利用程度的估计。目前与这个问题直接有关的研究还较少。现有的少量研究发现，母亲认为在需要时其可能得到的社会支持的可资利用程度较高，其对儿童的惩罚行为和对母亲角色的消极感受就较少（McLoyd et al,

1994)。母亲预期其将来得到的社会支持的可资利用程度与儿童自主能力的发展呈正相关,与儿童的焦虑水平和异常行为的出现率呈负相关(McLoyd et al, 1994)。

(五) 父母被抚养的经历

儿童父母的被抚养经历也影响其与子女的互动。研究发现,父母被惩罚的经验影响父母对儿童的惩罚行为,这种代际的传递在儿童早期就表现出来。经常受到体罚的 8 岁儿童,在假想的情境中,比受体罚较少的儿童更多表现出体罚行为。怀孕的妇女回忆的其和自己母亲的依恋质量在预测其婴儿 12 个月时的母婴依恋质量方面有 70% 的可靠性(Fonagy, Steele, 1991)。但近期的研究也指出,父母幼年与自己的父母的交往的经验通过其"内部工作模型"影响其对待子女的行为方式,该模型的改变程度决定着现在父母行为受以往经验影响的大小。

(六) 父母的性别

父母因性别不同而表现出不同的抚养行为特征。首先,母亲一般比父亲承担的抚养孩子的任务较多;其次,在游戏过程中,大多数母子间的交往相对来说是一种以静为特征的行为,如提供言语刺激和讲道理,强调儿童遵守规则,对儿童表达情感较多,而父子间的交往多以动力型为特征,玩强烈的、运动性的游戏较多;再次,在抚养观念方面,母亲重视培养儿童言语、情感的表达能力,期望儿童与他人建立亲密的关系,父亲则重视培养儿童的自我控制能力、成就动机及其责任心。

(七) 父母的个性特征

父母的身心健康水平、耐心和移情能力等因素影响父母的行为。父母的心理成熟和健康水平是有效发挥父母功能的基础。父母的抑郁、焦虑水平较低,其角色适应就较好,对儿童的反应较为敏感,积极态度也较多;而自身存在心理健康问题的父母则不可能提供敏感、适宜的抚养行为。

(八) 儿童的年龄

一般来讲,儿童的年龄是其生理、言语、情感、认知和社会交往能力发展水平的标志。在不同的年龄阶段,儿童各方面的能力所呈现出来的特点不同,这在一定程度上决定了父母对他们的情感表达方式、行为方式及惩罚的类型都是不同的。父母对待婴儿的行为方式与对待青少年是不一样的。父母与1岁内的儿童交往的内容主要是照料儿童的生活、与儿童一起游戏、训练儿童的视听能力等;在儿童2～3岁时,父母开始约束孩子,但约束的方式往往是带孩子离开或进行惩罚等;儿童3岁以后,父母更多地运用讲道理、给予、回收特权的方式控制孩子;到青少年期,父母对孩子就很少再用动作表达爱,对孩子的保护以及陪伴孩子的时间也较少。可见,儿童的身心发展水平特别是言语、判断能力和观点采择能力的发展水平对父母行为影响较大。我国的研究者发现,儿童的年龄仅对父母的惩罚行为和成就要求有显著影响,但是总的来看,不同年龄儿童的父母教养方式之间的差异是不显著的。

(九) 儿童的性别

儿童的性别对父母行为的影响表现在以下几个方面:一是父母是否想要更多的孩子往往取决于父母是否得到了所期望的性别的孩子,而且父母对其所期望的性别的孩子照顾较多,充满兴趣;二是儿童的性别影响父母对儿童行为的期望,父母鼓励男孩玩探索性的或能够获得成就感的游戏,而往往要求女孩帮助干家务,并重视培养女孩形成亲密的人际关系;三是儿童的性别影响父母对儿童的惩罚行为:父母对男孩的惩罚往往比较严厉而武断;而在惩罚女孩时,父母往往采用讲道理的方式。但是最近有人用元分析方法(meta-analysis)分析了172个关于父母行为与儿童性别间关系的研究结论，结果发现，儿童性别对父母行为并没有显著影响，只是父母对女孩和男孩的期望存在显著差异，而且这种差异随儿童年龄的增长而减小（Lytton & Romney 1991）。

（十）儿童的出生顺序

儿童的出生顺序不同，父母与儿童的互动方式也存在差异。父母与头胎儿童的对话中，用的词语和概念较多，甚至有许多是儿童所不能理解的；同时父母对头胎儿童的约束和限制较多，期望较高，而且体罚较多；父母对头胎孩子的发展特有的关注甚至会持续儿童整个一生。新的儿童出生后，父母因为已有抚养经验，自信心较好，大多能够根据儿童的发展水平采取适当的抚养行为方式，对后生子的纪律约束较宽松，从而其亲子间矛盾较少。此外，儿童出生顺序和父母行为的关系还受到儿童的性别、孩子出生的时间间隔和家庭规模等因素的影响。后生子和前一个孩子的年龄相差1.5～3.5岁这个范围，父母往往感到焦虑，对后生子的行为较为消极，而孩子出生的间隔小于或大于这个范围，父母对后生子的态度和行为就较为积极。

（十一）父母的婚姻质量

父母婚姻关系不好，经常争吵、挑剔、冲突较多，父母对孩子的消极情感就较多，其子女表现出的攻击、犯罪行为也较多，同伴关系发展较差。另外，父母由于受到婚姻矛盾的困扰，往往忽视儿童或者想通过溺爱儿童来补偿对婚姻的遗憾，而无论是忽视还是溺爱都不利于儿童的健康发展。婚姻关系较好的父母对孩子采用较为一致的交往方式，父子交往和母子交往不存在显著差异，婚姻关系不好的父亲对孩子的表扬、赞赏等积极反馈较少，而干扰孩子活动较多（如打断孩子的活动，代替而不是帮助孩子完成任务）。婚姻关系不好的母亲不仅给孩子消极反馈较多，而且更多地运用提问题、命令及强制性的建议来控制孩子的活动。父母婚姻关系对儿童母婴依恋的发展也有重要影响。父母婚姻关系不好，亲子依恋往往是非安全型依恋。对自己婚姻关系满意的父母，他们对儿童的敏感性较高，积极抚养行为较多，对儿童的感知和情感也较为积极（Goldberg，1990）。

（十二）家庭结构和规模

我国的家庭结构目前主要有三种，一是"单亲家庭"，即由父亲或母亲一方和孩子组成的家庭；二是"核心家庭"，即由父母和孩子两代人组成的家庭；三是"杂居家庭"，即由孩子、孩子的父母、孩子的祖父母及曾祖父母等三四代人共同生活的家庭。家庭关系越复杂，儿童受到的影响自然也就越多。我国研究者比较了两代人家庭和三代人家庭中幼儿的独立性、自制力、敢为性等九个方面的个性发展情况，结果发现，家庭结构不仅影响幼儿的个性发展水平，而且随儿童年龄的增长，其影响愈加显著。在儿童的各个年龄段上，不同家庭结构给儿童社会化发展带来的影响是不稳定、不均衡的。两代人家庭儿童的个性发展好于三代人家庭。两类家庭儿童的差异在3岁时并不显著，4岁时开始出现，6岁时表现得全面显著。而单亲家庭的子女均不同程度地比完整家庭差。家庭规模特别是因为子女多而引起的家庭成员的增多，对儿童社会化的影响主要表现在：父母对儿童的态度随子女增多而变化，在多子女特别是有6个以上子女的家庭，家庭角色有明确规定，家务有明确分工，对孩子的纪律要求更为武断和严格。由于父母不可能也没有时间给每个孩子讲清道理和作更多解释，对单个孩子给予的注意和热情较少。父母保护、溺爱、密切监视及合作的机会均较少。由于母亲更加期望从其女儿处获得支持，其对女儿的带有敌意的严格控制较多。

（十三）亲子交往的情境

亲子情境的内容不同，交往方式也存在差异。亲子交往情境对父母行为的影响主要表现在以下几个方面：一是他人在场影响父母对儿童的行为。那些丈夫脾气粗暴且经常受到虐待的母亲，当丈夫在场时，为了取悦丈夫，防止惹怒丈夫往往改变对待孩子的行为方式，她们或者更加严厉控制孩子的活动，或者更多地依从孩子。二是亲子交往的时间。父母在工作又忙又累的情况下，晚上比早上更可能打骂孩子。三是亲子交往的目标。此目标是以儿童为中心，还是以父母或社会化目标为中心，影响着父母对行为方式的选择。以儿童为中心，则会优先考虑孩子的教育需要，如经常带孩子去动物园、游乐场；而以父母为中心，则要求孩子的活动和行为适应父母的需要，如带孩子参加舞会或逛超级市场；若以儿童社会化目标为中心，父母则非常注意教孩子一些较为流行的成人的行为方式。另外，当培养孩子的近期目标和远期目标冲突时，父母的选择影响其行为方式。选择长期目标的父母更多运用推理和积极的归因方式，而选择近期目标的父母对儿童的温情较多。四是家庭的物理环境。家庭内的社会交往都是在家庭的物理环境内发生并受到它的影响，一个拥挤、嘈杂、毫无秩序、缺少玩具的家庭环境将对儿童的认知和社会化产生不利的影响。父母和其他抚养者对儿童物理环境的组织方式和家庭物质环境的优越对儿童发展的作用同样重要（周宗奎，1995）。

三、上述因素影响亲子互动的方式

从上面的论述可见，影响亲子互动的因素是非常复杂的。那么，这些因素通过哪些方式作用于亲子互动呢？布朗芬布伦纳（1979）认为，一种方式是单个的影响因素独立起作用。二是一些因素包含于其他因素中共同起作用，如母亲所处的社会文化背景因素的影响往往可以通过父母的观念及其行为间接影响亲子互动。三是一些因素通过交互作用影响父母的行为及其观念。这种交互作用又可分为四种方式：添加型、缓和型、调节型、交互作用型。添加型指多种影响因素能够产生比其中任何一种因素影响力都大的作用，如在家庭经济困难、社会支持较少、儿童的健康水平较差的情况下，这些因素对父母行为共同的消极影响大于三个因素对父母行为的单独影响之和。缓和型指一种因素可以缓和另一种因素对父母的影响，如社会支持可以缓和经济困难对父母的消极影响。调节型指一种因素对父母的影响受到其它因素的制约，如父母对经济困难的感知可以调节经济困难对父母的消极影响。交互作用型指多种因素对父母的影响存在交互作用，如父母性别和子女性别对亲子关系的影响中，父母性别和子女性别间就存在交互作用。

小　　结

家庭是儿童生活发展的最初场所。家庭是一个典型的系统，它具备系统的所有特征：整合性、层次性、相互依存性、稳定性和可变性。家庭对儿童社会性发展的影响主要表现在父母和儿童社会性发展的相互作用过程中。父母对儿童一般能力、社会交往能力、亲社会行为及学业成绩的发展都有重要作用，同时，儿童自身的特点和发展水平也反作用于父母对儿童的抚养行为。但是，综合来看，父母对儿童特别是儿童早期发展的影响要大于儿童反作用的效果，父母因素在一定程度上决定着儿童社会性发展的水平。

父母主要通过自己的教养观念、教养方式和教养行为来影响儿童的社会性发展。父母教养观念指父母在教育和抚养孩子过程中，在儿童发展、教育方式、教育途径、子女的可塑性等方面所持有的观点或看法。父母教养观念直接影响父母行为，同时又间接作用于儿童的行为发展和观念系统。父母教养方式是父母有关亲子交往的观念、行为及情感表现的组合，这种组合方式具有相对的稳定性。

关于儿童社会性发展过程的理论模型主要有四种。儿童在家庭中的认知社会化受到儿童认知发展的"最近发展区"的制约；儿童的情感社会化主要受到儿童所处的社会文化背景的影响，其主要影响儿童的情感表达方式。亲子关系主要通过态度转化、认同作用、模仿和归因方式的改变等机制影响儿童的社会性发展。

对影响父母和儿童互动过程的因素的探讨目前最有影响的理论是生态学理论。该理论认为，影响父母和儿童互动过程的因素按其对儿童影响的程度分为四种水平或四个子系统：宏系统、中间系统、外部系统、微系统。主要影响因素有社会文化背景，父母的社会经济地位，父母体验到的压力和社会支持，母亲的就业，父母的文化程度，父母的婚姻关系，儿童的年龄、性别，儿童的气质特点及亲子交往情境的特点等。这些因素对儿童发展的影响主要有三种方式：一是单个的影响因素独立起作用；二是一些因素包含于其它因素中共同起作用；三是一些因素通过交互作用影响父母的行为及其观念。

讨 论

青少年的亲子冲突

从青少年早期开始，儿童与其父母间的冲突逐渐增多。许多青少年抱怨其与父母间的关系好似囚徒与看守间的关系，而父母则称青少年期为"风暴期"或"反抗期"。那么，青少年期亲子间发生冲突较多的原因是什么？这种冲突与儿童发展间的关系如何？目前存在以下几种不尽一致的观点。

1. 青少年期的生理发展较快,而心理成熟相对较慢,这种发展上的不同步性使得儿童的身心发展不协调,自我控制能力差,情绪、情感不稳定,问题行为发生较多,从而导致社会交往中人际冲突、亲子冲突较多。

2. 儿童天生有一种追求自主的欲望,而父母又拥有控制儿童的特权,这使儿童在亲子交往中体验到来自父母的压力。当儿童各方面的能力有了一定程度的发展时,亲子冲突是儿童反抗这种压力的一种形式。

3. 认知发展心理学家认为,亲子间的地位存在不平等性,随着儿童的发展,其思维能力不断提高,儿童也努力想改变自己的地位。亲子冲突是这种努力的表现。如彼得森(Peterson,1989)发现,青少年的认知发展水平与其亲子间争论的发生率密切相关。

4. 习性学和社会学理论认为,亲子间的冲突是儿童发展其适应环境的能力的方式。一方面,在亲子间冲突较多的情况下,儿童可能更愿意花更多的时间与同伴交往;另一方面,在与父母的冲突中儿童也逐渐获得了一些参与成人社会活动的权利(Steinberg,1993)。

5. 社会学习理论认为,亲子冲突既是一种解决问题的方式,也是一种强化。在冲突过程中,亲子双方进行了情感与信息方面的交流,这在某种程度上有利于解决亲子间的交往障碍。而当父母对儿童的某种行为方式或观念大喊大叫时,对儿童来讲,也是一种强化。

6. 公平理论(equity theory)认为,亲子间的关系是一种互惠关系。因此在双方不断进行情感投入的同时,也都在试图维持这种关系。随儿童各方面能力的发展,儿童更多地力图获得自主,这引起亲子关系中各方互惠程度的变化。亲子冲突是互动双方对这一变化的一种适应。一般来讲,互动双方并不愿导致这种关系的破裂。因此,在冲突较多的互动过程中,亲子关系依然是积极的,充满活力的。

7. 丝米塔纳(Smetana,1990)认为,亲子冲突是家庭地位不同的亲子双方协调其社会认知发展水平不一致的一种方式。在亲子冲突较多的家庭中,儿童大多认为,父母剥夺了他们的自主权利;而父母则认为,儿童违反了在家庭中应该遵守的道德规则,双方都认为自己是受害者。

影响亲子冲突的因素主要有:亲子互动的内容、父母的性别、儿童的性别等。一般来讲,青少年对父母权威的认可因互动的内容不同而存在差异,在有些方面愿受父母的控制,如学习方法,而在另外的方面则不愿接受父母的控制,如衣服、发型。由于父母在家庭中分担的教育子女的任务不同,儿童与父亲间的冲突和与母亲间的冲突存在差异。另外,儿童的性别也是影响亲子互动的重要因素,父亲或母亲与男孩间的冲突同其与女孩间的冲突所表现出来的特点不同。

第四章 同伴关系与友谊

儿童的社会化过程基本上是沿着这样两条路线进行的：儿童最初几年主要在家里度过，与其相互作用的主要对象是父母，家庭，作为儿童社会化的最基本动因，对儿童早期的行为塑造发挥着关键的作用；随着儿童年龄的增长、认知能力的提高和活动范围的扩大，他们逐渐地从生理上的断乳期过渡到心理上的断乳期，逐渐地疏远了与父母的交往而更多地走到同龄伙伴中去。在与同伴相互作用的过程中，儿童发展着一种崭新的人际关系——同伴关系。同伴关系在儿童青少年发展中具有成人无法替代的独特作用。70年代中期以来，发展心理学家对同伴关系系统深入的进行了研究并取得了丰硕的成果。根据同伴之间的亲疏程度，研究者把同伴关系分为两种：一是同伴群体关系，二是友谊关系。本章将分别予以介绍。

第一节　同伴关系的性质与功能

一、同伴关系的性质

同伴(peer)是指儿童与之相处的具有相同社会认知能力的人(Foot et al, 1990)。同伴关系(peer relationships)是指年龄相同或相近的儿童之间的一种共同活动并相互协作的关系,或者主要指同龄人间或心理发展水平相当的个体间在交往过程中建立和发展起来的一种人际关系。一般来说,儿童通常喜欢与同龄伙伴交往,而喜欢与年长儿童交往胜于与年幼儿童交往。

在发展过程中,儿童与他人之间要形成两种不同性质的关系,这两种人际关系对儿童的社会化分别具有不同的意义。哈吐普(Hartup, 1989)把这两种人际关系分别称为垂直关系和水平关系。

垂直关系(vertical relationships),是指那些比儿童拥有更多知识和更大权利的成人(主要包括父母和教师)与儿童之间形成的一种关系。其性质具有互补性,即成人控制,儿童服从;儿童寻求帮助,成人提供帮助。垂直关系的主要功能是为儿童提供安全和保护,也可以使儿童学习知识和技能。前者主要指父母与儿童之间的关系,后者主要指教师和学生之间的关系。

水平关系(horizontal relationships),是指儿童与那些和他(她)具有相同社会权利的同伴之间形成的一种关系。其性质是平等的、互惠的。例如,在儿童游戏中,一个躲藏,一个寻找;一个抛球,一个接球。他们之间还可以交换角色,因为他们的能力是相同的,地位是平等的。水平关系的主要功能是给儿童提供学习技能和交流经验的机会,而这种技能经验只有在地位平等的基础上才能获得,是垂直关系所不能给予的。

垂直关系与水平关系既有区别又有联系,前者主要体现了成人与儿童之间的一种"权威一服从"关系,在心理上、地位上是不平等的;而后者主要是儿童与生理心理方面处于相同地位的同伴之间的一种自由、平等和互惠的关系。在社会化过程中,水平关系比垂直关系对儿童的影响更强烈、更广泛。

当然,哈吐普对这两种关系的分类并不是绝对的。这是因为:(1)儿童与年长同伴之间的关系同时包括互补和互惠两种成分。比如,年长儿童比年幼儿童具有更大的权利和更高的地位。这样,一方面,他们可以在年幼儿童需要时提供帮助或教给年幼儿童自己已经掌握的知识技能;另一方面,年长儿童与年幼儿童也可以进行平等互惠的角色游戏(比如,一个追,一个逃),并且在这种游戏中可以互换角色。(2)同伴关系有时可以代替正常情况下应该属于垂直关系的特定功能。比如它可以为儿童提供由依恋而产生的安全感和舒适感。这方面最著名的例子是由安娜弗洛伊德和索菲唐(Anna Freud & Sophie Dan,1951)提供的。大致情况如下。

在二战期间,6个儿童的父母都被纳粹分子杀害,他们被关在集中营内长到3岁。这期间他们很少得到成人的照顾,他们几乎是彼此相互照顾着长大的。在获得解放前的两年左右,这6个儿童紧密地团结在一起,相互之间形成了强烈的忠诚和依恋。正是这种依恋感情,才促使他们相互依赖,相互支持,最终都发展成为身心健康的正常人。

在发展过程中,儿童与同伴接触的时间逐渐增加,而与成人接触的时间则逐渐减少。埃利斯等人(Ellis et al,1981)对436名1~12岁儿童在家里的活动和在街道的活动进行了观察。这项研究的目的是调查儿童与成人、同龄人和其他年龄相差1岁以上的儿童之间的交往活动,结果发现:从婴儿期到幼儿期,儿童与成人的交往持续减少,而与其他儿童的交往则持续增加(如图4-1)。埃利斯等人的研究发现:在儿童交往的同伴中,他们与年龄有差异的儿童交往比与同龄人交往更频繁(见图4-2)。在这项观察研究中,埃利斯等人还发现,即使是1～2岁的儿童,也常选择同性为玩伴,而且这种性别的偏好随年龄增长而变得更为突出。研究者认为,婴幼儿的这种交往偏好可能反映了家长的某些观点:男孩应该跟男孩玩,女孩应该跟女孩玩。而儿童对同性伙伴的选择可能是由游戏性质决定的,比如,男孩喜欢玩电动玩具、假装游戏等,女孩则喜欢玩布娃娃和扮演妈妈角色的游戏。

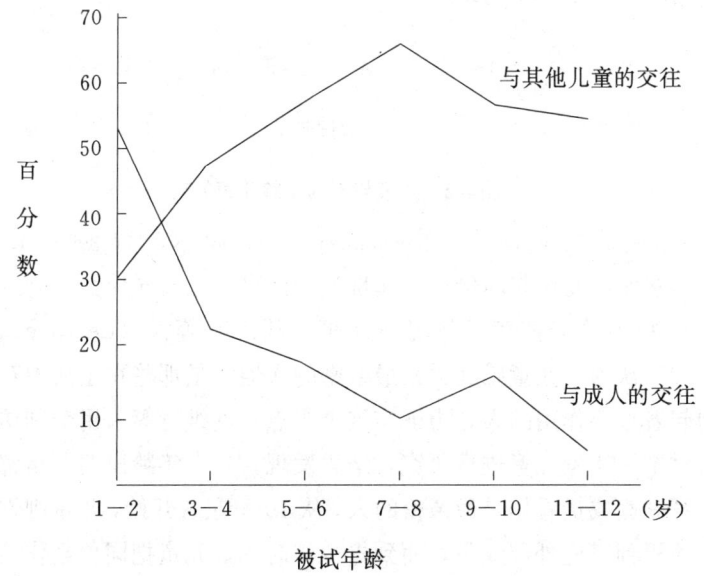

图4-1　儿童与成人及其他儿童的交往

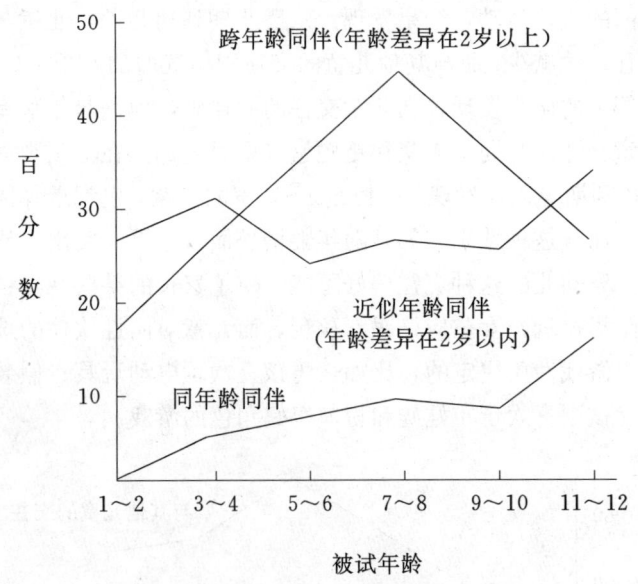

图4-2 儿童与不同年龄儿童的交往

(资料来源:Ellis et al,Developmental Psychology,17,399~407)

然而,儿童与同伴在一起玩是一回事,在与同伴交往的过程中体验到的亲密感又是另一回事。利维特等人(Levitt et al,1993)认为,儿童感到关系最亲密的人通常是那些在生活中对他们起着重要作用的人。为证实这个观点,利维特等人用个别访谈法对7~14岁儿童进行研究,结果发现,各个年龄段的儿童都把直系家庭成员看作是最亲密的人。从10岁左右开始,儿童则逐渐多地提到家庭外部成员,而到青少年时期,儿童把同伴当作情感支持源的程度发生了明显的增长。更应该令人注意的是,即使在最年幼的儿童中,朋友也经常被儿童认为是他们感觉最亲密的人之一。由此可见,同伴关系以其独特的方式对儿童身心发展起着重要的作用。

二、同伴关系的功能

"同伴关系在儿童青少年的发展和社会适应中起着重要作用"(邹泓,1998)。围绕这一命题,许多心理学家从不同角度提出了自己的理论。他们为同伴关系的实证研究奠定了坚实的基础,同时实证研究也在不断丰富、完善或修正着同伴关系的有关理论。

关于同伴关系在儿童青少年发展中的作用的理论主要集中在三个方面。

1. 同伴关系是发展社会能力的重要背景

皮亚杰(Piaget,1932)在他的早期著作中论述了同伴关系在社会能力发展中的作用。他认为,正是产生于同伴关系中的合作与感情共鸣使儿童获得了关于社会的更广阔的认知视野。在儿童与同伴交往中出现的冲突将导致社会观点采择能力发展并促进社会交流所需技能的获得。他指出,非常年幼的儿童是自我中心的,既不愿也不能意识到同伴的观点、意图、感情。然而随着游戏的开始,在平等互惠同伴关系建立的同时,体验冲突、谈判或协商的机会亦随之出现。这种冲突和协商不论是指向物体还是不同的社会观点,在引发折衷主义和平等互惠的观念中都起着重要作用。和同伴的交往使儿童意识到积极的、富有成效的社会交往是通过与伙伴的合作而获得的。皮亚杰特别强调了同伴间的讨论和争论是道德判断能力发展所必需的。沙利文(Sullivan,1953)在阐述友谊的功能时,也认为友谊促进了人际敏感性的发展并为以后恋爱、婚姻和亲子关系的建立提供了原型。哈吐普同样表达了类似的观点,他指出,没有与同伴平等交往的机会,儿童将不能学习有效的交往技能,不能获得控制攻击行为所需要的能力,也不利于性别社会化和道德价值的形成。

2. 同伴关系是满足社交需要、获得社会支持和安全感的重要源泉

归属和爱以及尊重的需要是人类的基本需要。韦斯（Weiss, 1974）提出的社会需求理论假设，个体在与他人不同的关系中寻求特殊的社会支持，不同类型的关系提供不同的社会支持功能，满足不同的社会需求。他列举了爱、亲密、增进自我价值等六种功能。在此基础上，弗曼等人（Furman & Buhrmester, 1985）进一步指出，儿童在亲密的友谊关系中和一般的同伴群体中所获得的社会需要的满足是不同的。爱、亲密和可靠的同盟更多是从亲密朋友关系中获得的；工具性或指导性帮助、抚慰、陪伴和增进自我价值既可以从朋友关系中也可以从同伴群体中获得；而归属感或包容感主要从一般的同伴群体中获得。前青年期和青年早期的友谊是社会支持的重要源泉，它能减少青少年对这一特殊时期出现的急剧变化的焦虑和恐惧。同样，在情绪不稳定的前青年期，友谊体验是安全感发展的催化剂。其实关于同伴关系的社会支持功能的论述至少可以追溯到沙利文（1953），他曾提出友谊的功能是互相证实或互享兴趣、希冀和分担恐惧，肯定自我价值，提供爱和亲密袒露的机会。

3. 同伴交往经验有利于自我概念和人格的发展

这种观点可以上溯到 19 世纪末。詹姆斯在关于成人的自我的论著中，特别强调了社会关系的重要性。他相信，我们具有被我们自己所关注、被我们自己的同类所赞赏的本能倾向。当自己没有受到或没有受到太多他人关注时，可能会对自己的价值产生疑问。类似的观点也可以在符号互动理论的论著中读到。库利（Cooley）曾指出，在所有发展水平上，人们都是按照自己在社会情境中的经验来定义自己的。家庭、邻居和同伴群体是最普遍和最基本的社会活动场所。在社会互动中，人们获得了自己怎样被

他人所知觉的信息，这种信息是被用以形成自我的基础。沙利文(1953)的精神病学人际理论的主要思想之一就是个体的人格是由个体的社会关系塑造的。他尤其重视同伴关系在前青年期和青年初期的重要作用。他认为，同伴为个体逐渐理解合作与竞争的社会规则和服从与支配的社会角色构建了基本框架。这一时期充分良好的同伴关系也是形成健康的自我概念所必需的。他区别了两种经验：同伴接纳和友谊。他认为在少年期被群体孤立的体验将导致自卑感。他把朋友定义为同性别同伴的亲密的相互关系。作为一种平等关系，它不同于其他社会经验，这是个体第一次"通过他人的眼睛看自己"，并体验到与另一个人真正的亲密。

既然同伴关系在儿童青少年发展中意义重大，那么，那些被同伴普遍拒绝或从同伴交往中退缩的儿童青少年由于与同伴积极交往的机会有限，他们的发展是否会受到影响呢？一些研究者提出了这样的假设：早期的同伴关系不良将导致儿童青少年短期或长期的社会适应困难。来自灵长类动物的实验研究和人类的相关研究支持了这一假设。

由以上理论不难看出，同伴关系在儿童的社会化过程中作用重大，主要表现为以下几个方面：

1. 良好的同伴关系有助于儿童获得熟练成功的社交技巧。经常和同伴在一起，儿童能锻炼自己和别人交流的能力，特别是语言技巧。在同伴中地位较高的儿童通常能够适当地控制自己的攻击行为，性别分化明显，具有较高的道德水平，而且比较友好和喜爱交际。

2. 良好的同伴关系能使儿童具有安全感和归属感，有利于情绪的社会化，有利于培养儿童对环境进行积极探索的精神。归属感是指一个人属于群体和被其接纳的感受（邹泓，1997）。这种感受只有在群体中获得，而无法在一对一的友谊关系中得到。成为同伴群体的一员可以培育归属感。当儿童知道团体中的其他人赞同或肯定自己的某些方面时,他将愿意与他们共享群体的规范,取得群体的认同。这对儿童的自尊感具有积极的影响。归属感的需要一般在青少年时期变得更为强烈。社会测量研究也表明,具有良好同伴群体关系的儿童易表现出友好、谦虚的品质和低焦虑,能顺利适应环境。

3. 儿童的同伴经验有利于自我概念和人格的发展。正是在儿童与他人的相互作用中,儿童才能根据自己与父母、姐妹、老师和同学的交往经验确立他们的自我,从而促进人格的健康发展。

总之,同伴关系在儿童青少年适应学校和社会过程中起着重要的作用。良好的同伴关系有利于儿童青少年社会价值的获得、社会能力的培养、学业的顺利完成以及认知和人格的健康发展;而同伴关系不良有可能导致学校适应困难,甚至会对成人以后的社会适应造成消极影响。

三、同伴关系与家庭关系的联系

家庭和同伴为儿童的社会化提供了两个主要的场所。如前所述,同伴关系在儿童青少年发展中具有成人无法替代的独特作用。同伴关系和家庭关系(亲子关系)是两个独立的系统,但两者是相互联系相互影响的。亲子关系在一定程度上预告和决定着日后的同伴关系,而同伴关系在一定程度上又反映了亲子关系的某些特点。近年来,家庭关系和同伴关系的相互联系问题引起了很多研究者的关注,尤其是家庭关系对同伴关系的影响更是研究关注的焦点(Parke & Ladd,1992;Rubin,1994)。家庭关系与同伴关系相互联系的方式有许多种,其中有三种最为引人注目(Parke & Ladd,1992):

1. 父母的社会化策略会影响到儿童在同伴关系中的地位。在同伴关系中，儿童会将这种特征在社会交互作用中（包括与儿童交往中）体现出来。

2. 父母对于儿童在同伴中如何交往有明确的指导。父母指导他们的孩子以适当的方式与他人游戏、玩耍，并且支持和维护着儿童与其他同伴已经形成的人际关系。

3. 作为孩子社会生活管理者的父母的作用。他们为孩子和其他儿童接触提供机会，而且在孩子如何与其他儿童交往、交往的深度以及和什么人交往等方面发挥着积极主动的作用。

应该注意的一点是，父母对儿童的影响有时是消极的。以上面第三点父母作为管理者的作用为例：一方面，当孩子进入学前班时，父母对孩子的交往既可能采取积极的措施，如邀请别的儿童来家中与自己的孩子玩或送孩子去夏令营。这些都是为孩子与其他同伴交往提供机会。另一方面，父母又可能因搬迁或给孩子转学而破坏了孩子的友谊；专断（possessive）的父母还可能简单粗暴地阻碍孩子与家庭以外其他儿童的交往。家庭关系和同伴关系相互联系的方式在一定阶段对于儿童的发展特别重要。

家庭关系对于同伴关系的影响主要有直接和间接两方面的作用（Ladd，1992）。直接影响主要是涉及父母在儿童与同伴交往中作为管理者的作用（如上述第2、3点）。父母是否对儿童如何与他人交往进行明确的引导，这在一定程度上影响着儿童与同伴交往的质量。例如，那些父母主动促进孩子与同伴交往的学前儿童比那些父母不这样做的学前儿童更倾向于结交更多的朋友，并且，他们在与父母的观点等方面表现出更大的一致性。前一类儿童在上幼儿园时比后一类儿童更容易被他们的同伴所接纳（Ladd & Golter，1988）。莱德（Ladd）和高尔特（Golter）的研究还发现，父母对孩子的影响有时是潜移默化的。例如，母亲对孩子与同伴的交往干预或插手越多，他们的孩子在同伴交往中越难以发展他们的社会技能。另一方面,那些母亲只是偶尔对孩子与同伴交往进行适当干预的儿童往往表现出更强的社会能力。

家庭关系对同伴关系的间接影响有多种方式。儿童在家庭中的抚养经历将间接地影响着儿童同伴关系的性质。儿童与母亲建立的不同依恋类型就是一个很好的例证。一些研究发现(如Elicker et al,1992),母婴关系的质量在某些程度上预言了儿童以后的同伴关系,而且,这种质量可能是由儿童早期母亲对儿童的敏感程度所决定的。所以,一定的母亲行为或个性特征与儿童日后形成的同伴关系性质之间存在着一定的联系。儿童与同伴交往的方式受儿童的"内部工作模型"的调节。这种内部工作模型是通过婴儿与母亲建立的依恋类型而形成的,而且,儿童在与同伴的交往中将这种工作模型概化到他们的同伴关系中。尽管这种假设并没有得到所有研究的支持(Lamb & Nash,1989),但是,儿童"内部工作模型"对于他们处理同伴关系的方式的确具有一定的影响。这种假设证实了一种观点:具有安全依恋历史的儿童长大以后会将这种安全感带到他们的社会关系中,而具有不安全依恋历史的儿童长大以后会将这种不安全感带到他们的社会关系中。

家长抚养技巧的其他方面与儿童处理同伴关系的能力之间也具有一定的联系 (Ladd,1992;Putallaz & Heflin,1990)。其中家长抚养技巧包括父母风格,如权威、父母对儿童使用的管教方式、父母对儿童行为的指导的次数、父母是否积极地影响儿童以及他们在支持儿童游戏活动方面等表现出来的能力等等。以下家庭特征有助于培养儿童与同伴交往的能力:

1. 父母温暖。父母温暖有助于提高儿童与其他儿童进行交往的能力。

2. 父母控制。父母对儿童控制比较理想的方式应该是中等的,因为过分的或不足的控制会导致儿童的攻击行为并使儿童在同伴群体中受到排斥。

3. 父母参与。例如，父母应该对孩子的活动或感兴趣的东西作出反应，这样儿童能够形成安全感，有助于儿童被同伴接纳。

4. 民主的态度。家庭实行民主，家庭的儿童更容易发展他们在交往中的技能，而这些技能正是儿童在同伴群体中所需要的。

父母的人格也会间接地影响到儿童的同伴关系。例如，考尔文和其同事（Kolvin et al，1977）研究发现，母亲的社会关系和儿童在同伴中的社交地位之间具有显著的相关，这可能是由于不同的抚养技巧所引起的。例如，有的母亲性格比较内向，沉默寡言，不喜欢和别人交往。母亲的这种人格特征会在一定程度上影响儿童的言谈举止。在这种母亲抚养下长大的儿童也容易形成不善与人交际的行为特征，从而形成了儿童较低的同伴地位。

这种影响可从图4-3中得到清晰的说明。父母采用的抚养孩子的方法在一定程度上反映了他们的人格特征，而且，这种方法会在某种程度上决定着儿童与同伴如何交往以及他们在同伴群体中的地位。当然，抚养方法不仅要受到父母的人格特征的影响，而且还要受到儿童的人格特征的影响。这是一个受多种因素制约和多种因素影响的综合问题。同样，儿童被同伴接纳还是被同伴拒斥也将会影响到儿童的行为模式。

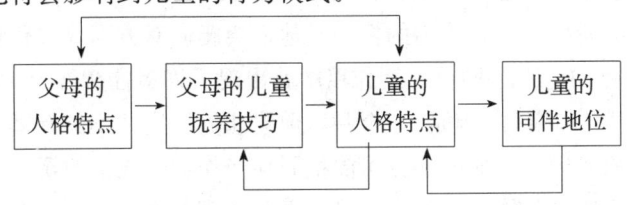

图4-3　家庭系统与同伴系统之间的联系

（资料来源：Schaffer，Social Development．1997，335）

另外应该说明的是，儿童的行为模式可能不是受家庭抚养技巧的影响，而是受来自父母的遗传基因的影响。家庭系统与同伴系统之间存在着一定的联系，这是毫无疑问的，但它们之间连接的性质和产生的方式到底是怎样的？这些问题还需要进一步研究探讨。

第二节 儿童同伴关系发展的趋势

儿童的同伴关系是通过相互作用的过程表现出来的。在整个儿童期间，同伴相互作用的基本趋势是：从最初的简单的、零零散散的相互动作逐步发展到各种复杂的、互惠性的相互作用。这是一个从简单到复杂、从低级到高级、从不熟练到熟练的过程。而且，在不同的年龄阶段，儿童同伴关系表现出不同的发展特征。

一、婴儿期

婴儿很早就能够对同伴的出现和行为作出反应。范德尔等人(Vandell & Mueller，1980)回顾了几项有关婴儿对同伴兴趣的研究指出：大约2个月时，婴儿能注视同伴。3～4个月时，婴儿能够互相触摸和观望。6个月时，他们能彼此微笑和发出"呀呀"的声音。随着婴儿行走能力的提高，他们会爬向对方同伴或跟随在对方身后。1岁时，同伴相互作用中就出现了许多社交行为，如大笑、打手势和模仿。但是，6个月以前婴儿的反应并不具有真正的社会性质。因为这时的婴儿可能把同伴当作物体或活的玩具来看待，如抓对方头发、鼻子；6个月的婴儿还不能主动追寻或期待从另一个婴儿那里得到相应的社会反应。这时的行为往往是单向的(one-way)，而且缺乏互惠性。直到出生后的下半年，真正具有社会性的相互作用才开始出现。最初，这种相互作用发生的形式很简单，例如：儿童 A 拿了一个玩具给儿童 B；儿童 B 只是用手触摸或抓过这个玩具而并不用眼睛看着对方,这个过程就结束了。后来，随着认知能力和社会技能的提高，他们开始能对同伴协调自己的行为，如注视、微笑、出声或向同伴打手势，而且能把注意力集中到共同感兴趣的物体上。但是，在第一年中，即使这种最简单的相互作用的发生也相当少。根据有关研究者(Vandell et al,1980)的研究，婴儿这种相互作用在 6 个月时，平均每 4 分钟发生 1 次；在 9～12 个月，平均每 3 分钟发生 1 次。

从第二年起,儿童同伴间的互动变得更为频繁也更为复杂。同伴关系中还出现了合作和冲突的行为（Shantz & Hobert, 1989）。这时婴儿之间出现了较多的互惠性游戏。例如，一个跑，另一个追；一个藏，另一个找。在游戏中他们还可以互换角色，逐渐地学会了轮流扮演角色。第二年末，许多儿童花在社会游戏上的时间比单独游戏要多得多；而且即使有母亲在场，与同伴一起玩的时间也比与母亲一起玩的时间更长。在活动中，儿童逐渐能够把玩具融入到活动中，能够同时注意物体和同伴，这时的活动显得比较和谐。儿童还进行类似交谈的活动和模仿，通过这些方式，儿童逐渐学会了将自己的行为与同伴的反应结合起来的社交方式。埃克曼等人（Eckerman & Stein, 1990）发现，在儿童的社会互动中,"模仿产生了模仿"(imitation begets imitation)。例如，如果其他婴儿模仿这个婴儿的游戏动作，那么，这个婴儿就会更多地重复这个动作，以便两个儿童共同进行这个动作。这有助于将两个婴儿的注意力集中到他们共同感兴趣的事物上。

婴儿期同伴之间的相互作用是按一定的阶段发展的。有研究认为，婴儿期同伴相互作用可以划分成以下三个阶段：

1. 客体中心阶段。儿童的相互作用主要集中在玩具或物体上，而不是儿童本身。10 个月之前的婴儿，即使是在一起，也只是把对方当作活的物体和玩具看待。互相撕扯，或咿咿呀呀地说话。

2. 简单相互作用阶段。儿童已经能对同伴行为作出反应，并常常试图去控制对方的行为。比如，儿童 A 因为不小心碰着了自己的小手而大哭起来。这时，儿童 B 看见儿童 A 哭了，也跟着大哭起来。儿童 A 看见儿童 B 跟他哭起来，似乎觉得挺好玩，自己的哭声就更大了。

3. 互补的相互作用阶段。社会交往更为复杂，模仿行为已经普遍出现，还有互补或互惠的角色游戏。如一个逃，一个追。在发生积极的相互作用时，还伴有消极的行为，如打架、揪头发、抓脸和争玩具等。

二、学前期

在学前期，儿童与同伴相互作用的频率进一步增加，互动的质量提高。有关研究表明(Ellis et al, 1981)，从第 12 个月起，儿童就变得更喜欢与同伴交往了，而且随着儿童年龄的增长，成人为他们提供越来越多的与同伴交往的机会。由于儿童生活范围不断扩大，他们开始逐渐多地与附近地区的同伴交往。布朗恩特(Bryant, 1985)研究表明：来自能为儿童提供更多与同伴接触机会地区的儿童发展了更好的社会技能。在这个阶段，儿童认知能力和言语技能的发展改变着同伴交互作用的性质。儿童现在能够互相交流思想，分享有关活动的知识，参加集体性的假装游戏，能够与同伴商议游戏规则以决定游戏的建构。并且这时的儿童还可以参加由几个儿童同时加入的集体游戏，而不只是两人游戏。这样，儿童社会行为的总体水平有了显著的增加，如图 4-4 所示。

第四章 同伴关系与友谊　　　　147

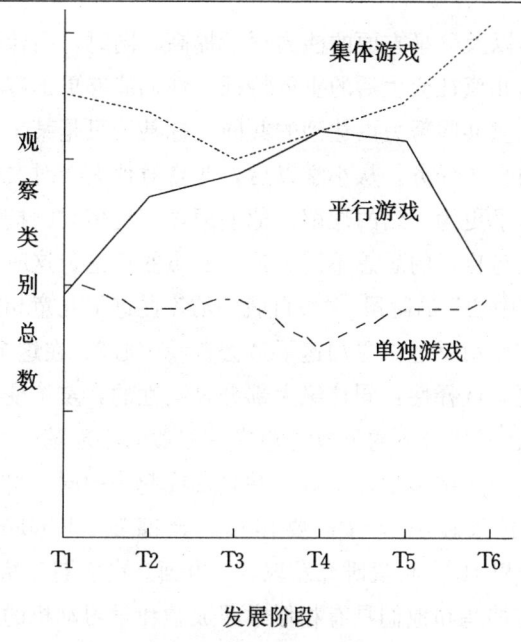

图4-4 三类游戏的发展变化

（资料来源：Smith, P. K. A longitudinal study of social participation in preschool children: Solitary and parallel play re-examined. Developmental Psychology, 14：517～523）

在图4-4中，游戏分为三种：单独游戏、平行游戏（即儿童彼此并排，用相似的玩具进行游戏，但相互之间并没有直接交互作用）和集体游戏（许多成员共同参与的游戏）。但是，对3岁儿童观察发现，随着儿童自信心的增强和参与其他游戏活动技能的提高，儿童单独游戏减少而群体游戏增加了。

三、童年期

随着儿童进入小学，他们与同龄伙伴交往的机会明显地增加，同伴对儿童的影响越来越突出了。他们在互相交流信息、表达思想、进行合作以及分享方面的能力逐渐提高。同时，同伴群体的共同目标成为儿童社会生活的重要特征。他们能够更加容易地参加那些要求儿童共同努力以达到的共同目标甚至只是某个同伴想达到的目标的合作任务。从小学以后，儿童对他人、对友谊和人际期望逐渐有了更为深刻的理解。他们通过与更多人的接触，逐渐认识到他人与自己的思想不同。按皮亚杰的理论，这时儿童正处于"去自我中心"的阶段。"去自我中心"促进了儿童相互作用的发展，相互作用反过来更加速了"去自我中心"。在这个阶段，儿童对同伴更有选择性：同伴绝大部分是同性的，友谊变得更加有意义和持久。同伴群体的形成是建立在相似的心理基础上的，如拥有相似的学习成绩和学习动机，并且形成起来的同伴群体对维持彼此共同的兴趣又起着重要作用。金德曼（Kindermann，1993）对9岁和10岁儿童研究发现，一方面，在学期开始，这些儿童倾向于与那些和他们具有相似学习成绩和学习动机的同伴结成伙伴；另一方面，在学期结束，这些儿童又把那些与他们保持相同的学习动机水平的个体重新组织为一个群体，对那些动机水平发生变化甚至相反的儿童则排斥出群体之外。总之，学龄儿童在同伴交往方面变得比以前更加复杂，更加有选择性。同伴关系对儿童也变得愈来愈重要。

四、青少年时期

在这个阶段，同伴关系变得更为关键。这个时期儿童正处于向成人社会的过渡阶段。在这个时期与同伴建立的关系类型，有可能对儿童以后的人际关系起着定型和预告作用。这种类型主要表现在两个方面：其一，同伴间的异性交往。青春期的儿童由于生理、心理上不断成熟，对异性产生了强烈的交往欲望。异性儿童经常交往，就有可能早恋。异性之间应该如何交往是个值得注意的问题;其二,作为参照群体的同伴的作用。青少年时期是个相当不确定的时期,儿童对自我、对社会都有一种不确定感。而同伴在确定一个人的角色和自我价值方面能提供支持和引导。同伴群体对儿童的行为具有参照系的作用。因此,不难发现,在青少年时期,儿童对同伴文化的遵从明显增加。例如,我国学者陈会昌等人(1998)采用两难故事判断法研究了青少年群体流行的"暗语"问题。随着年龄的增长,青少年儿童在建立自我同一感的同时,逐渐减少与父母的接触。由此可见,对亚文化的遵从使青少年儿童与父母之间产生了冲突,这种冲突常常因为一些相当小的事情,如衣服的式样或对音乐的品味。所有这些意味着,在青少年时期,同伴群体的功能发生了一些显著的变化。布里恩等人(O'Brien & Bierman,1988)的研究证明了这个结果。他们对10~16岁儿童进行调查,寻问儿童对同伴的感知以及如何感受同伴作用的问题。结果发现:10岁儿童认为同伴群体是"分享共同的活动和行为的人"(例如,"他们一起闲逛";"我们可以一块儿做游戏");而16岁的儿童则认为,"共同的态度"(shared attitude)是同伴群体的主要标准。在各个年龄阶段,同伴都被看作具有提供陪伴和支持的价值的人。而年龄较大的儿童青少年,还提到了同伴在支持自我价值感方面所起的作用(例如,"你感到你是被人需要的、安全的";"如果他们不接纳你,你可能会感到自己做错了什么事")。

总之,在发展过程中,同伴之间的相互作用变得越来越频繁,越来越持久,越来越复杂,也越来越亲密和富有内聚力。这是儿童同伴关系发展的一般趋势。

第三节 同伴关系的测量及影响同伴接纳的因素

如前所述,儿童与同伴交往过程中可以形成两种关系,分别称之为同伴群体关系和友谊关系。前者表明儿童在同伴群体中彼此喜欢或接纳的程度;后者是指儿童与朋友之间的相互的、一对一的关系。本节先介绍同伴群体关系。

仔细观察一下儿童的交往情况,我们不难发现,在同伴群体中,儿童的社交地位具有很大的个体差异:有的非常受欢迎,有的地位一般,有的非常不受欢迎,还有的既没有人欢迎也没有人拒斥,是属于受忽视的一类。当然,这种直觉的观察往往不太准确,要了解儿童在同伴群体中被接纳的情况,需要进行科学的测量。

一、同伴群体关系的测量

(一)测量同伴接纳性的方法

测量同伴群体关系的主要方法是:

1. 观察法

即对自然状态下儿童的同伴关系进行观察。研究表明,使用观察技术(observational techniques)的确能发现大多数群体中同伴接纳性的差异(Promnitz,1992)。但这种方法比较费时,而且有时带有主观性,因此利用较少。

2. 社会测量技术

包括同伴提名法(peer nomination)和同伴评定法(peer rating)。这是测量同伴关系最典型的方法,但这两种方法也各有利弊。同伴提名法是指在一个社会群体（比如一个班）中，让每个儿童根据所给定的同学名单或照片进行限定提名，让每个儿童说出他们最喜欢的和最不喜欢的同伴，如"你最喜欢（或最不喜欢）和谁一起玩（或一起学习）"等。根据从每个儿童那里获得的正负提名的数量多少，对儿童进行分类。这种方法可以测出同伴地位的一些重要差异，但是方法本身又存在一些局限性：在测量过程中，有些儿童忽然忘记了最喜欢谁，这样获得的结果也就不准确了；而且这种测量不能给出关于那些处于"最喜欢"和"最不喜欢"中间段的儿童的信息（Durkin，1997）。基于这些原因，有些研究者（Bukowski & Hoza，1989）主张用同伴评定法，即要求每个儿童根据具体化的量表对同伴群体内其他所有成员进行评定，如让儿童回答有关同班内每个同学的问题："你在多大程度上喜欢和这位同学一起学习（或一起玩）?"，并且给出一个"喜欢—不喜欢"的评定量表。这种方法虽然涉及一些道德伦理问题（比如会遇到评价本班同学时感到不舒服的问题），但此方法比较可靠和有效，而且利用此方法获得的结果与从实际同伴交往情况和同伴偏好观察获得的数据有较高的相关性。

（二）同伴接纳的类型

以上述方法进行分类来描述儿童的社会接纳性，一般把儿童分为四类或五类，这与考依等人（Coie et al，1982）确定的类型相似。

1. 受欢迎的儿童（popular children）

指获得许多同伴积极的提名或评定的儿童，即被多数同伴喜欢的儿童。

2. 被拒斥的儿童（rejected children）

指不被多数同伴喜欢的儿童。

3. 矛盾的儿童（controversial children）

指那些被某些同伴喜爱,同时又被其他一些同伴看作具有破坏性而不被喜欢的儿童。

4. 被忽视的儿童(neglected children)

指那些被提名(包括正提名和负提名)很少的儿童。

5. 一般的儿童(average children)

指那些被同伴接纳的程度处于一般情况的儿童,他们在同伴提名中没有获得极端的分数(最喜欢或最不喜欢)。

在以上五类儿童中,受欢迎的儿童、被拒斥的儿童和被忽视的儿童是被研究得最多的(Schaffer,1997),其中有人又将被拒斥的儿童分为被拒斥攻击性儿童和被拒斥退缩性儿童,本章后面将详细进行介绍。

受欢迎的儿童、被拒斥的儿童和被忽视的儿童明显不同。后两者属于不受欢迎的儿童,而这两类儿童之间也有区别:被拒斥儿童是很不受欢迎的,而被忽视的儿童可能不受欢迎,但未必不受喜欢。这三类儿童具有明显不同的行为特征,这在下面的内容中还要涉及。

二、影响同伴接纳的因素

儿童在同伴中的地位一旦确定,那么在整个儿童期中这种地位就往往比较稳定,难以改变(Erwin,1993),即早年受欢迎的儿童会一直受欢迎,而遭到拒斥和忽视的儿童改变不了不受欢迎的遭遇和消极的社会关系。很明显,一个儿童是被同伴接纳还是被同伴拒斥,对于儿童将来的社会适应能力和心理健康状况具有重要而深远的意义。为什么有的儿童青少年受到同伴的普遍欢迎并拥有很多朋友,而有的却被同伴普遍拒斥,甚至没有朋友?同伴关系障碍产生的原因是什么?

研究者一般认为儿童青少年的行为特征和社会认知是影响同

伴关系的主要因素。近年来，研究者也开始注意到儿童青少年的情感层面和其他社会关系的影响作用。下面主要介绍儿童的社会行为特征、认知能力、身体特征、名字和教师等因素对儿童同伴关系的影响和作用。

(一) 行为特征

行为特征是儿童社会能力的重要体现。儿童之所以具有不同的同伴地位，主要是因为这些儿童具有明显不同的行为特征。我们不妨以受欢迎儿童、被拒斥儿童和被忽视的儿童为例，看一下他们各自不同的行为表现（见表 4-1）。

表 4-1 受欢迎的儿童、被拒斥的儿童和被忽视的儿童的行为特征

受欢迎儿童	被拒斥儿童	被忽视的儿童
积极、快乐的性情	许多破坏行为	害羞
外表吸引人	好争论和反社会的	攻击少 对他人的攻击表现退缩
有许多双向交往	极度活跃	反社会行为少
高水平的合作游戏	说话过多	不敢于自我表现
愿意分享	反复试图社会接近	许多单独活动
能坚持交往	合作游戏少，不愿分享	逃避双向交往，花较多时间和群体在一起
被看作好领导	许多单独活动	
缺乏攻击性	不适当的行为	

（资料来源：Schaffer. Social Development. 1997，320）

由表 4-1 可以看出，儿童之所以受欢迎，是因为他们具有外向的、友好的人格特征，擅长双向交往和群体交往，在活动中没有明显的攻击行为。被拒斥的儿童在同伴交往中是比较笨拙的和不明智的，经常表现出许多攻击性甚至是反社会行为。虽然他们经常试着加入到群体活动中，但总是由于他们令人讨厌的特征而被人拒之门外。被忽视的儿童在同伴交往中的行为是笨拙的:他们往往逃避双向交往,而将更多时间花在更大的群体中。但是,由于他们害羞,他们中大多数都自己玩,很少见到他们表现自己或对他人显示攻击行为。考依和道奇(Coie & Dodge,1988)对美国北科罗拉多州6~9岁男孩的调查也指出了三类儿童不同的行为特征。他们用观察法、同伴评定法和教师评定法研究发现:受欢迎的儿童倾向于更多的亲社会性、擅长体育、风趣;被拒斥的儿童最容易产生攻击和破坏性;被忽视的儿童在同伴评定的各个维度上得分都最低(如攻击、亲社会、运动、风趣、不快乐)。这表明,被忽视的儿童在任何维度上都没有突出的表现,或者说他们在各个方面的积极性都较差。但是,在教师评定方面,这些被忽视的男孩只是在攻击方面得分较低。这说明被忽视的儿童不受喜爱的同伴地位导致同伴和教师对他们的行为视而不见。

在儿童的行为特征与同伴地位的关系上存在争议:到底是儿童的行为特征引起了不同的同伴地位(受欢迎、被拒斥、被忽视)呢,还是不同的同伴地位(如不受欢迎)导致儿童不同的行为特征呢?在这个问题上常常难辨因果。谢弗(Schaffer,1997)认为,如果一个儿童被看作是一个破坏行为和麻烦的制造者的话,他(她)的同伴将会拒斥他(她),那么这个儿童便不能形成正常交往的社会技能。为了引起别人的注意或清除自己行动的障碍,这个儿童就会做出一种更具破坏性、更讨人厌烦的行为,制造各种麻烦,如不愿分享与合作、活动过度、话过多等,以此作为加入群体活动的方式。莱德等人(Ladd,1988)对3~4岁的学前儿童追踪研究到学龄期,在这个过程中,他们对儿童的社会行为和同伴地位分别进行了三次评定发现,在合作方面存在着相当稳定的个体差异,而且这种差异预告了儿童以后不同的社交地位。早期的争吵行为在长时间内虽然不太稳定,但是也预告了以后的社会接纳性。这些结果表明：最初被看作合作的儿童往往受人喜欢，而被当作好争吵的儿童，即使他们以后改变了自己这种行为，也往往被拒斥，以上结果也得到了许多研究证实。同样，被忽视的儿童也可能因为他们被忽视的社会地位而变得害羞和孤单。这有些类似于社会心理学中的"罗森塔尔效应"。

（二）认知能力

很长一段时间内，对同伴关系影响因素的研究主要集中在儿童青少年的社会行为特征方面，近年来研究者开始关注发生在儿童青少年头脑内部的过程变量即社会认知在同伴关系中的作用。儿童解决社交问题的策略是儿童社会认知能力的一种综合反映。而儿童的社会认知能力与社交地位有密切的关系。有些研究者试图以儿童社会认知能力的不同来解释社会地位的差异（Richard & Dodge，1982）。例如，有研究发现，受欢迎儿童比不受欢迎儿童对社交问题提出了更好的解决办法（Rubin et al，1992）。我国学者周宗奎、林崇德（1998）以访谈法考察不同年级和不同社交地位的小学儿童解决社交问题的策略，并结合社交问题的不同情境，考察了问题情境与解决策略之间的关系。他们假设：受欢迎的儿童提出的社交策略较不受欢迎的儿童所提出的社交策略更有效、更恰当，其策略类型也会有所不同。并且，随着年龄的增长，儿童社交策略的恰当性和有效性也会有一定的提高。其研究结果证实了不同社交地位的儿童在人际问题解决策略上确有差异。被拒绝儿童更多地借助于第三方面来发动交往，表现出更高的依赖性。被忽视儿童发动交往的有效性最低。这与国外研究所得出的结论一致：不受欢迎儿童在发动交往时比受欢迎儿童有更多的困难（Brochin & Wasik，1992）。被拒绝儿童解决冲突的策略最不恰当，表明高社交地位儿童比低社交地位儿童能更好地解决冲突（Ewin，1994）。社交地位的组间差异在儿童对策略的原因解释上也有明显表现。被忽视儿童比受欢迎儿童和一般儿童更多地以"自我中心"和"物品所有权"来解释策略。被忽视儿童在选择策略时对关系定向和共同活动的考虑较少,对自我和物品的考虑比其他儿童多,反映了自我定向的封闭的特征。周宗奎、林崇德的研究还表明,被忽视和被拒绝儿童比一般儿童更少选择"言语沟通和解释"策略。在对交往策略原因的解释上,被忽视儿童比正常儿童更注重"自我中心"的理由,也比其他各类儿童更多地用"物品所有权"来解释其策略;而受欢迎儿童比其他儿童更多地考虑"逃避惩罚"。这在一定程度上反映了不同认知能力与儿童不同的社交地位之间的联系。

不同社交地位的儿童在交往中显示了不同的社会技能。受欢迎的儿童大都倾向于成为优秀的社会问题的处理者、有效的协调者和对他人的支持者(Erwin, 1993);被拒斥的儿童对同伴表现了更多的敌意、批评,更容易活动过度和过分离群,而且报告了强烈的孤独感;被忽视的儿童更多地参加一些认知不成熟的游戏和进行更多的以自我为中心的言语行为。这些儿童在处理日常事情(比如试图参加到一个群体活动中)时显示了很大的差异:受欢迎的儿童会很自信地走过去问群体中的学生他是否可以参加,并且开始与群体中其他人进行交流,表现了良好的社交能力;被拒斥的儿童则在群体附近徘徊,或者开始以破坏性的手段比如抓住某些东西强行参加进去;而被忽视的儿童则干脆呆呆地站在远处观望。

儿童的同伴地位在很长时间内具有相当的稳定性,即使儿童改换了学校和进入青春期也变化不大。因此,对于不受欢迎的儿童应予以足够的关注,尤其是被拒斥的儿童。研究发现:被拒斥的儿童比被忽视的儿童的地位还要糟。当被忽视的儿童被转换到新的同伴群体中时,有可能被新伙伴重新接纳;而被拒斥的儿童则仍改变不了他们不受欢迎的身份,而且被拒斥的儿童在自我评价方面也常走极端,要么极力否定自己,如社交能力差;要么不切合实际地夸大自我概念,过高评价自己。这种不恰当的自我评价和行为很可能造成被拒斥的儿童以后严重的社会适应问题,如心理失常、学业成绩差、暴力、犯罪。

有人(Kupersmidt & Coie,1990)对具有不同攻击水平的儿童进行比较发现,有攻击性的被拒斥儿童比无攻击性的被拒斥儿童形成行为问题的可能性更大。攻击性是整个童年时期相对稳定的特性,具有攻击性的被拒斥儿童容易形成外部化问题,如逃学、人际敌意、注意力分散、暴力、犯罪等。不具有攻击性的被拒斥儿童(又称"社会退缩儿童"或"被拒斥-退缩儿童")则常常抑制自己的行为,不敢自我表现,也不愿参加群体活动。他们容易形成不同于被拒斥的攻击性儿童的行为病态——内部化问题,如恐惧、焦虑、退缩。

(三)身体吸引力

在婴儿时期,儿童就开始显示出对身体外部特征的偏好。童年时期偏好面部有吸引力的个体。一项实验研究发现,学前儿童期望有吸引力的同伴成为自己的好朋友;在自然背景下的研究也证实了这一点:有吸引力的儿童会被同伴更多地提名为"最好的朋友"。当然并非所有儿童都对身体有吸引力的儿童感兴趣。儿童这种对身体吸引力的偏好也可能与性别有关。例如,有吸引力的男孩有可能遭到同伴否定的评价,这可能由"漂亮"是对女性的刻板印象作用造成的。因此,"漂亮"不一定是男性同伴文化中很有价值的特征。但是许多证据仍然证明,身体有吸引力是被同伴接纳的有利因素,并且儿童总是对那些看来身体相貌好的儿童赋予积极的内在品质,在学前期就把"漂亮"与更多积极的社会行为相联系了。产生这种现象的原因有二:一是儿童对自己的满意感会影响他们的行为。研究发现，随着年龄的增长，身体无吸引力的儿童会表现出更多不良的甚至带有破坏性的社会行为（如攻击行为），而身体有吸引力的儿童不良行为较少。二是教师和父母也会按儿童身体相貌上的差异对他们表现出不同的态度和行为。这些都会影响到儿童的社会化。

同伴对相貌有吸引力和没有吸引力的儿童的评价也不相同。同伴对身体有吸引力的儿童的评价往往是喜欢和肯定，而对身体没有吸引力的儿童的评价则往往相反。这个结果可能表明了这样一个问题：身体没有吸引力的儿童不受同伴喜爱，而不被人喜爱的儿童则被感知为身体没有吸引力。

（四）名字

儿童的名字与同伴群体关系之间存在一定的联系。心理学家曾让4组10～12岁的儿童对一大串姓名是否有吸引力进行评定。最后，让被试写出他们班里3个最受欢迎和3个最不受欢迎的同学的名字。研究者发现，有好听名字的同学比名字不常用或不够好听的同学更受他人的欢迎。那么，名字中到底有什么特质会产生这样的效果呢？谢弗（Schaffer，1997）认为，特定的名字可能与地位高的人物形象呈正相关，这种对于好听名字的潜意识的定型作用有利于同伴对有好听名字的儿童作出积极评价。当然，名字与同伴接纳的关系并非绝对，在解释时一定要慎重。

（五）教师的影响

一个儿童在老师心目中的地位如何，会间接地影响到同伴对这个儿童的评价。米勒等人（Miller & Gentry，1980）回顾了几项相关研究发现，教师对一个儿童特征和价值的认可程度会通过一种复杂的方式影响着其他学生对这个儿童的接纳性。社会心理学家认为，在同伴群体中的评价标准出现之前，教师是影响学生最强有力的人物。因此作为教师，在教育工作中必须注意自己的言行对学生的影响。

影响同伴接纳的因素还有许多,如家庭教养方式、儿童出生顺序、性别等,有关这些因素的作用其他有关书籍已有论述,故不在此一一论及了。

第四节 儿童的友谊关系

在同伴关系中,常发现这类有趣的现象:丽丽可能常常与许多同伴在一起,但是其中只有佳佳一个人是丽丽的好朋友,也就是说,丽丽和佳佳在一起玩的时间比与其他同伴在一起玩的时间更长,关系也更亲密。从这里我们可以看出,同伴并不一定都是好朋友,而同伴关系也并不等于友谊。友谊是一种特殊类型的同伴关系和依恋关系,它在儿童社会化过程中起着非常重要的作用。心理学家对友谊作了如下界定:(1)友谊是两个个体之间的一种相互作用的双向关系,而非简单的喜爱或依恋的关系;(2)友谊是一种较为持久的稳定性关系;(3)友谊是以信任为基础,以亲密性支持为情感特征的关系。

儿童友谊的形成是个渐进的过程。有人在托儿所里观察发现,入托第二年的儿童对他们的游戏伙伴就已经显示出偏好,而且这种关系可以持续一年以上;在托儿所第四年的儿童对游戏伙伴更具选择性,这时的友谊也更为普遍;进入学校后,儿童的友谊关系发生了明显变化,主要表现在朋友数量逐渐增多。赖斯曼和肖尔(Reisman & Shorr,1978)研究发现,二年级儿童几乎每人都能说出大约4个朋友名字,在七年级则能说出7个朋友的名字。在青少年时期,朋友数量略微减少,但朋友之间交往的深度却增加了。在童年后期,友谊变得更为稳定持久。伯恩特等人(Berndt

& Hoyle,1985)研究表明,在学期开始时和学期末儿童对好朋友的提名中,54%的低年级儿童,76%的较高年级儿童在学期开始时和学期末这两段时间内都提名了相同朋友的名字。

关于儿童友谊发展的研究,过去主要是集中在儿童的友谊行为方面,直到 70 年代,研究焦点才逐渐转移到儿童的友谊认知方面。

一、儿童关于友谊的概念

如果要求儿童回答诸如"什么是朋友"或"为什么你要交朋友"之类的问题,就会发现,儿童对"朋友"的理解会随着年龄的增长而变化。有关研究(Furman & Bierman,1983)发现:在学前期和学龄期,朋友被看作是儿童可以与之共同活动的游戏伙伴(如"汤姆是我的朋友,因为我们在一起玩")或者是仅仅因为两个儿童居住的地方离得很近(如"他住在我家隔壁")。在学龄中期,儿童的友谊概念则强调共同的价值观和品位(如"我们都喜欢流行音乐"),也提到了互惠性的成分(如"我们是朋友,因为我喜欢他,他也喜欢我")。从 12 岁左右起,儿童认为友谊可以提供相互交流秘密的机会,可以彼此分享情感与思想,以及可以互相期望帮助解决对方的心理问题等(如"你需要一个人,你可以和他(她)讲任何事,可以和他(她)说你不想对别人讲的各种事情")。

以上这些变化反映了儿童随年龄的增长,对自我理解和对他人理解的变化趋势:最初,儿童只是根据一些表面的行为和关系来定义朋友,如他们在一起游戏、互赠小礼物,他们的住处近等。到后来慢慢发展为将友谊视为更抽象的相互关心、互享情感和思想、互相安慰的内在关系。然后,儿童学会了推断他人的情感状态,并且以持久的心理属性来考虑他人。最后,儿童将友谊看作或定义为可以进行自我表露和倾吐彼此秘密的特殊的同伴关系。总之，所处的年龄段不同，儿童对友谊的观点也不一样。有人通过研究提出了儿童友谊概念发展的阶段。

第一阶段：得失阶段。出现在小学二三年级。朋友是住得较近、有好玩的玩具、喜欢与自己一起玩、玩自己喜欢的游戏的同伴。

第二阶段：常规阶段。出现在小学四五年级。这一时期共同的价值观和准则变得重要了。朋友应该是互相支持、互相忠诚的人，还应该彼此共享一切，互相帮助、合作，彼此不打架。

第三阶段：移情阶段。开始于小学五年级。儿童开始把朋友看作是有共同兴趣、希望互相了解、互相透露个人的小秘密的人。

青少年对友谊的期望则是移情阶段的某种扩展。他们不再强调有彼此共同的兴趣，而更强调彼此的情感联系。在10~11岁时，友谊的中心任务是"彼此要好、互相帮助"。而到16~17岁时，友谊则意味着能够得到理解和亲密的感情支持。更年长一些的青少年认为，亲密的友谊意味着有共同的同一性，"你和我"变成了"我们"。

美国著名儿童心理学家塞尔曼（Selman，1980）认为，儿童友谊概念的发展，与他们观点采择能力的发展密切相关。他从社会认知发展的观点出发，采用临床访谈法把友谊概念发展划分为五个阶段：

阶段0：即时性游戏（momentary playment）。以相似或相近为特征，约处于3~7岁。

阶段1：单方面帮助（one-way assistance）。以朋友帮助和喜欢为特征，约4~9岁。

阶段2：公平气氛的合作（fair-weather cooperration）。以对相互之间关系的意识和相互适应为特征，但友谊关系仍局限于当时的游戏,约处于 6～12 岁。

阶段 3:亲密和相互分享关系 (intimate and mutually shared relationship)。以对持续友谊关系的意识和感情联系为特征,约处于 9～15 岁。

阶段 4:自主的相互依赖的友谊 (autonomous interdependent friendship)。以双方互相提供心理支持和精神力量,互相获得自我的身份为特征,约处于 12 岁以后。

继塞尔曼提出的儿童友谊认知发展的五个阶段说之后,弗曼等人 (Furman & Bierman,1984) 考察了二、四、六年级儿童对友谊概念的认知,把友谊特征分为行为特征和意向特征两个方面。他们发现,儿童对友谊的意向性特征的认知随年级升高逐渐进步,主要表现为对意向性的亲密性和意向性的支持性有显著的年级差异,而在相似性和团结性、喜爱等方面则无显著年级差异;学前期儿童把共同活动和游戏看作友谊关系的核心,主要以外在行为特征去界定朋友和友谊;学龄初期儿童认为互惠、平等、合作是友谊关系的基础,朋友的作用是提供行为规则,传授情绪调控技能,而青少年则把亲密性看作友谊关系的核心。

尽管不同年龄儿童对友谊概念有着不同的理解,但这些理解也并非毫无关系。互惠 (reciprocity) 是各个年龄阶段友谊概念的基础,只是处于不同年龄特征的儿童,对互惠的理解不同而已。如 6～8 岁儿童的理解就比较具体,认为朋友就是玩伴。9～11 岁的儿童把互惠理解成合作,而青少年则把互惠理解为互相获得自我。随着儿童年龄的增长,他们越来越愿意对朋友表露心声、倾吐秘密、分享情感和思想。这部分地反映了儿童从与父母的联系过渡到与同伴联系过程中的发展变化。例如,儿童逐渐喜欢和朋友交谈许多不愿对父母交谈的内容。

性别差异和性别角色在友谊选择中起着重要作用。女孩好朋友之间比男孩好朋友之间更愿意分享彼此的秘密,互相倾吐心声,进行自我表露,这在青少年时期尤为普遍。这些性别差异的原因可能是,女孩更多地注重人际之间的关系,而男孩则主要对活动和成就感兴趣。

众所周知,儿童对朋友的选择也表现出一定的性别差异,至少在青少年时期,儿童喜欢选择同性朋友而不是异性。这种现象发生的可能原因是同性朋友可以分享共同的兴趣。例如,幼儿园男孩爱玩积木和电动玩具,而女孩游戏主要集中在戏剧表演和餐桌活动上。儿童可以与同性朋友在玩共同感兴趣的活动中获得更大的快乐。当然,这可能反映了成人的那种男孩与男孩玩、女孩与女孩玩的性别角色行为刻板印象。

70年代以前,关于儿童友谊发展的研究,主要集中在儿童的友谊行为方面。70年代以来,此方面的研究多数致力于查明儿童的友谊概念、界定友谊关系的含义,以及儿童对友谊的期望。可以说,这些研究主要探索了儿童对友谊概念的理解,这在很大程度上是一种期望,而非实际的友谊。从80年代后期以来,人们开始转向对儿童真实友谊即友谊特性的探讨。我国学者李淑湘、陈会昌和陈英和(1997)采用结构访谈法研究了我国6~15岁儿童对友谊特性的认知发展规律和特点,并探讨了儿童友谊特性的认知结构。结果发现:

1. 6~15岁儿童对友谊特性的认知结构由五个维度组成,即:个人交流和冲突解决、榜样和竞争、互相欣赏、共同活动和互相帮助、亲密交往。

2. 对6~15岁儿童,友谊特性中的五个维度的重要性次序为:共同活动和互相帮助、个人交流和冲突解决、榜样和竞争、互相欣赏、亲密交往。

3. 从发展上来看,儿童对友谊特性不同维度的认知发展有显著的年龄差异。6～8岁儿童只能认识到友谊特性中一些外在的、行为的特征;以后才能逐渐认识到那些内在的、情感性的特征。但是,原来那些外在的特征并没有随儿童年龄的增长而被取代,而是与内在的、情感性的特性结合在一起,在认识中逐渐深化。

4. 小学六年级儿童在共同活动和游戏上表现出性别差异(男生高于女生);而在冲突解决上,女生的认知水平高于男生。此外,初中三年级学生在互相欣赏方面,男生的认识水平高于女生。

训练对儿童友谊特性认知发展具有一定的影响。这已经被我国学者陈会昌等人的研究(1997)所证实。他们采用有结构的故事讲解和系列提问的方法,对实验组20名6岁幼儿进行了为期2周的训练。结果表明,这种训练有效地促进了他们对友谊特性的认知发展,其主要效果表现在互相帮助和冲突解决两个方面。

二、友谊关系的测量

友谊关系是同伴关系中与同伴群体关系不同的一方面,二者性质不同,在儿童社会化中的作用不同,研究的方法也有区别。下面介绍测量友谊关系的方法。

友谊是在两人之间发展起来的一种充满感情色彩的关系。对于友谊的评定,研究者提出了许多不同的维度。巴库斯基(Bukowski,1989)认为,友谊关系中有两种不同的应予考察的因素。首先是友谊的范围,即儿童拥有的相互认可的朋友的数量;其次是友谊的质量,如朋友之间提供的支持、陪伴或冲突水平。有人提出,朋友交往的三个主要维度是:内在的(如谈话、相互信任)和外在的(如财物、信息)奖励维度;相互作用和影响的模式(如与朋友一起度过的时间、对遵从群体规范所施加的压力)维度;对友谊变迁的反应(如冲突的数量、忠诚的程度)维度。伯恩特等人则认为可以从积极属性（如亲社会行为、亲密、信任、忠诚）和消极的属性（如竞争、冲突）以及交往频度等方面评定友谊的质量。

朋友数量的测量一般是用最好朋友限制提名法，让被试依亲密关系的程度，顺序写出3个最好朋友的名字，不足3个或没有的应按实际情况填写。主试将相互把对方视为第一最好朋友的对子视为最好朋友。放松标准，也有一些研究把只要在3个提名中相互选择的朋友对数都作为最好朋友数。

友谊质量的测查常用问卷法。研究者基于自己对友谊质量的理解编制问卷，从不同的维度对友谊质量进行评价。例如弗曼等人编制的友谊关系问卷，评价友谊的十三个特点，包含三个因素：(1)热情/亲密，由友爱、亲密、亲社会行为、接纳、忠诚、相似和相互赞赏分量表构成；(2)冲突，包括争吵、对手、竞争三个分量表；(3)关系的排他性，用两个分量表评价被试和他（她）的朋友在多大程度上只愿和对方做朋友。伯恩特等人的友谊特征评价问卷由二十个问题构成。其中十二个问题涉及三个积极特征：亲密的自我袒露、亲社会行为、自尊肯定。八个问题涉及消极特征：冲突和竞争。由帕克和阿瑟编制的友谊质量问卷是在巴库斯基等人原有问卷的基础上发展起来的。问卷包括四十个项目，共六个维度：(1)肯定与关心；(2)帮助和指导；(3)陪伴和娱乐；(4)亲密袒露和交流；(5)冲突和背叛；(6)冲突的解决。上述问卷虽说是各具特色，但是可以看到编制者或多或少考虑到韦斯提出的友谊的功能，而且承认冲突和不一致同样普遍存在于儿童青少年的友谊之中。迅速友好地解决冲突，而不是回避冲突的能力，也是友谊质量的维度之一（邹泓，1997）。

对同伴群体关系进行的测量是单向的，无法充分说明儿童与同伴之间是一般同伴关系，还是特殊友谊关系。确定友谊关系需要友谊双方进行相互评定。研究者在社会测量方法的基础上，发展完善了鉴别友谊关系及其性质的方法。友谊关系的测量方法分 3 个阶段，也是 3 个水平。

水平 1 测量儿童是否具有友谊关系。采用的方法是提名法和量表评定法，只是使用上与传统的测量同伴群体关系的方法不同。它要求儿童相互提名和相互评定，只有互相提名为好朋友或评定量表上互相给高分的儿童才能说明他们之间存在友谊关系。

水平 2 如果一个儿童在同伴关系中存在友谊关系，那么，进而需要确定有几对友谊关系。这可以由相互提名和相互积极评定的数量对数确定，水平 2 的测量必须以水平 1 的测量为前提。

水平 3 测量儿童友谊关系的性质。这可通过对儿童实施有关友谊关系的问卷或在访谈中让儿童在评定量表上评价他们友谊的特点来完成。只有通过这 3 个水平的测量才能全面鉴定儿童的友谊关系。

三、友谊关系的功能

儿童青少年的同伴关系是一个多层次、多侧面、多水平的网络结构。在同伴关系中，一些人可能是亲密的朋友，另一些人可能只是玩伴，还有一些人可能仅是相识而已，极少数人可能是竞争对手或敌对关系。同伴接纳和友谊是同伴关系中两个重要的层面，同伴接纳是一种群体指向的单向结构，反映的是群体对个体的态度：喜欢或不喜欢，接纳或排斥。同伴接纳水平反映了个体在同伴群体中的社交地位。友谊关系则是以个体为指向的双向结构，反映的是个体与个体之间的情感联系。

前面已经谈到同伴群体关系在儿童心理发展过程中的作用，但主要是从同伴关系总体上来说的，没有将友谊从中分离出来。鉴于同伴群体关系与友谊关系对儿童社会化各有其特殊的作用，有分别加以研究的必要。友谊作为一种特殊的同伴关系，不仅可以帮助儿童提高社会技能，而且可以向儿童提供社会支持，因此对儿童的社会性发展具有重要意义。韦斯（1974）认为，友谊具有特殊的社会支持功能，他曾列举六种功能。弗曼和比尔米斯特（Furman & Buhrmester, 1985）将其扩展为八种，即友爱、亲密、可以信赖的同盟、友谊的帮助、安抚、陪伴、肯定价值和归属感。

（一）友谊可为儿童提供情感支持

这主要表现在以下几个方面：

第一，可消除儿童的孤独感。友谊是一种充满深情的友好关系。在友谊中被一个人所爱与在同伴接纳中被许多人所喜欢的体验有着质的不同。沙利文（1953）特别强调青年初期友谊对于青年最初的真诚的爱的体验的重要性。韦斯假设缺少强烈的情感纽带将导致孤独感，因此儿童，至少是青少年，没有亲密的友谊比没有喜欢他们的群体更容易体验到孤独感。缺乏朋友往往导致儿童产生更多的孤独感。有研究者对美国8～11岁儿童进行研究，让儿童对诸如"对我来讲，在学校交新朋友是容易的"和"在班上我没有可以与之交谈的人"之类的问题进行自我报告，发现10%的儿童报告感到孤独。这种孤独感造成儿童相当大的痛苦，尤其在青少年时期，这种孤独体验与抑郁和被遗弃感相联系，使儿童找不到社会归属感，导致自尊的下降。而有朋友则可在某种程度上消除这些负面影响。

第二，有朋友在场可使儿童在陌生场合或受到潜在威胁压力的情况下感受到情感支持，儿童愿意和自己的朋友一块儿解决冲突。亲密感是青年初期友谊的特点之一。儿童青少年愿意与亲密的朋友分享个人的秘密。有一个可以信赖的亲密朋友能够增强信任感、责任感和相互理解感，而且成为他人的知己可以有机会为他人提供帮助和支持。

第三，朋友之间关系的发展有利于培养儿童同性之间的敏感性和共同性，对成人期的稳定的恋爱关系产生影响，并为他们提供了亲密和相互协调的经验。有些心理学家认为，朋友之间的行为会影响到他们与其他人的关系，如朋友之间的分享帮助行为会迁移到与其他人之间的关系中。

（二）友谊可为儿童提供更多的玩耍、交往和娱乐的机会

儿童与朋友交往和玩耍多，共同获得的乐趣也多，这有利于儿童的心理健康。福特等人（Foot & Chapman，1977）进行了一项实验，要求成对儿童一起看幽默卡通片，发现两人是朋友的儿童比不是朋友的儿童从观看卡通片中获得了更大的快乐：前者大笑和微笑的更多，并且有更多的交谈和互相注视，也显示了更多的社会反应，如分享彼此的情感等行为。

（三）友谊可为儿童双方提供参照榜样

儿童与朋友之间交流和心理沟通的机会多于与其他同伴的交流和沟通。儿童在交往中，难免出现矛盾和冲突，而彼此沟通好、交流多的朋友之间的矛盾和冲突往往解决得比较快、比较好。朋友之间常常进行竞争和彼此激励，这样使友谊关系处于动态的发展中，友谊便促进了双方的竞争，这种良性竞争反过来又促进了友谊关系向前发展。

（四）友谊可为儿童提供社会支持和可靠的同盟

当儿童处于危险的境地时，儿童可能期望朋友比一般相识者更能提供帮助，朋友也会给儿童提供适当的引导和帮助，并且以同盟的身份站在儿童这一边，起到了社会支持的作用。可以信赖的同盟主要指个人对他人的忠诚感和帮助的有效性的体验。这种可靠的同盟更多是存在于友谊关系之中。它使儿童认识或体验到忠诚的价值和将朋友的需要置于个人欲望之上的重要性。

（五）友谊可为儿童提供获得基本的社会技能的机会

儿童与朋友的交往多,这使儿童有更多机会与朋友交流思想,表露自我,进行合作,锻炼儿童的自信能力。同时,与朋友交往也为儿童提供了一个了解自己和他人的内在世界的机会,有利于培养儿童"去自我中心"的能力,提高其观点采择能力。

(六)友谊可提高儿童的自尊

朋友的陪伴通常比一般的伙伴更富有积极的情感色彩和社会性反应。肯定价值指一个人的能力或价值被另一个人所证实或肯定。肯定价值能促进自豪感、自尊感和自我接纳的发展。朋友和同伴都能影响儿童的自我价值感,但是两者有质的差异。朋友之间相互了解,比一般同伴更能肯定对方人格的核心特质。有人研究了儿童友谊关系与自尊的关系,发现有朋友的儿童的自尊比没有朋友的儿童高。其他相关的研究也表明友谊关系与自我概念是相关的(张登印等人,1995)。友谊在某种程度上促进了儿童自我价值感的形成。

总之,友谊在儿童社会化发展过程中具有重要的意义,而没有朋友则会导致许多不良后果。英国心理学家谢弗(Schaffer,1997)总结了没有朋友对儿童发展可能造成的消极后果(见下表4-2)。

表 4-2　与没有朋友相关联的后果

没有朋友的儿童更多地可能会:
- 有情感问题
- 观点采择能力滞后
- 较少利他性
- 在一些社会技能上,如加入群体、合作游戏和处理冲突等方面有缺陷
- 较低的社会能力
- 学校适应性较差
- 教育成就较低

第五节 同伴群体及其社会化影响

在幼儿时期,儿童就开始对自己所属的群体显示出一种特别的偏好,但是此时尚未形成富有凝聚力的同伴群体。随着儿童年龄的增长,他们与同伴交往次数的增加,儿童之间逐渐自发地产生了一些具有共同目标、共同行为准则的同伴群体。在这些群体中,通常存在着具有一定等级性质的关系和结构,每个成员在群体中处于不同的角色和地位,这种关系和结构的形成反过来又促进着儿童之间的交往,维持着同伴群体的功能。

一、同伴群体的形成

我们以著名心理学家谢里夫(Sherif, 1961)等人(见 Crusec & Lytton, 1988)的经典实验"罗伯的夏令营"(Robber's Cave)为例,来考察儿童同伴群体的形成过程。

在实验中,谢里夫和他的同事让原先素不相识的 25 名男孩参加夏令营,并将这些男孩分成两组,分别送到营地。研究者为了鼓励每个男孩都能与其他男孩联合起来,促进群体结构的形成,特意安排了一个有利于同伴之间合作的活动情境。例如,有一天,营地的工作人员没有为男孩们做好午餐,但做饭的材料都准备好了。这些男孩必须自己动手才能吃到午饭。因此,他们很快便开始投入到做饭的工作中,而且在每个群体内部产生了劳动分工:有的洗菜,有的做饭……在每个群体内,不同男孩具有不同的社会地位,一些是领导者的身份,他们进行指挥性的工作;另一些则是追随者的身份,他们完成前者分配的任务。每个成员自发地担负起自己的角色。有趣的是,两个群体的男孩都为自己的群体取了个名字,分别叫做"响尾蛇"和"鹰",并把名字写在自己的旗子和T恤衫上。这样,最初彼此陌生的人因为拥有了共同目标和共同活动而很快变成一个富有凝聚力的群体,而且每个群体获得了一个名字和自己的结构。群体的成员很快对自己的群体产生了一种积极的社会认同感,并确立了相对稳定的人际地位,组织了集体活动——于是同伴群体形成了。

二、同伴群体的结构

同伴群体是具有一定的组织结构的。在这种群体结构中,儿童的地位是由各自所具有的不同支配能力所决定的。虽然儿童的支配地位部分地受其体力的影响,但是,强壮的体力并非是取得支配地位的唯一决定力量,而且群体结构中也存在着一定的性别差异。

(一) 群体内的支配者与追随者

在任何一种社会群体中,都存在着一定的结构顺序。成功的攻击在确立支配地位的过程中发挥着重要作用。例如,对学前儿童之间支配关系的研究表明,以"攻击-服从"为基础建立起来的等级顺序几乎完全是直线式的,即如果儿童A成功地攻击了儿童B,儿童B又成功地攻击了儿童C,那么儿童A也成功地攻击了儿童C。这样,儿童A便具有"最厉害"的支配地位。

当然,具有攻击性的支配力量并不是儿童获得群体支配地位的主要因素,更重要的是儿童要具有符合群体标准和满足群体目标的社会能力。群体目标随情况变化而变化,儿童的支配地位也相应地发生变化。

在同伴群体中,那些能够指导和协调他人行为并有效地组织活动的个体是最具支配地位的。在不同的年龄阶段,儿童的社会权利是由不同属性决定的:学前阶段,那些拥有社会权力(或力量）的儿童是以能够有效地发动攻击行为为基础的，同时也以具有能够保护财产以及如何使用财产的能力为基础；在儿童中期，那些在指导游戏和组织活动中表现出较强的社会能力的儿童往往以领导者的身份出现；在青少年早期，领导地位则属于那些受欢迎的、有运动能力的或早熟的儿童；而在青少年后期，聪明、富有创造力以及受欢迎性则是儿童获得社会权力的重要因素。

与具有支配地位的儿童相反，那些在体力、能力等方面甘拜下风的儿童，为了找到群体的归属感和被群体接纳的安全感，便心甘情愿地担当起顺从的追随者的角色。这样，同伴群体中的结构便确定了。具有支配性的儿童往往成为领导者，而被支配儿童则成为被领导者。这在儿童的游戏和其他活动中都表现得很明显。

不同的支配等级在儿童交往中具有重要的作用。首先，如果群体中有人实施"控制"，则群体的决策和指导任务就容易完成。例如，群体地位高的可以控制地位低的儿童的言行，这在一定程度上减少了攻击性。其次，支配等级有利于确立一定的社会关系和社会地位。在同伴群体中处于支配地位的儿童也享受特权，他们可以根据自己的兴趣选择集体活动。支配地位提高了支配者的自尊，并因而成为对他们的酬赏；而被支配者却不如支配者那样受益多。

（二）同伴群体结构中的性别差异

同伴群体结构具有明显的性别差异。这主要体现在支配等级的差异上。女孩群体的支配等级不如男孩群体那样明显，在青少年时期尤为突出。男女儿童的社会网络不同，从青春期开始，女孩强调把理解和亲密作为友谊的重要方面，而且在青少年时期，倾向于两三个人交朋友，形成亲密并排外的关系；而男孩的活动则主要集中在更大的群体中。

在青少年时期，男女儿童的群体性质和社会地位也存在性别差异。这在谢里夫的夏令营实验中也被观察到了：女孩群体比男孩群体更为短暂。女孩群体不如男孩青少年群体那样紧凑和稳定。两种性别儿童显示自己社会地位最常用的方式都是对他人言语嘲讽。但是处于支配地位的男孩更加经常地使用身体接触、言语和身体威胁以及言语争吵来显示自己的社会地位（总体上，男孩用身体攻击和争吵的比率是女孩的 3 倍）。相反，女孩领导者则通过更为难以觉察的方式表达她们的社会地位。例如，通过肯定某些同伴而排斥另一些同伴的方式，或通过忽视别人请求甚至干脆提供同伴不需要的建议的方式来表达她们的社会地位。

同伴群体有助于帮助男孩学会合作，并参与那些他们自己不能单独完成的大量活动和冒险行为。女孩由于倾向于喜欢更为密切的友谊，因而女孩的同伴群体表现出不同的目的：同伴群体有助于帮助女孩发展理想的人际交往技能和对人际关系的敏感性，而且女孩之所以看重友谊，很可能仅仅因为她们有机会和朋友在一起能够获得某些轻松的感觉。

三、同伴群体的影响

同伴群体对儿童青少年身心健康发展发挥着重要的作用。在同伴群体中，儿童学习和实践着不同的社会角色，发展着自己的社会技能。除了家庭以外，他们将同伴群体作为参照点以引导自己的行为。同伴之间彼此影响，互相促进，朝着理想的或不理想的社会目标前进。随着年龄的增长，同伴群体对儿童的作用越来越大。

（一）同伴群体为儿童提供了互相模仿的对象，促进了儿童的社会化

儿童在同伴群体中，可以从同伴那儿学到很多东西。例如，模仿有助于儿童性别角色的形成。学前儿童和小学儿童之间有很多

的相互模仿（包括言语和动作）。从幼儿园到10岁，模仿似乎随年龄增长而减少了。这或许因为儿童越来越懂得尊重别人而不直接模仿了，同时，其他难以觉察的影响却随着年龄的增长而越来越受到儿童喜爱。群体中处于支配地位的儿童被模仿得较多，但他们比别人也更善于模仿。这个有趣的现象表明，模仿可能是影响同伴的一种重要方式。有一项对两岁儿童进行的观察研究证明了同伴群体的影响作用。在游戏群体中的经验改变了前幼儿期儿童与父母交往的方式，而且似乎提高了他们的社会技能：参加过游戏群体的儿童，当其父母向他发动交往时，他们比以前表现得更为积极，并且反应更多。

（二）同伴群体影响儿童的自我调节能力和道德行为，是儿童言行的参照群体

在幼儿园，有人用"抗拒偏离"（resistance to deviation）项目来进行研究。在一种条件下，同伴群体都支持"禁止玩有吸引力的玩具"的这个规则；在另一种条件下，同伴群体则反对"禁止玩有吸引力的玩具"的这个规则。其中让一个儿童作为现场的一个诱惑因素，允许他玩那个有诱惑力的玩具。在违背规则接受诱惑上，儿童表现不一样。当同伴都支持规则（即"禁止玩有吸引力的玩具"）时，这个儿童更多地抗拒了诱惑；反之，则接受了这个诱惑。

同样，不受欢迎的儿童比其他儿童更多地倾向于违背规则，即使同伴和教师都支持"禁止玩玩具"的这个规则。"社会参照标准理论"对此作出的解释是，一个人受同伴群体影响的程度是由群体的吸引力和这个儿童在群体内部的地位这双重因素所共同决定的。因此，具有较高地位和受欢迎的儿童更多地倾向于支持和拥护同伴群体的规则，而在同伴群体中地位低的和不受欢迎的儿童则会做出违背和反对群体规则的行为。这样，儿童在同伴群体中

的地位及其受接纳的程度也影响着同伴群体对他们的社会化作用。

四、同伴合作与竞争

众所周知,合作与竞争对于同伴群体的作用是不相同的。一般说来,人们很容易将合作与儿童的帮助、照顾和捐赠等积极品质联想在一起,而将竞争与儿童的冲突、打架和敌意等消极行为对应起来。很明显,合作和竞争对于儿童社会化具有不同的效果。这是值得社会科学家和发展心理学家大力探讨的问题。

(一)影响合作和竞争的因素

儿童是采取合作态度还是竞争态度在很大程度上取决于下列因素。

1. 社会情境

在谢里夫的实验中,研究者通过设置一定的情境促进儿童之间进行合作与竞争。例如,为了促进同伴群体的形成,研究者设置了这样一个情境:一天中午,工作人员故意没有把中午饭做好,但做饭的材料已备好。这样,那些男孩为了能吃到午饭就必须合作。然后,研究者又设置了另一个情境,使两队之间进行友好的竞争游戏,如打仗比赛。在竞争游戏中,两队之间产生了对立和冲突,每个群体内的成员都对自己的群体产生了强烈的"群体内"意识,而对对方产生了"群体外"的排斥情绪。两队之间开始竞争和对抗,不仅出现了用言语攻击,如嘲笑、谩骂,而且还有用实际行动进行攻击的场面。每个群体内的成员都为了自己一方的胜利而努力,甚至不惜动用武力。显然,一方面竞争使群体内成员增强了内部团结和群体内部的同一性,提高了团体凝聚力;而另一方面,竞争也使双方表现了更大的孤立性,增加了双方的对抗情绪和极端敌意感。由此可见,虽然竞争产生了一定的积极效果,但也给群体带来很大的负效应。在这种极端冲突条件下,谢里夫等人又为那些男孩设置了进行合作的情景,比如让双方一块儿去看电影以缓和一下紧张形势。为消除双方对彼此的仇恨,研究者又设计了一个双方必须进行合作的情境,迫使双方不得不重新走到一起来:有一天,研究人员故意让营地的水管中断供水。没有水喝的局面使两队的男孩必须联合起来进行修理。于是两队男孩又重新合作起来,共同找寻原因,结果把水管修好了。合作最终使他们放弃了敌意,发展了和谐的人际关系。

2. 游戏规则和年龄

在同伴群体中,儿童是进行合作还是竞争,这要依赖于一定的游戏规则,至少对年幼儿童是如此。例如,让一些4岁儿童玩钉木板的游戏。如果规定他们只有一起完成任务才会获得奖励,那么,儿童之间就会更多地表现出帮助行为;如果规定谁先完成任务就奖励谁,那么,这些儿童就会更多地表现出竞争行为。可见,游戏规则对儿童采取什么样的行为具有重要影响。但是,在某种程度上,儿童喜欢竞争还是合作还要取决于年龄因素。与竞争相比,儿童的合作行为出现得比较晚,因为合作要求儿童具备较为成熟的认知能力,如延迟满足、观点采择以及对复杂的社会事件的理解。在一项调查中,如果规定胜利者获得奖品,这时4、5岁的儿童的竞争性就会增加;而在共同分享奖品的条件下,6岁和8岁的儿童的合作行为增加了。毫无疑问,年长儿童比年幼儿童对完成游戏规则或任务的目标有更为高明的认知策略。

(二) 同伴合作

多年来,在同伴关系研究领域,人们往往容易注意到同伴关系的消极方面,如由竞争产生的冲突、打架和敌意等,因而对此研究较多,而相对忽略了同伴关系中的积极方面,如合作、帮助等。直到最近几年,研究者才把研究目标投向了同伴合作。这里我们对同伴群体中的合作作一重点介绍。

同伴合作的研究具有重要的理论意义和教育意义。过去一般认为，在发展过程中，儿童的知识、技能主要是从成人那儿传递下来的，而与其他儿童无关。教育实践也在一定程度上反映了这种单向方式。但这种假设是一种误导。越来越多的研究表明，不能忽视儿童同伴对彼此智力发展的促进作用。在实际生活中，儿童不仅仅是被动地接受帮助和指导。如果给儿童一定的机会和责任，他们也能为同伴提供帮助和指导。以同伴合作为例，达曼等人（Daman & Phelps，1989）将同伴合作学习分为三类：一是同伴指导，即一个儿童为另一个儿童提供帮助和指导；二是合作学习，指所有成员为了一个共同目标（比如共同完成教师分派的任务）而互相鼓励和支持，这时的成功依赖于他们共同的努力。三是同伴合作，即在没有教师参与的任务中，所有儿童地位对称平等，建立在共同的兴趣和信任的基础上，同伴之间积极讨论、交流看法、共享彼此不成熟的观点，最终在分析彼此想法的基础上找到一个最好的办法。同伴合作要求儿童必须与和他们观点不同的人进行交流，并检验自己的观点，最后产生一种比儿童个人想法更好的新办法，达到"两人智慧胜一人"的目的。

以上三类学习分类并不是绝对的，而是相互联系不可分割的。近年来，同伴合作引起很大的研究兴趣，因为同伴合作能够促进儿童智力的发展，其效果远远超过儿童独立学习。这得到了一些研究的证实（Doise，1990）。这些研究多数是以传统的皮亚杰的守恒问题、空间观点协调、法律思维、道德推理和数学以及计算机为基础的学习作业为任务。为了研究同伴合作的作用，研究者利用前测—后测设计，以探讨同伴合作对智力发展的作用。研究者设计了两种情境：一种是让儿童两个人共同解决守恒问题；另一种是让儿童单独完成守恒任务，结果表明：双人操作的成绩要优于单个人的成绩。当儿童在一起解决问题时,他们的理解能力比单独工作时提高了,而且促进了智力的发展。例如,在前测时,一个6岁的儿童并不知道质量守恒概念。而当这个儿童与另一个6岁的儿童一块儿工作后,就很快获得了守恒概念,并且能比较正确地解决其它的质量守恒问题。当然,同伴合作并不是无条件地优于个人工作,它要依赖一些条件:一方面,要依赖于表4-3中的那些条件;另一方面,要取决于合作伙伴之间的人际关系。一般认为,同伴之间的互动有助于提高儿童的学习成绩,但并非在所有条件下都如此。

表 4-3 影响同伴合作效果的因素

影响因素	影响的性质
	如果儿童受到下列因素的影响,其同伴关系就会受到阻碍:
年 龄	年龄太小(例如,学前早期)尚不能进行建设性的对话
任务难度	任务过难而不适合儿童实际的认知水平
儿童之间的差异	各个儿童之间在理解问题的基础水平上差异很大
支配性—被动性	一个儿童过分地具有支配性而另一个儿童则过分被动
冲突—亲密	儿童双方关系过分冲突不能合作解决问题
人际熟悉性	儿童之间太陌生或者经常更换同伴,不利于他们之间探讨,彼此交流思想、分享态度

(资料来源:Foot et al. Children Helping Children. 1990)

应该如何解释同伴合作有助于促进儿童智力的发展的效果呢?对于这个问题存在两种相反的观点:一种是儿童的"社会认知冲突"机制导致了儿童的"心理重构"(Mental restructuring),从而促进了儿童智力的发展。根据多伊斯(Doise,1990)的观点,两个儿童在共同解决问题的过程中,彼此产生了观点的差异性。一个儿童如果反对另一个儿童的观点,那么认知冲突就产生了。这样,就需要这个儿童进行心理重构,协调自己和同伴的观点,进行整合,最终产生出比单个儿童解决问题的方法更好的办法来。这样,在社会互动中,儿童的社会认知能力便得到促进和发展。当然,这需要儿童双方都对对方的观点进行积极的协调才能获得。

与上面相反的另一观点则不同意冲突是同伴互动效果的关键机制,而认为合作是影响同伴合作效果的关键因素。在同伴合作中,与对方观点不一致的儿童不可能取得进步,而接纳对方观点的儿童才更可能取得进步。克鲁格(Kruger,1993)认为,实际上,以上两种观点都具有一定的片面性。他通过对儿童在同伴合作情境中的对话内容进行分析表明,合作伙伴之间的冲突并不只是表现在双方冲突的这种表面现象上,更主要的是,儿童通过某种深层次的讨论(可能以某种争论的方式)以获得彼此都满意的观点。克鲁格还以一对8岁儿童对于一个道德两难问题的争论为例,探讨儿童之间的观点一致与否对于儿童的社会认知能力的促进作用问题。对于这个道德两难问题,两个儿童在取得统一看法的过程中花费了大量时间。一方面,通过争论,他们向对方展示了自己对问题的真实想法,并提供对自己这种看法的具体理由,等待同伴作出反应(拒绝或者同意);另一方面,他们也指出对方在这个问题的观点上存在的缺点或不足,同时提出自己认为是比较合理的建议。事实上,合作同伴对同一个问题可能会产生各种各样看法,这需要合作双方共同进行探讨,甚至是争论,最后,在争论的基础上作出一个整合以取得共同的意见,达到观点上的真正统一。只有这样,才能有效地促进双方认知结构发生质的变化,从而推动智力的发展。由此可见,"合作-整合"是起着建构关键作用的。而且无论何时,只要是两个儿童为共同得出一个崭新的、统一的结果而探讨彼此想法时,合作-整合建构就发生了。

小 结

同伴关系是影响儿童社会化的一个重要的家庭外部因素。同伴关系在儿童青少年发展中具有成人无法替代的独特作用和重要价值。根据同伴之间的亲疏程度，研究者把同伴关系分为两种：一是同伴群体关系；二是友谊关系。

在儿童成长过程中，儿童与他人之间要形成两种不同性质的人际关系，这两种人际关系对儿童的社会化分别具有不同的意义。研究者把这两种人际关系分别称为垂直关系和水平关系。这两种人际关系的性质是不同的，对于儿童的发展也具有不同的功能。同伴系统与家庭系统之间，既有联系又有区别。但与后者相比，前者对于儿童社会化影响要强烈和广泛得多。

儿童的同伴关系是通过他们之间的相互作用表现出来的。在整个儿童发展阶段，同伴关系是遵循着一定的规律向前发展的：从婴儿期到学前期、童年期，再到青少年时期，儿童的同伴关系是按照从简单到复杂、从低级到高级、从不熟练到熟练这样一个发展趋势进行的。

在儿童成长过程中，不同儿童的同伴地位是不同的。测量儿童同伴地位的方法有观察法和社会测量法，尤其后者因具有更大的优点而成为测量的常用方法。根据社会测量法，研究者将儿童分为五种不同类型。影响儿童同伴接纳的因素有很多，尤以不同的社会行为特征和认知能力为主。

友谊关系是一种特殊类型的同伴关系。儿童对于友谊概念的认知随着年龄的增长而变化。测量友谊的方法与测量一般同伴关系的方法具有一定区别，因为友谊关系对于儿童个体的身心发展具有许多独特的功能。

同伴群体是具有一定结构的同伴关系,是儿童发展中一种较高层次的表现形式。它的形成对于儿童的身心健康发展具有重要作用。在同伴群体中,同伴合作和竞争对于儿童的发展具有不同的意义。同伴合作成为近年来研究者关注和研究的重点。

讨 论

同伴关系困难的矫治

就同伴关系的重要性而言,不论对于儿童现在的成长还是对于他们将来的人格发展,对那些不能建立适当的人际关系的儿童进行干预,以帮助他们提高社交能力,改善社交地位,从而建立良好的同伴关系,都是非常有意义的。为此,心理学家们设计了多种干预方案,其中最知名的当属"特殊社会技能的训练"方案。

特殊社会技能的训练分为如下步骤:首先,需要诊断出儿童在社交方面存在什么样的困难;然后,把解决这些困难所需要的技能分解成一些具体的要素。这样,通过让儿童加入到其他同伴正在进行的活动中去,或者让儿童与其他儿童一起执行某些特殊任务的方法来进行训练。一般来讲,在交往过程中,需要儿童采取一定的策略以获得其他同伴的接纳。然而,虽然大多数儿童能够自动地采取或运用这种策略,但仍有一些儿童需要别人以某种适当的方式帮助他们。在提供给儿童获得他们所需要的技能方面,不同方案所采取的具体方法是不同的。例如,在一些方案中,研究者先让儿童通过看电影,从电影中的榜样身上获得一些社交技能;然后,再让这些儿童与训练者一起进行讨论;最后,让儿童在相似的社会情境中进行模拟练习。练习过程中,在儿童进行角色扮演的同时,成人在一旁对儿童在角色中所展现的社交技能进行评论，以便使儿童意识到他们与同伴交往中存在哪些问题，并帮助儿童按正确的要求修正其行为。换句话说，使用这种以表扬"正确"行为，批评"错误"行为为基础的强化方法，对于那些在同伴关系方面存在困难的儿童进行技能训练是比较有效的。与此不同的还有一种"认知疗法"。这种方法是以认知模型理论为基础的。认知模型理论强调认知治疗，该理论假设，儿童的同伴关系之所以会产生困难，主要是由于他们对于社会情境的错误解释所造成的。治疗那些具有同伴关系困难儿童的问题，必须通过克服他们对于社会情境的认知加工缺陷来实现。

在心理学家们提出的诸多方案中，到底哪个方案对于提高儿童的社交地位更为有效，已有研究报告的结果是比较混乱的。在某种意义上，这是一个如何测量有效性的问题：例如，是儿童具体的行为发生变化导致了良好效果的产生，还是随着年龄的增长，儿童的同伴地位自然而然地得到了进一步的提高？此外，到底在多长时间以内进行测量才会真正获得干预结果的有效性？还有一点需要进一步进行思考的是：要解决的同伴关系问题具有什么样的性质？比如，如果是一个具有高攻击性的儿童在同伴关系方面产生困难，那么，高攻击性的儿童就很少会对成人的治疗进行配合，也就不能有力地说明认知疗法或其它方法对于富有攻击性的儿童是否奏效。至于什么样的方法对于有同伴关系困难的儿童具有最好的效果这个问题，一直是许多心理学家所关心的问题。研究表明，最好的治疗同伴关系困难的方法是将以下几种方法结合起来使用，即模仿、强化、练习和认知疗法结合在一起才是比较有效的。那么，儿童已经建立起来的认知模式到底如何发生变化？这种变化将会以什么样的方式影响着他们的社交地位？这需要进一步的研究探讨。

第五章　儿童的依恋

依恋是儿童早期生活中最重要的社会关系，是个体社会性发展的开端和组成部分。它对于儿童身心发展尤其是社会性发展具有重要的影响。依恋成为儿童早期社会性发展研究的最重要的课题之一，研究的重点在于探讨依恋的性质及其发生发展的特点。依恋对未来发展的影响及影响依恋质量与性质的因素。

本章试图对上述问题进行探讨，并对西方关于依恋的若干理论作简要评述。鉴于背景、方法等因素的复杂性，在依恋的诸多问题甚至一些基本问题上都存在争议，但依恋的存在及其性质、意义却是无可争辩的事实。对这些问题的深刻理解不仅是有关研究的首要任务，而且对儿童抚养与教育的具体实践具有重要意义。

第一节　依恋的性质与发展

什么是依恋？依恋具有怎样的特征？这是依恋研究首先要回答的问题。依恋是如何发展的？先后经历哪些阶段？这是依恋研究的基本任务。

一、依恋的界定与特征

(一) 依恋的界定

依恋(attachment),一般是指个体的人对某一特定个体的长久持续的情感联系。依恋的主体是特定社会环境中的人,可以是儿童,也可以是儿童的父母或其他看护者;依恋的客体或对象一般是能形成对主体的感情呼应并与之建立强烈情感联结的特定个体,特殊情况下,也可以是某一特定的群体。个体的人有时也会形成对某一群体的依恋。这也就是说,依恋的主体与客体具有相对性。

在发展心理学中,依恋特指婴儿与成人(父母或其他看护人)所形成的情感联结。由于这种情感联结,婴儿在不高兴时就会趋近这个人,当有陌生人能引起焦虑时,婴儿不仅对这个人不惧怕,反而喜欢得到他的照料;如果强迫婴儿同这个人分离,婴儿则显示不满。

严格地说,依恋不同于依恋行为。依恋本质上是个体赖以组织、发动对他人情感的行为系统,是内在情感需要与作为这种情感需要之体现的外在行为的统一。依恋情感的养成是依恋关系建立的标志,而依恋行为则是依恋情感的外在表现形式。它是特定情景下的产物,因而没有依恋情感的相对一贯性和深蕴内在性。虽然依恋行为可以表达并能增强、巩固依恋情感,但依恋行为的存在并不意味着依恋情感的必然存在。

作为个体内部主观的、系统的存在方式,依恋也不等同于依恋关系。依恋关系一般指存在于两个体之间的交往关系。依恋情感的形成一般伴随着依恋关系的发生,而依恋关系并非依恋确立的必然表征。但在儿童早期发展中,依恋关系通常是依恋情感形成的前奏。

（二）依恋的特点

与其他社会关系相比，依恋具有一系列重要特征：

1. 在对象上，依恋具有选择性。儿童倾向于依恋那些能够激起特定情感与行为、满足自身需要的个体，而并非依恋所有的人。如婴儿易对能满足自身需要的具有较高反应性与敏感性的父母形成依恋，而稍大的儿童（如入托后）则可能会对那些能共同玩耍、游戏的同伴形成依恋。

2. 在行为表现上，依恋者寻求与依恋对象身体的亲近。依恋母亲的婴儿倾向于偎依在母亲身上或在母亲身旁活动。

3. 在对个体的心理意义或直接后果上，依恋双方特别是依恋者可从中获得一种慰藉和安全感。它既是依恋行为的必然报偿，同时也是巩固和加强这种依恋关系的情感基础与内在动力。

4. 在其所具有的强烈的情感意义上，依恋遭到破坏后会造成依恋双方尤其是依恋者的分离焦虑和痛苦。这是依恋的个体意义的另一方面。

5. 在其赖以形成的基础上，依恋双方具有某种和谐性。他们能保持行为与情感的呼应与协调。

对儿童来说，寻求亲近是依恋的核心与基本的外在行为表现，而强烈的相互依存的情感则是依恋基本的内在心理表征。依恋在本质上是一种融情绪、情感、态度及信念于一体的复杂系统，其进化与发展的基础是未成熟、弱小的儿童趋近父母的需要，其生物意义在于个体可以从中获得关爱、安全感等生存的"必需品"，依恋的社会意义是极为复杂而深刻的，它是个体探索外部环境、谋取未来发展的重要"资本"。

二、依恋的发展

依恋同其他心理现象一样,有一个发生发展的过程。依恋的产生是儿童感觉、知觉、记忆、想象等心理过程发展到一定阶段的产物,是儿童个体与其所处的社会环境相互作用的结果。依恋的发生与建立有其特定的标志,其前后相继的阶段性发展过程也是儿童心理逐渐趋向成熟的过程。

(一)依恋建立的前提

依恋的建立需要一定的前提条件,社会环境尤其某种养育条件的存在是儿童依恋发生的首要前提。没有特定社会刺激的存在,就无所谓社会性心理的发展,依恋当然也无从建立。但儿童自身在特定社会环境中已有的发展无疑构成了其后继续发展的基础或前提。除儿童中枢神经系统的日益成熟及与之相关的某些基本心理品质的初步发展之外,特定依恋关系的确立还需要一定的认知前提。

1. 识别记忆。识别记忆是通过将知觉对象与对象的内在表征的比较而使知觉对象从知觉背景中分化出来的认知技能。这种认知能力使儿童能够把作为依恋对象的特定个体与其他人区分开来,从而有可能形成对特定个体的集中依恋。识别记忆出现的时间因具体感官性质的不同而有所差异。如视觉记忆在儿童出生3个月以后才能出现,嗅觉识别记忆出生6天后就可出现(Macfarlane,1975),而听觉识别记忆与分化能力在婴儿刚出生即出现(Decaspetal,1994)。随着儿童感知统合能力的发展,多种感官逐渐开始能够协调起来发挥作用,通过对多通道信息的收集、加工、鉴别,儿童能够更准确、更生动、更完整地确认依恋对象。

2. 客体永久性与人的永久性。这是儿童继识别记忆之后认知发展中的又一重大成就。客体永久性是当客体不在眼前时儿童仍能够意识到其存在的认知能力,它以对事物的再现记忆为基础。人的永久性则是以人为客体的"永久性"。识别记忆只是儿童从在场的人们中辨别、分化出熟人的再认记忆,而人的永久性则可使特定个体的核心表征得以重现,从而意识到该个体的持续存在。这种能力较识别记忆晚几个月即约出生后的8个月才出现。虽然有关研究人员对于人的永久性的出现是否早于物体的永久性存在争议,但这种客体永久性尤其是人的永久性认知能力的出现却是儿童依恋形成的一个必要认知前提。

需要指出的是,婴儿的识别记忆和客体永久性的出现并非彼此孤立的,两者具有发展上的相继性以及功能的相辅相成性。识别记忆在经验积累与重组的基础上实现质的飞跃,就出现了客体永久性。前者使儿童的依恋指向熟悉的特定个体成为可能,后者则使这种依恋定向的相对持久性、稳定性及依恋情感的强烈性成为可能,二者共同构成依恋形成的认知前提。

(二) 依恋形成的标志

依恋的形成有其特定的外在行为表现。而以什么样的行为反应作为判断依恋真正建立的外在标准或标志,直接影响到依恋形成时间的确定,以及对依恋关系的持续性乃至依恋质量与性质的准确判定。因此,科学地确立依恋形成的标志在依恋研究中具有特殊重要的意义。

英国心理学家谢弗认为(Schaffer, 1997),依恋标志需要符合以下三条原则:

1. 代表性,即能反映依恋之不同于其他社会关系的本质规定性。

2. 稳定性,即在依恋一般应出现的时期内能保持相对稳定的存在。如其行为今日出现,明日消失,则不具有稳定性。

3. 普遍性,即不因个体间的差异而影响该依恋现象的普遍存在。如在一般情况下某种行为甲具有,而乙在同期未出现,那么这种标志就难说具有普遍性。

依据上述原则,公认的依恋形成的标志是儿童的分离焦虑和与之同时出现的怯生现象。既然依恋是儿童对特定个体形成的一种持久稳定的情感联结,那么,判断依恋是否建立的最可靠的办法就是考察儿童在与特定看护者分离而改由他人看护时的表现。研究表明,依恋建立的早期,即约七八个月时,儿童极力地寻求与熟悉的看护者尤其是与父母的亲近,而反抗分离。当隔离被迫发生时,儿童就产生哭泣、寻找等焦虑性行为反应。而几乎同时,儿童对陌生的看护者则表现出谨慎与恐惧。有关研究表明,这种分离焦虑与怯生具有跨文化性,它超越于特定的喂养实践并相对独立于儿童的经验。不论在何种文化背景与喂养条件下,分离焦虑首次出现的时间都具有显著一致性(Konner,1982)。分离焦虑与怯生都是依恋选择性的表现,早期儿童在对特定个体倾注其依恋情感的同时,一般都会表现出对另一些生人的疏远与排斥,这是同一问题的两个方面(见第 2 章图 2-1)。因此,二者共同成为依恋形成的标志。

(三)早期依恋的阶段性发展

儿童依恋心理的发展同其他心理现象一样,是阶段性与连续性的统一。儿童出生以后,与看护者(主要是父母)的社会相互作用就开始发生并对儿童心理的发展产生影响。依恋就在这样的互动中逐渐产生和发展。许多研究者依据对早期儿童依恋的研究,各自从不同的角度出发,提出了依恋发展的阶段理论。其中影响最大的是鲍尔贝的依恋阶段论和谢弗等人提出的阶段模型。

鲍尔贝(1969)依据儿童行为的组织性、变通性与目的性发展的情况,把儿童依恋的产生与发展过程分为前依恋期、依恋关系建立期、依恋关系明确期、目标调节的伙伴关系 4 个阶段,并描述了4个阶段中儿童依恋行为的典型特征。

1. 前依恋期（0～2个月）。婴儿最初表现出一系列不同的机能性反应，即哭泣、微笑、咿呀语等信号行为与依附、要求拥抱等趋近行为。这种未分化的行为在生物机能的驱使下统合起来，用来促进婴儿与父母及其他看护者的亲近，以此来获取慰藉和安全感。这一时期，儿童还未实现对人际关系客体的分化，因而对任何人都表现出相似的行为反应，可以接受来自陌生人的关注与爱护。

2. 依恋关系建立期（2～7个月）。这一时期的儿童出现了对熟悉人的识别再认，熟人较陌生人更易引起强烈的依恋反应，但仍然无区别地接受来自任何人的关注。

3. 依恋关系明确期（7～24个月）。儿童对特定个体的依恋真正确立。这一时期儿童出现了分离焦虑与对陌生人的谨慎或恐惧，出现了对熟人的持久的依恋情感，并能与之进行有目的的人际交往，从而形成对特定个体的一致的依恋反应系统。

4. 目标调节的伙伴关系（24个月以后）。这时的儿童已能理解父母的需要，并与之建立起双边的人际关系。他们学会为了达到特定目的而有意地行动，并注意考虑他人的情感与目标。如哭泣不再是一种机体内部状态的完全自动化的反应，而是被婴儿用作召唤母亲的手段，并且婴儿能根据母亲的反应及母亲与自身的距离调整哭喊的强度，而且哭喊、跟随等行为被儿童在同一目的的协调下互换使用。此时的儿童已完成了由自动激活的反应（如由体内不适引起的哭喊）向指向特定个体的复杂的目标调节系统的转换。

鲍尔贝（1980）认为，从第二年开始，儿童逐渐能够以符号的形式表征外部世界从而把客观世界符号化，从而使儿童能够在与特定个体的交往经验基础上逐渐形成"内部工作模型"（IWM），即儿童对自我、重要他人（如父母或其他照看者）及自我与他人的人际关系的稳定的认知模式。这些内部工作模型由儿童生活世界的所有重要方面构成，其中儿童的人际关系是其自我模型赖以形成的基础，因而是最重要的，而依恋关系在儿童的人际关系中有特殊重要的意义。另一方面，这些模型的形成也反映了儿童依恋关系的质量。一般说来，态度温和、接纳型的母亲会被孩子看作安全与支持来源，并与之建立起积极的情感。儿童就是以这些模型作为建立新的人际关系的参照"样板"。

在鲍尔贝之前，谢弗和爱默逊（Schaffer & Emorson，1964）在深入研究的基础上，从儿童依恋对象的选择性即依恋行为的指向性发展的角度，将儿童早期依恋的发生发展划分为非社会性阶段、无分化的依恋阶段、具体依恋阶段3个时期。他们指出在非社会性阶段（0～6周），儿童只能发出哭、笑等无定向的信号，这些信号不一定专门指向人或具体的个人；到了无分化的依恋阶段（6周～7个月），儿童会对任何"人"（无论熟人或生人）发出信号并从中得到安慰与关注。而7个月以后，儿童进入具体依恋阶段（7～11个月），儿童的依恋集中指向特定的个体，依恋行为的组织也更具有选择性。这一时期，许多儿童最初依恋一个人，一些儿童则形成对多个人的依恋，但绝大多数孩子能很快由"单恋"转向"多恋"。

不难看出，谢弗与爱默逊的依恋分段与鲍尔贝的阶段论虽然在具体的划分标准与时间上有所差异，但他们关于依恋发展的阶段特征的研究结论却是基本一致的。与谢弗等人的分段相比，鲍尔贝的理论更充分、更系统地阐述了婴儿期依恋发展的一般规律及其内在机制，这也是它产生重大影响力的主要原因。

（四）婴儿期以后依恋的发展

长期以来，谢弗和爱默逊对儿童依恋的研究主要集中在婴儿期尤其是第一年,而对于婴儿期以后尤其是学前期依恋发展的研究则相对缺乏。但近年来的有关研究(Schaffer,1997)表明,在婴儿期以后的几年尤其是学前期,儿童依恋发生了某些质的变化,逐渐由不成熟的、主要是单向型依恋关系向成熟的、双向合作型的依恋关系过渡和转换。

婴儿期以后,随着身心进一步发展成熟,儿童寻求与依恋对象亲近的情感需要逐渐减弱,而以依恋对象为"基地"探索周围世界、满足好奇心与求知欲的需要却显著增强,儿童的行为动机正发生着深刻的变化。这一时期儿童从母亲身边走开的时间显著延长,对分离表现出更大的容忍力。

这一时期儿童依恋关系的转换与过渡是充满矛盾的。一方面,儿童尚未完全摆脱婴儿期对依恋对象亲近、跟随等行为模式,在心理上尚未完全摆脱成人不在时不安全感的支配;另一方面,成人尤其是父母对孩子心理与行为成熟化的期望也日益增强。大多数父母都希望孩子能逐渐独立,摆脱完全依赖父母的无能状态。因而儿童尚不成熟的依恋与父母的期望构成一对矛盾。而要解决这种矛盾,就必须实现依恋双方行为在新的层次上的整合,进而建立一种双向平等的依恋关系。

根据依恋双方行为的整合程度与交往中合作性、协调性的发展状况,可以把学前期儿童的依恋关系分为和谐型、不完全和谐型、不和谐型三类。

1. 和谐型。父母能敏锐地觉察孩子寻求亲近与关注的期望并给予积极的反应,创造一种有利于儿童成长的"无条件的爱"的氛围,从而实现亲子间行为的整合与和谐。希尔斯(Sears et al,1957)表明,父母这种积极反应的对待方式并不会妨碍儿童独立性的发展。与那些在父母不愿照顾子女的家庭中成长起来的儿童相比,在父母能够对孩子的求助作出迅速而适当反应的家庭中成长的儿童并不提出更多的过分要求。

2. 不完全和谐型。父母根据对孩子的期望与要求表现出"有条件的爱",如不是完全必要,父母并不愿意轻易满足孩子的任何要求与期望,儿童也只有在特定的条件下才能获得帮助与必要的关注。如有的父母希望培养孩子自立自信的品质,往往拒绝儿童依附、跟随等寻求亲近的行为,拒绝对儿童能够自理的事情提供帮助,不理会儿童对关注的要求。对儿童的这种有限度、有条件的满足使亲子间建立起一种兼有张力与压力的特殊的和谐关系。尽管这种关系有时并不利于建立起一种更成熟的依恋,却可能成为依恋解体的象征。如果父母对儿童在完全无助的条件下能够自理的事情作出准确判断并采取相应的行动,那么儿童就会获得父母所期望的独立性,从而放弃对父母的"纠缠"。但这种关系存在的一个潜在的问题是,到了一定的年龄,父母可能就无法对孩子的自由活动实施理想的控制。

3. 不和谐型。父母对孩子的求助与关注要求表现出厌烦甚至愤怒,使儿童的期望无法得到实现,从而破坏了原有的亲子和谐与行为整合的依恋关系,造成一种不能合作甚至对立的状态。亲子双方都未找到一种合适的互动方式以实现新的水平上的行为整合。

虽然学前儿童的依恋在发展速度、性质与过渡的难度上存在一些差异,但就总体而言,合作协调的依恋关系正在建立之中。随着年龄的增长,儿童逐渐能够使依恋行为与其他行为相协调、整合,最终实现自身行为的组织化与整体化。如儿童恐惧时会退缩,而行为整体化实现之后,这种退缩行为就能和寻求与母亲的接近的行为联系起来。一旦遇到危险,儿童就退到母亲身边。这一时期,儿童行为的情境性与外显性也明显减弱,而行为的计划性与目的性明显增强。而且,儿童还逐渐能够兼顾自身与他人的目的与意图，与他人建立目标协调的伙伴关系。

这种成熟的依恋关系的建立需要两个基本条件：良好的交往与相互的理解信任。父母必须保持一贯的敏感性与反应性，使儿童对爱的持续存在具有一种安全感，而儿童也必须学会理解父母的意图与愿望以逐渐达到与父母之间的和谐。除此之外，这种成熟的依恋关系的发展还需要儿童在父母停止抚爱时能自主地行动。

第二节 依恋理论

依恋现象的普遍存在及其在儿童发展中的意义很早就引起了人们的关注。但在依恋产生的根源、影响依恋发展的因素以及依恋发展的内在机制等问题上却存在着众多的争议。发展心理学家对于上述问题提出了各种理论解释，其中较著名的有精神分析理论、学习理论与习性学理论，而以习性学理论影响最大。

一、精神分析理论

精神分析理论把依恋看作早期儿童对能够满足其生理需要，提供快乐与舒适的父母形成的一种情感关系。虽然新精神分析学派的代表人物较早期弗洛伊德主义者更强调人的社会存在性，但他们都强调儿童的生理因素在依恋建立和发展中的决定作用，都把喂养作为依恋形成的起源。

弗洛伊德认为，人的心理的发展是受性本能的驱使与支配的。根据力必多投射部位的不同以及由此导致的儿童需要的阶段性差异，他把儿童的成长过程分为一系列性心理发展阶段。

口唇期（0~1岁）是最初阶段。这一时期，儿童力必多能量相对集中于口唇上,因而饮食、吸吮等口唇需要成为支配儿童行为的主导性动力,口腔的经验成为儿童最基本的快乐源。而母亲能够满足这种需要,为儿童提供快乐。这就使母亲在儿童早期生活中占据了极为重要的位置,成为儿童力必多的投射对象和最主要的爱的对象。弗洛伊德认为,母亲是儿童生活中"独一无二的、无可替代的、坚实构筑的一生中最初也是最强烈的情爱对象",儿童与母亲建立起来的这种依恋关系也成为其"以后各种情爱关系的原型"(Freud,1964)。

在以后的两年中,力必多能量的投射转移到肛门,儿童由此进入肛门期,排泄需要占据主导地位。这在客观上要求父母提供指导、照料与看护,以保证儿童排泄的舒适并从中获取快乐,养成良好的排泄习惯。而母亲是最经常的照料者,这就为儿童对父母尤其是母亲依恋情感的巩固创造了条件(其实,弗洛伊德认为,儿童在口唇期并未形成对父亲的依恋,或者说只是对母亲形成了依恋)。

到了3～4岁即生殖器期,儿童出现了恋父恋母情结,男孩在情感上强烈地依恋母亲而排斥父亲,女孩则对父亲有一种强烈的情感占有欲。由自居作用产生的心理崇拜和行为模仿强化了儿童这种对异性父母的依恋。而在此以后的岁月里,儿童对同龄伙伴的依恋逐渐发展起来。

后期的精神分析学家埃里克森也认为,在以基本信任感的确立为发展任务的第一年,母亲因能提供营养及满足儿童的需要而在儿童生活中占有主要地位,成为儿童的依恋对象。在此意义上,这种对母亲的依恋实质上是儿童对现实世界信任感的集中体现。

显然,精神分析学派,尤其是早期的依恋理论是建立在泛性论的基础之上的,具有强烈的生物决定论的倾向:过于强调儿童的生理需要满足的意义,过分注重喂养与口腔经验在依恋形成中的决定性作用,而忽略了其他交往经验与抚养方式对于依恋形成的影响,割裂了儿童早期经验的完整性;把母亲在早期依恋关系中的地位与作用绝对化,而相应地贬低了其他人(如父亲)对儿童生活的影响,这并不符合儿童早期生活的实际,在现实中,儿童很早就能对多个人建立依恋关系;过分强调了依恋的单向性,忽视了亲子间的相互影响与依恋的双向性;而且,精神分析学家们未能深入探讨影响依恋性质的父母的具体品质以及依恋形成的内在机制,显得过于笼统。

但精神分析理论的贡献也是不能抹杀的。它在一定程度上揭示了依恋的情感内涵,触及了依恋的本质;从需要的意义上讨论依恋的建立与发展,并以儿童需要的满足与否作为依恋确立、发展与转移的内在依据,具有重要的理论意义;把依恋的发生发展与特定阶段的基本任务并提,注重包括依恋在内的早期经验对于儿童未来发展的重要意义,对今天的有关研究与教育实践都具有积极影响。此外,精神分析学派关于依恋的阶段性发展的思想也是难能可贵的。

二、学习理论

学习理论虽接受了精神分析学派的某些观念,也把喂养看作依恋确立的主要决定因素,但它摒弃了本能力量在儿童早期亲子关系中的绝对支配地位,而注重在观察实验的基础上突出亲子双方社会经验的相互作用。

(一)早期学习理论

早期学习理论认为,依恋是儿童与母亲之间基于相互强化与报偿而建立起来的双向社会关系。依恋关系的产生有其特定的生物基础,即多拉德(Dollard)与米勒(Miller)所谓的"第二驱力"。学习理论假设,人有着强烈的本能需求,而主要驱力源自普遍存在的基本生理需要，如饥渴、身体的舒适等。婴儿必须通过建立与他人的社会联系来满足自身需要，缓解由这些驱力带来的紧张感。而母亲在儿童早期担当着喂养者的角色，这使母亲获得了积极强化者的地位。这就构成了儿童依恋的根本原因。

同时，儿童行为又形成了对母亲抚养行为的报偿与强化。婴儿停止哭、开始笑等行为与其他健康发展的迹象一起构成了对父母的积极强化，使之获得精神上的报偿，从而促使特定养育行为的重复出现。即使一些与孩子有关的刺激也可使女性角色获得强化价值。这种强化催生了母亲对儿童的依恋。

（二）社会学习理论

与早期学习理论相比，社会学习理论更注重依恋的社会发生性。它倾向于把依恋的形成看作儿童敏于社会刺激的生物机能与成人有意识的社会行为有机整合的产物。海等人（Hay & Vespo, 1988）认为，依恋并不是自然生成的，它更是社会相互作用的结果，在父母"有意识地教孩子爱他们并理解人际关系的时候"得以产生。另外，社会模型、社会支持与直接指导在依恋形成过程中也具有重要作用。

学习理论着重从行为意义上解释依恋的产生，阐述了依恋建立和发展的外部机制，但未能从根本上揭示依恋的情感本质，这与其看重外部行为反应而忽视或相对忽视机体内部心理过程的传统是分不开的；注重亲子互动的经验对依恋确立的决定性影响，尤其是社会学习理论强调父母有意识的社会行为的作用，较之依恋的生物决定论而言，更符合儿童发展的实际，切中了依恋形成的要害，突出了依恋现象的社会本质。但它又高估了喂养行为的地位，尤其是早期学习理论把儿童生理的满足看作是依恋形成的前提，带有浓重的生物起源论的色彩。研究表明，许多儿童不仅能形成对非喂养者与非看护者的依恋，甚至能形成对忽视或虐待他们的父母的依恋（Schaffer，1997）。学习理论尤其是早期的学习理论指出了依恋关系的双向性，认为母亲与儿童能相互依恋，注意到儿童自身在依恋形成中的贡献，这较精神分析理论是一明显进步，但把成人依恋儿童的原因仅仅定位于来自儿童行为反应和有关刺激的强化，是不合适、不全面的。此外，学习理论对依恋形成发展的内部机制、依恋性质的差异及具体影响因素也缺乏论述。

三、习性学理论

在所有关于依恋的解释中，习性学理论是影响最大、综合性最强的一种理论体系。鲍尔贝在习性学的基础上整合了精神分析理论、信息加工理论与控制论，创立了自己的依恋学说。它系统地论述了依恋产生的生物基础、依恋的阶段性发展及其内部机制，还对依恋的主要特征进行了剖析。而安斯沃斯等人对依恋质量与性质及其影响因素的研究，则进一步充实和发展了习性学理论。习性学家认为，依恋是物种普遍存在的现象。习性学的创立者之一劳伦茨描述了鸟类动物的"印刻"现象，即处于关键期的动物能形成对移动物体的依恋并产生跟随行为。动物不学而能的特性使人们对强调学习是依恋形成的决定因素的学习理论产生了怀疑，认识到后天的学习并非依恋建立的必要条件。

鲍尔贝援引劳伦茨等人的研究，指出依恋的形成有着深刻的生物根源。人类婴儿对于抚养照看者的依恋是长期生物进化的结果，是基因所保留下来的人类进化和生存方式的信息，或者说是人类在面对可能的威胁和意识到的危险时所采取的必然的、本能的反应方式。在远古时代，由于自然环境的恶劣尤其食肉动物的威胁，客观上需要弱小的婴儿与抚养者保持一种特定的亲近以保证自身的安全感，而父母亦对婴儿诸如哭泣、依附、跟随之类的依恋行为给以回应,亲子间由此建立起相互寻求亲近的情感联系。这种人类对自然的适应方式进化到野生动物不再作为生存威胁的今天,仍然被个体意识到的危险所激活、唤起,婴儿与父母保持本能的亲近,并运用哭、笑等行为信号表达自身需要,而母亲也预定要对这些具有社会性的表达作出反应。由此可见,依恋的生物功能在于保护幼小的后代,而心理功能在于提供某种安全感。

真正的依恋要在儿童生命的特定时期才能产生。鲍尔贝认为,儿童的依恋是呈阶段性发展的,是其行为的组织性、目的性、适应性日益发展和成熟的过程。儿童从最初的依恋期,依次经依恋关系建立期、依恋关系明确期等阶段,最终在2周岁时与特定个体建立起目标协调的伙伴关系。

儿童依恋的建立以认知发展的特定水平为基础,而其发展又与儿童从第二年开始逐步形成的"内部工作模型"(Internal Working Model)紧密相连。儿童以这些关于自我、重要他人及人际关系的心理表征为参照处理各种社会刺激,决定自身的反应与对待方式,构筑起未来的人际关系。

儿童的依恋是指向某些特定个体的。鲍尔贝认为,婴儿对于依恋对象的选择有一种潜在的本能倾向,即最初只能对一个人通常是母亲的依恋,而这种最初的依恋较之随后形成的对他人的依恋更基本、更重要、更有意义。因而就本性而言,婴儿起初只能形成一种具有情感意义的依恋关系。母婴结合体具有独特的地位,多人看护反而有害无益。与鲍尔贝的学说相对立,另一些承袭了习性学传统的研究者则强调由进化生成的父母尤其母亲养护角色在依恋情感建立过程中的决定作用。波特等人(Porter & Laney,1980)认为,人类约90%的时间在狩猎与采集社会中度过,采集和狩猎的责任被严格地按照性别分配。而人类的女性则承袭了雌性哺乳动物的抚养本性,因而在本能意义上较男性更易形成对后代的依恋。从这种假设出发,克劳斯等人(Klaws & Kennell,1983)进一步突出了母性形成的生物因素。他们认为,儿童出生后母亲体内的某些荷尔蒙分泌的增加会使母亲更易于与婴儿建立情感联系,而在儿童出生后一段时间这些生物因素的强度最大,因而这一时期成为母亲养护的敏感期。由此可见,习性学理论家的观点在总体上是一致的,都把影响儿童依恋的客体选择的本能或生物因素置于至高无上的地位。儿童依恋特定个体的另一方面是对陌生人的谨慎或恐惧,即怯生。鲍尔贝认为这是人类在进化过程中自然形成的一种机制,它与作为人体守恒机制之一的依恋系统对等存在,共同确保儿童适应由要求与养护者厮守、探索环境及避免与生人在一起等行为动机所引起的紧张感。儿童就是运用这些控制系统避免可能的伤害、维护自身生存的。鲍尔贝还强调了怯生赖以产生的认知前提。第一年客体永久性的出现使儿童有可能把抚养者的核心表征与生人相比较以实现人的分化,"内部工作模型"开始建立,并受人体守恒系统调节控制,影响着儿童对信息的组织与对待。这都促进了儿童怯生的产生。

四、社会生物学的"亲情投资理论"

社会生物学家力图用生物学的观点解释人类社会现象。他们认为,依恋是母亲对儿童的亲情投资的结果,是为避免生殖的高昂代价"作废"而作出的抚养努力的产物。这种理论假定,女性为生殖作出的牺牲是巨大的,她每次生育孩子的数量极其有限,当分娩后其付出的代价已相当高了(如长时间的怀孕、分娩的不适等)。为了不致使自己的心血付之东流,她便在婴儿抚养上投入更多的精力和时间,结果形成了对儿童的依恋(Kenrick,1994;Low,1988)。

习性学理论尤其鲍尔贝的理论在很大程度上揭示了依恋的本

质及其产生的生物进化根源,较全面地论述了依恋呈阶段性递进的过程及个体内部机制,形成了独立的依恋理论体系,对儿童社会性发展的研究与实践产生了广泛的影响。

鲍尔贝的依恋理论从人类进化与个体发展的意义上突出了依恋的情感内涵,这既是对精神分析理论的继承,又是对习性学理论本身的发展;与社会学习理论相比,它能够从认知等内部过程为依恋的情感特征提供更充分的解释;能从整体意义上理解依恋的产生与发展,把依恋作为儿童整体发展的一部分,强调依恋发展与认知发展的紧密联系;整合了其他各派理论,兼顾了后天学习经验与先天的人体守恒机制的作用,较全面地论述了社会因素与生物因素对儿童依恋的综合影响;注重实验观察等现代研究方法与技术的运用,增强了其理论的科学性与影响力;对依恋发展阶段的划分奠定了今日依恋发展理论的基础,对内部工作模型的强调对于更好地理解儿童发展的内在机制有重要价值;它还在总体上强调了亲子间依恋的双向性及儿童早期社会性表达的重要作用。所有这些都是难能可贵的。

但习性学理论并非十全十美,其关于依恋的论述中存在不少不足与值得商榷之处。首先,其依恋理论是建立于习性学的基础之上的,因而高估了习性与生物本能的影响,过分强调了依恋生成的生物基础与进化起源,而相对贬低了人的社会性尤其是儿童的社会能力。在依恋的客体选择上,过分突出了母亲的地位,认为儿童有单恋倾向,甚至主张由一个人单独照看婴儿,而反对多人照看。这既不符合儿童发展的实际,也不符合儿童教育与发展的规律。研究表明,虽然许多儿童起初好像依恋一个人,但一些儿童一开始就能依恋"多"个人,大多数儿童很快就能由"单恋"发展为"多恋"。依恋的对象虽然主要是母亲,但儿童很早就能形成对父亲及其他人的依恋(Schaffer,1997)。而对于依恋选择的决定因素，习性学理论强调了亲子双方相互作用的数量的作用，而相应地对相互作用的质量不够重视；强调了亲子身体联系的重要性，而相对忽略了相互反应尤其成人对儿童的反应的敏感性等行为品质的影响。另外，对于认知与情感之间的天然的生物关系也未能提供很好的解释（Cicchetti，1990）。

继习性学理论而产生的社会生物学家的"亲情投资"理论，虽然注意到母亲对"亲情投资"意义的认知在依恋建立中的作用，但其理论的社会生物学基础与依恋的"单向性"倾向，对亲子相互作用在依恋形成中的贡献的忽视等都使其理论的科学性受到极大的损害。

第三节 依恋的测量与类型

一、依恋的测量

为了充分描绘依恋的性质，安斯沃斯等人运用陌生情境法（Strange Situation）对早期儿童进行了测量，依据依恋质量存在的显著的个体差异及其显著的行为特征,将依恋划分为不同的类型。借助陌生情境法这一主要测量工具，人们还对依恋的稳定性进行了大量研究。

在有关依恋的研究中，依恋的质量问题日益引起关注。人们发现，儿童早期依恋质量存在着普遍的个体差异，个体婴儿之间在人际关系的性质、分离焦虑与回避陌生的强度、依恋关系的安全感方面都有显著不同，仅靠概括的描述已不足以揭示儿童依恋的全貌。同时，单一的测量标准如分离焦虑也无法全面揭示儿童依恋关系的本质，这在客观上需要采用综合的融多种测量于一体的方法,以在儿童生活的典型环境中研究其人际关系,充分描绘的依恋性质。陌生情境法就是在这种背景下产生的。

陌生情境法是由安斯沃斯与其同事设计而成的,用于依恋测量的实验工具,它通过在实验室设置一种类似于儿童日常生活的典型情境——陌生情境(图5-1),观察儿童在此情境中的反应,从而判断儿童依恋关系的前史、现状,并对其未来人际关系的发展作出可能的推测。这种方法基于的假设是:儿童被置于由亲子分离和陌生人的出现所导致的压力情境中,因而突出了其寻求安全的努力。

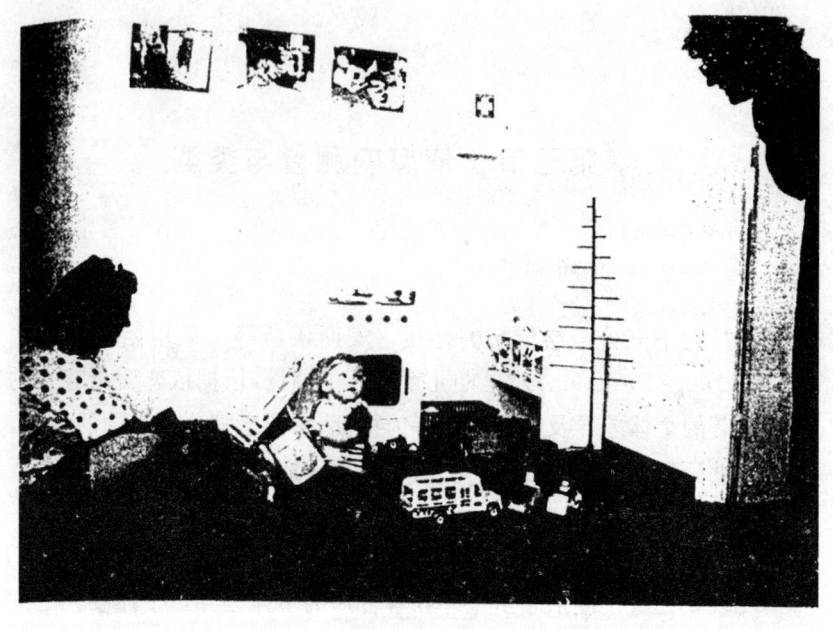

图 5-1 陌生情境测验现场

陌生情境法的标准操作程序包括 7 个步骤:
1. 婴儿自由探索,母亲在一旁观看。

2. 陌生人进入，起初沉默不语，然后（1分钟后）与母亲交谈。再过1分钟，陌生人走近婴儿，与其游戏。

3. 母亲离开，陌生人与婴儿留在一起活动。

4. 母亲返回，安顿婴儿，陌生人离开。

5. 母亲离开，婴儿单独留在室中。

6. 陌生人返回，与婴儿一起活动。

7. 母亲再次返回，重新安顿婴儿，陌生人离开。

每步持续3分钟。有时也把"实验者将母亲和婴儿领进观察室，然后离开"包括在内，从而成为8个步骤（Durkin，1997）。在特殊情况下，母亲可由其他的养护者代替，这因养护者对于儿童依恋的意义而转移。

显然，陌生情境法是在一系列标准事件的进程中实施的综合测量方法。它包括3个主要的行为主体变量：母亲（或其他养护者）、婴儿和陌生人；2种主要的人际关系变量：与母亲的相互作用和与陌生人的相互作用；3种焦虑源：陌生的物理环境、与养护者的分离和与陌生人的联系；4种主要情境：亲子分离、亲子团聚、陌生人在场、陌生人退场。它提供了对婴儿在逐次升级的压力情境下的多种行为反应的测量：儿童在陌生情境中与不同的人在一起或单独一个人时探索环境的情况、对与不同的个体分离的反应、对陌生人在场和与之相互作用的反应及对亲子团聚的反应，而重点在于儿童对待逐次增强的压力与运用母亲在场的方式，尤其是对待分离之后的团聚的方式。

陌生情境法的产生极大地推动了有关依恋的研究，被看作研究婴儿社会情感发展的最有力的、也最有效的方法。它不仅为依恋的分类提供了实验依据，促进了人们对依恋的具体特性及本质的理解，而且为人们研究儿童早期社会性发展的影响因素及儿童生长环境的实际控制创造了有利条件。

但陌生情境法的应用有一定的局限性,虽然它反映了实验室研究的普遍特点,它综合考虑了儿童生活的多种要素,精心设计了人为的生态环境,保证了较好的内部效度,但其外部效度仍值得怀疑。使用这种方法研究所得的结论的普遍性受到限制。有研究表明,儿童在标准实验室里的行为较其在家庭生活行为的强度要大得多(Brookhart & Hock,1976;Roseal,1975)。

陌生情境法的实施受文化的影响。首先,文化会影响参与者对陌生情境意义的认知,从而影响亲子关系的性质,使亲子在实验中的反应方式表现出"文化特征"。如日本儿童很少与母亲分离,因而在陌生情境中的行为强度大,尤其分离焦虑反应强烈;而德国儿童的反应强度就小得多,这与德国文化强调自幼培养儿童独立自信的品格的传统有关。德国父母可能会把儿童的安全性依恋表现看成是溺爱的结果(Lamb et al,1985;Sagi & Lewkowicz,1987)。价值观的差异会导致父母对儿童行为的期望的不同。如美国父母更喜欢儿童自动的反应,波多黎各父母则喜欢儿童顺从的反应。其次,文化会影响陌生情境法的具体操作。研究者必须适应不同的文化背景,而对实验程序作出相应的调整。

陌生情境法低估了儿童自身特点(如气质)在亲子依恋关系建构中的贡献。安斯沃斯认为,陌生情境法测量的是儿童特定的人际关系而非儿童本身,这就排斥了儿童气质对依恋性质的影响。

同时,陌生情境法也并不适用于任何情境,它有特定的适用范围及条件。首先,它的使用有一定的时间限制,最适用于儿童第二年的上半年(1～1岁半),只能测定特定人际关系中的具体行为特征,而不能测量依恋的长期稳定性,也不利于研究依恋性质的代际连续性。其次,作为一种个性研究,陌生情境法的应用需要具有广泛性与代表性的大样本以保证其实验的内部效度。另外,陌生情境法往往容易因无关变量的参与而削弱甚至丧失其可信性，降低预测力。如儿童生活的背景与前史、儿童自身的一些情况等都会影响实验的效度。因此，无论对个体儿童的测量，还是对特殊群体（如非典型家庭）的测量，都必须综合运用多种技术，而非仅依赖于陌生情境法这一种方法。

二、儿童依恋的类型特点

安斯沃斯等人在对非洲儿童和美国儿童早期人际关系的研究中，发现亲子关系与母婴的行为存在着显著一致性。根据利用陌生情境法测定的儿童的行为特征尤其是其依恋的安全程度，她把儿童依恋分为安全型（TB）与不安全型或焦虑型两大类（Maccoby，1980），又将不安全型依恋分为回避型（TA）与拒绝型（TC）两小类。不同类型儿童表现出不同的依恋行为。

安全型儿童的人际关系表现出舒适、安全的总体特征。在陌生情境中，能在母亲附近愉快地游戏，自信地探索环境，但并不时刻注意母亲是否在场；能以母亲作为自由探索环境的安全基地，并表现出中等程度的寻求亲近的愿望；对母亲的分离表示伤感，但并没有强烈的分离焦虑；与母亲团聚时表现出很大的热情，停止游戏和探索，寻求与母亲的亲近和安慰，但很快就平静下来，重新进行探索和游戏活动。而且，儿童对陌生人也表现出积极的兴趣。

不安全—回避型儿童的人际关系倾向于冷淡、疏远。他们相对忽视母亲的在场，表现出漠不关心的行为；自主地探索环境和游戏而不受母亲的影响，甚至回避母亲的接近；游戏显得不投入、浅显、缺少情绪性。该类型儿童在母亲离开时并无特别的焦虑，母亲返回时也不力图接近，并拒绝母亲的安慰。他们能接受陌生人的关注，与陌生人在一起并不十分伤感。在整个人际互动中，儿童表现出一些回避迹象，如避免成人注视或扭身走开。

不安全—拒绝型儿童表现出相互矛盾的依恋行为,他们在陌生情境中显得困惑和谨慎,对陌生情境不能很好地适应。怯于探索环境,过分依附母亲,对母亲的离开表现出极大的伤感;与母亲团聚时,同时表现出寻求亲近与拒绝联系两种相互矛盾的行为,对母亲表示愤怒。例如,他们可能很快地跑向母亲,希望母亲拥抱,但被母亲拥抱时又努力挣脱,难以安慰,他们不容易重新去玩,而是以一种不介入的态势不时地瞅着母亲。他们并不对陌生人进行太多的关注。

梅因等人(Main & Solomn,1986)在研究中发现,除存在上述3种类型之外,还存在第四种类型,即无组织或无定向型依恋。这种类型的儿童缺乏对待陌生情境的一致策略,行为组织性很差,过于任性。也同时表现出寻求亲近与回避的矛盾行为,而且行为缺乏完整性。有时表现出对父母而非陌生人的谨慎。只有少数儿童属于这种类型。

从外在的行为特征来看,安全型儿童情绪健康、稳定,自信、友善,乐于探索,反映了亲子关系的和谐性,情感的互容性。回避型的儿童似乎缺乏对爱的反应,倾向排斥、独立,情绪活动水平低,反映了亲子间情感联系的缺乏。而拒绝型儿童情绪不稳定,排斥与接纳并存,依附性强,缺乏自信,反映了亲子关系的矛盾性及情感需要的冲突,儿童难以实现自我统一。至于无组织或无定向型儿童,行为充满矛盾且缺乏目的性,依恋的指向性差,这不仅反映了亲子关系的不稳定、不一致性,而且反映了儿童自身需要结构的不和谐性。

依恋的分类有其特定的科学限度。首先,必须从儿童行为的系统特征而非单一的测量标准判断依恋的性质。同一个儿童可能同时表现出抗拒分离与回避亲近两种反应。因而依恋的划分并不是绝对的。一种可能的推测是,在各类型之间存在着"混合型"或

"过渡型"依恋。其次，依恋类型与儿童自身的特点有着密切的关系，而且各类型的分布受文化因素的制约。儿童自身的特点如气质对其依恋性质有重要影响，它使性质相同的依恋表现出不同的动力特征。由于文化背景的不同，依恋类型的分布会出现明显差异。如在美国，安全型依恋最常见，约占 70%；回避型次之，约占 20%；拒绝型最少，仅占 10% (Ainsworth et al, 1978)。而在德国，回避型儿童却约占 40%，日本拒绝型儿童约占 30% (Van Ijzendoorn & Kroonenberg, 1988)。上述事实进一步证明了依恋分类的相对性。再次，仅从外在行为特征确定依恋性质也是不够的。一个儿童所属的依恋类型可能会因测量方法和指标的变化而改变。研究表明，回避型婴儿在与母亲团聚时表现出心律加速，这表明此时儿童发生了情感反应，而这只通过其外现的回避行为是无法推测出来的。此外，一个重要的问题是，依恋性质会因儿童生活环境的变化而变化。而陌生情境法的"静态性"决定了它只能测量儿童人际关系的横断面，然后对其未来及过去进行推测，而不能对动态的人际关系的全貌作出细致的描述。而这就涉及到依恋的稳定性问题。

三、依恋类型的稳定性

陌生情境法的出现使人们对依恋性质、质量及其稳定性的研究成为可能。如前所述，由于影响儿童依恋质量及其分类的因素的复杂性，依恋类型发展的稳定性并不是绝对的，它只在特定的时间范围内相对存在。而依恋类型分布的稳定性又与文化背景息息相关。

就依恋质量在时间维度上的一致性与稳定性而言，同类型的依恋在短期（如几个月内）能保持相对不变。沃特斯（Waters, 1977）对 3 种依恋类型的儿童进行的纵向的研究表明，儿童依恋质量在 6 个月之内基本保持稳定。在 12 个月被评定为安全型的儿童在 18 个月时基本上仍被划分为安全型,而回避型和拒绝型的儿童绝大部分在 6 个月之后也仍能被划分入这相同的两类,其依恋关系的困难仍然存在。谢弗等人 (Shaffer,1997) 以儿童对亲子分离的反应为指标研究了儿童依恋强度的纵向变化,发现自具体依恋形成以后,同一组儿童依恋强度的月际变化表现出中等程度的稳定性,但这种稳定性或一致性并不持久。研究者不能对几个月后的依恋强度作出推测。可见,虽然依恋类型可在几个月内保持大体不变,但每一类儿童的依恋行为的具体特征已发生了很大变化。这种行为的"量变"积累到一定的程度,就可能发生类型上的质变。

就具体的依恋行为本身而言,没有儿童能在较长时间内保持稳定和一致。有关研究表明 (Masters and Wellman,1974),儿童依恋行为的特征,如对母亲微笑或注视的频率、与母亲的亲密程度、分离焦虑强度在几个月内的变化很大,缺乏稳定性。依恋分类的根据是儿童在陌生情境中的系统行为,因而在亲子关系亲疏指标上的变化直接决定着依恋质量的判定。

儿童的依恋是集中指向某些特定个体的,因而依恋质量在客体之间的变化也是引起人们关注的一个问题,研究最多的是儿童是否能对父母形成相同类型的依恋。有关研究表明,儿童并非都一成不变地对父母形成同一种依恋,而分为 3 种情况:对父亲与母亲都形成安全型依恋;对父母一方形成安全型依恋,而对另一方则形成不安全型依恋 (Suess et al,1992)。另有研究表明,其中对父母形成同一种依恋者居多 (Fox et al,1991)。

依恋类型的分布不仅在同一种文化背景中存在一定的稳定性,而且在不同文化之间具有大致的一致性。但在不同文化背景下,某种类型的依恋可能会相对突出,分布更为普遍。世界各地利用陌生情境法进行的有关研究表明，3种主要依恋类型分布的文化内差异较文化间差异更为显著，前者为后者的1.5倍。跨文化的差异主要表现为某些类型分布的相对不稳定。如西欧儿童回避型较多，而日本和以色列儿童拒绝型依恋却相当普遍，但总体分布模式与美国相似，即安全型最多，回避型其次，拒绝型最少 (Van Ijzendoorn and Kroonenberg, 1988)。可见，依恋类型分布的稳定性与文化和儿童自身特征及其发展规律紧密相联。

影响和制约依恋分类稳定性的因素是多方面的。由于儿童在陌生情境中的行为特征是分类的基本依据，因而决定这种行为特征的儿童自身的发展状况或水平构成分类的最重要的基础。随着年龄的增长，儿童生理尤其是中枢神经系统日趋成熟，认知和语言日益发展，有关的社会性品质不断改进，因而其人际关系尤其是亲子关系的质量不仅在总体上得到改善，而且开始出现个体差异与类型分化。儿童的气质这一主要由生物因素尤其是高级神经类型决定的心理特征也直接影响着儿童依恋的分类和稳定性。显然，儿童的这种稳定性与高级神经类型的相对稳定性是分不开的。研究表明，儿童早期气质与行为倾向可以在一定程度上预测以后的依恋类型。易焦虑的儿童较非焦虑者在陌生情境中的反应更不稳定 (Belsk & Rovine, 1987)，更可能形成不安全型依恋。在儿童的个性尚未定型、先天因素起很大制约作用的早期，气质对依恋的影响相当明显而直接。

影响依恋稳定性的最重要的因素是儿童生活环境的质量及其一致性，尤其是父母的抚养方式会起到主导作用。沃特斯通过对中产阶级家庭儿童与贫困家庭儿童的对比研究发现，贫困家庭儿童的依恋更富于变化性。这与其生活环境中普遍存在的压力与不稳定因素紧密相关。它不仅对儿童构成刺激的环境，而且经济条件导致的父母抚养方式的不一致、不稳定而使儿童依恋类型发生变化。中产阶级儿童依恋的稳定性主要是由其家庭抚养环境的稳定性决定的。

上述文化的影响主要在于与特定文化相对应的主导价值取向对儿童教育的方式尤其是父母抚养方式的制约作用。如日本强调家庭养护与早期亲子联系的亲密性的重要意义，注重培养儿童的集体责任心与爱的情感，因而父母对孩子的敏感性、反应性极高，亲子也极少分离，这使日本很多儿童表现出稳定的拒绝型依恋；而德国注重培养儿童的自立品质，因而使儿童回避型依恋的分布相对突出。可见文化的影响是宏观的、间接的。文化的主导价值发生变化，依恋类型的分布也会发生改变。而文化背景的相对稳定性使不同文化中特定依恋类型的分布表现出相对稳定性。

另外，如前所述，研究儿童依恋的方法技术与评价指标也会影响儿童依恋稳定性的判定。陌生情境法主要测查儿童在陌生情境中的行为特征并据此分类，而研究和儿童发展的现实都清楚地表明，随着年龄的增长，儿童的依恋行为会发生很大变化，但这并不意味着依恋类型的必然变化，因为儿童表达依恋情感的方式虽然发生改变，如原来的跟随依附到后来的语言联系，但依恋性质与质量却可能保持不变。因而应注重行为意义的持续性而非具体的相关行为本身。如前所述，作为一种实验方法，陌生情境法自身也有诸多局限性，如其陌生情境的意义与具体操作可能会因参与者的生活背景尤其是文化背景的不同而不同。这些都会使测定依恋类型稳定性的科学性受到一定的制约。

第四节　影响依恋的因素

儿童依恋的发展受一系列环境因素和儿童自身主体因素的影

响。外部环境因素主要包括抚养质量及与抚养质量有关的父母缺失情况、家庭生活环境乃至儿童生活于其中的文化特点等,而儿童自身的机体成熟与健康状况、气质特征及智力发展等则构成依恋发展变化的主体因素。

一、抚养质量

儿童出生后即处于一定的社会抚养环境中,成人尤其是母亲的喂养方式及其与婴儿相互作用的性质构成了影响儿童依恋的关键因素。母亲对婴儿所表现的行为特性如反应性敏感性等品质直接影响着儿童自身认知模式尤其内部工作模型的建构,制约着儿童个性发展的趋向。

理想的抚养环境能在很大程度上保证儿童依恋的安全性。安斯沃斯等人(1969)研究了母亲在儿童出生后最初 3 个月的喂养方式对婴儿社会性品质发展的影响,发现高敏感性的母亲能使 1 岁的婴儿形成安全型依恋,反之,那些低反应性低敏感性的母亲喂养的儿童却大多形成回避型或拒绝型的依恋。安斯沃斯等(1971)又把母亲的抚养行为品质从 4 个维度划分为敏感—不敏感、接受—拒绝、合作—干涉、易接近性—忽略 4 种类型,检验抚养模式与儿童依恋安全性的相关,结果表明,儿童依恋类型与特定抚养品质相对应。安全型儿童的母亲多能保持一致、稳定的接纳、合作、敏感、易接近等特性,而回避型儿童的母亲倾向于拒绝、不敏感,拒绝型儿童则对应着拒绝且倾向于干涉或忽略的母亲。不难看出,母亲的抚养质量与婴儿依恋质量密不可分。

克拉克等人(Clarke & Stewart,1973)的研究再次有力地支持了安斯沃斯等人的结论。他们从反应性、积极的情感表达与社会刺激量描绘母亲的抚养质量,而把儿童依恋分成与安斯沃斯分类相似的类型,并按依恋强度进行排列。他们的相关性研究表明,非(不)依恋性儿童(相当于安斯沃斯的回避型依恋)与不良依恋儿童(相当于安斯沃斯的拒绝型依恋)的母亲在上述的3个维度上得分较低,安全依恋的儿童的母亲则得分较高,她们具有很高的反应性,能准确的理解儿童的信号表达并给予适当迅速反应,积极情感表达的频率较高,能给婴儿提供大量有益的社会刺激(见图5-2)。

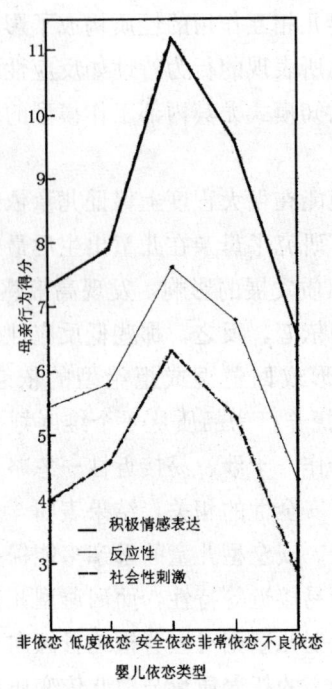

图 5-2 母亲行为与婴儿依恋的关系

(资料来源:Clarke-Stewart, A. Interactions between mothers and their young children: Characteristics and consequences. Monographs of the Society for Research in Child Development, 1973, 38: 6~7)

从总体而言，抚养环境的特征尤其是母亲的敏感性是影响儿童依恋性质的关键因素，成人对儿童的反应性在很大程度上决定着儿童依恋强度与依恋对象的选择。谢弗和爱默逊（Emerson，1964）研究指出，经常提供游戏刺激的父亲等人较那些常与儿童保持疏远的家庭成员更可能成为儿童的依恋对象，而那些有情绪沮丧、患精神疾病等问题的母亲却因缺乏良好的反应性与敏感性对儿童依恋造成了极大的消极影响。

不理想的抚养环境尤其是家庭环境往往不能保证良好的抚养质量，成人尤其是父母与婴儿之间的相互作用缺少一致性与稳定性，儿童无法有效地组织自身的社会行为，从而易导致不安全或无组织无定向的依恋。卡尔森等人（Carlson et al，1989）的研究指出，高压力、虐待型与忽略型家庭的儿童往往形成消极的心理品质，父母压力、抑郁与不安全依恋密切相关，而且虐待家庭抚养的儿童易形成无组织无定向型依恋。家庭的虐待行为与人际冲突使儿童的需要难以得到满足，从而导致安全感、信任感的丧失，行为缺乏组织性与定向性。

不仅如此，依恋质量的稳定性也因抚养环境性质的不同而不同。研究表明，相对宽松稳定的环境能使依恋性质与质量在短期内保持稳定（Waters，1978）；不良家庭环境（如经济条件较差的家庭）则易导致儿童依恋性质的消极改变，且难以恢复正常（Vaughn et al，1979）。环境影响依恋质量和性质的机制在于，外部事件（如失业、疾病等社会压力）、父母心理的变化、抚养质量或品质的变化尤其是敏感性与反应性的改变、儿童原有平衡机制的破坏、对父母情感的变动、与环境相互作用方式的变化（依恋行为的变化）。因此，外部家庭环境条件尤其是其经济状况、社会地位、家庭结构及人际关系、父母的文化素养与价值观等构成儿童依恋发展的间接动力，它们不仅给儿童生长提供广泛的社会刺激,而且通过影响抚养者的心理特点与抚养质量而作用于儿童本身。

二、母亲缺失

有关依恋的大量研究是在母亲抚养的背景下进行的。人们不禁要问:在母亲缺失的情况下,婴儿的发展又是怎样的呢?没有母亲的抚养或在其他条件(如公共福利机构)下抚养的儿童的依恋又会呈现什么特征呢?由于实际原因与无关变量的复杂性,有关儿童母亲缺失或母性剥夺的研究极为缺乏,但从有限的高级动物实验与儿童个案研究中,我们可以看到在这一极端背景下儿童依恋与社会性发展的概况及其对以后发展的影响。

哈洛等人(1959)对幼猴进行的"替代母亲"实验表明,幼猴更愿意依附用衣服作成的布猴母亲而非金属丝做成的猴母亲。与正常生长的同龄伙伴相比,在这种缺乏真实母亲养护的环境中成长起来的猴子,缺少群体性行为、不合群,富于侵犯性,怯于探索环境,且不能适应未来的生活。母性剥夺的后果是极为严重的,而且此消极影响难以弥补。对已建立依恋关系的母婴猴的隔离实验发现(Kaufman & Rosenblum,1967),母猴和婴猴在短期(3个月)隔离、重新团聚后,婴猴表现出更多的依附行为,探索行为减少,缺乏挫折耐受力与探险性。

安娜·弗洛伊德等人研究了因历史原因而被一起封闭喂养三四年的一群儿童,发现这些儿童虽然在正常抚养环境中接受补偿治疗以后能形成对抚养者正常的依恋,但其社会性发展仍存在很大的缺陷,这在由原来的同伴之间的相互依恋向依恋成人转变期间尤其明显。这些儿童最初对同伴之间隔离表现出极度焦虑和烦恼,对成人充满恐惧和怀疑、反抗,形成正常依恋后对成人有极强的占有欲,嫉妒同伴,情绪不稳定。研究者还指出,如果早期没有同龄儿童相伴，那么儿童后来发展的社会补偿几乎是不可能的。

最近的研究表明（Yarrow & Groodwin, 1973; Yarrow et al, 1973），如果新的环境条件充分，儿童能够从与原有依恋对象分离的焦虑中解脱出来，对新的抚养者形成依恋。但早期的影响程度要视儿童的年龄而定，亚罗等人对永久收容所收留的年龄不同的儿童在10年后进行对比研究，发现在出生后6个月被收容的儿童较6个月前收容的儿童更易受早期隔离的影响。相对而言，这些儿童虽然智力发展正常，但他们的社会辨别力较差，与不同人建立疏密相同的人际关系。鲍尔贝认为（1973），应尽可能保持儿童早期依恋关系的持续性，因为切断这种依恋关系会损坏儿童心理的安全感，即使以后能形成新的依恋，也会表现出与现实生活压力无关的焦虑或失望。

一般认为，儿童与母亲短期分离的效应是无关发展大局的，但却是创伤性的。儿童在母亲缺失的初期往往表现为持续的分离焦虑与自我防御，以后才逐渐减弱。短期分离的长期效应并不显著，而长期分离的效应影响深远，对孤儿院儿童与早期有孤儿院抚养经验的成年人的研究都表明了这一点。早期的母性缺失会对儿童的社会能力、认知、语言的发展产生破坏性的影响，乃至到了成年，他们往往还表现出人格失调、人际关系破裂、犯罪、父母角色意识与能力较差等倾向或特征（Dowdmey et al, 1985; Rutter & Quinton, 1984）。

三、文化特点

儿童一出生就处于特定的文化氛围之中，文化构成了儿童生长发展的宏观背景。与其他影响因素相比，文化对儿童发展的作用更具有间接性。它通过影响社会与家庭结构、父母抚养方式与教育方式，创造广泛的社会刺激氛围渗透到儿童的具体生长过程当中去，使儿童依恋质量及其类型的分布呈现出浓厚的文化特色。

（一）文化影响父母的抚养方式，使父母的抚养行为特点如敏感性、反应性表现出文化间差异。一般说来，每一种文化都有自己的主导价值，受特定文化润泽的个体必然表现出与该主导价值有关的行为，在抚养环境中尤其如此。如上所述，德国文化崇尚理性、独立、自主，蔑视依附。这种价值观使德国的父母对孩子的反应性、敏感性较低。而日本和以色列家族观念浓重，注重亲子和谐、言传身教，这种文化氛围形成了以父母慈爱为特点的抚养观，因而父母在抚养情境中行为的敏感性与反应性很高。这就必然导致儿童依恋质量与类型的差异。

（二）与父母价值观相联系的抚育期望也极大地影响着儿童依恋的发展特点。如前所述，波多黎各人期望孩子表现出顺从的反应，而英裔美国人则喜欢儿童的主动性表现，这种期望的差异往往导致父母教育目标的差异，进而表现出不同的抚养行为与培养倾向，造成儿童不同的依恋品质。

（三）文化的价值倾向影响到社会结构与家庭结构，进而影响儿童的依恋对象的选择与人际关系的性质。中国由于儒家文化长期占主导地位，有男主外女主内、严父慈母的传统，因而母亲往往是儿童最主要的抚养者，儿童大多很早就形成对母亲的依恋，而父亲在儿童依恋关系中的地位次要得多。而近年由于"重男轻女"的文化传统逐渐被打破，社会就业的性别结构发生了很大的变化，女性上班族成为极普遍的社会现象，"家庭主男"不断涌现，儿童也逐渐能形成对父母同样的依恋。

（四）文化还通过创造普遍的社会刺激氛围直接作用于儿童。小到衣食住行的风俗习惯，大到社会教育制度，无不折射着文化的影响。从此意义上说，儿童生活的环境实际上是一个弥漫性的社会刺激辐合体。儿童在与特定刺激相互作用的过程中逐渐形成自己的环境认知与依恋反应模式,形成相应于特定文化的行为习惯与生活态度,并构成儿童未来个性结构的一部分。

由于文化的上述影响,不同文化背景下的依恋类型的分布表现出文化间差异。如前所述,西欧儿童回避型依恋分布较普遍,而日本儿童回避型依恋相对较少,而拒绝型依恋相对普遍。此外,文化还影响到评定依恋质量、性质及类型的方法、技术,尤其陌生情境法的科学性。文化相对性使参与者对陌生情境意义的认知与反应及实验的具体操作出现差异。这也在客观上影响依恋性质与类型分布的判定,这一点前面已经述及。

四、儿童的气质

一些心理学家在研究中发现,早期儿童的行为特性、活动水平、挫折耐受力与生活的节律性有明显的个体差异。一些儿童很难照料,异常活跃,拒绝父母的亲近,不易抚慰,形成稳定依恋的时间较晚,而且在依恋关系中与成人联系的方式也与一般儿童有所不同,如多采取注视与交谈而较少身体接触与联系。这些"异常"的行为特征并不能归因为父母早期抚养方式的影响,而主要应归因于儿童先天特性尤其是气质的作用。

气质在依恋形成与发展中的意义在于,它是影响儿童行为的动力特征的关键因素,它在很大程度上赋予儿童依恋行为以特定的速度和强度,制约着儿童的反应方式与活动水平。气质论者强调气质特性对依恋性质与质量的决定作用,而贬低抚养质量与环境条件的影响。卡根(Kagan,1989)指出,儿童对情境压力的耐受力可以解释儿童在陌生情境中反应的差异,儿童与生俱来的对分离表现出的焦虑倾向的特点可以预测依恋类型。刘易斯等人(Lewis & Feiring,1989)也研究指出,儿童早期倾向、气质特点可以作为预测未来人际关系性质的较好指标。在3个月时对玩具而非对人表现出偏好的儿童到1岁时更可能发展为回避型依恋。与此观点相对,气质论者认为,陌生情境法测量的是儿童的先天气质特征而非人际关系的质量,对儿童未来发展进行预测的真正根据是对儿童先天特性及其连续性的测量。

这种依恋的气质决定论遭到安斯沃斯等依恋论者的驳斥,他们指出抚养经验可以转变儿童的气质特性,因而无法把母亲的抚养质量与倾向同儿童先天特性区分开来。

综合气质决定论与抚养决定论两种对立的依恋观,人们强调抚养环境与气质特性对儿童依恋的双向影响。斯普兰格(Spangler,1990)研究指出,母亲在儿童第二年的行为反应性可以预测儿童两周岁时(第二年末)的社会行为能力,而母亲的反应性与其对儿童气质的看法密切相关,那些认为儿童属于难抚养型的母亲相对缺乏反应性。显然,这种双重作用论较单一决定论具有更强的科学性。

实际上,儿童的气质特性与特定抚养环境是相互作用、相互影响的。气质赋予儿童行为以特定的反应性与活动水平,影响到儿童抚养的难度与成人尤其是父母对儿童的看法,进而影响父母的抚养质量,而这种抚养质量尤其是反应性与敏感性的变化又反过来作用于儿童,使其依恋产生与发展呈现出相应的个体特点,从而表现为一个循环作用的过程。

无论是只注重抚养经验对依恋的决定作用,而无视儿童气质特性的影响或只强调气质在依恋形成与发展中的绝对主导地位而忽略儿童生活环境的重要作用,都不足以解释儿童依恋性质的变化与类型的差异,也不足以揭示依恋的本质。如前所述,依恋的形成与发展是内外因相互作用的结果,气质提供了儿童反应的先天倾向与动力特征,使儿童能以一定的特点和方式对外界刺激作出反应，构成影响依恋发展的重要生物基础与内因。但这种主要由高级神经类型决定的内因并非单独起作用。有的研究者指出（Belsky et al，1984），如果依恋质量仅仅反映了儿童气质，那么儿童应对父母双方形成相同的依恋，而事实并非如此。同样，抚养质量尤其父母亲的反应性和敏感性也并非依恋性质的唯一决定因素，它只是依恋产生与发展的外因。萨吉等人（Sagi et al，1985）研究指出，儿童对表现出相同养护质量的抚养者（父亲与母亲）并不一定形成同一类型的依恋。这有力地说明环境作用的局限性。因此，在一定程度上，气质决定依恋质量与性质的观点的实质是一种生物预成论，而主张抚养质量决定依恋性质和类型的依恋观则是环境决定论的反映。只有内外因相互作用论才最符合儿童依恋发展的实际，因而也能最充分地揭示依恋的深层本质。

总之，影响儿童依恋产生与发展的因素是极其复杂的，既包括生理发展、机体成熟与健康状况，又包括儿童基本心理品质的发展状况和宏观与微观社会环境的驱动和制约。这些因素相互交织、相互作用与整合，共同影响着儿童依恋的发展。

第五节 依恋对儿童心理发展的影响

依恋的性质与质量对儿童未来心理发展的影响如何？不同类型的依恋是否预示着不同的发展前景？解决这些问题，是依恋研究意义的根本所在。由于研究方法的局限，心理学家对这些问题还没有达成完全一致的看法。但大量研究表明，早期依恋对儿童心理尤其是社会性的发展确实存在着某种程度的影响。

一、依恋质量的现实意义

如前所述,依恋质量反映着儿童气质与人际关系等因素的综合作用,而另一方面,不同的依恋质量或类型又和不同的心理特征与心理品质相对应。儿童在与环境相互作用的过程中,采取了不同的反应方式与应对模式,并表现出与其依恋类型相关的能力倾向。简言之,在一定程度上,不同的依恋质量有着不同的现实发展内涵。

依据儿童在陌生环境中的行为,不难看出不同类型的依恋与不同的互动方式相联。安全型依恋的儿童在人际交往中积极主动,他们不仅能与抚养者建立起相互信任的关系,而且能在这种安全感的支持下饶有兴趣地探究周围环境,并对周围新奇的刺激作出敏感的反应。他们以成人为可靠的安全源,不断地从周围环境中获取信息以满足自身的好奇心;在遇到威胁而使安全感受到损害时,返回成人身边寻求支持与抚慰;对于陌生人,也能友好相处,积极交往;在这种人际互动中,儿童都表现出积极的心理品质与个性特征,如自信、变通性与适应力强、自我独立等。这种社会性品质的发展与积极进取的探索行动进一步促进了儿童认知尤其是智力的发展,改善了其整体素质,增强了身心发展的和谐性。

与安全型儿童的较高的探索欲与人际交往能力相对,回避型、拒绝型与无组织无定向型儿童则为强烈的不安全感和内心冲突所困扰,不能深入有效地探索环境,难以与抚养者建立和谐的互动关系,难以与陌生人进行友好的交往。这在很大程度上阻碍了他们对外界事物的认知与探究活动,限制了经验范围。回避型儿童虽能进行某种自主的探究,但并不深入,与成人交往过程中又易为较强烈的焦虑所困扰,而且由于具有回避性的行为倾向,人际交往与活动的机会减少,因而导致了社会经验的匮乏,以及社性发展的相对滞后。拒绝型儿童最显著的特征在于自我失衡或自我失调，即难以实现自我统一。由于早期儿童的自我模型尚未最终形成，这种冲突的内心体验与外部行为必然损害自我价值感，进而在以后形成冲突型人格。他们又怯于探索，与生人交往异常谨慎，这又缩小了人际互动的空间，阻碍了社会能力的发展与现实世界的理解。而无组织无定向型儿童在生活中往往惶惑不定，缺乏自主性，不能自我定向，实际上是缺乏自信感、探索性与进行人际交往的能力。

这些在与周围的人和物理环境相互作用过程中所表现出的心理品质的差异表明，安全型依恋的儿童相对于不安全依恋的儿童具有某种现实发展的优势。这种依恋关系的安全性使儿童生活的环境具备了心理意义上的安全保障，即保证了较高的活动安全度，这驱使儿童自由地探索与交往。而不安全依恋的儿童安全感的缺乏反而增强了其寻求安全的需要。在这种需要得到适当的满足之前对自我环境的探索和对社会环境的开拓都很难有效地进行。当然，儿童特定的心理品质是多种因素交织作用的结果，当前的依恋性质与心理特性也只能在特定条件下对儿童未来的发展产生影响。

二、"性向假设"与早期依恋质量的持久影响

许多心理学家认为，早期亲子关系的性质对儿童以后的发展具有极为重要的影响。儿童依恋的安全性奠定了其未来发展的心理安全基础。虽然在依恋质量影响的持久性影响上存在争议，但有足够的证据表明，在生活环境的影响保持相对稳定等前提条件下，儿童早期的心理品质在以后能够得到持续的保持和发展。

一些心理学家提出了"性向假设"（The Competence Hypothesis），认为儿童早期依恋质量的个体差异可以预测以后行

为的差异，在 1 岁被划为安全型依恋的儿童较不安全型儿童能在以后社会能力与认知方面取得更好的发展。依恋的安全性可以预测自信、自我认知、热情程度与适应性等特征，社交能力、友善性、合作性、投入性、受欢迎性等同伴关系方面的品质，独立性、对陌生人的信赖感、顺从性等与成人交往的品质，爱的积极性或消极性、挫折容忍力、冲动控制力等情感特征，还可以预测游戏的成熟性、问题解决的坚持性、好奇性、注意的稳定性等认知品质以及对反社会行为、精神病性等的调整能力。显然，这种假设的核心在于强调安全依恋的儿童在未来发展中的相对优势，它得到了许多实验的支持。

（一）在个性特征方面，与不安全型儿童相比，安全型儿童在以后表现出更强的探索的欲望与能力。卡西迪（Cassidy，1986）发现，安全型儿童在与物理环境的相互作用中占有相对优势，他们更能自由轻松地探索而不受干扰。这与他们有着可靠的安全感与自信是直接相关的，探索能力的发展正来自自信地探索外部事物的活动。

（二）在游戏与社会交往中，安全型儿童也显得更成熟，表现出良好的个性特征与社会认知能力。梅因（Main，1983）在婴儿 20 个月时用贝利婴儿发展量表（the Bayley Scale of Infant Development）评定 12 个月时划定的 3 种依恋类型的儿童。在 21 个月时把婴儿置于有陌生人与陌生玩具的环境中，发现安全型儿童发展水平较高，而且热情、自信、友好、有较强的合作性与适应力。他们在贝利量表上的得分较高，游戏投入、热烈、愉快，能听从成人指导，表现出良好的自我调节能力。同时，能与陌生人积极地交往，在一起游戏。在游戏活动中他们表现出较强的好奇心与求知欲，乐于探究玩具的具体特性，并具有较好的坚持性。而不安全型儿童发展水平较低，在此陌生环境中则显得难以很好地适应，自我调整能力较差，也较消极被动。其中回避型儿童尽力避免与陌生人交往，而且情绪不稳定，易恼怒。不能与生人游戏，但表现出正常的探索性。拒绝型儿童较难进入游戏活动，而且在游戏活动中不投入，不自信，注意力不稳定，易从一种活动转移到另一种活动，并表现出较少的乐趣。情绪也显得不稳定，且难以平静安闲。其他研究也证明了安全型儿童在婴儿期、学前期乃至学龄早期的游戏、自治性、人际交往能力、学习热情及对陌生情境的适应性等方面的优势。如有的（Marcus，1991）研究指出，在托儿所对新的抚养者形成安全依恋的儿童学龄早期具有更好的调整适应能力与良好的行为品质。

（三）在特定问题情境中，安全型儿童也表现出较强的问题解决的能力与良好坚持性及挫折容忍力。他们善于运用现实条件促进问题解决。有的研究（如 Matas et al，1978）评定了一些12个月和18个月的婴儿的依恋类型，在这些婴儿2岁时，把他们置于有关工具应用的复杂问题情境中，以检验早期依恋质量与以后发展的关系。结果表明，安全依恋的儿童能热情主动地接近问题，表现出探索的兴趣与好奇；易听从成人的指导，善于自我调节。遇到困难较少消极的情绪反应，必要时能向在场的成人请求帮助，但又不太依赖。而不安全型儿童则显著不同。他们自我调控能力与合作性较差，忽视或拒绝成人指导；情绪不稳定，面对困难易失望，并伴有明显的失望反应，如跺脚、发脾气等；坚持性差，易放弃；必要时也极少求助于成人。其中拒绝型儿童明显缺乏独立性，过分依附母亲，难以接近问题或干脆从问题解决过程中退出，而回避型儿童则倾向于回避母亲，有时会表现出无端的恼怒，这种回避和依附行为都表明儿童并不能很好地利用在场的成人。两种类型的儿童在问题情境中表现的交往能力、认知品质的差异产生的原因在于：安全型儿童能凭借内在的安全感树立探索问题与承担任务的自信,他们有较强的自我价值感。因而能相对独立地思考解决问题,并表现出较强的挫折容忍力。而不安全型儿童由于安全需要得不到适当的满足,因而缺乏适应新的"不安全"环境的自信与自我价值感。由于与人的交往并没有带来预期的安全,因而缺乏对别人的信任,懒于求助。由此可见,依恋的安全感对儿童早期适应环境具有某种程度上的基础意义。

早期依恋的质量和类型与儿童以后的同伴关系及其与成人关系品质之间存在相关。安全型儿童具有较强的社交能力、人缘好、友善合作。有研究表明(Sroufe et al,1983),早期被评定为安全型依恋的儿童在托儿所与幼儿园表现出较高的社会技能与活动的主动性、独立性及与同伴和成人的合作性。他们在与同伴的游戏中机敏而富于变通性,并表现出更积极的影响;有较强的领导倾向与领导能力,常是活动的发起者与积极参与者;有良好的自我调整能力,而且富有同情心。不安全型儿童则与此构成了鲜明的对比。他们在同伴关系中倾向于退缩、被动、交往犹豫、参与活动不积极且缺少热情,而且许多儿童对教师等成人表现出过分的依赖性,教师对两种依恋类型儿童的评价也存在显著差异。安全型儿童被认为有学习的热情与实现目标的魅力,善于自我定向,独立自信;而不安全型儿童则被认为缺乏对新事物的好奇与追求目标实现的力量,自我调整能力不强。

有的心理学家指出,安全依恋是良好适应与调整的"指示器",它预示着儿童以后对环境的适应力的顺利发展。"无论其根源如何,都会缓解环境变化给儿童带来的压力。"早期儿童的个性尚未定型,主要表现出先天倾向性。个性在这种先天倾向与外界环境的相互作用中逐渐形成与发展,而其所处环境的性质对儿童最初机体平衡机制的建立具有极其重要的意义。儿童要取得与环境的平衡,就必须采取与环境刺激相应的反应方式,这种反应方式与决定这种反应方式的认知方式逐渐沉淀定型,形成最初的"内部工作模型"与个性,儿童借此实现对新的环境刺激的同化与顺应,这就必然会表现为早期影响与后期发展的某种相关。这种相关在某种条件下甚至可能持续到成年乃至一生,并对下一代的成长产生影响。这在前述的母性缺失或母性剥夺的研究中可见一斑。但是,决不能过分夸大早期依恋对儿童心理发展的影响,正如一些心理学家所指出的那样,安全型依恋可能会使儿童在一定时间范围内较好地适应生活的挑战,"但不能由此断定早期依恋关系直接决定儿童以后问题解决的成败"(Maccoby,1980),也就是说,早期依恋性质与质量的影响有一定的限度。

小 结

在一般意义上,依恋是个体生命早期对特定个体形成的情感联系,它构成早期儿童最重要的社会关系。与其他心理现象一样,依恋的产生与发展有其自身特殊的规律。识别记忆和客体(人)的永久性为之提供了认知前提,分离焦虑与怯生的出现标志着儿童依恋关系的正式建立。而依恋的发展则表现为连续性与阶段性的统一,由前依恋期开始,依次经依恋关系建立期、依恋关系明确期,最终确立与依恋对象的目的协调的伙伴关系。其实质上是组织性、目的性与灵活性品质日臻成熟的过程。2岁后,儿童逐渐由单向的依恋关系转变为双向合作型的情感关系。

各理论流派力图从各自的角度解释依恋的本质及其产生、发展的机制。精神分析理论将依恋看作早期儿童对满足其生理需要、提供快乐与舒适的父母形成的一种情感关系。其中弗洛伊德主义者强调对性本能满足的追求在依恋建立中的决定作用,而后期精神分析学家尤其埃里克森则倾向于将社会环境的影响结合进依恋建立的机制。与该学派对个体内在情感的注重相对，学习理论尤其早期学习理论力图从外部行为互动意义上阐释依恋产生与发展的机制，把依恋作为基于行为双方的相互强化与报偿建立起来的一种人际关系。后期学习理论突出了依恋的社会发生性。在综合诸流派依恋观的基础上，习性学揭示了依恋产生的生物基础、进化根源，提出依恋阶段性发展的思想，并力图从个体的内部心理结构揭示依恋产生发展的微观机制，因而成为当前最具影响力、系统性最强的依恋理论流派。

陌生情境法是广泛使用的依恋测量方法，是依恋分类的依据。它通过观察儿童在陌生情境中的反应测定依恋的性质与类型。该方法因实验情境创设的"生态性"、效度较高而倍受关注，但陌生情境法的实施效果受文化背景、儿童自身特点的制约，而且作为一种实验方法，它的效度最终也未能摆脱"实验室效应"的干扰。

依据陌生情境法的测定结果，人们将依恋划分为安全型、不安全—回避型与不安全—拒绝型，后来又进一步划分出第四类即无组织无定向型。各类儿童在陌生情境中表现出与其依恋类型相应的行为，其中安全型儿童总体上表现为舒适安全，不安全—回避型儿童在人际关系中表现得淡漠疏远，拒绝型儿童常陷于行为的矛盾与冲突中。而无组织无定向型儿童的行为显得混乱而无序，没有组织性与定向性。

依恋的发展受多种因素的制约，抚养质量尤其是母亲的反应性、敏感性是影响儿童依恋安全性的重要外因，儿童自身气质构成制约依恋性质的重要内因，儿童所处的文化背景则通过制约父母抚养方式、形成儿童成长的宏观刺激环境而间接影响依恋性质。依恋的发展总体上是内外因的辩证运动过程。正是由于影响因素（如儿童生活环境、与自身特点及其交互作用）的复杂性，个体依恋的发展只在特定时间范围内具有一定的稳定性，而且依恋类型在不同文化背景中的分布也表现出不一致性。

早期依恋的性质对儿童后来乃至一生的发展都有重要影响。"性向假设"认为，儿童依恋性质可预测以后行为的发展。不同依恋类型的儿童在个性特征、游戏与社会交往、问题解决的能力及坚持性等品质上表现各异。一般认为，安全型依恋的儿童具有良好的社会性调整能力，而不安全型儿童在以后的发展中则倾向于表现出消极的个性特征与不良社会调整能力。但这种"性向假设"有其特定的科学限度。由于有关实验研究中无关变量的影响（生活环境的复杂性）及实验方法的不完善，无法断言早期依恋对儿童后来某些品质发展的绝对影响，事实证明，许多早期依恋类型的消极影响可为后来的社会环境所修正。这也表明了依恋与儿童心理发展的巨大可塑性。

讨 论

"性向假设"的科学限度

"性向假设"旨在突出依恋者在未来发展中的相对优势，它得到大量实验的证实，但同时也出现了许多不一致的研究结论。尤其是有关研究中存在的实验控制的不严密性与研究和评价的不适当性问题受到人们的批评。

1. 在有关研究中，某些无关变量的参与在一定程度上损害了研究结论的科学性与可信性。人们发现，早期依恋质量与以后发展的相关可能出现并无理论意义的性别与年龄的差异，甚至在同一研究中可能出现两种不同的结果，如有的研究表明，安全组之间存在差异，而不安全组并无差异。

2. 以早期依恋质量预测以后发展的时间跨度与在这段时间

内儿童生活环境性质的稳定性或持续性也是影响"性向假设"科学性的重要因素。由于儿童心理特征尤其是依恋的质量是其自身特性与外界环境尤其抚养条件相互作用的结果,因而它既可反映儿童过去所处的抚养环境的性质,又可反映当前的抚养性质和质量。在变动的生活条件下,我们无法断定儿童现实的心理品质是当前环境作用的产物还是由早期亲子关系所决定的。而且由于儿童与环境之间相互作用的复杂性,更可能是早期至当前较长时间内人际互动的综合影响促成了儿童在特定情境中的表现,而不仅是在某段时间内亲子互动的结果。因此,在早期依恋的性质质量与以后的心理发展之间并不存在简单的线性因果关系,把早期依恋的影响绝对化只能是理想化的表现。

3. 测定早期依恋的主要手段仍是陌生情境法。如前所述,它只能在特定条件下才能保证实施的科学性,这必然会影响儿童前后的相关研究的可信度。

因此,"性向假设"有其一定的科学限度。"只有当我们对不安全依恋儿童的家庭环境进行干预,改变现存的亲子互动模式,并且这种改变使儿童形成了正常的依恋,并在一二年后导致了部分儿童解决问题的行为品质的改善之后,我们才有坚实的证据表明,早期的依恋确实决定了以后的发展"(Maccoby, 1980)。

第六章 儿童社会认知发展

自本世纪70年代末期以来,个体的社会认知及其发展问题逐渐成为发展心理学、社会心理学乃至认知心理学研究的重点课题,也是心理学研究中最活跃的领域之一。社会认知是一个非常广阔的研究领域。发展心理学家关于社会认知的研究主要包括三个方面:对个体的认知、对两人间关系的认知和对群体与社会系统的认知。本章首先对儿童社会认知的定义、社会认知研究的起源、社会认知(知识)的特性以及社会认知与智力的关系进行概述,然后分别对儿童观点采择、移情、心理理论、权威和社会规则认知的发展进行探讨。前三个部分所讨论的内容属于对个体认知的范畴,其中,儿童心理理论是儿童认知研究中的一个新兴领域。后两部分属于对人际关系和社会系统的认知。有关儿童社会认知发展的其他方面的内容,如自我认知、道德认知、性别认知、意图归因等,则结合儿童在上述各方面的发展进行讨论,本章中不拟专门介绍,请读者参阅本书相应章节。

第一节　社会认知发展概述

认知是人类个体对客观世界的认识过程。客观世界包括无生物界、生物界和人类社会三大部分。前两者统称自然界,国外心理学者通常称之为物理世界（physical world）,而把后者称为社会世界（social world）。因此,认知发展既包括对物理世界的认知发展,也包括对社会世界的认知发展,两者共同构成认知发展的全部内容。由于传统的认知发展理论主要建立在个体对物理世界的认知发展研究之上,已相对成熟并自成一体系,因此,我们平时所说的"认知",在一定程度上所指的是"非社会认知"或"物理认知"。因此,国外发展心理学者在其著作中大多在认知发展（cognitive development）之外另辟社会认知发展（social cognitive development）的章节以示其为一独立领域。

一、社会认知的界说

如同"认知"这个概念一样,"社会认知"的定义也是多种多样的。篇幅所限,仅举数例以资参照：1. 社会认知研究包括所有影响个体对信息的获得、表征和提取的因素的研究,以及对这些过程与知觉者的判断之间的关系的思考（Hamilton, in Wyre & Skull, 1984）。2. 社会认知是一种强调对认知过程的理解是认识复杂的社会行为的钥匙的观点（Isen & Hastorf, in Wyre & Skull, 1984）。3. 社会认知有两个相互联系的意思：社会认知的"组织方面"是指构成一个人的社会知识、制约其对社会现实的认识的范畴和原则；社会认知的"过程方面"是指通过社会互动而发生的沟通和变化,它主要是指交换、接受和加工信息的一切方式,如注意、记忆，也包括一些严格的社会性过程，如沟通和观点采择（Damon，1991）。4. 社会认知通常是指两种认知：一是关于人、群体的认知，二是对情感、动机、态度、情绪色彩的认知（Kosslyn & Kagan，1991）。5. 社会认知通常是指关于人、自我、人际关系、社会群体、角色和规则的认知，以及这些认知与社会行为的关系的认识和推论（Shantz，1983）。6. 社会认知研究的对象是那些发生在他人和自己身上的心理事件以及人们对社会关系的思考（Crusec & Lytton，1988）。其实，社会认知作为认知心理学、发展心理学、社会心理学共同研究的对象，由于各个学科研究者所站的角度不同，其定义上存在分歧是很自然的。但是我们认为，发展心理学对社会认知的考察应抓住两个本质特征：其一，认知对象的社会客体性，或者说社会认知是对人和社会性事件的认知；其二，人的社会认知对其社会行为的调节作用，社会认知的研究要把知和行结合起来。据此，我们认为，社会认知是指人对社会性客体及其之间的关系，如人（他人和自我）、人际关系、社会群体、社会角色、社会规范和社会生活事件的认知，以及对这种认知与人的社会行为之间的关系的理解和推断。

二、社会认知发展研究起源

尽管社会认知在当代心理学研究中呈现出盛况空前的局面，然而，作为一个独立研究领域，它的历史则是非常短暂的。心理学家通常认为，社会认知研究起源于70年代中期或80年代初期。1980年，美国心理学会（APA）正式同意在《人格与社会心理学》杂志上开辟"社会认知"的栏目，称之为"态度与社会认知"。1982年，"社会认知"杂志宣告出版，同年，第一本以社会认知为题的专著（Social Cognition）写成，作者为费斯科和泰勒（S. T. Fiske, & S. E. Taylor）；1984年，由威尔和思库尔（R.

S. Wyer, & T. K. Skull）主编的 Handbook of Social Cognition 问世，内容非常丰富，比较充分地展现了这一领域的研究成果。从此，社会认知研究在当代心理学研究中逐渐占有了一席之地。

当代发展心理学中关于社会认知的研究起源于两个方面：认知发展心理学和社会心理学。

（一）认知发展心理学

认知发展心理学对社会认知研究兴起的贡献主要来自皮亚杰。虽然皮亚杰研究工作的重点是儿童对物理世界的认知发展，但是，他在儿童社会认知方面也进行了一系列卓有成效的、开创性的研究。例如，皮亚杰关于儿童道德判断的研究揭示了由客观责任向主观责任过渡的发展规律，即儿童的道德判断是从重视行为后果逐渐发展到以行为动机作为道德判断的依据；其"三座山"实验揭示了具体运算阶段儿童自我—他人关系认知中的自我中心主义以及与自我中心相联系的角色采择能力的发展等。皮亚杰的这些研究工作和理论观点使人们认识到社会认知对个体行为的调节作用，为后人在该领域进行进一步的探索提供了一个跳板。

（二）社会心理学

在社会心理学研究的历史上，"自我"是一个古老的课题。自上个世纪末期詹姆斯把自我区分为主我和客我之后，库利、米德、费斯廷格等众多的心理学家对自我进行了连续不断的研究。如库利提出了"镜像我"（looking-glass self）概念，米德提出了自我发展的"角色采择"理论，苏利文阐述了"重要他人"在儿童早期自我概念形成中的作用等等。他们都强调社会互动是自我发展的基础。如库利的"镜像我"理论认为，他人的作用就像一面镜子，个体的自我概念是对他人判断的反映。但由于行为主义的影响，这些社会心理学家关于自我的研究重点主要放在群体的作用和人际关系的影响上，而对自我的内部心理结构的研究相对重视不够。随着认知心理学的兴起,社会认知的研究逐渐开始把重点放在自己和他人的认知上,如近年来的归因研究、印象形成等。社会心理学中这些研究课题构成了当代发展心理学社会认知的另一个重要来源。

三、社会性知识与非社会性知识的区别

认知,就其一般意义而言,是人脑反映客观事物的特性与联系,并揭示事物对人的意义与作用的心理活动,也是个体获得知识的过程。社会认知的对象就是人生活于其中的社会世界。社会世界首先是由人组成的,但不限于人,还包括人与人之间的关系。个体社会认知的发展也就是一个不断地利用认知机能获得社会知识,并逐渐将其内化以指导、调节自己行为反应的过程。

社会性知识(social knowledge)与非社会性知识(non-social knowledge)的性质是否存在差异?从客体性质上讲,物理客体和社会客体之间无疑存在着许多共同之处:第一,两者都独立于主体的感知和动作而存在;第二,两者都具有空间广延性,都具有一定的物理维度,如大小、颜色、形状等;第三,两者都随时间而变化;第四,社会客体彼此之间相互发生作用,物理客体亦然,尽管两者相互作用的方式不同。但是人与人、人与物显然是两个不同的系统,如人有意识性,年龄很小时就表现出有意图的心理活动(Frye & Moore,1991),因而人—人系统区别于人—物系统的首要标志在于其相互的意图性或相互的主观性(intersubjectivity)。概括起来,社会性知识和非社会性知识之间的差别至少存在于四个方面(Shantz,1983)。

(一)客体特性。从客体特性上看,社会性客体与非社会性客体的区别表现在以下两个维度上:(1)静态性—易变性。社会性客体与非社会性客体相比,其外在表现随时间而具有更大的变化

性。与花瓶、岩石相比，人总是处于不断的变化之中，如人的形体、服饰、声音等。因此，关于社会客体的知识所要注意的是客体变化之中所显示出的规律性，而非静态中所固有的规则性。(2) 变化的动力源。物理客体发生变化的作用力大多存在于客体之外，而大多数社会客体的变化却不能归因为外力的作用。

（二）知觉者的特性。作为知觉者，人对外界信息并不像照相机一样只是以一种被动的方式予以复制，相反，人的感知能力、知识经验、动机状态都影响着对信息的选择和加工。认知主体的这些特性因客体是否具有社会性而有不同的含义。其差别表现在三个方面：(1) 相互主观性。当认知的对象是人时，知觉者认识到他与自己有相同的特性，因此通过对自己的观察、反省便可以知道对方的特性，即所谓的"以己度人"。最近几年兴起的儿童心理理论（Theory of Mind）研究发现，两三岁的婴儿社会认知已表现出相互主观性（Frye，1991；Bretherton，1991）。(2) 因果归属。当知觉的客体是人时，相对于物理客体而言，知觉者通常表现出更强的探索其行为原因的愿望。(3) 自我中心的评价（egocentric appraisal）。与非社会性客体相比，人对社会性客体的反应有其特别之处：其一，由于他人对我们的目标可能有影响，所以他人的出现和存在会激起我们对目标的关心；其二，他人可以使我们产生关于自己与对方在态度、能力等方面的社会性比较；而这些则是对物理客体认知中所不存在的。

（三）人类行为的随意性。人类的行为不单是外力作用的结果，其大部分是由内部力量引起的。这就使得人的行为不像物理客体的运动，完全服从物理学的因果规律，而是具有很强的随意性。而且与对物理客体的认知不同，人对他人的认知通常是在实际与他人的社会互动之中进行的。在这种实际的互动过程中，彼此对对方的行为反应不仅受当前认知的影响，而且还受以前认知的调节。

（四）两类客体的活动原则不同。物理客体是按物理规律运动的，要认识物理客体可能出现的状态，我们就得对物理学的原理有所了解；人则是按心理原理和社会规范活动的，要了解人的行为，我们必须了解人的情感和动机，利用有关他人的知识和社会规范的知识。

四、社会认知能力与智力的关系

关于什么是智力，国内外心理学家有不同的观点。我们认为，智力是保证个体有效地认识客观事物的稳固的心理特征的综合，即感知（观察）、记忆、想象、思维、言语和操作能力的综合，其核心成分是思维能力。依照潘菽的观点（1987），智力是与认知这一动态心理过程相对应的相对静态的、稳定的心理特性。所以，如果儿童的社会认知仅仅是其一般认知的一种表现，其发展水平完全由一般认知发展所决定，或者两者的发展是完全平行的，那么，儿童的社会认知能力与其智力水平之间必定存在较高的正相关关系。但近年来的大多数研究发现，儿童的社会观点采择能力与智商（IQ）之间的相关系数一般在 0.20-0.40 之间，有的研究则发现两者之间无相关关系（Shantz，1983）。美国发展心理学者佩里格雷尼（Pellegrini，1985）运用威克斯勒智力测验量表测查了小学 3～6 年级儿童的人际理解能力（interpersonal understanding ability）和手段—目的问题解决能力（means-ends problem solving ability）跟 IQ 之间的关系，发现两种社会认知能力与 IQ 之间存在着中等强度的相关关系（相关系数分别为 0.57 和 0.45），这也是目前有关研究所发现的关于儿童社会认知能力与智商之间相关系数的最大值。鲁宾（Rubin，1978）发现，儿童的智商（IQ）与六种观点采择作业水平之间的相关在学前期为最高（0.39），在小学五年级为最低（0.10）。鲁宾1973年的研究发现，儿童的观点采择能力与智龄（MA）的相关系数在0.43～0.77间，与其实际年龄（CA）之间的相关系数在0.40～0.78之间（Shantz，1983）。这就是说，儿童的观点采择能力与智龄、实际年龄等个体的发展性指标的相关高于与智商这一个别差异指标的相关。上述测验研究所获得的事实表明，儿童的社会认知能力并非只是其一般认知能力的一种简单的表现或反映，两者的发展也不是完全平行的。

儿童社会认知的发展，除受一般认知成熟的影响之外，还受儿童社会互动经验的影响。在本章讨论部分我们将对此问题做进一步讨论。

第二节 儿童观点采择的发展

美国发展心理学家R.塞尔曼（Selman，1980；1990）认为，观点采择在儿童的社会认知发展中处于核心地位，因为儿童对不同观点进行协调的能力的发展标志着其认识社会关系方式的重新建构（reconstruction）。通过观点采择，可以预测儿童对友谊、权威、同伴以及对自我进行推理的概念水平。因而，通过观点采择，可以把儿童社会认知发展的不同方面联系在一起。正是由于社会观点采择在儿童社会认知乃至整个社会性发展中所特有的重要意义，近二三十年来儿童观点采择或角色采择的发展问题一直是社会认知发展研究领域中倍受关注的课题之一。什么是观点采择？观点采择是怎样发展的？观点采择与社会判断的关系是什么？对这些问题的回答，一方面因研究者对观点采择的界定、所遵循的研究取向以及实际采用的具体研究方法的不同而互有差异。另一方面，研究者对观点采择含义的认识又制约着研究问题的提出和研究方法的选择。为此，有必要首先对观点采择这一概念及其与相关概念的关系作出明确的阐述。

一、观点采择的定义、特性与分类

（一）观点采择的定义

观点采择（perspective-taking），经常被形象地比喻为"从他人的眼中看世界"或者是"站在他人的角度看问题"（Shantz，1983）。在发展心理学有关文献中，这一概念的定义主要有如下几种。K. 鲁宾（Rubin，1978）认为：观点采择是指个体把自己的观点和他人的观点区分并协调起来的能力。R. 塞尔曼（Selman，1974；1980；1990）认为：观点采择是区分自己与他人的观点以及发现这些不同的观点之间的关系的能力。R. 罗伯特（Robert，1983）认为：观点采择是对他人的观点或视角作出准确评定的能力。J. 弗拉维尔（Flavell，1968；1993）认为：观点采择是一个人藉以理解或确定他人的某种特性的过程。香茨（Shantz，1983）认为：角色（观点）采择表现为一个过程。它是一个人依据我们关于人类行为的一般知识，结合可以从直接的情景中获取的任何具体信息，对在一定情景中突出（salient）的角色特性的意义作出猜测的过程。

尽管上述观点采择定义在表述上互有差异，但都直接或间接表明，观点采择是与自我中心相对立的，观点采择要求个人在对他人作出判断或对自己的行为进行计划时把他人的观点或视角考虑在内。综合上述各种观点采择的定义，我们认为：观点采择是区分自己与他人的观点，并进而根据当前或先前的有关信息对他人的观点（或视角）作出准确推断的能力。我们之所以这样界定观点采择，是因为观点采择的本质特征是个体认识上脱离自我中心,即能够站在他人的角度,从他人的视角看待事物。而要做到这一点,个体必须能够发现自己与他人之间潜在的差异,把自己的观点(视角)和他人的观点区分开来。但是,区分自己与他人的观点并不等于采择他人的观点,只有在区分自己与他人观点的基础上对他人的观点作出准确的推测,才是真正采择了他人的观点。为了更全面准确地把握观点采择的定义,有必要对观点采择的特性进行分析。

(二)观点采择的特性

1. 独立于刺激输入之外。观点采择不同于知觉,直接依据刺激信息对事物作出反应,它需要一个人超越"直接给予的信息来对另一个人作出判断"(Higgins,1983)。正如弗拉维尔(1970)等人所指出的,观点采择是一个人藉以理解或确定他人的某种特性的过程,而且,随着儿童的发展,这些特性日益具有推断的性质(对他人的需要、意图等),而不是直接感知(如对他人的面孔)。因此,根据当前情景中直接获得的信息所作出的判断不属观点采择的范畴。除此之外,要判断一种认知活动是否属于观点采择,还要看它是否具有推断的性质。例如,看到一个人笑,判断他是快乐的。这虽然是一种判断,但是,这种判断只是建立在社会范畴的知识的基础上(笑是快乐情绪的组成部分),不具备观点采择的性质,因为它不与推理相联系。因此,角色采择是与推理相联系的,而且推理的水平是可以变化的。

2. 需要把两种以上的心理成分联系在一起。随着观点采择能力的发展,儿童在作出判断时所涉及到的心理成分随之增加,而且儿童对各相关成分之间关系的思考的能力也随之增强。米勒等人的研究(Miler et al,1970)指出:观点采择具有递推性质(recursive nature)。儿童观点采择发展的趋势是从直接对他人特点的反映(最少量的成分)发展到对他人对另外一个人的特点的的反映（至少两种成分）再到对他人对另外一个人又对另外一个人的特点的反映（至少3个心理成分）。随着观点采择递推性质的增强，或者说思维的环套的增多，主体在作出判断时其活动记忆中同时保持的心理成分不断增多。此外，当这种判断涉及到某个人对一事件的反应受另外一个人的反应的影响或取决于另外一个人的反应时，观点采择能力的发展要求个体同时对日益增多的观点之间的相互依存的关系进行思考。儿童观点采择发展的这一特性在塞尔曼的观点采择发展阶段模型中得到很好的体现(Selman，1974；Selman & Schultz，1990)：从水平Ⅰ儿童不能把自己的观点与他人的观点联系起来，到水平Ⅱ，儿童能够从他人的角度看待自己的观点，再到水平Ⅲ，儿童能够对自己观点与他人观点之间的关系进行思考。随着观点采择能力的发展，儿童在头脑中能够同时保存的心理成分随之增多。或者说，儿童头脑能够同时保存的心理成分的增加导致儿童观点采择的质变。

3. 需要对自我进行控制。观点采择的另一特性是个体在作出判断时有时需要对自我进行控制，以防止自己的观点影响对他人观点的判断。皮亚杰理论指出：婴儿期及前运算阶段儿童在自我/他人关系的认知方面处于严重的自我中心状态，从具体运算阶段起，随着运算能力的获得，儿童逐步从自我中心状态中解脱出来，开始能够区分自己和他人的观点，获得观点采择能力。近一二十年中，有关儿童观点采择发展的多项研究均支持了这一基本观点(Devies，1970；Flavell et al，1968；Rubin，1973；Selman，1990)。但是，在皮亚杰看来，非自我中心的判断并不直接地或必然意味着对他人的准确的社会判断，它只是意味着当他人（目标者）的观点与判断者自己的观点不同时，判断者能够把他人的观点考虑在内(Chandler，1979)。也就是说，观点采择要求在个体对他人的观点作出判断时控制自己的观点。例如，在皮亚杰著名

"三山"模型空间观点采择实验中,由于所处空间位置相对于"三座山"不同,儿童形成了关于"三山"的不同的视觉表象。儿童要对另一处于不同位置的儿童所看到的山的样子作出正确的判断,就必须控制自己的关于"山"的表象(自己的观点),即假定自己处在该儿童的位置,对其所看到的山的样子作出推断。反之,如前运算阶段儿童那样,不能对自己进行控制,把自己的观点当作他人的观点,就无法实现对他人观点的采择。

(三)观点采择的分类

1. 空间观点采择与社会观点采择。依据他人观点所反映的客体的性质,观点采择可以分为空间观点采择(spatial perspective taking)和社会观点采择(social perspective taking))。空间观点采择,通常又称视觉的观点采择(visual perspective taking),是指对处于不同于自己的空间位置的他人关于对某一或某些事物的空间特性或空间关系的反映(或视觉经验)的判断。在空间观点采择作业中,认知者的任务是对目标者因空间位置不同而所产生的不同于自己的视觉表象(视觉经验)作出推断。皮亚杰的"三山实验"是这类观点采择的一个著名范式。在社会观点采择中,被采择的他人观点的内容是对社会客体即关于他人情感、态度和观念的反映。社会观点采择根据其内容通常进一步分为认知的(cognitive)或观念的(conceptual)观点采择和情感的观点采择(affective perspective taking)(Rubin,1978)。认知的观点采择是指对他人关于某一事件或情景的思想(thought)或知识(knowlege)的判断。米勒(Miller et al,1970)的环套思维卡通故事测验、钱德勒和格林斯潘(Chandle & Greenspan,1972)的观点采择测验均是认知观点采择常用的测验任务。情感的观点采择又称移情(empathy),是指对他人在某一情景中的情感状态或情感反应的推断。在发展心理学文献中,有两种关于移情的定义：认知取向的定义和情感取向的定义。前者把移情定义为：根据对外部线索的识别与再认，以及对他人内部情感状态的推论来理解他人情感的认知过程，特别是指建立在对角色采择基础上的对他人情感的推断。情感取向的定义则是指自我对他人情感的情绪反应，特别是指在接触到他人的某种情绪情感时产生的与他人相同或不同的情绪反应（如看到他人害怕，自己也感到害怕，或痛苦、难过等）。乌尔伯格和杜切特（Urberg & Ducherty，1972）的情感的观点采择测验故事以及布克（Borke，1971）的"情感匹配"测验是常用的情感观点采择的测验。

2. 情景的观点采择与个人的观点采择。依据判断者与被判断者观点差异（冲突）产生的原因，观点采择可以分为情景的观点采择（situational perspective taking）和个人的观点采择（individual perspective taking）。在情景的观点采择中，被判断者与判断者观点的差异是由两者所处的不同情景造成的（情景性观点的差异）；在个人的观点采择中，两者观点的差异则是由个人特点的不同造成的（个人观点的差异）。海根斯（Higgins，1983）认为，一般讲来，情景的观点采择的难度小于个人的观点采择，这是因为：(1) 在前者中，个体可以根据自己以往在同样情景中的经验来对他人的观点作出判断，但在个人观点采择中，个体则无法依据自己的经验对他人作出判断，因为他人在这类情景中的经验与自己是不一样的；(2) 在情景的观点采择中，判断者所需考虑的仅仅是情景的特点或意义，而在个人的观点采择中，判断者既需要考虑情景的特点，又需要考虑目标者（被判断者）个人的特点。情景的观点采择与个人的观点采择难度上的差异通常导致前者的出现早于后者。两者发展上的差异可从塞尔曼的观点采择发展阶段中得到证实。根据塞尔曼的观点采择发展模型，处于社会信息水平和自我反省水平的儿童都能够使自己站在他人的角度

(即设想自己处于他人所处的情景),把自己和他人的观点加以区分,但是,处于社会信息观点采择阶段的儿童认为,如果他人与自己所处的情景相同,他人就会有与自己相同的观点。但是,处于自我反省阶段的儿童则不会作这样的假设。这表明,在个体发生学上,个人的观点采择的出现通常要迟于情景的观点采择。

二、观点采择与相关概念的关系

(一)观点采择与角色采择及角色扮演

角色(role)是社会心理学中一个具有悠久历史的重要概念,但社会心理学关于角色的定义却是混乱和多种多样的。一般认为,社会心理学中角色的概念可以包括以下三种含义:(1)角色是社会对在与其他个体的互动中占有一定地位的个体行为的期望系统;(2)角色是占有一定地位的个体对自己的期望系统;(3)角色是占有一定地位的个体外显的行为(周晓虹,1993)。社会心理学中的结构角色理论家,如乔治·米德、拉尔夫·林顿和欧文·戈夫曼等认为,社会是一个由各种各样的相互联系的位置或地位组成的网络,而个体只是这个系统的一分子。他在该系统内扮演着自己的角色。换言之,个体的行为是由其在社会结构中的地位及与此地位相联系的社会期望规定好的,每个人扮演角色的过程只不过是这种被结构化的行为的释放过程(周晓虹,1993)。角色采择(role taking)是米德的自我理论和符号互动理论中的一个概念,指个体对自己和他人角色的设想。米德认为,设想处于他人的角色,从他人的角色观点观察自己是顺利实现人际互动的必要条件。角色采择是个体自我发展的重要机制,儿童通过扮演某个重要他人的角色,如父亲或母亲,才能逐步地把自己看作是自己活动的对象,把自己设想为一个客体,产生对自己的情感和态度,从而产生自我意识。

角色扮演（role playing）是指个体按照社会或他人的期望显示出来的行为，即个人按照他人的期望采取的实际行动，例如儿童在游戏中，在维持自己身份的同时，又假装为爸爸，在想象中扮演着爸爸的角色。角色扮演实质上是通过自己的行为对他人行为的符号再现过程。角色采择与角色扮演两者之间有着密切的联系，但又有区别：角色采择是角色扮演的认知基础之一，但角色采择却不涉及他人的行为反应。

由上述两概念的介绍可以看出，发展心理学中的"观点采择"，作为社会认知的一种形式，其含义与社会心理学中的角色采择只是部分的重叠。观点采择的认知内容是他人的思想、意图、看法、动机、视觉经验等心理特性，而不包括行为或行为方式。在80年代以前的发展心理学文献中，研究者一直使用"角色采择"（role-taking）这一术语，而不是"观点采择"。例如塞尔曼、弗拉维尔等人有关儿童观点采择发展的研究都是以角色采择为题发表的（Selman，1974；Flavell et al，1970）。只是近二十年来，鉴于社会心理学中的"角色采择"与"观点采择"两概念含义的差异，研究者才开始使用"观点采择"以取代"角色采择"（Shantz，1983）。

（二）观点采择与中心化、自我中心、去自我中心及非自我中心主义

中心化（centration）、自我中心（egocentrism）、去中心化（decentration）和非自我中心主义（non-egocentrism）都是皮亚杰理论中的重要概念。皮亚杰认为中心化或自我中心是前运算阶段儿童智力发展的突出特点。其表现是他们的推理过程受客体知觉或空间特性的左右，倾向于只注重客体的某一显著的特性或注意事物的某一维度而忽略其他维度，因而不能对客体间的一些抽象的或不变的关系作出正确的推理。在自我-他人关系方面，前运算

阶段的儿童只知道自己的观点,而不能认识他人的观点,不能区分自己和他人的观点。皮亚杰是在纯粹认知意义上使用"自我中心"这一术语的,与对儿童道德的评价无任何关系,其基本含义是:(1)自我中心意味着儿童对认识世界的相对性和协调观点缺乏理解;(2)儿童不自觉地把"自我"的品质和自身的看法强加于事物和他人(奥布霍娃,1985)。但是,需要指出的是,在皮亚杰晚年的作品中,他开始用"中心化"这一概念来取代"自我中心"的概念,以避免该概念的表面意思所容易造成的歧义(Gelman & Baillargeon, 1983)。"去中心化"(decentration)是与"中心化"或"自我中心"相反的过程。"去自我中心"意味着儿童从"自我中心"中解脱出来。要克服"自我中心主义"必须具备两个条件:(1)意识到"自我"是个主体,并把主体与客体区分开来;(2)把自己的观点与其他人的观点协调起来,而不是把自己的观点看作是独一无二的(奥布霍娃,1985),即能够从不同的角度看待事物和问题,并以一种非自我中心的方式把它们整合到自己的认知图式或表象之中。儿童"去自我中心"的发展不仅要经历一个较长的发展历程,而且还因认知机能水平的不同而在达到的时间上存在差异。动作水平上的"去自我中心"到儿童18个月即能出现,而表象水平的"去自我中心"则要到整个运算阶段的结束才能完成(皮亚杰和英海尔德,1980)。

由于言语和信号机能的获得,儿童与他人的交流日益广泛,到前运算阶段,儿童用表象所表达的世界就不再像感知运动阶段那样,仅仅由客体构成(或以人为客体),而且也包括"对这些情境持有不同观点的人们,并需要把这些不同观点与儿童自己的观点进行协调。换言之,作为形式运算前提的"去中心化",其作用不仅适用于物质世界,而且必然也适用于人与人之间的社会世界。运算和大多数动作不同,运算始终包含个人自身的协调以及人与人之间的协调的可能性"（皮亚杰、英海尔德，1980）。

长期以来，发展心理学中存在一种倾向，即把"非自我中心主义"等同于"去中心化"。其实，两者的含义并非完全相同。由于"去中心化"，儿童能够在其活动记忆中把两个或两个以上的心理成分联系起来；而"非自我中心主义"则与个体对自己观点的控制相联系。由于"非自我中心主义"机能的获得，儿童逐渐能够有能力控制自己的观点，以防止其左右或主宰自己的社会判断。海根斯（1983）认为，儿童在这两个维度上的发展是分化的，因此有必要对此进行区分。同时，这种区分对于考察过去有关观点采择的研究以及儿童在各观点采择作业成绩间的低相关提供了一把钥匙。通观近年来儿童观点采择研究所用的观点采择测验任务可以发现，一些测验主要考察的是儿童的去中心化能力（把多种成分联系起来），而另一些考察的则是"非自我中心能力"（控制自我）。此外，由于这两个维度的发展均具有连续性，其发展要持续到童年期以后。

从以上论述亦可看出观点采择与自我中心之间的关系，儿童的观点采择能力包含"把两个以上的心理成分联系起来"和"控制自我"两个成分。有关文献中把"自我中心"看作是"观点采择"的对立面，或相反，"非自我中心"等于"观点采择"。事实上两者之间不是一种同一或相等的关系，而是一种不对称关系："非自我中心"是观点采择的必要条件，而观点采择却不是"非自我中心"的必要条件。在第一种情况中，一旦儿童认识到在某一情景中他人有与自己不同的观点，他就可以利用观点采择这一判断形式对他人与自己观点之间的差异作出推断；而在第二种情况下（观点采择不是"非自我中心"的必要条件），儿童可能认识到自己跟他人观点存在差异，他亦可以用很多其他的办法来弄清这种差异，也可能儿童缺少足够的推断能力或知识来采择他人的观点。简言之,"非自我中心"不同于"观点采择","自我中心"也不是"观点采择"的对立面。"观点采择"以"非自我中心"为条件,但反之则不成立。

三、儿童观点采择发展

发展心理学关于角色采择发展的论述始见于鲍德温(J. M. Baldwin)。鲍德温在其《心理发展的社会的与伦理的诠释》一书中指出:儿童要经历一个从自我中心到主观自我,然后达到一个移情的社会自我的发展过程(Mussen,1983;朱智贤、林崇德,1988);把人类跟其他动物的心理机能区分开来的社会认知和社会判断的独特方面是角色采择,即把自己和他人理解为主体,像对待自己一样对他人作出反应以及从他人的角度对自己的行为作出反应的能力(Selman & Byrne,1974)。

(一)皮亚杰(J. Piaget)的基本观点

在发展心理学历史上,首先对儿童观点采择发展作出系统理论阐述和实验研究的是以皮亚杰为代表的认知发展理论。皮亚杰关于儿童认知发展问题的一个基本立场是:儿童对社会世界(包括自我和他人的关系)认知结构的发展平行于其对物理世界的认知发展(Piaget,1950)。皮亚杰理论中的两个基本概念自我中心和去自我中心都与儿童观点采择能力的发展有直接的联系。皮亚杰(1980)认为,儿童对自我—他人关系认知的发展趋势是从自我中心发展到去自我中心或观点采择(perspectivism),即儿童从完全不能采择他人的观点发展到逐渐能够站在他人的位置,从他人的角度来看世界。婴儿期是一个极度自我中心的阶段。这时儿童还不能意识到自己,把自我与非我区分开来。到1岁末,儿童开始认识到客体不依赖于自己的经验动作(看、触摸等)而存在,获得客体永久性,从而开始把自我与周围的客观世界区分开来。在前运算阶段，儿童的自我中心主义与婴儿期相比虽有所减少，但仍存在着很强的把自我与非我相混淆的倾向。例如，皮亚杰对前运算阶段（2～6岁）儿童因果关系和偶然性的研究指出（皮亚杰，1980），前因果关系的主要特征是普遍的目的论、实在论和泛灵论，说明儿童还不能区分心理的东西和物理的东西。与此相似，这一阶段儿童还不能区分自己的心理状态（思想、情感和愿望）和他人的心理状态。皮亚杰通过其著名的"三山"实验表明，前运算阶段的儿童仍然具有很强的自我中心倾向，在实验中难以采择他人的视觉观点。直到8、9岁以后，儿童才能把自己的观点跟认知对象的观点区分开来。

进入具体运算阶段以后，儿童的自我中心开始显著地减少，具体表现为儿童开始逐渐清楚地意识到他人会有与自己不同的思想、观点和情感，并逐渐能够对他人的心理状态作出较准确的推断，例如，在人际沟通中更多地考虑到听者的特点，开始能够采择处于不同空间位置的人的视觉经验。这一切标志着儿童逐渐从自我中心中解脱出来，观点采择或角色采择能力有了质的发展。进入青少年期以后，儿童的自我中心进一步减少。由于形式运算能力的获得，这一时期儿童的观点采择已初步具备递推思维的性质，开始能够进行一些复杂的递推性的观点采择。所谓递推性观点采择（recursive perspective taking），是指同时对具有联系的两个以上人的观点的认知判断，如，"那天我想到了我自己，而且我开始考虑我对自己的看法……"。但是这并不意味着青少年的观点采择能力已完全成熟或自我中心主义的彻底消失。埃尔金德（Elkind，1980）指出，青少年阶段儿童的自我中心以两种新的形式表现出来，并导致他们对他人的观点采择产生两类自我中心主义的不平衡：一是认为"假象观众"的需要和所关心的问题与自己完全相同；二是认为他人的经验和情感与自己的完全不一样。以上两种认知不平衡，在青春期会随着儿童同伴交往经验的增多而逐渐地被克服。

（二）儿童观点采择发展研究的两种主要取向及理论模型

综观近二三十年来发展心理学家关于儿童观点采择发展的研究，在研究视角和分析取向上，可以区分出两种类型：过程取向和结构分析取向。

1. 过程取向

过程取向类型的研究把观点采择看作是一个认知过程或信息加工过程，因而考察的重点是观点采择这一特定形式的社会判断赖以发生的认知加工环节和程序，即一个人在对另一个人的观点作出推断时，究竟发生了哪些或什么智力活动。弗拉维尔（Flavell，1985）提出，儿童对他人的观点采择包括四类心理动作，这些心理动作按照如下顺序发生：

（1）存在阶段。认知者评价他人有与自己不同的观点（态度、知识等）的可能性，儿童认识到对于某一事件或情景，人们彼此之间存有着不同的观点。

（2）需要阶段。儿童认识到有必要对他人的观点作出推断，以便达到其人际交往的目标，说服别人，在游戏中获胜等。换言之，即使儿童感到人们之间可能存在的差异并具备一定的社会推断技能，但如果他没有认识到对人际间观点的差异作出推断的必要性，有效的观点采择就不会发生。

（3）推论阶段。这一阶段的认知活动包括除感知以外的所有心理活动。这些活动的目的是推论出某一特定情景中他人的观点，即角色特性。

（4）应用阶段。个体把自己推断出的信息应用于随后的行为中，如对别人说什么，怎样说等。

弗拉维尔的这一模型既是一个关于观点采择的信息加工过程

的微观模型，同时又是一个观点采择的个体发生模型。在个体观点采择发生的第一阶段——存在阶段，儿童开始认识到自己的观点并非唯一的观点，他人对于同一事件或情景可能有着不同于自己的观点。然后，随着儿童年龄的增长，他们不仅知道别人有不同于自己的观点，而且有必要对他人观点作出推断。同时，儿童对他人观点进行推断的能力在逐渐增强。

关于在观点采择过程中有关他人信息的生成方式，有关研究者提出了以下几种可能性。弗拉维尔（Flarell，1968）认为，角色扮演（role-playing）是儿童对他人作出社会判断的基本过程。在这里，角色扮演被定义为从他人的眼中看世界或把自己置身于他人的位置看问题。但是有关研究者认为这一比喻过于笼统，未能具体解释个体对他人观点的认知过程所包含的具体认知方式。香茨（Shantz，1983）认为，个体通过观点采择来生成关于他人观点的信息主要依靠以下三种可能的方式：一是利用"规范信息"对他人的观点作出推论。即儿童利用大多数人在某一情景中通常持有的观点（态度、看法、情感、意图等）来推断被认知者的观点。这里所谓的"规范信息"，其含义与社会心理学家凯利归因理论中的"众同性"信息基本是一致的。二是利用被认知者在过去情景中的行为、偏好、态度、情感的信息（即"一贯性信息"）生成关于他人观点的信息。香茨认为，儿童不断发展着的对他人行为进行抽象概括的能力和把有关他人的各种特质联系起来建构关于他人内在的人格理论的能力，是构成儿童对他人的心理反应和未来反应的部分基础；三是通过对自我的概括。儿童对自我的概括能够使其获得大量的关于他人的信息。作为人类成员，人们在一些特定的情景中会有类似的情感、思想和行为。因此，在对他人进行判断时，儿童可以把自己作为模型，通过反省自己在相应情景中的反应或观点，来推论他人的观点，这样通常可以生成关于他人观点的正确信息。但是,对儿童来说,能否做到这一点,关键要看其关于自己与他人之间存在相似性的认识是一种想当然的假定(自我中心的机能),还是通过推论而得出的(非自我中心机能)。如果儿童是通过推论发现自己与他人之间存在着相似性,那么,通过象征性地把自己置于他人在某一情景中的位置,就有可能对他人的观点作出准确的判断,进而对他人产生正确的"情景的观点采择"或"个人的观点采择"。

2. 结构分析取向

结构分析取向研究所关心的是不同发展阶段中的儿童进行社会推断的水平和对各种观点的协调及其发展问题。在这一取向的研究者眼中,当儿童能够意识到不仅自己在观察、推测他人,同时他本人也是别人观察或推测的对象时,或者,在人际互动中,他能够跳出互动双方的视角而从第三者的角度来看待与他人的交流时,其心理结构或认知结构就发生了一种质变。这种质变代表着儿童对社会现象的一种心理的重建。这一取向研究的主要代表人物是塞尔曼(R. Selman)。

塞尔曼(1974,1980,1990)认为,儿童认识自己和他人的能力是以对其观点的假设或采择为前提的。要认识一个人,就必须理解他的观点并了解他的思想、情感、动机和意图等影响、决定其外部行为的内部因素。如果儿童没有获得这种观点采择的能力,那么,他就只能依据他人的相貌、活动等外部特点对他人作出描述。因此,随着区分自己和他人的观点的能力的获得,儿童认识自己和他人的能力也将随之增强。从本世纪70年代起,塞尔曼及其同事利用两难故事法,对儿童在友谊、权威、亲子关系等不同社会交往情景中社会观点采择的发展进行了一系列的横断研究和追踪研究(Selman & Byrne, 1974; Selman, 1980; Gurucharri & Selman, 1980; Selman & Schultz, 1990),并在此基础上建构起颇具特色的儿童观点采择发展阶段理论。

塞尔曼在儿童观点采择发展的研究中继承了皮亚杰和儿童心理发展研究的结构分析方法(the Structural-Analysis Approach)。对观点采择进行结构分析的目的在于形成一个儿童在理解他人观点中表现出来的结构或形式的发展顺序（阶段）。这个顺序，一方面与儿童的年龄相联系，同时各阶段之间又存在着逻辑上的联系。这种分析方法所关心的既不是儿童社会认知的具体内容，也不是儿童对他人或他人行为知觉的准确性，而是儿童借以对他人进行认知的形式或结构。利用这种存在于各种观点采择水平或阶段中的"深层结构"，研究者可以对儿童关于人际关系的认识作出更全面、深入的解释。通过对不同年龄阶段儿童对观点采择测验故事的回答的结构分析，塞尔曼建立了自己关于儿童社会观点采择发展的阶段学说，指出儿童的观点采择（他通常把这种能力称作观点协调）经历着从自我中心到社会的观点采择这样一个发展历程。在这一发展历程中，每一个新的观点协调阶段或水平的出现，都标志着正在成长着的儿童在理解他人以及人际关系方面的一种质变。这些水平或阶段同时也代表了正在成长着的儿童对自己与同伴交往（互动）的经验和他人互动的不同理解方式。而且阶段与阶段（或水平与水平）之间存在着逻辑关系，各阶段出现的顺序对所有的儿童都是相同的，但这并不意味着所有儿童都能达到观点采择的最高水平以及以相同的速度通过这些阶段（Selman，1990）。

在塞尔曼的观点采择模型中，儿童总是被看作处于与他人的某种关系中。这一模型的重点就是描述儿童对这种关系的认知发展。塞尔曼（1990）认为，儿童观点协调发展的基本趋势是，区分他人有意与无意行为是社会性早期发展中的关键的一步，儿童首先获得这种能力，然后才发展到能够理解人们在同一行为中可以有多种目的或意图。进而，儿童开始能够发现，对于自己与他人共同知觉到的同一事件，彼此可能会有不同的情感反应，最后再发展到能够认识到自己与他人能够同时对某一情景或事件中彼此的观点进行思考。简言之，儿童必须首先区分自己与他人的观点，然后才能把观点进行整合。

塞尔曼研究儿童观点协调所采用的方法是向儿童呈现一系列人际关系两难故事情景，利用这些故事与儿童进行深度访谈。"霍莉爬树"是其中被广泛引用的一个两难故事：

霍莉是一个8岁的女孩。她喜欢爬树。在邻居所有的孩子中她最会爬树。一天，当她从一棵高树上爬下时，从离地面不高的树枝掉了下来，但没有摔伤。她的爸爸看到了。他很担心，要求霍莉以后再也不爬树了。霍莉答应了。后来有一天，霍莉和她的朋友们遇到了肖恩。肖恩的猫夹在树上下不来了。必须立即想办法把猫拿下来，不然猫就会从树上摔下来。只有霍莉一个人能够爬上树把猫拿下来，但她记起曾答应爸爸再也不爬树了。

为了考察儿童对霍莉、爸爸和肖恩的观点的理解，向儿童提出以下4个问题：霍莉知道肖恩感到怎样吗？如果霍莉的爸爸发现她又爬树，他会感到怎样？如果霍莉的爸爸发现她又爬树，她认为她爸爸会怎样做？你会怎样做？根据不同年龄儿童对这些问题的回答，塞尔曼把3岁到青春期儿童观点采择的发展划分为5个阶段或水平：水平0（3~6岁）自我中心的观点采择、水平Ⅰ（6~8岁）社会信息的观点采择、水平Ⅱ（8~10岁）自我反省的观点采择、水平Ⅲ（10~12岁）相互的观点采择反应；水平Ⅳ（大致12~15岁以上）社会的或习俗的观点采择。各阶段儿童观点采择的发展特点及对两难故事中各问题的反应见表6-1。

从表中可以看到，儿童观点采择发展的趋势是从只知道自己的观点而不知道他人的观点这样一个极度自我中心状态（阶段0）

发展到同时在头脑中保持两种以上观点并且能够与"概括他人"的观点作出比较这样一个熟练的"认知理论家"(阶段 4)。我们可以看出,塞尔曼刻画的儿童观点采择发展阶段与皮亚杰的认知发展阶段之间有着密切的关系。塞尔曼曾用纵向研究设计考察了不同认知发展阶段儿童的观点采择水平,结果表明:儿童观点采择的发展阶段与认知发展阶段之间存在平行关系。认知发展处于前运算阶段的儿童,其观点采择的发展处于第一或第二水平(自我中心的或社会信息水平),具体运算阶段儿童的观点采择处于第三或第四水平(自我反省的或相互的观点采择),大多数形式运算阶段儿童达到了观点采择的第五即最后一个水平。

表 6-1 儿童社会观点采择的阶段

阶段	霍莉爬树故事中的典型反应
0. 自我中心或未分化的观点(3～6岁) 儿童只知道自己的观点,意识不到别人的观点。他们认为,不管自己认为霍莉该怎样做,别人都会这样想。	儿童通常认为霍莉会去救那只小猫。当被问及霍莉的爸爸对霍莉违反诺言会怎样做时,这一阶段的儿童认为他会"很高兴,因为他喜欢猫"。换言之,这些儿童自己喜欢猫,而且假定霍莉和她的爸爸也喜欢猫。他们认识不到,别人可能会有与自己不同的观点。

阶段	霍莉爬树故事中的典型反应
1. 社会信息的观点采择（6～8岁）	
儿童认识到人们能有与他们自己不同的观点，但相信这是由于个人所接受到的信息的不同。这一阶段儿童仍然不能考虑别人的想法，并事先知道别人对一事件会怎样反应。	当问儿童霍莉的爸爸是否因霍莉又爬树而生气时，儿童会回答："如果他不知道霍莉为什么爬树，他会生气。但是，如果他知道了霍莉为什么爬树，他就会认为霍莉爬树是有很好的理由"。这些儿童的意思就是，如果双方所得到的信息一样，他们就会得出相同的结论。
2. 自我反省的观点采择（8～10岁）	
儿童知道，即使接受的信息相同，自己和他人的观点也会发生冲突。他们能够考虑对方的观点。他们还能认识到别人也会站在自己的角度看问题，所以能够预期对方对自己行为的反应。但是儿童不能同时考虑自己和他人的观点。	如果问儿童霍莉会不会去爬树，儿童会说："是的，她爸爸会理解她为什么爬树的"。这就是说，儿童注意的是霍莉的爸爸对霍莉观点的考虑。但是，如果问霍莉的爸爸是否希望霍莉爬树，儿童通常回答不会。这表明，儿童采择的是霍莉爸爸的观点，在考虑他爸爸对霍莉安全的关心。
3. 相互的观点采择（10～12岁）	
儿童能够同时考虑自己和他人的观点并且认识到别人也这么做。到这一阶段，互动的每一方能够站在他人的角度看问题，而且在作出反应之前能够从他人的角度看待自己。儿童还能假定存在着一个与互动无关的第三者的观点并能预期互动的每个参与者（自己和他人）对同伴的观点的反应。	在这一阶段，儿童会采择一个与此事无关的第三者的观点来描述"霍莉两难故事"的结果，并表明霍莉和她的爸爸都会考虑对方怎么想的。例如，一个儿童这样说："霍莉想去救猫，因为她喜欢猫，但是她知道她爸爸不让他爬树。霍莉的爸爸知道他曾告诉过霍莉不能爬树，但他不知道猫被夹住了。不管怎样他可能会惩罚以坚持他的规则。

阶段	霍莉爬树故事中的典型反应
4. 社会和习俗系统的观点采择（大致 12～15 岁以上）	
这一阶段的青少年试图通过与他生活于其中的社会系统的观点（即"概括化他人的观点"）的比较来理解另一个人的观点。换言之，青少年期望他人考虑和采纳其社会群体中大多数人所持的观点。	这一阶段的青少年会认为霍莉的爸爸会生气并因霍莉爬树而惩罚她，因为父亲通常要惩罚不听话的孩子。然而，青少年有时候认识到，其他一些人不那么传统，或者有着与"概括化他人"不同的观点。如果这样，被试会说，霍莉爸爸的反应将取决于他在多大程度上与他的父亲不一样以及对服从的重视程度。

（资料来源：Schaffer. Social Development and Personality. 1993，137）

虽然在过去的十几年中，以塞尔曼为代表的不少研究者对不同年龄阶段儿童观点采择的结构特征进行了较为系统深入的探讨，并提出了儿童观点采择发展的理论模型。但是，正如香茨（Shantz，1983）所指出的那样，这一取向的研究仍存在着至少以下两方面需要解决的问题：首先，对于儿童在观点采择的各种水平上（水平 0～水平 4）的观点协调，即儿童对社会世界的再建构所需要的各种认知能力还缺乏深入系统的研究。其次，尽管一些研究者探讨了儿童的同伴互动经验与观点采择发展的关系，但是，研究者对于哪些类型的社会经验能够促进儿童对社会世界的认知重建还知之甚少。

（三）儿童社会观点采择发展的一般趋势及内部差异

儿童达到观点采择的年龄问题是近年来研究者颇感兴趣的一个问题。近年来有关研究者提出，儿童达到观点采择的年龄要早于皮亚杰所指出的年龄。香茨（Shatz，1983）等人认为，儿童在四五岁即能够达到认识上的去自我中心，我国发展心理学者方富熹与其澳大利亚合作者（Keats，1990）对中澳儿童社会观点采择的发展研究也得出了类似的结论，认为四五岁儿童已具备初步的观点采择能力。这种研究结论的不一致性与研究者对观点采择的界定及研究材料的选择存在的差异有着直接的关系。因为对于儿童心理机能发展阶段的划分，一方面取决于儿童心理机能发展的实际水平，同时也与研究者所采用的测量材料有密切的关系。按照本书中提出的观点采择的定义，张文新、郑金香（1999）采用标准化的观点采择测验任务考察了6~12、13岁儿童社会观点采择的一般趋势及年龄差异。结果发现，儿童观点采择的发展要经历一个较长的过程。6岁左右儿童即开始初步能够区分自己和他人的观点，但在利用有关情景线索准确推断他人的观点或视角方面存在较大困难。6~10岁是儿童观点采择的快速发展阶段，10岁左右儿童已能够利用故事信息对他人的观点作出准确推断。

四、儿童移情的发展

移情（empathy）是一种特殊的观点采择能力。费希贝奇（Feshbach，1987）认为，移情包括两种认知成分和一种情感成分，两种认知成分分别是辨别、命名他人情感状态的能力和采择他人观点的能力；情感成分是移情反应能力。由此，如前所述，在发展心理学文献中对于移情也有两种不同的定义：情感取向的移情定义和认知取向的移情定义。移情的认知定义是，移情儿童对他人情绪、情感的理解，表现在儿童区分和辨别情感线索并推测他人内部情感状态，尤其是建立在观点采择基础上的对他人内部情感状态的推测。情感取向的移情的定义是，移情是指自己对他人情感所作出的情绪反应。即"儿童觉察他人情绪反应时所体验到的与他人共有的情绪反应"。如看到别人害怕，自己也感到难过。虽然移情包括认知和情感两种成分，但是它们在通常情况下不是各自独立发生的。

（一）儿童对他人情绪的三种可能的移情反应

弗拉维尔（Flavell, J., 1985）认为，儿童对他人的情绪表现可能会作出三种不同的反应：

1. 非推断的或非认知的移情（noninferential empathy）。指他人的情感表现在儿童身上引起相似的情感反应，但这种反应并不伴随相应的社会认知过程。如幼儿看到别人哭时，自己也跟着哭。弗拉维尔发现，与看到成人平静和高兴时相比，6个月的婴儿在看到成人愤怒和悲伤时，会作出更多的皱眉头的动作和哭泣。

2. 移情的推断（empathic inference）。理解他人的情感并在自身激起相同的情感反应，如看电影时，观众对主人公的不幸遭遇感到难过而落泪。

3. 非移情的推断（nonempathic inference）。能够认知他人的情感，但是自己并不产生相应的情感。例如有时候，我们可能知道他人很痛苦，但是我们自己并不感到痛苦。

关于移情的认知和非移情的认知之间的关系问题，有人曾向6~7岁儿童提出两个问题。一个是"你觉得怎样？"另一个是"你觉得故事中的那个男孩觉得怎样？"结果发现，儿童一般都能够正确回答第二个问题，但是他们自己并不一定有相同的体验。

（二）儿童移情的发展

霍夫曼（Hoffman, 1984）认为，儿童移情的发展要经历以下4个阶段：

阶段1 非认知的移情阶段。出生第一年，儿童对自我－他人关系尚未达到分化，所以不能区分对他人的情绪状态和自己的情绪状态的体验，因此，人生第一年的移情处于一种非常原始的阶段，即非认知的移情阶段。这一阶段，移情是对自身和情景感觉的一种模糊不清的混合物。

阶段2　自我中心的移情。出生第二年,儿童初步的自我意识开始萌芽,自我中心的移情出现。这一阶段,儿童开始能够对他人的情感作出反应,但是这种反映只是为了减轻自己的不安和痛苦,然后儿童表现出对他人痛苦的同情。

阶段3　推断的移情阶段。2~3岁开始,这一阶段儿童形成了最初步的角色采择能力,表现出一些利他主义的尝试。

阶段4　超越直接情景的移情阶段。童年晚期以后。在这一阶段,儿童能够注意到他人的生活经验和背景,对他人的情感反应超出了直接情景的局限。因此,在这一阶段儿童能够意识到,一个富人丢了50元钱和一个穷人丢了50元钱的反应是不一样的。

第三节　儿童的心理理论的发展

"心理理论"(Theory of Mind)是近年来发展心理学中一个新兴的研究领域或流派。其探讨的核心问题是儿童对他人心理或心理状态(mental status)以及心理与行为关系的认知发展。我国心理学界对此尚缺少系统的介绍。本节首先简要介绍"心理理论"的概念,然后试图对近年来的有关研究成果和理论观点进行整合。

一、"心理理论"的概念

我们都知道,人是有心理活动的,不管我们自己还是他人都有对客观世界的看法或信念。同时,我们还认识到,人们的行为是以他们对客观世界的信念为基础的,人们关于客观世界的信念对其行为起着引导作用,尽管这些对客观现实的看法或信念是不断发生变化的,有时甚至是错误的。因此,通过了解他人的心理,我们可以对其行为作出解释。一个人如果能够把他人理解为拥有欲（愿）望、信念和对世界有自己的解释的人，并且认识到他人的行为是以其心理或信念为基础的，那么他就拥有了"心理理论"(Theory of Mind)。换言之，所谓心理理论，乃指个体对他人心理状态以及他人行为与其心理状态的关系的推理或认知(Astington et al, 1988)。通过"心理理论"，个体可以对他人的行为作出解释。P. K. 史密斯(Smith，1998)认为，把个体对他人的这种认知称之为"理论"，主要是为了强调个体对心理世界认知的两个方面：其一，心理状态是一种主观的存在。我们无法直接触摸，因而只能从他人的言行中进行推论。其二，理论通常是指一套相互有联系的观点或思想。他人的心理世界同样包含一系列相互联系的内容或方面，如情绪、欲望、假装、欺骗、信念和关于客观世界的各种不同的信念。而成人对这些方面的理解或认知无疑是一套十分丰富、复杂的概念系统。因而，可以适当地称之为一套"理论"。

心理认知的最突出的特性在于认知双方的相互主观性，即个体能够认识到，作为认知对象的他人与我们自己一样拥有心理，包括情感、欲望、信念以及对现实的解释，并且他们是根据自己关于世界的信念来行动的。而这种认知中最为关键的一点是认识到他人可能有着与自己不同的信念。因为一个人关于客观世界的信念是他对客观现实的心理表征，而不同的人会以不同的方式来表征现实。

作为一个新兴的研究领域，目前发展心理学家关于儿童心理理论的研究主要集中在儿童对他人信念以及信念与行为的关系的认知发展方面。所采用的主要研究策略是通过儿童对他人信念(belief)的认知来考察儿童心理理论的发展，其中最为经典的实验任务是韦尔曼和普那(Wellman & Perner，1983)设计的"错误信念任务"(the false belief task)（见图6-1）。

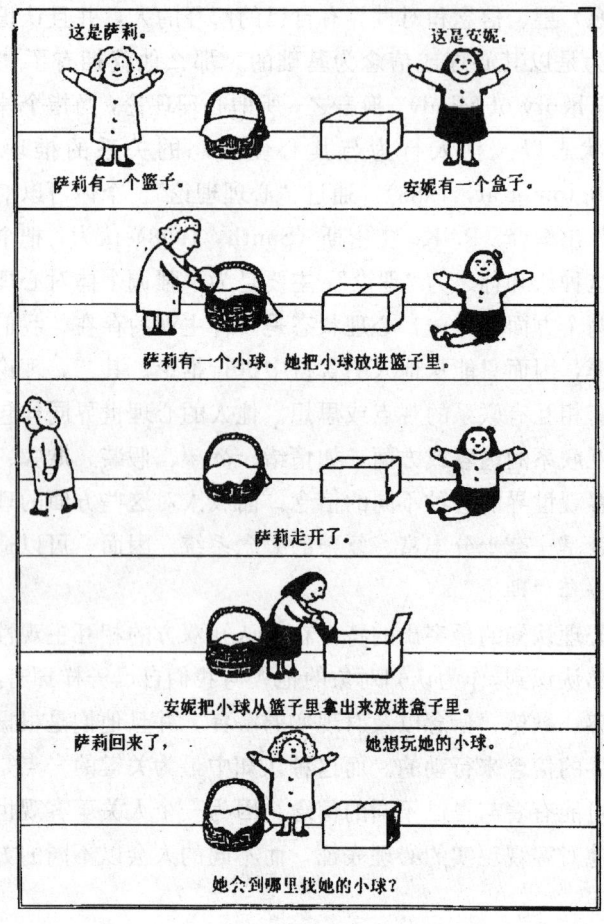

图 6-1 错误信念实验图片

（资料来源：Smith, P. K. et al. Understanding Children's Development. Blackwell Publishers, 400）

实验方法是：向被试呈现两个洋娃娃。一个叫萨莉（她身边有一个篮子），另一个叫安娜（她身边有一个盒子）。萨莉把一个小球放到篮子里,然后把一块布盖在她的篮子上面就离开了。当萨莉不在时,安娜把小球从篮子里拿出来放到盒子里了。过了一会萨莉回来了。

这时问儿童:"萨莉会到哪里去找她的小球?"。研究者发现,4岁儿童能够认识到萨莉会到她的篮子里去找小球,而3岁儿童则回答说她会到盒子里去找。近年来该领域的众多研究均证明,4岁以前儿童还不能认识到他人会有错误信念。

二、儿童"心理理论"的发展

(一) 4岁以前儿童对他人心理状态的区分

一般认为,儿童的心理理论在4岁左右开始形成,其标志是成功地完成"错误信念任务"的作业任务。但是,这并不意味着在此之前儿童的心理理论完全处于空白状态。从2岁左右开始,儿童对他人心理状态认知的一些基本能力逐步发展起来,这些能力的出现与发展为儿童心理理论的形成准备了必要的前提条件。

1. 言语活动中对心理状态的区分

香茨等人(Shatz et al, 1983)收集了儿童自发使用的一些表示心理状态的术语,对他们进行分析,以考察儿童对他人心理状态的区分。结果发现,3岁儿童已能自发地把现实和对现实的信念进行对比,表明他们已经能够区分心理状态和外部现实。

在另一项研究中,韦尔曼等人(Wellman & Estes, 1986)向3岁儿童呈现两个人物,告诉被试甲有饼干,乙正在想饼干。然后要求被试回答两种饼干(物理的和心理的)中哪种饼干可以被故事中的人物看到或摸到?研究结果显示,3/4的儿童能够作出正确的判断。这表明这一年龄的儿童已能够对物理客体和心理客体作出区分。

2. 理解看见(seeing)和知道(knowing)之间的关系

从 2 岁起，儿童对看见和知道之间的关系就有一些理解。例如，莱姆泊斯等人（Lempers et al，1977）让 2 岁儿童把粘在箱子底部的一张图片给另外一个人看，儿童认识到他需要把箱子底倾斜，以便另一个人能够看到箱子底部的图片。这个年龄的儿童还能认识到，如果一个人用手遮盖着眼睛，他要看到图片，就必须把手拿开。到 3 岁时，儿童能够明白，如果他把什么东西藏了起来，那么，另外一个人就看不到这个东西了。换言之，3 岁儿童对看见一个物体和知道这个物体之间的关系已有所了解。

3 岁儿童不仅能够区分看见的和知道的，而且还能够认识到，对于同一物体，不同的人会有不同的观点或视角。例如，马桑基等人（Masangkay et al，1974）在实验中利用一幅卡片，卡片的一边画着一只猫，另一边画着一只狗。让卡片一边对着实验者，另一边对着儿童。要求儿童回答实验者和儿童各看到什么。结果发现，3 岁儿童能够认识到他自己和实验者所看到的卡片是不一样的。不仅如此，3 岁儿童还能意识到，如果人们看到什么东西，他们就会知道这个东西的存在，反之，如果他们看不到这些东西，就不会知道它们的存在。例如，一个放在盒子里的东西，如果儿童甲看到了，他就会知道盒子里有什么；如果乙没有看到，他就不知道盒子里有什么东西。概而言之，3 岁的儿童已经初步知道，不同的人对世界有着不同的知识。

但是，直到 4 岁时，儿童才能认识到，不同的人对于同一物体可能会有不同的看法或观点。

3. 理解外表与真实的区别

对于成年人来说，把物体的外在形象和物体的本质属性区分开来不是件困难的事。例如，一个用蜡制成的苹果，我们都知道它的样子（外表）像个苹果，但实际上是一块蜡。换言之，我们能够把事物"是什么"和"像什么"区分开来，即我们能够用不同的方式来考虑一个事物，我们可以把它表征为一个苹果，也可以把它表征为一块蜡。但是对于4岁以前的儿童，他们通常难以正确区分物体的外表和本质。弗拉维尔等人（1986）曾对儿童区分事物的外表和事物的本质的能力进行过考察。在研究中，他们向儿童呈现一块岩石状的海绵，让儿童离这块海绵一段距离（这时海绵可被看作是一块岩石），然后让儿童有机会去触摸海绵，儿童会发现它是一块海绵。然后问儿童两个问题：它像什么？（正确的答案是像岩石）；它实际上是什么？（正确的答案是它是海绵）。弗拉维尔等人的研究表明，3岁儿童还不能同时理解对同一物体的两种相互矛盾的表征。在该实验中，一旦儿童知道它是一块海绵时，他们对两个问题的回答都是"它是一块海绵"。也就是说，这个年龄的儿童只能考虑对事物的一种解释或表征。只有到4岁以后，儿童才能明白，一个物体可以用它的样子来表征，也可以用实质来表征。

4. 对他人行为的预测

2岁儿童已能认识到他人是有欲望的，而且人们的这些欲望会影响其行为方式。韦尔曼（1990）通过故事法研究了4岁以前儿童对他人行为的预测问题。故事中的人物名叫山姆。他想找到他的兔子然后把兔子带到学校里去。实验者告诉儿童，山姆的兔子被藏在两个地方中的一个。让儿童看到山姆到一个地方找。在这个地方山姆要么找到了他的兔子（他想要的东西），要么找到的是一只狗。在山姆找了一个地方后，问儿童"山姆是到另一个地方去找，还是到学校去？"对于这一问题，2岁儿童能够作出正确回答：如果山姆找到了兔子，他就会到学校去；如果他找到的是一只狗，那么他就会继续去找他的兔子。换言之，儿童是根据对他人欲望的了解来预测其行为的。

到3岁时，儿童不仅能够理解他人有欲望，而且还有对世界的信念。韦尔曼（1990）向3岁儿童呈现两个位置（一个是书架，另一个是玩具箱子），让儿童看到书架和箱子里都有书。然后向被试介绍并提问："有一个儿童叫爱米，她不知道箱子里有书。爱米想找一些书，那么她会到哪里去找？"研究结果发现，2/3的儿童的回答是正确的（爱米会到书架上找书）。

该实验表明，3岁儿童已能够初步认识到信念与行为的关系，人们的行为是受其关于事物的信念引导的。

（二）4岁以后儿童关于他人心理知识的发展

如前所述，4岁以前儿童已能够认识到，他人关于客观世界的信念有可能是不准确或者错误的。也就是说，他们已能够认识到，人们对客观世界的表征并不一定与实际情况相吻合。把心理表征与客观事实区分开来是儿童心理理论发展中的一个里程碑，是儿童对他人心理认知发展中的一个质的飞跃。但是这并不意味着儿童对心理认知发展的终结。

从前面介绍的关于儿童心理理论的实验研究中可以看出，这些实验中使用的测验任务所涉及的只是所谓的"一级信念"（primary belief）（如，我认为萨莉会到篮子里去找小球）。而在现实的社会互动中，人们经常需要对他人的"二级信念"（secondary belief）进行认知。所谓对二级信念的认知，乃是指对他人关于另外一个人的信念的推断或认知，实际上也就是对他人心理活动的递推性思维（recursive thinking）。这类例子如"我认为杰克会认为弹子在篮子里"。有关研究者（Perner & Wimmer，1985）曾采用下面的故事对儿童对二级错误信念的理解进行考察。

约翰和玛丽在公园里玩。他们看到了一个人在卖冰淇淋。玛丽想买冰淇淋，但身上没有带钱。这样她就回家去取钱。约翰回家去吃午饭，而卖冰淇淋的人则离开公园到学校去了。玛丽拿着钱往公园走。这时她看见卖冰淇淋的人正往学校里去。她问卖冰淇淋的人要往哪里去,并说她要跟着他去学校买一块冰淇淋。约翰吃完午饭来到玛丽家。玛丽的母亲告诉他玛丽去买冰淇淋了。约翰离开玛丽家去找玛丽。

讲完故事后,实验者问儿童"约翰认为玛丽去哪里买冰淇淋?"。研究者发现,直到6岁以后儿童才能正确回答这个问题。由此可见,儿童对二级"错误信念"任务正确认知要比一级"错误信念"晚两年才能达到。

三、关于"心理理论"发展的两种理论观点

关于儿童"心理理论"的发展,近年来有关研究者提出了不同的理论学说。其中最有代表性的是韦尔曼(1990)和普那(Perner,1991)的发展学说。

(一)韦尔曼的观点

韦尔曼认为,儿童心理理论的发展是一个渐进的过程,是一个随年龄的增长而日益复杂化和精确化的发展过程。这一过程与科学研究中一种理论的形成过程有着极大的相似性。科学家通过建立一种理论学说来认识和理解众多的科学事实。因为这些理论可以对这些事实之间的关系作出解释,科学家还可以根据这些理论预测其他事实或事物间关系的存在。以同样的方式,儿童通过建立一种"理论"来解释其周围的世界。起初,儿童的这种理论是非常简单的。如儿童最初的心理理论是建立在"欲望心理学"的基础之上的,即儿童认识到,他人的行为是受欲望引导的。这种理论能够解释儿童所经历的一些行为。但是毫无疑问,当儿童遇到一些行为,而这些行为,单靠知道行为者的欲望不能作出解释时,儿童就被迫去建立一种更为复杂的理论来对他人的行为作出解释,如信念-欲望心理学。这种情形颇似科学家遇到了旧理论无法解释的新事实而必须建立新的理论来对新事实作出解释。

韦尔曼认为,在2～4岁这一阶段,儿童心理理论的发展经历三个阶段。

阶段1(2岁)　"欲望心理学的心理理论"。该阶段儿童的心理理论是建立在"欲望心理学"基础上的。这一年龄的儿童假定他人是有欲望的,这些欲望影响着他人的行为。例如,在前述山姆找兔子的实验中,他的行为(找兔子)是受其欲望引导的(把兔子带到学校里去)。

阶段2(3岁左右)　"信念-欲望为基础的心理理论"。到这一年龄,儿童在对他人心理的认知中不仅能够考虑到他人的欲望,而且还能考虑到他人关于世界的信念。例如,在前述"儿童找书"实验中,3岁儿童认识到,尽管在两个地方都有书,但是如果故事中的儿童只知道在一个地方有书,那么,他就会到这个地方去找书。这就是说,3岁儿童能够把他人的信念考虑在内,他们是根据故事中儿童对世界的表征来预测其行为的。但是,韦尔曼认为,3岁儿童会把个人关于世界的信念看作是客观世界的"摹写"或者"拷贝",但他们还难以认识到,个人关于世界的信念只是对世界的一种解释,而不是对世界的"拷贝"。

阶段3(4岁开始)　"个人的信念是对世界的解释"阶段。到达这一年龄,儿童的心理理论达到这样一个阶段,即他认识到个人关于世界的信念是对世界的一种解释,而不是对世界的"拷贝",而且这种解释有时是不准确的或错误的。如在萨莉-安娜实验中,萨莉关于小球在篮子里的信念就是错误的。

(二)普那的观点

与韦尔曼不同,普那特别强调儿童在4岁左右心理理论发生的重大变化。因为在这一年龄,儿童开始能够理解错误信念。普那认为,儿童"元表征"概念的获得是儿童心理理论发展中的一个最重要的方面。由于"元表征"概念的获得,儿童能够把被表征的事物和对该事物的表征区分开来。例如，以对金字塔的表征为例，从不同的位置所拍摄的金字塔的照片（表征）是不同的。从金字塔底部拍出的照片是三角形的，从上面飞过的飞机上拍出的照片是矩形的，而从卫星上拍到的金字塔则是一个小点。所有这些照片都是金字塔的表征，但是他们却都不是金字塔的摹写或拷贝。普那认为，只有当儿童认识到表征不是现实的摹写或拷贝时，他才获得元表征的概念。

普那指出（1991），儿童在4岁左右开始拥有元表征概念。这是儿童心理理论发展中的一个巨大成就。虽然儿童在此以前已获得了关于他人心理的许多知识，但是只有到4岁以后儿童才开始真正认识心理表征的实质。换言之，普那认为，儿童元表征概念的获得标志着心理理论发展的一种质变和飞跃。

第四节 儿童对权威和社会规则的认知发展

一、权威认知

皮亚杰在儿童道德发展的研究中（1984），将儿童对道德规则的认知（包括对规则来源、制定规则的权威、个体遵从规则的条件的理解和认知）分为前后相继的两个阶段。年龄较小、处于他律道德阶段的儿童认为，道德规则是由权威制定、存在于自身之外的；随着年龄的增长，儿童逐渐由他律转向自律，他们不再把道德规则看作神圣而不可变更的外在律令，而是倾向于认为，道德规则是存在于平等个体之间、得到集体认同的契约，在集体达成一致的前提下，可以对既定规则进行更改或调整。皮亚杰认为，这种对权威及其合理性的认知的"自然"过渡和发展是以平等、民主的同伴群体生活为基本条件的,家庭环境因其中亲子交往的不民主性,即受成人权威的支配而对道德的发展不具主导作用。

在此基础上,达蒙(Damon,1977)采用道德两难故事法研究了儿童权威认知的发展。在故事中,他设计了儿童熟悉的生活情境,并围绕父母权威与同伴权威的约束、实施权力的依据或基础提出一系列问题。根据不同年龄儿童对两难问题的反应推断其对权威与服从的认知发展的趋势。下面是一个典型的例子:

我们讲的是皮特与他的妈妈约翰逊夫人的事情。约翰逊夫人让皮特每天清扫他自己的房间,要求他在打扫完房间、收拾好玩具之后才能出去玩。但是,有一天,皮特的朋友米歇尔过来告诉他所有的伙伴正要去野餐。皮特想去,但房间还非常乱。他对妈妈说,他现在没时间清扫房间,以后他会打扫好的。妈妈不同意,因而他只好呆在家里,没有参加野餐。

围绕上述故事,达蒙设计了一系列问题,如皮特应该做什么?为什么?他妈妈这样做公平吗?如果他溜出去并且没被发现会怎样?依据不同年龄儿童对这些两难故事问题的反应,达蒙将儿童权威认知的发展分为前后相继的6个水平或阶段。

水平1 儿童不能将权威人物的要求与自身的愿望区分开来,对权威持一种盲目崇拜和依赖的态度,在行为上倾向于无条件的服从。在故事情境中,儿童将皮特自己的想法与妈妈的要求混为一谈,认为妈妈要求做的即是皮特自己想做的;妈妈与皮特的想法一致或相同,根本不存在冲突。

水平2 儿童意识到权威人物的要求与自身愿望之间的冲突,并通过对权威的单向的服从来消除这种冲突,避免可能的麻烦。权威人物因其身体上的优势特征(如身高)而在儿童心目中被合理化,进而构成服从行为的根据。儿童认为,妈妈之所以有权让皮特做事,是因为妈妈是比皮特长得高大的成人,为了避免给自己带来不快和麻烦，就需要无条件服从。

水平3　儿童把权威看作拥有至高无上的社会地位或体力优势、全知全能的人。基于这种认知所产生的崇敬与对权威惩罚的畏惧构成儿童服从行为的依据。在故事情境中，儿童认为，无论妈妈提出什么要求，皮特都必须认真诚实地去做，否则就有可能招致父母的惩罚。

水平4　儿童的服从行为基于交换或互惠原则，将服从作为对权威过去付出的一种报偿或为获得某种报偿而作出的必要投资和努力。在儿童心目中，权威的优秀品质是获得和巩固其地位的基础。在故事情境中，儿童认为，皮特应该服从妈妈是因为妈妈已经为他付出很多，不遵从妈妈的要求在情感上是不公正的，而且可能致使妈妈将来拒绝付出。

水平5　儿童开始放弃对权威人物的盲目崇拜或情绪支配下的无条件服从，而代之以理性的评价与有条件的服从。权威被理解为权力相同但经验不同的个体之间的一种关系。权威的合理性在于其领导或控制他人的特定能力。这一时期，在儿童的自律性发展的同时，公正感也逐渐增强。儿童认为，妈妈具有丰富的经验与知识，知道如何最合适地安排皮特的生活，因而有权让皮特干活，但如果她违背已作出的诺言，皮特就可以不服从干活的要求，出去与朋友一起玩。

水平6　儿童将能为集体成员带来福利、为集体所认可的人奉为权威。服从与具体情境相联系而不再是对享有优越地位的个体的一种普遍反应。在这一时期儿童的心目中，绝对的权威已不存在，取而代之的是与具体情境相应的"相对"权威。在此意义上，在特定情境中，权威人物具有适应该情境的品质或特性。在两难故事中，儿童认为，皮特必须服从妈妈是因为妈妈拥有丰富的教育经验和知识，知道他最应该干什么；但如果野营，而只有皮特一个人具有有关的知识，这时全家人包括父母都应服从皮特，即皮特就成为宿营情境中的权威。

总之，儿童对权威与服从的认知随年龄的增长而表现出上升趋势。达蒙对相同群体进行的追踪研究再次验证了其横断研究的结果。他指出，儿童4～10岁时易养成对权威更成熟的态度。这种发展不仅伴随着公正感、平等感的日益增强，而且表现了理智成分参与的递增，情绪冲动的递降。

但由于社会文化条件对不同群体影响的不同，研究结果可能受"群组效应"的干扰，因而权威认知随年龄发展的趋势未必具有跨文化的普遍性。在研究方法上，故事中设定的两难情境并不代表生动的现实情境，在涉及儿童自身利益的真实生活情境中，儿童对两难问题的处理往往更复杂，而且儿童权威认知发展的速率也存在个体差异，因而达蒙的研究可能并未真实反映儿童达到各水平的年龄。

另一方面，两难故事研究所反映的儿童对权威与服从的认知与其具体行为之间并不存在必然的一致性，承认父母权威的合法性未必导致对权威的现实遵从。儿童在真实情境中的行为除以特定认知为一般前提外，还受崇敬、畏惧、愤怒等情绪情感因素与意志品质的影响，行为的产生是一个融知、情、意于一体的系统过程。

二、社会规则认知

社会规则认知发展是儿童社会认知发展的一个重要方面。社会规则认知的形成是儿童社会化的主要任务之一。儿童在不同的社会环境中会遇到各种各样的社会规则和社会期望，儿童要成为未来社会的合格成员，就必须理解这些规则。儿童的社会规则来源于三个方面，一是父母、老师的影响（如父母与老师经常对儿童说:"不要打人","要用筷子夹菜吃饭,不能用手拿"等);其次是法律规定(如法律规则:不准破坏他人财产);第三是儿童的社会互动(如一个儿童违背了性别角色期望,其它的儿童可能会嘲笑他)。社会规则在社会生活中起着非常重要的作用,它要求人们的行为举止要有规章,并阻止有不良后果的行为发生。

(一) 社会规则范畴

儿童是否以相同的方式对待各种社会规则?对于这一问题,心理学家持有两种不同的意见。一种观点认为,儿童对社会规则有着统一的看法,并以相同的方式对待所有的社会规则。例如,皮亚杰(1984)研究了儿童对玩弹子游戏规则的认知。他通过与儿童的访谈,试图从儿童的游戏规则观中总结出其道德规则观。柯尔伯格与皮亚杰一样,认为儿童以同样的方式对待所有的规则,因为所有这些规则都来自于权威的命令。随着年龄的增长,规则认知不断发展,儿童开始认为规则不是固定不变的,在众人或彼此同意的情况下可以改变规则。

而以丝米塔纳(Smetana,1993)为代表的另一观点认为,由于儿童有着不同的社会经验,自身经历过各种不同类型的社会规则,儿童的社会规则认知是分化发展的。这种分化发展主要表现在儿童对于道德规则和习俗规则的认知区分上。丝米塔纳曾以下列两个例子来说明儿童对道德规则和习俗规则认知的分化发展:

事件A:汤姆、迈克尔和戴维德都在摇摆船上玩。詹妮在附近排队等候上船玩。当摇动停下来时,她在汤姆胳膊上咬了一口,汤姆痛的大哭起来。

事件B:一天,天气炎热,教师决定带孩子们到儿童游泳池游泳。詹森忘了带游泳衣,因此老师让他从一箱泳衣中挑一件。他挑了一件粉红色的。老师告诉他不能穿这件泳衣,这种颜色是女孩子穿的。詹森坚持要这件,并说这是他今天想穿的泳衣。老师试图说服他放弃这件泳衣,最后经过讨论还是让詹森穿了,其它幼儿并未注意到詹森违背社会习俗这一事件。

上述两件事情均为社会事件,且均为社会所不允许的。但在儿童看来,这两件事有明显的区别。事件 A 中,不需要告诉汤姆咬人是错误的,他从自身的疼痛中就已经知道了。同样,詹妮、迈克尔和戴维德作为旁观者也知道咬人是不对的。但在事件 B 中,却不存在一个内在标准使儿童知道男孩穿粉红色是不对的(在美国文化背景中,男子是不穿粉红色游泳衣的)。

显而易见,事件 A 是一违反道德规则的例子。道德规则与他人的福利、信任、资源的公平分配等相联系。在这一类事件中,个体的道德知识是通过个体行为所产生的后果建构起来的。由于道德事件对他人的权利和福利有着直接的影响,所以,道德规则必须是强制性的、不可改变的,并适用于各种不同的社会文化环境。

相反,事件 B 是一社会习俗案例。社会习俗知识是通过对社会系统的认知而获得的,是指社会系统内部约定俗成的统一的行为规范,它对于社会系统中人们的社会互动起着结构性的作用。不同的文化背景下,人们有不同的说话、穿着、性别角色、行为态度等模式,如西方人用刀叉吃饭,中国人则用筷子吃饭。尽管形式不同,但习俗有同样的功能:它为某一群体中成员的行为方式提供了共同的期望模式,并由此而调整着人们的社会互动。与道德规则相反,习俗规则具有环境的相对性和可改变性。特里尔(Turiel,1983)等人认为,道德与社会习俗是两种不同类型的社会知识,它们在不同类型的社会互动中平行发展。

除了道德规则和习俗规则之外,还有另一种类型的社会规则——谨慎规则(prudential rule)。谨慎规则是指那些儿童经常遇到的用以调节与安全、伤害自己、舒适和健康相联系的行为的规则。

(如,"骑车时要戴上头盔","炉子很热,不要用手摸它","到雪地里去要戴上手套"等)。已有的研究表明,儿童能够区分谨慎规则和道德规则。道德规则和谨慎规则的区别在于,虽然两者都是用来调节对身心有影响的行为,然而,道德规则强调人与人之间的相互作用,谨慎规则适用于那些对自己身心有消极后果的行为(如由于粗心而伤害自己)。道德规则、习俗规则、谨慎规则的区分标准见表6-2。

表 6-2 社会规则认知范畴

道德规则
定义:对是与非,对与错的判断
建构成分:公正观
例证:福利、权利、公平分配资源、信任等问题
标准:客观性、普遍性、义务,不必依靠规则和权威,不可改变性

习俗规则
定义:在社会系统内对社会互动起结构性作用的行为规范
建构成分:社会组织观
例证:表达、服饰、性别角色、言谈举止等方面的方式
标准:具有偶然性、可改变性、情景性、相对性,受规则和权威的约束

谨慎规则
定义:对自己有消极后果的行为
建构成分:个人的概念
例证:包括安全、舒适、健康等行为,如冬天戴手套,不要触摸电插座等
标准:规则的效用、普遍性和规则的偶然性

(资料来源:Bennett, M. Child as Psychologist. 114)

(二)儿童对社会规则的认知发展

丝米塔纳和布雷格斯(Smetana & Braeges,1990)对2~3岁儿童区分违背道德规则的行为与违背习俗规则的行为以及言语发展对这些判断的影响进行了研究。在该研究中,儿童按年龄分为

三个组：2岁2个月，2岁10个月，3岁6个月。在个别访谈中要求儿童对10个熟悉的违反道德规则的事件和违反习俗规则的事件（用图画描述）进行判断，判断围绕可允许性、严重性、普遍性以及规则与权威的相关性几个维度进行，并要求儿童判断违背规则者应受惩罚的数量。研究结果表明，随着年龄的增长，儿童逐渐能区分违背道德的行为和违背社会习俗的行为。研究中最小的儿童（2岁）在任何一维度上都不能区分违背道德的行为与违背习俗的行为；近3岁的儿童认为违背道德的行为从普遍性上来说要比违背习俗的行为更为错误，但是没有在其它任何维度上进行区分；而3岁半的儿童却认为违背道德规则的行为要比违背习俗规则的行为更不依赖于规则与权威，从普遍性维度上讲更为不对，而且程度更加严重。该研究还发现，言语发展快的儿童比言语发展慢的儿童更早地区分违背道德规则的行为与违背习俗规则的行为。这表明儿童区别社会规则的能力与言语发展水平有关，而且区别道德规则与习俗规则的能力在儿童早期就已形成。

丝米塔纳等人（Smetana et al，1993）还研究了幼儿在假设的道德故事情境中与在真实道德情境中（幼儿园发生的道德故事）的判断，发现儿童对假设事件与真实事件的判断几乎没有区别，但儿童在假设情境中要比在真实情境中更能把道德与习俗规则区别开来。另外，提萨克及其同事（Tisak & Turrid，1988）对儿童社会规则认知的研究发现，儿童在考虑习俗行为时是规则定向的；考虑道德规则时，则主要注意行为对他人所造成的不良后果。这一结论与皮亚杰和柯尔伯格的观点是不同的。

此外，提萨克的研究还表明，学前儿童对保护身体安全的谨慎规则有很清楚的认识，但认为这些规则的重要性差一些，违背这些规则要比违反道德规则在严重程度上差一些。

戴维森等人（Davidson et al，1983）的研究指出，儿童的规则认知形成于童年中期。该研究中被试为6岁、8岁、10岁儿童，所采用的实验材料是儿童熟悉的违背道德规则的故事和违背习俗规则的故事以及儿童不熟悉的两类违背行为的故事材料，要求儿童对上述行为作出判断。正如所期望的那样，儿童能够区分道德行为与习俗行为，并且不同年龄的儿童在区分道德观与习俗观时所讲出的原因不同。他们对道德行为进行判断时，关心公平、他人福利及义务；相反，在判断习俗行为时，儿童感兴趣的是权威、避免惩罚，注重风俗习惯等。

另外，该研究还发现儿童更易区别熟悉的观点，观点的不熟悉性对较小儿童的反应影响更大。也就是说，最小的年龄组（6岁组）在区分道德事件与习俗事件时，对自己熟悉的事件的区分更清晰。随着年龄的增长，儿童能够把这些标准应用到越来越广泛的社会事件中去。同时，该研究还发现，不同年龄的儿童所陈述的理由的类型是不一样的。这表明儿童的推理或概念理解水平随着年龄的增长而发展。尽管年幼一些的儿童与年长一些的儿童同样认为违背规则的行为是错误的，但年长的儿童在谴责这些行为时更易用公平观进行判断。儿童在道德范畴内推理的发展是从注重他人的福利发展到注重个体权力之间的互惠观，而习俗推理的发展，则是从注重权威的期望和避免惩罚发展到注重习俗在协调社会互动中的功能。

（三）不同文化中儿童对社会规则的认知

不同的文化背景下儿童对社会规则的认知是否一样？许多研究都表明，儿童社会规则观在不同文化背景下存在差异。因为道德规则所支配的是对他人福利和权利有直接后果的行为，所以道德规则在不同文化中具有普遍性；相反，一般认为，社会习俗规则是与环境相对而言的，因而具有文化特定性。

已有研究表明（Smetana，1993），几乎在所有研究过的文化中，儿童对道德规则与习俗规则的解释均存在差异。如朝鲜儿童在解释中更多的运用社会地位、社会角色、恰当的角色行为及礼仪，而在美国儿童的推理中对这些方面的考虑相对较少；与美国相比，尼日利亚儿童和阿拉伯儿童更加相信风俗习惯与传统的重要性。因此，不同的文化背景下儿童规则认知可能是不相同的。在某些特定的环境中，个体可能强调个人的权利和自由，而在另外一些环境中，个体可能把个人的目标置于群体的利益之后。

小 结

社会认知发展是当前儿童社会性发展中一个非常活跃的研究领域。当代儿童社会性发展中的社会认知研究主要起源于认知发展理论和社会心理学中归因与自我问题的研究。在内容上，发展心理学关于个体社会认知发展的研究主要包括对个体的认知、对两人间关系的认知和对群体与社会系统的认知。

观点采择是指个体区分并协调自己与他人观点的能力。美国心理学家塞尔曼认为，观点采择的发展在儿童社会认知发展中处于一种核心位置，因为儿童观点采择能力的发展水平制约着儿童对权威、友谊和亲子关系的认知发展。根据认知对象的观点所反映的是空间关系问题还是对社会事件的看法，心理学家通常把观点采择区分为空间观点采择和社会观点采择。心理学家对观点采择发展的研究主要采用了两种不同的取向。弗拉维尔把观点采择看作是一个由存在、需要、推断和应用等 4 个子过程组成的认知加工过程；塞尔曼则继承了皮亚杰的结构分析传统，把儿童社会观点采择的发展区分为 5 个不同的水平，而这些水平的出现顺序与皮亚杰刻画的儿童思维发展的阶段顺序有着大致的一致性。近年来的多项研究均发现，儿童社会观点采择能力的发展与儿童的社会互动，尤其是同伴之间的社会交往有着密切的关系。移情是一种特殊类型的观点采择。弗拉维尔根据儿童的认知与情感的相对关系把儿童对他人的移情反应划分为3种类型：非推断的移情、移情的推断和非移情的推断。霍夫曼对儿童移情的发展进行了最为系统的研究，提出了儿童移情发展的4阶段说。

"心理理论"是20世纪80年代后期才兴起的一个研究领域。简言之，心理理论研究就是把儿童看作是一个朴素的心理学家，考察儿童如何随着年龄的增长逐渐建构其对他人心理状态的认知。至今，心理理论的主要测量方法仍是"错误信念任务"实验。已有的研究证明，4岁左右的儿童才能形成关于他人心理状态的"心理理论"，其标志是从这时儿童开始能够认识到他人关于客观事件的看法或信念有可能是错误的。韦尔曼认为，4岁以前儿童心理理论的发展可以划分为3个阶段：欲望心理学的心理理论、信念一欲望为基础的心理理论和认识到个人的信念是其对世界的解释的阶段。而普那则把儿童在4岁左右"元表征"能力的获得看作是心理理论发展的一个质的飞跃。

对权威和社会规则认知是儿童社会认知发展的重要内容。达蒙把儿童对权威的认知发展划分为6个水平。国外研究者通常把社会规则划分为三个不同的范畴：道德规则、习俗规则和谨慎规则。前两种规则是近年来研究的重点。近年来，以特里尔和丝米塔纳为代表的研究者发现，儿童在很早的年龄就能够对道德规则和习俗规则作出区分，儿童两种规则的认知是分化发展的。这些研究结果对皮亚杰关于儿童规则发展的观点提出了质疑。

讨 论

儿童社会认知与社会互动

皮亚杰认为（皮亚杰、英海尔德，1980），儿童的同伴交往或互动能够促进其去自我中心或观点采择的发展，因为在同伴互动中，儿童通过扮演不同的角色，为他们更好地认识到自己的观点与他人的观点之间的差异提供了机会，使他们能够有机会了解自己和他人在活动过程中对活动内容和相关问题的观点的差异。同时，在游戏中发生冲突时，为了使游戏继续进行，儿童必须对自己的观点和同伴的观点进行整合，作出妥协。因此这些具有相同地位的同伴间的互动会加快儿童去自我中心化的进程，推动和促进其观点采择和人际理解的发展。

近年来的许多研究均证明了儿童的同伴互动对社会认知发展的促进作用。豪勒斯和科温（Hollos & Cowan，1973）在题为《社会孤立与认知发展：挪威三种社会情景中儿童的逻辑运算和角色采择能力》的研究中，考察了挪威农场、村庄和城镇等三种社会交往机会不同的儿童的观点采择能力。研究结果发现，农场儿童（社会交往机会最少）与村庄（交往机会中等）和城镇（交往机会最多）相比，其观点采择能力最差，但后两组儿童之间则不存在差异，因此他们得出结论认为：儿童社会观点采择需要一个最小量的社会互动为前提，这个最小量的社会互动是儿童通向观点采择的门槛，但"超过了这个门槛，儿童的社会互动的纯量不影响观点采择的发展"。这个结论被称为儿童的观点采择与社会互动关系的"门槛假设"（the threshold hypothesis）。

格内普（Gnepp，1989）在其研究中让 8 岁的儿童依据一个陌生儿童少量以前的行为来推测其现在的内心状态,控制两类被试的智商,结果发现,受欢迎儿童的得分显著高于较不受欢迎的具有相同认知能力的同伴。这一结果有力地说明,儿童的社会经验对其社会认知能力的发展具有重要的影响。

纳尔逊和阿伯特(Nelson & About,1985)认为,儿童间的某些特定形式的同伴互动经验在促进儿童的观点采择发展方面具有特殊的作用。他们的研究发现,儿童与朋友之间的意见分歧比与一般熟识的同伴之间的意见分歧更能够促进儿童的观点采择能力的发展,因为儿童对朋友通常更开放和诚实,因而朋友间的意见分歧更能够为儿童提供了解、认识和组织不同观点的机会。

张文新(1998)通过自然情景下对儿童自由活动的录像观察和儿童社会行为的同伴评定法分别对幼儿园大班和小学儿童的社会互动经验进行评定,然后考察了儿童的社会互动经验与社会观点采择能力的关系。研究结果表明,儿童同伴之间的社会互动经验对其观点采择能力的发展有重要影响,在同伴关系中处于孤立地位的儿童的社会观点采择能力的发展显著地落后于高同伴互动组。

第七章 儿童道德与亲社会行为的发展

道德发展与亲社会行为的发展是儿童社会性发展中两个密不可分的领域。在发展心理学中,道德发展是指个体随着年龄的增长,逐渐掌握是非判断标准以及按该标准去表现道德行为的历程。广义的亲社会行为是指帮助、安慰、分享、合作、同情等有利于社会和他人的行为。马森和艾森伯格(Mussen & Eisenberg, 1977)把亲社会行为定义为"帮助或使另外一个人或一群人受益而行为者又不期待获得外部奖酬的行为,这类行为经常需要行为者一方付出一些代价、作出自我牺牲或冒一些风险"。道德与亲社会行为对人类文明与社会进步具有至关重要的意义。个体社会化的最重要的结果之一即在于个体最终能够掌握是非对错的标准,并按照内化的道德标准去行动。从这个意义上说,个体道德与亲社会行为的发展状况是个体社会化过程成败的最重要的一个指标。作为社会性发展研究的一个内容,儿童道德与亲社会行为的发展问题长期以来一直是发展心理学家最为关注的研究课题之一。

本章共讨论 4 个问题:首先,介绍发展心理学家关于儿童道德发展，其中主要是儿童道德认知发展的理论观点；其次，概述儿童亲社会行为的发展；再次，重点对艾森伯格提出的儿童亲社会行为发展模型进行评价；最后，讨论儿童亲社会行为的影响因素及儿童亲社会行为的培养方法。

第一节 儿童的道德发展

道德包含有两种意义：其一是属于"知"的道德，即对是非善恶事理的判断；其二是属于"行"的道德，即对道德理念的具体实践。从理论上讲，讨论道德发展，应同时兼顾知和行两个层面。然而，由于道德行为只有在生活情景的偶然机会才会表现，不易在实验情景下进行研究，因此，心理学研究迄今仍然偏重于研究道德的认知发展。

一、皮亚杰的理论

在心理学文献中，一般认为瑞士的皮亚杰（Jean Piaget）是首先有计划、有系统地研究道德判断问题的心理学家。皮亚杰在1932年出版的《儿童的道德判断》，是发展心理学研究儿童道德发展的里程碑，为儿童道德发展的认知研究奠定了坚实的基础。

（一）皮亚杰关于儿童道德判断发展理论的主要内容

皮亚杰认为对儿童道德判断的性质的研究，采用直接的提问是不可靠的，把儿童放在实验室里剖析更是不可能的。只有在儿童对特定行为的评价中才能分析出他们对问题的真实认识。因此，皮亚杰与他的合作者创立了"临床法"（clinical method），以此来研究儿童对规则的意识和道德判断的发展问题。下面是皮亚杰采用"临床法"——即皮亚杰和儿童进行的两段对话——来研究儿童规则意识发展的例子。

对话1：

本恩：10岁，对于规则的意识仍处于第2阶段。

……

皮亚杰：发明一个规则。

本恩：我不能那样立刻发明一个规则。

皮亚杰：是的，你能够。我能看得出来，你比你看起来要聪明些。

本恩：好，让我们说，当你在四方形内时，你没有被抓住。

皮亚杰：好，别人也一样能成功吗？

本恩：噢，是的，他们喜欢那样做。

皮亚杰：那么，人们也能那样玩吗？

本恩：噢！不，因为那会有欺骗。

皮亚杰：但是你所有的同伴都喜欢那样做，不是吗？

本恩：是的，他们都喜欢。

皮亚杰：那么为什么这是欺骗呢？

本恩：因为是我发明了它；它不是一个规则！它是一个错误规则，因为它是在这个规则之外的。一个公正的规则乃是在这个游戏之内的。

（资料来源：皮亚杰.儿童的道德判断.傅统先、陆有铨译.1984.65~66）

对话2：

格罗斯：13岁，处于规则意识发展的第3阶段。

……

皮亚杰：你允许改变这些规则吗？

格罗斯：噢，是的，有些人不想改。如果孩子们都是那样玩的（改变了某些东西），你就要像他们一样玩。

皮亚杰：你认为你能发明一条新规则吗？

格罗斯：噢，是的。……（他想了想）你能用脚玩。

皮亚杰：那样公正吗？

格罗斯：我不知道。这只不过是我的一种想法而已。

皮亚杰：如果你做给别人看，它会发生作用吗？

格罗斯：它完全会发生作用，有些儿童想试试看。呀！有人却不想试！他们坚持旧的规则。他们认为很少有机会遇见这样的新游戏。

皮亚杰：如果大家都那样玩呢？

格罗斯：那么它会成为一条规则，像别的规则一样。

（资料来源：皮亚杰. 儿童的道德判断. 傅统先、陆有铨译. 1984. 71~72）

为了考察儿童道德判断的发展，皮亚杰和他的同事们还设计了许多包含道德价值内容的对偶故事。其中有一个故事是：

A. 一个叫约翰的小男孩，听到有人叫他吃饭，就去开吃饭间的门。他不知道门外有一张椅子，椅子上放着一只盘子，盘内有15只茶杯，结果撞倒了盘子，打碎了15只杯子。

B. 有个男孩名叫亨利，一天，他妈妈外出，他想拿碗橱里的果酱吃，一只杯子掉在地上碎了。

哪个男孩犯了较重的过失？皮亚杰发现：6岁以下的儿童大多认为第一个男孩的过失较重，因为他打破了较多的杯子；年龄较大的儿童则认为第一个男孩的过失较轻，因为他的过失是在无意间发生的。

皮亚杰采用对偶故事法，考察了儿童对游戏规则的认识和执行情况，对过失和说谎的道德判断以及儿童的公正观念等方面的问题，并据此概括出儿童道德认识发展的 3 个阶段：

第 1 阶段：前道德阶段。此阶段大约出现在 4～5 岁以前。处于前运算阶段的儿童的思维是自我中心的，其行为直接受行为结果所支配。因此，这个阶段的儿童还不能对行为作出一定的判断。

第 2 阶段：他律道德阶段。此阶段大约出现在 4、5～8、9 岁之间，以学前儿童居多数。此阶段儿童对道德的看法是遵守规范，只重视行为后果（打破杯子就是坏事），而不考虑行为意向。故而称之为道德现实主义。

第 3 阶段：自律道德阶段。自律道德始自 9～10 岁以后，大约相当于小学中年级。此阶段的儿童，不再盲目服从权威。他们开始认识到道德规范的相对性，同样的行为，是对是错，除看行为结果之外，也要考虑当事人的动机，故而称之为道德相对主义。按皮亚杰的观察研究，个体的道德发展达到自律地步，是与其认知能力发展齐头并进的。因此，对一般儿童来说，自律阶段大约跟形式运算阶段（11 岁以上）同时出现。

(二) 皮亚杰儿童道德判断研究中存在的问题

1. 方法上的问题

皮亚杰道德两难方法中存在的最突出问题是在两个故事中给儿童展示了两个不对等的后果（15 只杯子对 1 只杯子），因为这样会引诱儿童忽略其中的有意性。另外，这些故事的设计也存在问题：例如，故事中淘气的亨利去拿果酱，他可能并不是有意打破杯子的，而是不小心打碎的，事实到底如何？这一点作为被试的儿童并不清楚。因此，故事中提到的"坏的故意性"一词值得进一步推敲。同时，这些故事对儿童被试的记忆要求也较高（Kail, 1990）。有些研究表明，如果方法改善了（如造成同样的后果，让儿童比较故意的和偶然的两种条件下哪种更坏？），即使是 5 岁的儿童也会以故意性为基础来进行判断。例如，我国学者莫雷

(1993)分别用动机错误程度差异增大与后果严重程度差异缩小的两个系列改变对偶故事,对5至7岁儿童的道德判断依据进行了研究。结果表明,在上述两种情况下,儿童由原来的后果判断转为动机判断的人数均达显著性水平。儿童的年龄越大,转变的人数就越多。据此可以认为,这个时期的儿童在进行道德判断时会受到行为后果和行为动机两个方面的影响,只不过行为后果的影响作用要大大超于行为动机;而随着年龄的增大,两者的相对影响作用逐步会此消彼长。因此,皮亚杰的有关结论应予以补充与修正。

2. 道德规则与习俗规则的区分

近年来研究表明,皮亚杰在儿童规则认知发展研究中存在的另一问题是没有对习俗规则和道德规则进行区分,而是认为儿童以相同的方式对待不同范畴的规则。儿童能够区分那些违背社会习俗的行为(如不要把你的物品放在右边)和那些违背道德规则的行为(如要分享玩具,不要打别的孩子)。丝米特纳(Smetana,1981)在美国的两个托儿所里对2~5岁儿童进行的研究发现,儿童根据一定的情境(在家里或在学校里)以及事件应受到的惩罚区分以上两种类型的行为。我国的张卫等人(1998)利用儿童学习与生活中经常发生的一些违规行为问题,采用故事——问题法,对6岁、8岁、10岁、12岁、14岁5个年龄组共150名儿童进行了研究,试图揭示中国儿童对道德和社会习俗的认知特点。结果发现,至少6岁的中国儿童已表现出对道德规则和社会习俗的直觉区分,但对两者的深刻理解则需到8岁左右才能达到;儿童对道德规则的理解,强调公平原则、他人幸福和义务责任等因素,而对社会习俗的认识,则强调社会习俗传统、团体规则和不良后果。

二、柯尔伯格的理论

皮亚杰后来越来越专心从事逻辑和科学思维的研究,不再继续进行关于道德发展的研究。但是,皮亚杰关于儿童道德发展研究的创造性工作引起了西方国家许多学者的关注和重视。继皮亚杰之后,许多心理学家从不同角度或侧面,在不同国家或地区重复、修正了他的研究,进一步丰富和发展了他的道德发展理论。其中影响较大的是美国哈佛大学教授柯尔伯格(Lawrence & Kohlberg)关于儿童道德发展阶段的研究。

(一) 柯尔伯格儿童道德判断发展理论的主要内容

自50年代末期,柯尔伯格对皮亚杰的理论框架进行了深入的研究和系统的扩充。他一方面对皮亚杰的理论给予高度的评价,充分肯定了皮亚杰的下列基本观点:儿童的认知发展是其道德发展的必要条件;道德发展作为一个连续的发展过程,由于认知结构的变化而表现出明显的阶段性;他律道德和自律道德之间的差异相当于前运算阶段与具体运算阶段之间的差异等等。但是,另一方面他也指出了皮亚杰研究方法中存在的某些局限性:皮亚杰研究所采用的成对故事中造成较坏后果的儿童往往不是故意的,而造成较轻后果的儿童往往是有意的;利用对偶故事法不能很好地揭示儿童道德推理的过程;皮亚杰研究儿童道德发展的内容维度较窄,有些对偶故事只研究道德判断的一个方面。柯尔伯格鉴于上述考虑,决定采用"开放式"的手段来揭示儿童道德发展水平,同时保留皮亚杰成对故事中的冲突性特征。他选择古代哲学家经常采用的"假设两难情境",编制"道德两难故事"作为引发儿童道德判断的工具。

柯尔伯格使用的一系列两难推理故事中,最典型的是"海因兹偷药"的故事:

欧洲有个妇人患了癌症，生命垂危。医生认为只有一种药才能救她，就是本城一个药剂师最近发明的镭。制造这种药要花很多钱，药剂师索价还要高过成本十倍。他花了200元制造镭，而这点药他竟索价2000元。病妇的丈夫海因兹到处向熟人借钱，一共才借得1000元，只够药费的一半。海因兹不得已，只好告诉药剂师，他的妻子快要死了，请求药剂师便宜一点卖给他，或者允许他赊欠。但药剂师说："不成！我发明此药就是为了赚钱。"海因兹走投无路竟撬开商店的门，为妻子偷来了药。

讲完这个故事，主试就向被试提出了一系列的问题：这个丈夫应该这样做吗？为什么应该？为什么不应该？法官该不该判他的刑？为什么？等等。

儿童对柯尔伯格所编制的两难故事中的问题既可作肯定回答，又可作否定回答。柯尔伯格真正关心的不是儿童作出哪一种回答，而是儿童证明其回答时提出的理由。因为在柯尔伯格看来，儿童提出的理由（即儿童的推理思想）是根据其清晰的内部逻辑结构而来，所以根据儿童提出的理由就能确定出儿童的道德判断水平。

柯尔伯格采用纵向法，连续测量记录72个10～26岁男孩的道德判断，达10年之久。此后又将研究结果推广到世界各国去验证。最后于1969年提出了他的3水平6阶段道德发展理论：

第1水平：前习俗水平。大约在学前至小学低中年级阶段。此水平又分两个阶段：

第1阶段：惩罚和服从的取向。根据行动的有形的结果判定行动的好坏，凡不受到惩罚的和顺从权威的行动都被看作是对的。

第2阶段：工具性的相对主义取向。正确的行动就是能够满足本人需要的行为。虽然发生了互惠关系，但主要表现为实用主义方式。

柯尔伯格的第1、2阶段与皮亚杰的2个阶段相对应,第1阶段都是毫不怀疑地服从权威,对行为的判断根据行为的后果;第2阶段都承认规则具有相对性,但皮亚杰认为这个阶段的儿童已能根据行为的意图来判断,而柯尔伯格认为第3阶段才具有这个特征。

第2水平:习俗水平。大约自小学高年级开始,此水平又分两个阶段:

第3阶段:好男孩——好女孩的取向。好的行为是使人喜欢或被人赞扬的行为。十分重视顺从和做"好"孩子。

第4阶段:法律和秩序取向。注意中心是权威或规则。所谓正确即指完成个人职责、尊重权威和维护社会的秩序。

第3水平:后习俗水平。大约自青年末期接近人格成熟时开始。此水平又分两个阶段:

第5阶段:社会契约的取向。这个阶段有一种功利主义的、墨守法规的情调。正确的行为是按社会所同意的标准来规定的。重要的是意识到个人主义的相对性以及需要与舆论一致。

第6阶段:普遍的道德原则的取向。道德被解释为一种良心的决断。道德原则是自己选定的,根据抽象概念而不根据具体规则。

柯尔伯格对上述6个阶段的界定及各阶段儿童道德判断的特点的详细说明见表7-1。

表 7-1　柯尔伯格关于儿童道德判断各个阶段的界定及其特点

水平 1　前习俗水平：（主要着眼于自身的具体结果）

阶段 1　服从与惩罚定向
这种定向是为了逃避惩罚而服从于权威或有权力的人，通常是父母。一个行动是否道德是依据它对身体的后果来确定的。

阶段 2　朴素的快乐主义和工具定向
这一阶段儿童服从于获得奖赏。尽管也有一些报偿的分享，但也是有图谋、为自己服务的，而不是真正意义上的公正、慷慨、同情或怜悯。它很像一种交易："你让我玩四轮车，我就把自行车借给你。""如果让我看晚上的电影，我现在就做作业。"

水平 2　习俗水平：习俗的规则与服从性道德（主要满足社会期望）

阶段 3　好孩子道德
在这一阶段，能获得赞扬和维持与他人良好关系的行为就是好的。尽管儿童仍以他人的反应为基础来判断是非，现在他们更关心他人的表扬与批评而不是他人的身体力量。注意遵从朋友或家庭的标准来维持好的名声。开始接受来自他人的社会调节，并依据个人违犯规则时的意向来判断其行为的好坏。

阶段 4　权威性与维持社会秩序的道德
这一阶段个体盲目地接受社会习俗和规则，并且认为只要接受了这些社会规则他们就可以免受指责。他们不再只遵从其他个体的标准而是遵从社会秩序。遵从一系列严格规则的行为就被判断为好的。大多数个体都不能超越习俗道德水平。

水平 3　后习俗水平：自我接受的道德原则（主要履行自己选择的道德准则）

阶段 5　契约、个人权利和民主承认的法律的道德
这一阶段出现了以前阶段所没有的道德信念的可变性。道德的基础是为了维护社会秩序的一致意见。因为它是一种社会契约，当社会中的人们经过理智的讨论找到符合群体中更多成员利益的替代物时，它也是可以修正的。

阶段 6　个体内在良心的道德
这一阶段个体为了避免自责而不是他人的批评，既遵从社会标准也遵从内化的理想。决策的依据是抽象的原则如公正、同情、平等。这种道德是以尊重他人为基础的。达到这一发展水平的人将具有高度个体化的道德信念，它有时是与大多数人所接受的社会秩序相冲突的。(如美国越战期间支持非暴力、积极参加反战示威的学生比不积极的学生有更多的人达到了道德的后习俗水平。)

(资料来源：Colby et al. A longitudinal study of moral judgement. Monographs of the Society for Research in Child Development，1983，48 (1～2)：200)

柯尔伯格关于儿童道德发展阶段的理论，丰富、发展了皮亚杰关于儿童道德发展的理论，开阔、加深了人们对儿童道德判断这一理论的认识和了解。柯尔伯格根据自己和合作者在英国、台湾、土耳其等地进行的一系列跨文化研究指出，关于儿童道德判断的这3种水平6个阶段在各种不同的文化背景中具有普遍性，强调说："尽管不同文化的道德行为和道德习俗似乎很不相同，但在这些不同的道德习俗背后，却似乎存在着一种普遍的判断和评价形式"。

柯尔伯格认为儿童道德判断的发展都是按顺序经过这几个阶段的，不能超越，只能循序渐进。但在60年代末到70年代初，柯尔伯格所做的许多实验研究发现，该阶段理论与儿童道德判断的实际情况不完全相符，如只有少数成人（甚至大学生）达到阶段5，达到阶段6的更是少见，在儿童道德判断中存在着某些回归现象等等。因此，在70年代末80年代初柯尔伯格对其理论进行了修正，增加了一些"过渡阶段"，如阶段1和阶段2之间存在过渡阶段1/2，阶段2和阶段3之间存在过渡阶段2/3等等。但从整体上看，他的基本阶段模型没有变化。

（二）对柯尔伯格理论的批评

1. 方法上的问题

柯尔伯格理论发表以后，许多心理学家对其研究方法提出了批评。他们指出，从道德两难问题中获得的关于儿童对于道德判断的分数是凭直觉的，其内部相关性并不高。正如皮亚杰个别访谈的"临床法"一样，这种方法上存在的主观性太强，以致影响到儿童真实的判断结果。此外，量表的效度也值得怀疑，因为，如果单单从柯尔伯格第一次获得的关于儿童道德发展的顺序的样本中并不能得出儿童的道德判断的顺序不变的结论。

另外,还有人(Daman,1977)对柯尔伯格的道德两难问题的现实性提出了质疑,认为在10～17岁儿童的生活中是不可能发生"海因兹偷药"这类问题的。

2. 社会习俗与道德规则的区分

特里尔(Turiel,1983)认为,柯尔伯格没有很好地区分习俗规则(如"你不应该在众人面前脱衣服")和适用于公平、真理和是非原则的道德规则(如"偷盗是错误的"),把两者混为一谈。特里尔通过观察4岁儿童对于这两个范畴之间差异的理解发现,与习俗相比,4岁的儿童更多地把道德规则看作是具有约束力的。特里尔的研究揭示了儿童关于社会习俗判断的发展情况,进而证明社会习俗和道德是两个不同的领域,儿童的习俗判断和道德判断的发展规律也各不相同。这表明,柯尔伯格的道德发展理论并不适合于儿童的习俗判断。社会习俗可以通过协商加以改变,而道德规则具有固定、不可改变的性质。

3. 被试性别问题

对于柯尔伯格另一种批评是,他研究中的被试都是男性。这种性别的单一化只是表明了男性道德发展的阶段和男性性别偏向。吉利根(Gilligan,1982)在她的一本著作《另一种声音:心理学理论和女性发展》中,强烈地提出了以上观点。事实上,吉利根极力支持以女性心理学来补充已经非常发展的、并占控制地位的"男性心理学"。就道德推理而言,吉利根对29位15～33岁之间的女性进行了一项短期的纵向研究。这些被试都处于流产和怀孕咨询期间。这些女性面临着一些现实的问题——是做流产还是顺利通过孕期以将这些孩子生产下来。吉利根发现,这些女性认为,她们的两难问题在某种意义上和柯尔伯格的"公平"取向不同：柯尔伯格主要把注意集中在"责任"上，而吉利根所关心的则是"关怀"问题。

（三）对柯尔伯格理论的修正

鉴于上述各方面的批评意见，柯尔伯格和其同事对其理论的一些方面进行了修定。其中包括编制了一个新的记分系统（称作"标准问题记分"，Standard Issue Scoring）。这种记分方式可以记录被试在每个两难故事中对于问题作出的反应。例如，在海因兹的两难故事中，如果被试说海因兹不应该偷，这将是一个法律问题；如果说海因兹应该救他的妻子，这就成了一个生活问题。他们利用这一新的记分系统对原来的美国纵向研究的样本重新进行了记分，结果见图 7-1。由图 7-1 可见，前 4 个阶段很好地支持了这种阶段顺序模型。阶段 5 出现的频次很少，阶段 6 则不见了。因此，柯尔伯格认为，这个未得到实验证实的第 6 个阶段是一个假设的阶段（Colby et al，1983）。

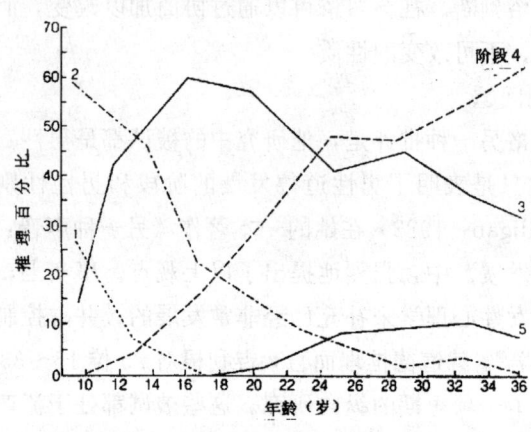

图 7-1　儿童在各个年龄阶段道德推理发展的平均百分比

(资料来源：Colby et al. A longitudinal study of moral judgement. Monographs of the Society for Research in Child Development, 1983, 48 (1.2): 200)

三、艾森伯格的亲社会道德理论

艾森伯格（Nancy Eisenberg）是美国当前较有影响的儿童心理学家，亚利桑那州立大学的心理学教授。自1977年她与马森（Paul Mussen）合著《关心、分享和助人之根源》以后，一直从事儿童亲社会领域的研究，相继发表80多篇论文和论著章节，成为该领域颇有影响的代表人物之一。在柯尔伯格的道德发展理论基础上，她和她的合作者进行了一系列关于儿童亲社会道德判断发展的实验研究，创立了亲社会道德判断理论（王美芳，1996）。

（一）艾森伯格关于儿童亲社会道德判断的研究与理论

1. 亲社会道德理论的提出

柯尔伯格的理论是否正确地概括了儿童道德判断这一领域的全貌呢？他本人认为他的理论适用于儿童对各种不同类型道德冲突所作的推理。然而许多人却对此提出了异议。其中较有代表性的是美国亚利桑那州立大学的心理学家艾森伯格（Eisenberg & Mussen，1989）所持的观点。她认为，道德作为一个总的领域，包括许多不尽相同的具体方面，儿童对这些具体方面的判断会有所不同。柯尔伯格研究所用的两难故事在内容上几乎都涉及到法律、权威或正规的责任等问题。如海因兹该不该偷药的故事中，海因兹必须在偷药和妻子死亡之间作出选择，偷药就会犯法，而保护妻子免于死亡又是每一个丈夫的责任。这些法律、责任等问题会在一定程度上制约着儿童对故事冲突所作的推理。因此，柯尔伯格运用其两难故事只是研究了儿童道德判断推理的一个方面——禁令取向的推理（prohibition oriented reasoning）。艾森伯格则区分并设计出不同于柯尔伯格两难情境的另一种道德两难情境——亲社会道德两难情境（prosocial moral dilemmas）来研究儿童的亲社会道德判断。亲社会两难情境的特点是"一个人必须在满足自己的愿望、需要和（或）价值与满足他人的愿望、需要和（或）价值之间作出选择"，助人者的个人利益和接受帮助者的利益之间存在着不可调和的矛盾。例如，一个城镇的居民必须在是否与另一个城镇遭受洪水灾害的灾民分享食物之间作出选择，一个人必须在帮助一个遭抢劫的妇女和保护自己之间作出选择等等。在亲社会两难情境中，故事的主人公是唯一能提供帮助的人，但助人就意味着自我牺牲。这种助人行为是"职责以外的行为"（acts of supererogation），它高于一个人正规的责任、源于公平考虑的责任等。正是在这一意义上，艾森伯格认为，在亲社会两难情境中并不强调法律、惩罚、权威和正规的责任，这也正是亲社会两难情境与柯尔伯格的两难情境之区别所在。

2. 亲社会道德判断的研究方法

艾森伯格同柯尔伯格一样，他们都是采用两难故事作为研究儿童道德判断的工具，都是采用个别交谈法来考察儿童的判断推理过程。但他们两人的研究有重大的区别：第一，如前所述，作为研究工具的两难故事，其内容特点不同。第二，理论基础不同。柯尔伯格认为：儿童的认知发展是其道德发展的必要条件，但不是充分条件。因此，儿童道德判断的发展不能用儿童认知结构的变化来说明。儿童的道德判断作为儿童心理发展的一个方面，有它自己独特的结构（一般的组织原则或思维形式），所以应根据儿童的这一独特结构来描述、说明儿童道德判断的发展情况，以儿童的这一独特结构来确定儿童道德判断的阶段及其先后顺序。而艾森伯格并没有预先假设儿童的亲社会道德判断中存在着一种内在的结构，也没有设想要根据儿童的一种内在结构来确定儿童亲社会道德的阶段。她只是设想柯尔伯格的阶段理论可能没有概括出儿童道德判断的全貌。所以，她利用亲社会两难故事作为工具，通过实验研究来概括儿童的亲社会道德判断的发展趋势。柯尔伯格利用实验得出的阶段为其理论前提，而艾森伯格则是通过实验来总结、概括儿童亲社会道德判断的年龄变化趋势。第三，对实验材料的评估方式不同。柯尔伯格的最新评估系统中对儿童回答的评估分 4 步（如前所述），即问题？→规范？→要素？→阶段。艾森伯格则把儿童的回答划分为几十种不同的道德思想范畴（moral consideration categories），然后进行一列的统计处理和经验归纳，最后概括出儿童亲社会道德判断的年龄变化趋势。艾森伯格常用的亲社会道德思想范畴有如下几种：

（1）对权威和（或）惩罚的畏惧与迷信、避免惩罚和无条件地服从权威本身就是价值。儿童不管人的价值或需要如何，而是仅以行为对身体所产生的后果来决定行为的好坏。

（2）享乐主义的推理

①实用主义和享乐主义的自我得益观。儿童以自己的个人得益为定向。

②直接的互惠。以来自行为受惠者的个人得益为定向。

③情感关系。儿童考虑的是他（她）对一个人的认同，他（她）喜欢这个人，或者这个人与自己的需要有关系。

（3）对他人需要的关注

①对他人身体或物质需要的关注。以他人身体或物质的需要为定向。

②对他人心理需要的关注。以他人的心理需要和情感状态为定向。

（4）定型作用

①好人或坏人的定型形象。以好人或坏人的定型形象为定向。

②大多数行为的定型形象。以"自然的"行为和大多数人的所作所为为定向。……

共有近30种思想道德范畴。

3. 亲社会道德判断的发展阶段

艾森伯格及其合作者利用亲社会两难故事进行了许多横向和纵向研究，在此基础上归纳、总结出了关于儿童亲社会道德判断的5个阶段：

阶段1：享乐主义的、自我关注的推理。助人或不助人的理由包括个人的直接得益、将来的互惠，或者是由于自己需要或喜欢某人才关心他（她）。

阶段2：需要取向的推理。他人的需要与自己的需要发生冲突时，儿童对他人身体的、物质的和心理的需要表示关注。儿童仅仅是对他人的需要表示简单的关注，并没有表现出自我投射性的角色采择、同情的言语表述等。

阶段3：赞许和人际取向、定型取向的推理。儿童在证明其助人或不助人的行为时所提出的理由是好人或坏人、善行或恶行的定型形象，他人的赞扬和许可等。

阶段4：分为两个阶段：

阶段4a：自我投射性的移情推理。儿童的判断中出现了自我投射性的同情反应或角色采择，他们关注他人的人权，注意到与一个人的行为后果相联的内疚或情感。

阶段4b：过渡阶段。儿童选择助人或不助人的理由涉及到内化了的价值观、规范、责任和义务，对社会状况的关心，或者提到保护他人权利和尊严的必要性等。但是，儿童并没有清晰而强烈地表述出这些思想来。

阶段5：深度内化推理。儿童决定是否助人的主要依据是他们内化了的价值观、规范或责任，尽个人和社会契约性的义务、改善社会状况的愿望等。此外，儿童还提到与实践自己价值观相联系的否定或肯定情感。

艾森伯格对亲社会道德判断的这5个阶段做了比较谨慎的说明，她没有把它们看作是具有普遍性的，也没有把它们之间的顺序看作是固定不变的。她只认为自己勾画出了"美国中产阶级儿童发展的一种描述性的与年龄有关的顺序"。但是，国外许多心理学工作者利用艾森伯格的亲社会两难故事在德国、以色列、日本和西太平洋的巴布亚－新几内亚等地所做的跨文化研究表明，尽管不同文化背景下的儿童的亲社会道德判断存在着一定的差异，但他们的亲社会道德判断发展过程与艾森伯格提出的关于儿童亲社会道德判断的发展阶段基本一致。

我国发展心理学者程学超、王美芳（1992）对儿童亲社会道德推理的发展进行了研究。这项研究的对象是幼儿园大班幼儿、小学二、四、六年级和普通中学初二、高一年级学生。研究者参照艾森伯格设计的亲社会两难故事，结合我国儿童的生活实际，编制了两套亲社会两难故事，每套4个共计8个故事。该实验研究结果表明：

(1) 幼儿园大班儿童亲社会推理主要处在水平2，有相当一部分处于水平1；小学二年级儿童主要处在水平2，有相当一部分处于水平3；小学四年级儿童主要处在水平3，也有相当一部分处在水平2和水平4；小学六年级儿童主要是处在水平3和4；初中二年级和高中一年级的判断推理主要是处在水平4，并且有少部分达到水平5，高一儿童达到水平5的比例已大大增长，但在该年级并没有占判断的主导地位。幼儿园大班——小学——中学儿童的亲社会道德推理的发展经历了一个不断上升的过程。在这个过程中儿童的判断推理逐渐向更概括、更抽象的方面发展。这基本上支持了艾森伯格等人研究所得出的关于儿童亲社会道德推理的年龄变化的结论。但本研究所测查的我国儿童比艾森伯格研究的美国中产阶级同年龄儿童的推理水平稍高一些。

(2) 不同的亲社会道德两难情境对儿童的道德推理所能达到的水平有一定的影响。故事1是关于故事主人公自己比赛得奖取得荣誉与帮助他人之间的冲突，其他故事则是关于主人公自己的物质需要、保护自己身体的需要等与他人同样的需要之间产生的冲突。在故事1中，儿童作出享乐主义、自我关注推理的比例大大超过了故事2、3和4中所作出的同样的判断推理；在故事4中，儿童所作的强有力的内化推理大大超过了在故事1、2和3中所做的同样的推理。这是否反映了我国儿童道德推理的一般特点，尚有待于进一步研究。艾森伯格的关于儿童亲社会道德判断的理论在一定程度上得到了跨文化研究的支持，具有一定的普遍性。

4. 亲社会道德判断的发展阶段与柯尔伯格的道德发展阶段之比较

从以上的有关论述可以看到，艾森伯格所提出的关于儿童亲社会道德判断的发展阶段与柯尔伯格的阶段理论不尽相同。柯尔伯格认为，儿童的道德判断所经历的第1阶段是以惩罚和服从为定向，即儿童把避免惩罚和尊从权威作为其判断的理由。艾森伯格在对学龄前儿童和学龄儿童做了充分的研究基础上指出，在儿童（甚至是学龄前儿童）的亲社会道德判断中不存在柯尔伯格的第1阶段，也就是说，儿童并不或极少把避免惩罚和权威的强力作为其亲社会道德判断的理由。柯尔伯格的第2阶段是以行为的工具作用为定向，他把儿童对个人需要的满足和对他人需要的满足都归纳为在同一发展阶段里。艾森伯格的研究发现，在儿童的亲社会道德判断中，儿童只满足自己的需要而忽视他人的需要时表现出一种自私、享乐主义的思想，而满足他人的需要时表现为一种利他的思想，儿童的这种自私的推理随着年龄的增长呈下降趋势，而儿童满足他人需要的利他思想随着年龄的增长呈上升趋势。前者成为儿童亲社会道德判断的最低阶段——享乐主义的推理，后者为第 2 阶段——需要取向的推理。柯尔伯格提出的第 3 阶段与艾森伯格亲社会道德判断的第 3 阶段一致，即儿童都是以外在的他们的"好人"和"坏人"的定型形象、他人的赞许等作为其判断的理由。柯尔伯格的后 3 个阶段与儿童亲社会道德判断的后 2 个阶段不同。

这样看来，不同的道德判断内容会在一定程度上影响到儿童的道德判断。柯尔伯格认为他所提出的儿童道德判断的 3 种水平 6 个阶段不受道德内容的影响，其理由是他在研究儿童的道德判断时把儿童道德判断的形式（阶段）与道德判断的内容区分开了。把道德判断的形式与道德判断的内容完全区分开来只是一种理论设想，能否在具体的研究中完全做到这一点值得进一步探讨。艾森伯格对儿童亲社会道德判断的研究表明，柯尔伯格的道德发展阶段理论并没有完全概括出儿童整个道德判断的全貌，也可以说他的理论只揭示了儿童对某些道德问题的判断的发展情况。同时我们也应该看到，尽管柯尔伯格的两难故事与亲社会道德两难故事不同，这两种研究的理论前提和具体的研究方法不同，所得结论也不尽相同，但所揭示的关于儿童道德判断的发展情况也存在着某些相似之处，如儿童对个人和他人的需要表示关注，然后又都把好人的定型形象、他人的赞许等外在于他们的东西作为其判断的理由，年龄再大些的儿童都开始以个人内在的思想、价值等作为其判断的理由等。这说明柯尔伯格的理论也揭示了儿童道德判断发展中的某些带有普遍性的规律。

四、吉利根的关怀道德理论

众所周知，以皮亚杰和柯尔伯格为代表的道德认知发展理论的杰出贡献是，用实证的方法发现了儿童对道德现象，如同对物理现象那样，是按一定的结构图式去认识的，随着年龄的增长，道德判断、道德推理是按一定的阶段向前发展的。而且，这种发展阶段的变化是围绕着"公正"观展开的。认知发展理论断言，归根到底，公正，也只有公正才是大众组织其道德思维的框架。

"公正"真是大众唯一的道德取向吗？曾经是柯尔伯格的研究生后来成为柯尔伯格的助手和合作者的美国心理学家吉利根（C. Gilligan）最先对道德认知发展理论的这一基本观点提出质疑。这一质疑是基于吉利根本人以下两方面的研究而提出的。其一，吉利根依据自己对大量经典著作尤其是哲学、伦理学文献的研究发现，人类社会一直存在着两种不同取向的伦理道德观，即公正和关怀的伦理道德观，而不是只有"公正"一种取向。其二，吉利根在利用柯尔伯格研究中使用的经典测试材料"海因兹偷药"的故事进行研究时发现，被试除了有以"公正"为道德取向的一类反应外，还有以"关怀"为道德取向的另一类反应，如被试者在陈述海因兹不该偷药的理由时说："因为如果他幸运地成功，得到了药，也未必用它就能救活妻子，若被抓住或发觉，我想也不会因此就让他的妻子用上这药，所以这都无助于海因兹的妻子，而这一点恰恰是海因兹的最终目的。"可见该被试者思考着的重点是当事人的选择是否会有利于解除海因兹妻子的痛苦，是否会有助于或有益于他的妻子——这就是"关怀"的道德取向。吉利根发现，在女性被试的道德思维中就存在着这种道德，但在皮亚杰和柯尔伯格的研究中却被忽视了。

吉利根在其所著的《另一种声音》（1982）一书中，强烈地批评柯尔伯格的理论，并指出男女两性在道德判断上，观点本不相同。男性重是非，讲法制，多数从"理"的观点看问题；女性重善恶，讲人道，多数从"情"的观点看问题。此种差异是文化教养的后果，是属于不同方向的品质类别差异，此种差异是不适于采用同一向度的分数表示高低的。吉利根曾以 11 岁男女儿童为被试，采用柯尔伯格的道德两难故事重复验证柯氏的研究后发现，男孩的回答达到第 4 阶段，而女孩的回答只到第 3 阶段。按吉利根的解释，第 3 阶段所重者是人际和谐，是感情，第 4 阶段所重者是法制权威，是理性。两者虽有方向之别，而不能有高低之分。

在提出道德的另一种取向——"关怀道德"之后，吉利根便和她的合作者们（Gilligan et al, 1982）开始考察关怀道德的普遍性，即进行名为"权利和义务"的代表性研究。她们让被试描述一个与自己有关的、真实生活中经历的道德冲突，然后向被试提出一系列标准问题，包括问题的建构（问题是什么）、解决方法（怎么办）和评价（这样做对吗）。结果表明，75%的女性主要运用关怀取向，而只有 25%的女性主要运用公正取向；79%的男性主要运用公正取向，7%的男性关怀、公正并重。然而，36%的女性没有表示任何公正的倾向，36%的男性没有表示任何关怀的倾向。吉利根等人由此得出结论："在真实生活的道德两难故事中，个体考察问题主要用一个模型，这种模型与个体的性别有关，但并非局限于个体的性别。"弗德和劳尔瑞（Ford & Lowery, 1986）用自我报告法研究了大学生的道德取向问题，结果指出，女性在运用关怀取向时一致性高于男性，而男性运用公正取向时一致性高于女性。还有许多其他类似的研究（Walker et al, 1987）。

吉利根和她的合作者通过大量的研究得出以下几个论断：

(1) 在道德判断与道德推理中存在两种道德取向——公正和关怀，不同个体采用的思考方式可能不相同，个体在作出道德判断时有选择某一取向的倾向，同时也可能改变道德取向；

(2) 男性和女性对客观世界和社会生活的看法是不一样的，表现在道德观上女性是典型的关怀取向，男性是典型的公正取向；

(3) 不能把女性注重关怀归于她们缺乏教育训练（柯尔伯格和其他人曾以此来解释女性在公正推理中处于较低水平），相反，女性道德推理中的关怀使我们看到公正道德理论的不足；

(4) 假设故事由于其具有抽象的特性，易引起被试的公正思想，而真实两难故事，由于受故事发生的背景的影响，易于激发个体的关怀思想。

既然道德判断中存在两种道德取向——公正和关怀，而且女性在关怀取向上占优势，那么女性关怀道德又是如何发展变化的呢？吉利根（1977）在理论探讨与实证研究的基础上提出了女性关怀道德发展的3个水平和2个时期：

水平1：自我生存定向。自我是关心的唯一目标，自我生存的观念是最为重要的。只有当自己的需要之间发生冲突时，道德思考才会产生，道德是对自己强加的约束力。

第1个过渡时期：从自私向责任感转变。个体自己的愿望和个体对他人的责任感是相互矛盾的，即个体"将要"做和"应该"做之间存在冲突。

水平2：善良即自我牺牲。这是女性作为照顾者和保护者在习俗水平上的观点。道德判断起源于社会规范和多数人的意见。

关心他人，尤其是关心他人的情感、关心冲突伤害的可能性成为这一水平中人们所关注的主要中心。善良在此与自我牺牲相等，并与关心他人的需要结合在一起。

第2个过渡时期：从善良转向真实。女性开始认识到道德意味着既要关心自己，又要关心他人。行为的环境、意图和结果在此时期变得尤为重要。女性试图同时考虑自己与他人的需要，对他人负责而使自己"善良"，对自己负责而使自己"诚实"和"真实"。

水平3：非暴力道德。个体利用非暴力原则解决自私和对他人负责之间的冲突。自己与他人间的道德平等通过平等地运用避免伤害的禁令而获得,关怀成为普遍的义务。

吉利根通过自己的实证研究,提出关怀道德取向的存在,这是对道德认知发展理论的一个重大修正,同时也大大丰富了现有道德发展理论的内容。

吉利根发现的道德发展在一定意义上存在着性别差异,也是对过去的个体道德发展无性别差异观点的修正。

另外,吉利根在使用柯尔伯格两难故事进行研究的同时又要求被试陈述自己"真实生活"中的道德两难问题,这使她的研究方法在柯尔伯格的基础上前进了一步,而且使研究结果更令人信服。

第二节 儿童亲社会行为的发展

亲社会行为(prosocial behavior)通常指对他人有益或对社会有积极影响的行为,包括分享、合作、助人、安慰、捐赠等。心理学家们认为,引发亲社会行为的动机是多种多样的,如为了期待外部的奖赏,或为了获得社会赞许,或为了减轻自己消极的内部状态(例如,因看到一个需要帮助者而感到内疚或悲伤)等。但亲社会行为也包括利他行为(altruistic behavior),即由同情他人或坚持内化的道德准则而表现出的亲社会行为。利他行为要比为了避免惩罚或为了获取报酬或社会赞许而引发的亲社会行为更具有道德性。亲社会行为作为一种普遍的社会现象,越来越引起发展心理学家和社会心理学家的兴趣,并已成为心理学研究领域中一个重要的课题。

一、亲社会行为的早期发展

我们知道,道德的发展可以从很小的年龄找到它的根源。尽管只有青少年和成人才能进行复杂的道德判断,但即使学前儿童也显示出对于什么是公正和公平的一种直觉性的领会。这是道德领域近期研究的主要方面。本世纪70年代末期以来,研究者也以相似的态度对儿童的亲社会性发展的起源问题进行了研究,主要集中在下列几个方面。

(一) 分享与助人

80年代以来,不少研究者对儿童早期的亲社会行为发展进行了研究。如赞－威克斯勒和瑞德克－亚罗(Zahn-Waxler & Radke-Yarrow,1982)利用横断研究和纵向研究相结合的方法,对24名12～30个月儿童的早期亲社会行为问题进行了研究。研究者主要是依靠这些儿童母亲对其行为的录像来进行研究的。他们要求儿童的母亲根据儿童对于消极情感的事件所作出的反应进行报告。结果在年幼儿童(大约20个月)和年长儿童(20～30个月)之间发现了两个突出的变化:年幼儿童经常注意他人的痛苦并且经常哭喊、烦躁或者啜泣,但是很少作出亲社会的行为。即使有亲社会行为,这些亲社会行为通常也仅仅表现为触摸或轻轻拍打受伤害者,或者提供给受伤害者物品。而年长儿童则表现出更多的亲社会行为,这些年长儿童的亲社会行为在母亲报告的所有事件中大约占1/3。这种亲社会行为发生的形式是多种多样的,包括安慰("你会好的")、好战的利他行为(攻打攻击者)、给东西(例如绷带、舒适的物品)或者从第三者方面寻求帮助。这项研究清楚地表明,3岁以下的儿童能够表现出某种形式的亲社会行为,尤其是20个月以上的孩子,这个时候感知运动阶段完成,并且已经能理解简单的因果关系,也能够认识到自己和他人是有区别的。在此年龄以前，儿童经常和其他人一样为自己寻求更多的安慰，但是20个月以后，他们逐渐意识到痛苦是别人的痛苦（稍微再大一点，他们会想到别人的痛苦是否是他们所造成的），并且他们会做出更多适当的行为。

当儿童看到另一个人痛苦时就表现出很明显的亲社会倾向，威克斯勒和他的同事（Radke-Yarrow, Zahn-Waxler & Chapman, 1983；Zahn-Waxler & King, 1979；Zahn-Waxler, Radke-Yarrow, Wagner & Chapman, 1992）用事实证明了儿童关心他人（包括当儿童对别人的痛苦感到有一种责任时和当他仅仅作为一个旁观者时）的起点和发展历程。他们首先训练儿童的母亲作为观察者，并且经过一年的时间，这些母亲能够将发生在任何情况下别人表现出痛苦时儿童对此所作出的相应反应利用摄像机录制下来。研究结果表明，即使在出生的第二年之初，当别人在情感上表现出很明显的难过时，儿童不仅能够以相似的情绪偶尔作出哭泣的反应，而且还会试着为对方提供安慰，例如拥抱或轻轻拍打。在第二年中期，儿童的这种助人的行为不仅在频率上增加了，而且在表达方式上也更为丰富了，如言语安慰（"你会好的"）、忠告（"要小心"）、帮助（给哭闹的婴儿一个奶瓶）、分享（和同胞分享食物）以及分发行为等。与此同时，儿童还显露出对他人移情关心的表情，比如看起来很难过，或者用言语表达（比如对别人说"对不起"）。这些表答方式的频率也随着年龄的增长而提高。但是，如果儿童不是一个旁观者，而是造成他人痛苦和悲伤的当事人的话，那么，他们表现出的这种移情和助人行为就比较少（见表7-2）。概而言之，这些研究结果表明，关心他人、包括对他人痛苦的情感反应（移情）和试图帮助别人的利他行为，在儿童出生的第二年开始就出现了，儿童在很小的时候就感觉到自己对他人是有责任的。

表 7-2 儿童对于由他自身造成他人痛苦所做的反应（百分比）

	年龄（周）					
	38～61 A组 (%)	62～85 A组 (%)	62～85 B组 (%)	86～109 B组 (%)	86～109 C组 (%)	110～134 C组 (%)
没有反应	15	9	12	6	6	5
情感定向	12	15	7	8	3	2
悲伤的哭泣寻求照顾	55	40	26	27	22	19
积极爱抚	20	19	17	19	13	13
攻击	17	22	34	29	22	44
模仿	10	14	10	8	24	24
亲社会干预	2	6	16	25	31	24

（资料来源：C. Zahn-Waxler & M. Radke-Yarrow. The development of alternative strategies. In N. Eisenberg (ed.) The Development of Prosocial Behavior. New York：Academic Press. 1982. 109-137）

瑞哥德（Rheingold，1982）也曾对儿童早期出现的助人行为进行过研究。在该研究中她对年龄分别为 18 个月和 30 个月的婴儿在父母和陌生人做家务（包括摆桌子、整理散乱的杂志和扑克、叠衣服、扫地和整理床铺）时的表现进行了观察。结果发现，半数以上的 18 个月儿童和所有的 30 个月的儿童帮助成人做了大部分的家务。这些儿童表现得很愉快，而且他们知道自己要完成什么（他们并不只是在玩）。父母的报告表明，儿童的这些行为并不是父母主动鼓励的结果，因为很多来自父母的报告说明，他们总是在孩子睡觉的时候做家务，以避免儿童可能造成的麻烦。那么，儿童为什么助人呢？瑞哥德认为，年幼儿童对成人及其所从事的活动感兴趣，他们喜欢模仿，有时还富有创造性，他们喜欢与成人打交道和练习技能，而且儿童的这种助人行为由于得到成人的认可而得以维持。像分享一样，早期的助人行为并没有表明儿童是完全自我中心的，相反，助人行为是由于儿童期望参与一些成人的活动而表现出的社会互动。

格鲁塞克（Grusec，1982）利用与威克斯勒等人（Zahn-Waxler & Radke-Yarrow，1982）相同的方法，考察了4～7岁儿童的亲社会行为，他要求母亲在为期4周的时期内用摄像机记录下他们的孩子试图帮助另一个孩子的一切行为（规定的任务除外）。结果（见表7-3）显示，当母亲看见自己的孩子做出助人行为时，很少有人不对此作出反应。大约一半的孩子的这些行为都获得了母亲的言语"报偿"：或被感谢，或受到赞扬，或被报以微笑，或被拥抱。同样，表中有一半以下的情况表明，如果母亲认为儿童应该助人，而孩子并没有表现出助人行为时，那么母亲就很少接受孩子的这种行为。一般说来，母亲都鼓励孩子的助人行为，而鼓励的方式可以包括直接地向孩子提出利他要求，或一般意义上的道德劝告，有时也表现为对孩子的斥责或不满。但是，只有很少的母亲在孩子缺乏助人行为时会对孩子进行"移情训练"（向孩子解释不帮助别人可能会给他人造成的影响），或者直接去指导孩子或强迫他们去做出适当的行为。

表7-3　母亲报告的对儿童行为的反应

	儿童自发做出助人行为（发生率%）	
	4岁组	7岁组
承认、感谢、表示赞赏	33	37
微笑、热情感谢、拥抱	17	18
赞扬行为或赞扬儿童	19	16
无外在反应	8	9

	儿童没有做出助人行为（发生率%）	
	4 岁组	7 岁组
道德告诫	26	30
利他要求	22	30
责备、皱眉	18	15
移情训练	6	5
指导或强迫性训练	6	5
接受利他的缺失	8	5

（资料来源：Grusec. The socialization of altruism, In: Eisenberg(ed.), The Development of Prosocial Behavior. New York: Academic Press. 140.）

总之，从已有研究看，儿童很早就表现出利他行为，但这种行为是随着儿童社会化和认知的发展而发展变化的。儿童的利他规范是一个逐渐确立的过程。而在这一过程中，父母与儿童的关系质量起着重要作用。霍夫曼（Hoffman，1975）指出，有利他倾向的儿童，其父母至少有一方（通常是同性）对其进行过利他价值观的教育并做出榜样示范。另外，父母对儿童的爱对于他们情感上的安全需要是必要的，而情感安全则有助于儿童利他倾向的发展。

斯陶布（Staub，1971）认为，儿童的助人行为是随着年龄的增长而变化的，并且有其他儿童在场时，儿童会由于恐惧减少而增加助人行为。其研究结果表明，对于年龄在 5～12 岁的儿童来讲，5～8 岁期间儿童的助人行为是随着年龄的增长而增加的，而 9～12 岁期间的助人行为则是呈下降趋势的。斯陶布认为，助人行为下降的原因之一是年龄较大的儿童更担心由于率先采取行动而受到指责。该研究还发现，是否有他人在场对儿童的助人行为的发生有重要影响。单独在场时，只有 31.8% 的儿童表现出助人行为，而两人在场时，则上升为 61.8%。这是因为另一名儿童在场，可以增加相互沟通，从而减少由特定情境引起的紧张与恐惧，解除抑制，表现出较多的助人行为。斯陶布的研究还表明，同成人良好的情感联系以及成人的榜样行为会增加儿童的助人行为，而且，成人的榜样行为可以增加儿童对于规范和正确行为的认知理解。

（二）合作

合作行为是指两个或两个以上的个体为达到共同的目标而协调活动，以促进某种既有利于自己又有利于他人的结果得以实现的行为。合作行为作为一种基本的互动形式，一直是个体社会化研究的重要领域。

如前所述，儿童的亲社会行为，如分享、助人、合作等都是在 18~24 个月时开始迅速发展和分化的。关于幼儿合作的许多研究也指出，在出生后的第二年，合作行为开始发生并迅速发展。对此，研究者们认为，一种可能是儿童对他人反应的动机基础在第二年开始成熟；另一种可能是在出生的第二年，儿童的一些认知的能力得到普遍发展从而使他们能够区分自己与他人的行为，并使自己的行为与同伴的行为相协调。

许多研究证实儿童合作行为是随着年龄增长而不断增加的。例如，有人对儿童与父母的合作游戏的研究发现，12 个月的儿童很少表现合作性游戏（大约占 1/8），而绝大多数 18~24 个月的儿童（大约占 7/8）产生了合作性游戏，而且在此时期，儿童的这类游戏发生的频率也迅速增加。还有研究发现，18~24 个月的儿童比更年幼的儿童表现出更多的与同伴和成人交往的游戏。24 个月的儿童在与同龄伙伴交往过程中，他们与同龄伙伴之间能够相互协调行动以达到共同的目标，而 18 个月的儿童则还比较困难；2 岁以后儿童能更有效地进行社会性交往，更经常地进行合作游戏。

有的研究者还对 64 名年龄分别为 12～15、18～21、21～27、30～33 个月的儿童的合作与儿童区分自我——他人的能力之间的关系问题进行了研究。其研究结果同样发现，儿童的合作性有显著的年龄差异。12 个月的儿童基本上不能合作解决问题；在 24～30 个月的儿童中，大多数能够相互协调，并且能够围绕共同的任务相互配合。研究结果还表明，那些具有较高水平区分自我——他人能力的儿童更善于和同伴合作。

我国学者王美芳等人（王美芳、庞维国，1997）采用事件取样的方法，对我国 276 名幼儿园小班、中班、大班儿童的在亲社会行为进行了 10 天的自然观察。结果发现在儿童的亲社会行为中，合作行为最为常见；同伴对儿童的合作行为多作出积极反应。

（三）安慰与保护

年幼儿童不仅能够区分他人的需要和利益进而对他人做出分享和帮助行为，而且还可以对周围其他人的情感悲伤做出亲社会性的反应，赞－威克斯勒、瑞德克－亚罗及其同事（Zahn-Waxler，Radke-Yarrow & King，1979）对 10～29 个月幼儿在真实情境下和模拟情境下对于他人悲伤情感的反应进行了研究。他们训练这些儿童的母亲观察并记录儿童在这两种情境下对于他人悲伤情感做出的反应。所得结果见表 7-4。从该表可见，儿童早期对他人悲伤情感所做出的反应形式主要包括注视悲伤者、哭泣、鸣咽、大笑和微笑。这些反应随年龄而增加，并逐渐被其他一些反应所代替，如寻找看护人、模仿和明显的具有利他性或亲社会性的干预的意图。这些亲社会性干预也随着儿童年龄的增长而变得越来越复杂。例如，一个 69 周的幼儿会把她的瓶子递给疲劳的母亲，然后躺在母亲的身边，轻拍她。而一个 104 周大的儿童对于他正在哭闹的年幼的小妹则会说："小妹妹哭了，我们去哄哄她吧。让我抱抱她。妈妈，你最好来照看一下小妹妹"。当然，儿童做出的亲社会行为并不总是很适当。比如，儿童有时会把一个奶瓶递给一个疲劳的母亲，或安慰一个因剥洋葱而流泪的母亲等，但他们的这类行为却明显地包含有真正关心他人的成分。

表 7-4 儿童对他人痛苦所做的反应（百分比）

	年龄（周）					
	38~61 A组（%）	62~85 A组（%）	62~85 B组（%）	86~109 B组（%）	86~109 C组（%）	110~134 C组（%）
A. 在自然状态下儿童观察到的悲伤						
没有反应	10	11	7	7	11	10
情感定向	26	33	21	16	8	5
悲伤的哭泣	28	14	16	12	5	10
寻求照顾	2	10	26	25	11	18
积极爱抚	7	5	9	5	5	4
攻击	4	10	12	11	8	13
模仿	4	14	16	19	14	12
亲社会干预	11	11	16	30	39	32
B. 在模拟状态下儿童观察到的悲伤						
没有反应	15	10	11	14	21	23
情感定向	19	33	9	11	6	4
悲伤的哭泣	5	4	9	3	4	2
寻求照顾	19	30	48	29	22	26
积极爱抚	29	24	19	9	7	6
攻击	4	6	6	10	9	2
模仿	12	13	22	22	26	12
亲社会干预	4	5	19	30	33	33

（资料来源：C. Zahn-Waxler & M. Radke-Yarrow. The development of

alternative strategies, In: N. Eisenberg (ed.), The Development of Prosocial Behavior. New York: Academic Press, 1982. 109~137)

二、利他与亲社会行为发展的一致性和连续性

个体利他与亲社会性行为的连续性与一致性问题是该领域研究中一个倍受研究者关注的问题。连续性问题是指个体的利他行为跨时间的一致性,即个体的亲社会行为是否是不断发生的?或者是否存在着总是助人、慷慨和提供支持的利他个体?或者说,在较早年龄乐于助人的儿童长大些是否仍会这样?亲社会行为的一致性问题则是指个体的利他与亲社会行为是否具有跨空间、情景和类型的统一性或一致性,或者说儿童在某个方面具有亲社会性,在其他方面是否也会如此?

从现有的资料来看(Crusec & Lytton, 1988; Radke-Yarrow et al, 1983),尽管该方面研究结论存在较大分歧,但总的来说,儿童的各种亲社会行为之间只存在弱到中等程度的相关,缺少较强一致性。

有些研究发现儿童的各种亲社会行为之间甚至不存在相关关系(Crusec & Lytton, 1988)。艾森伯格等人(1979)的研究发现,学前儿童的分享和助人两类行为之间不存在显著的相关;格林和施耐德在5~14岁儿童中也未发现两者之间存在联系;威斯布罗德发现,6岁儿童的分享行为与紧急助人(比如对隔壁房间传来的悲伤哭声做出反应)之间也不存在联系。

另一些研究发现儿童的各种亲社会行为之间存在微弱相关关系(Crusec & Lytton, 1988)。克莱布斯及其合作者(Krebs & Sturrup, 1974)发现,儿童对他人提供帮助和支持两者之间的相关系数为0.21。另一项研究表明,在捐赠、同伴评定的为他人考虑的能力、对善良的理解和对以他人为中心价值的拥护之间的相

关在 0.19～0.38 之间。

另一方面，一些研究则发现儿童的亲社会行为之间存在中等强度的正相关。鲁宾和施奈德发现，分享糖果和帮助同伴之间相关系数为 0.40；埃利特和瓦斯塔的研究表明，在分享糖果和分享便士这两种非常相似的行为之间相关显著（r=0.65）。在一项研究中，当研究者把几种不同的分享行为组成合成的分数，然后考察与帮助同伴的行为之间关系，发现两类行为之间的相关为 0.62，然而，他们没有发现指向同伴的亲社会行为和指向成人的亲社会行为之间存在相关。格鲁塞克研究发现，在测量的自然发生的利他主义（助人、分享和表示关注与保护）之间，4 岁儿童中存在相关（0.45～0.61），7 岁儿童中这种相关则不显著（Crusec & Lytton，1988）。上述结果表明，在个体的亲社会行为的不同方面之间存在着某些一致性。

在儿童亲社会行为的连续性方面，大多数研究表明，儿童早期的亲社会行为与以后的亲社会行为之间呈中等程度的相关（Underwood & Moore，1982）。邓恩和肯德勒克（Dunn & Kendrik，1982）的一项纵向研究结果发现，在婴儿期（1～3 岁）对于刚刚出生的新生儿表示友好的兴趣和关心的儿童，经过 6 年以后，对于他们受到伤害的或因某事而悲伤的小同胞仍表现出关心的倾向（相关为 0.42，在 0.05 水平上显著）。

邓恩等人（Dunn et al，1991）对学前班的儿童同胞之间的亲社会行为的连续性问题进行的纵向研究发现，学前时期同胞之间形成的关系质量与儿童长大以后的行为之间相关联。与得到同胞温暖、爱抚的儿童相比，那些与具有不友好和攻击性的同胞一块长大的儿童在人际关系中易产生情绪困难。而那些感知到自己从母亲那儿获得注意和爱不如同胞多的儿童，在童年和青少年时期容易表现出攻击性或困难行为。这种情况似乎表明，年幼儿童在所感受到的父母爱的程度上存在的差异即使较小,也会对他们将来的社会适应产生重要的影响。邓恩(Dunn,1995)认为,家庭是儿童接受早期道德教育的最初环境。只有把儿童的亲社会行为看作是在家庭关系的动力网络环境中形成的,才能充分理解亲社会行为的发生起源。

第三节 艾森伯格的亲社会行为理论模型

亲社会行为作为一种普遍的社会现象,对人类的生存和社会的进步有极其重要的积极作用。西方心理学界对亲社会行为广泛、深入的研究仅有几十年的历史。从这几十年的研究看,初期的研究主要是围绕亲社会行为的诸多具体决定因素进行的。随着研究的不断深入,一些研究者在吸收、总结原有成果的基础上,把影响亲社会行为的具体因素有机地整合为一个整体,即建立一种亲社会理论模型,从而更深入、细致地探察亲社会行为发生、发展的内部心理机制。其中影响较大的有班都拉(Bandura)的社会学习论的观察学习模型,舒瓦茨(Schwartz)的规范激活论的利他行为模型,拉但尼和达利(Latane & Darley)的社会作用力干预模型。这三种模型均能在一定范围内解释亲社会行为的产生问题,具有一定的合理性,同时又具有一定的局限性。例如,班都拉的观察学习模型较详细地分析了人的社会行为(包括亲社会行为)的观察学习过程,但没有揭示出社会行为中的各种心理成分之间的相互联系、相互制约的关系。拉但尼的社会作用力干预模型是针对紧急情况下的助人行为而提出的,它无法解释非紧急情况下的助人行为。舒瓦茨的利他行为模型强调个体规范意识在利他行为产生中的核心作用,但未阐明个体规范意识与其他心理成分(移情、同情等道德情感)在助人行为产生过程中的相互联系、相互作用问题。

本世纪 80 年代中期,美国儿童心理学家南希.艾森伯格在广泛吸收前人研究成果的基础上,结合自己多年的研究,提出一种颇具特色的亲社会行为的理论模型,对亲社会行为发生、发展的心理机制作了较全面、深刻的剖析,引起了心理学界的广泛关注(Eisenberg & Mussen, 1989; Eisenberg, 1992; 王美芳、庞维国, 1997)。

艾森伯格的亲社会行为模型按亲社会行为产生的过程分为 3 大部分:对他人需要的注意阶段、确定助人意图阶段、意图和行为相联系阶段。

一、亲社会行为的初始阶段——对他人需要的注意

艾森伯格认为,在一个人帮助他人之前,他(她)一定确认他人有某种需要或愿望。因此,从亲社会行为产生的过程来看,注意到他人的需要是亲社会行为的初始阶段。该阶段的模型如下图所示(图 7-2)。艾森伯格认为,能否注意到他人的需要受个体因素(个体的先行状态和特质特征等)和个体对特定情境的解释这两方面的影响。个体的先行状态和特质特征又受其社会化历史和社会—认知发展水平的制约;个体对情境的解释,一方面受特定情境特征的影响(同一个体对不同情境的解释不同);另一方面还受个体因素的影响(不同个体对同一情境的解释也不同)。

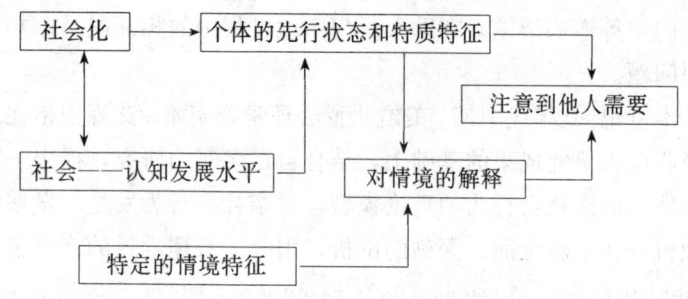

图7-2 对他人需要的注意阶段

(资料来源:王美芳、庞维国.艾森伯格的亲社会行为理论模式.心理学动态,1997,5(4):37)

个体因素,如对他人的积极评价、角色采择的能力和倾向、他人定向、自我关注等在一定程度上影响到对他人需要的注意。对他人观点进行采择的倾向往往可以增加一个人洞察到他人需要的可能性。在他人需要不太明显时,一定水平的推理能力是识别出他人需要的必要条件。积极普遍的他人定向有助于个体觉察并辨认出有关他人需要的细微线索等等。上述个体特征的形成受个体社会化历史和社会—认知发展的影响。一方面,个体特征是在后天生活环境影响下形成的。如热情、支持的父母教养方式能促进儿童观点采择能力的提高,促使儿童形成对他人的积极情感、相信他人等,这些个体特征均会促进儿童注意他人及其需要;另一方面,许多个体特征又会随着社会—认知水平的发展而发生显著的变化,如儿童观点采择能力随年龄的增长而不断提高。

特定情境的特征,如他人需要的明晰程度、需要的来源、潜在受助者的身份、旁观者的身份等都直接影响个体对情境的解释,从而影响到对他人需要的注意。

二、亲社会行为意图的确定阶段

一个潜在的助人者一旦注意到他人的需要,便要决定是否要助人,从而进入亲社会行为意图的确定阶段。艾森伯格认为,这个过程至少可通过两种方式进行:其一,在紧急情况下,情感因素在助人决策的过程中起主要作用。其二,在非紧急情况下,个体的认知因素和人格特质可能起主要作用。这一阶段的模型如图7-3 所示。

(一) 紧急情况下助人意图的确定

在紧急情况下,由于时间紧迫,不容许潜在助人者全面地分析个人得失,在助人与否的决策中认知变量和人格变量所起的作用相对较小,而情感因素,如移情、同情、内疚感或个人痛苦等则起主导作用。潜在助人者可能对他人产生同情,进而萌发亲社会行为动机。另一方面,潜在助人者也可能通过移情产生个人痛苦,为减轻个人痛苦而产生助人的动机。倘若潜在助人者具有更简便的、代价小的方法减少个人痛苦,如逃避现场,就可能产生不助人的动机。

情感性的力量有时可以直接驱动潜在的助人意图,有时则需要以特定情境中的个人目标层阶 (hierarchy of personal goals) 为中介。个人目标层阶是指按个人各个目标重要性的大小而排列的目标群。对每一个人来说,在许多情况下某些需要、愿望或目标要比另一些更重要。如果情境能诱发高水平的同情,那么利他目标可能比自我报偿或获得社会赞许的目标更为强烈,个体就越可能产生助人动机。

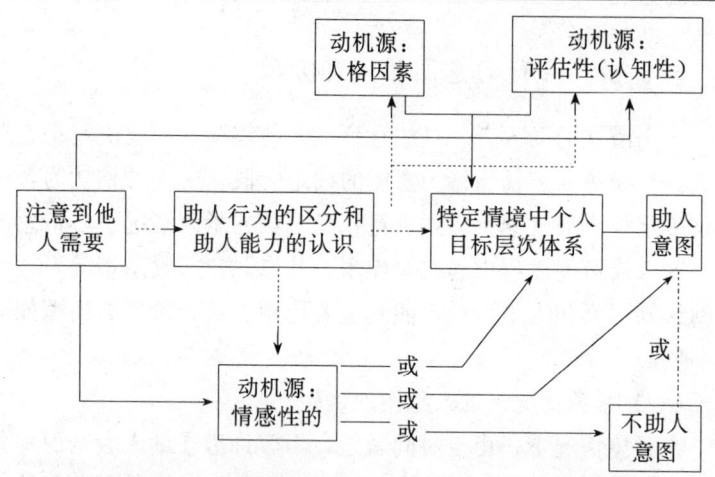

图7-3 亲社会行为意图的确定阶段—亲社会行为的动机部分

（资料来源：王美芳、庞维国．艾森伯格的亲社会行为理论模式．心理学动态，1997，5（4）：38）

（二）非紧急情况下助人意图的确定

艾森伯格认为，在大多数情形下，受助者并非处于一种十分危急的状态，其需要并不具有足够的情感力量而直接催发人们产生助人的动机。在这种情况下，个人是否产生助人的动机受多种因素的影响，其中认知因素和人格因素起更重要的作用。

在非紧急情况下，认知因素对亲社会行为意图的影响主要包括两个方面：一是对亲社会行为的主观效用分析（analysis of subjective utility），即对亲社会行为的代价和收益的主观评估。例如，如果助人的代价增大（如身体上的伤害、物质上的损失等），即使是富有同情心、乐于助人的人，助人的可能性也会减少。二是对他人需要原因的归因。如果潜在的助人者把潜在受助者需要的原因归于他（或她）可控制的内部因素，就可能萌发不助人的动机。例如，张三的家庭经济非常困难，原因是他所在的工厂效益不好（不可控制的外部因素），李四的家庭经济也非常困难，原因是他不好好工作（可控制的内部因素），人们可能想帮助张三，而不想帮助李四。

人格因素的激励力量主要有：关于"助人"和"仁慈"（kindness）特质的自我认同，自尊和自我聚焦（self-foucus），个体的价值观、需要和偏好等。如果一个人认为自己具有仁慈、助人、慷慨等特质，或者自认为是一个利他主义者，那么其亲社会倾向就更强。因为一个人一旦形成利他自我形象后，便努力保持这种自我形象，并且使自己的行为与之保持一致。自尊水平和自我聚焦的程度也影响个体的助人意图。人的自尊水平不同，助人的原因也可能不同，如与自尊水平较高的人相比，中度自尊和低度自尊的人更可能为赢得社会赞许、或避免受拒绝而产生亲社会行为动机。自我聚焦能促发亲社会行为，但在他人需要不太明显时，自我聚焦则可能会妨碍对他人需要的注意，从而影响助人动机的产生。一个人的价值观、需要和偏好也会影响到亲社会行为的决策过程。

艾森伯格提出，在非紧急情况下人格因素和认知因素并不是孤立的，两者之间存在着相互作用，这种作用同样体现在特定情境中个人目标层阶上。在特定的情境中，个体可能同时存在几种需要、目标或价值取向，有些目标、需要是道德的，有些则是不道德的，他们之间会产生冲突，冲突的最后解决方式决定着个体是否要助人。

在本阶段中，艾森伯格还提到助人方式的识别和助人能力的确认。她认为它们对个体能否产生助人动机并不是一个必要条件。如在紧急情况下，一个人在决定助人之前并没有考虑到助人的方式和助人能力问题。

三、意图和行为建立联系的阶段

仅仅因为个体具有助人意图,并不意味着他实际上将作出亲社会行为。助人意图和亲社会性行为之间并非完全相关。亲社会行为意图和行为之间的联系受其它因素的影响。这一阶段模型如图 7-4 所示。

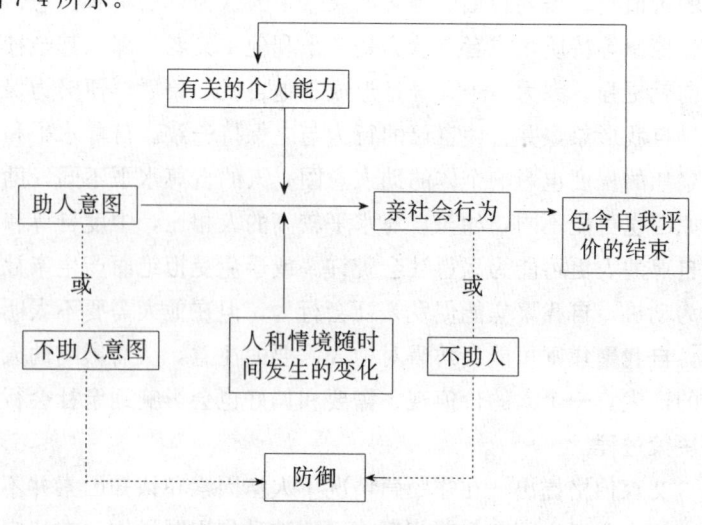

图 7-4 助人意图和行为联系阶段

(资料来源:王美芳、庞维国. 艾森伯格的亲社会行为理论模式. 心理学动态,1997,5 (4):40)

艾森伯格认为,助人意图和亲社会行为之间的联系受个人的有关能力、人与情境的变化两方面因素的影响。在某些情形下助人行为和助人意图之间缺少一致性的原因是潜在助人者无能为力或感到无能为力。有关的个人能力,如助人的特定技能、自我效能感、自我调节技能、有效策略的知识、人际间问题解决能力等,影响助人意图向亲社会行为的转化。个人有关能力的高低影响到助人意图与行为的加强或减弱,如适当的训练(提供与助人有关的知识和技能)在某些情况下能增加助人行为;个人能力的相对水平也影响助人意图和行为的联系,如在紧急条件下,若有能力更强者在场,个体的助人行为将部分地受到抑制。

在某些情况下,一个人的助人决定与助人时机之间往往有一段时间间隔,在这段时间间隔内个体特征与情境因素随时间而发生的变化也可能要影响到已有助人动机的个体是否会做出助人行为。如,个体A看到个体B骑车摔倒了(注意到他人的需要),想上前扶起个体B(产生助人动机),但一个离个体B更近的一个人扶起了个体B(情境发生了变化),这样个体A的助人动机与助人行为之间就没有联系起来。

亲社会行为的实施本身也会强化以后的亲社会行为。这是因为:第一,亲社会行为的实施增强助人者关于助人形象的自我认知和利他性的内部归因,个体为保持这种形象更有可能做出与之一致的亲社会行为。第二,个体所做的亲社会行为可能改变了有关的道德价值观,这一变化可能有利于亲社会行为的产生。第三,亲社会行为者在行为中得到了物质的、社会的或情感的报偿,为继续得到这种报偿而更多地作出亲社会行为。第四,一个人做出亲社会行为,无疑增加了一次角色采择的机会,增加了一次领会他人感情、观点的机会,这些经验进一步提高了个体的角色采择能力;增加了一次学习亲社会行为的机会,这种学习可能会提高个体亲社会行为方面的能力。

四、对亲社会行为理论模型的简评

艾森伯格的亲社会行为模型的提出是建立在大量的研究成果之上,既有对前人研究成果的吸收,又有对自己研究成果的归纳,并从中作了科学的推论,因此该理论模型是对亲社会研究成果的总结和提高。该模型把可能影响亲社会行为的各种因素有机地统一在亲社会行为产生的整个过程之中,并对其作用机制作了较深刻的剖析,特别是对认知、情感和人格因素的作用作了详细的说明,这无疑对于探讨亲社会行为复杂的心理机制提供了一条较新的思路,对我们进行亲社会行为的研究具有一定的理论指导意义。该理论模型还具有重要的实践意义。事实证明,通过对影响亲社会行为因素的干预能在一定程度上增强儿童的亲社会行为。如通过对儿童的移情训练可以提高儿童亲社会行为发生的频率;通过为儿童提供亲社会行为的范例可以强化儿童亲社会行为等。

但该理论模型也不可避免地存在着自己的缺陷。正如艾森伯格自己所描述的,该模型主要侧重于解释、说明亲社会情感、认知和人格因素的作用,它并没有把所有影响亲社会行为的因素一一详述,如生物学因素就没有纳入到该模型中。该模型也不可能捕捉到所有情境下亲社会行为的复杂性,它仅适用于解释满足他人需要的亲社会行为,这就限制了模型适用的普遍性。同时我们也应该看到,在该模型中对各因素作用的描述也仅限于概略的、粗线条的。各因素与亲社会行为的关系多为相关的、或然的,缺少因果关系的探讨和说明。"事实上,由于亲社会行为决定因素的复杂性,亲社会行为的多边性,要想构建一个包罗整个亲社会行为现象在内的模型几乎是不可能的,……我们提出这个启发性模型的目的在于促进进一步的思考与研究。"

第四节 亲社会行为的影响因素与培养

一、亲社会行为的影响因素

（一）社会认知

在儿童社会认知发展一章中曾经谈到，儿童社会认知对其社会行为具有重要的调节功能。这也正是认知发展理论所持的一个重要论点。仅就儿童亲社会行为的发展而言，认知发展理论家认为，个体在做出某种亲社会行为时，首先必须对有关的众多信息进行认知加工。亲社会行为的发生不仅涉及知觉、推理、问题解决和行为决策等一系列基本的认知过程，而且与个体认知能力尤其是社会认知能力的发展有着直接的关系。同时还与个体对制约人际互动的社会规范的认知有着密切的联系。

1. 社会观点采择

社会观点采择是个体对特定情景中他人思想、情感、动机、需要的认知理解。近年来发展心理学家关于儿童亲社会行为与社会认知发展关系的研究特别强调儿童的这种认知能力的发展在亲社会行为发展中的作用。从第六章对塞尔曼儿童观点采择发展模型的介绍中可以清楚看到，儿童的观点采择能力从 2、3 岁到青少年阶段有了相当的发展，认知发展理论假设，随着儿童理解他人体验的能力的发展，他们对认知对象的反应能力也应该相应地增强。

昂特伍德和摩尔（Underwood & Moore，1982）通过元分析发现，观点采择和亲社会行为呈高相关，即使年龄因素被控制时，两者之间仍然具有显著性相关。一个具有高观点采择能力的儿童只要被断定为能够充分理解他人的需要，他或她就可能会表现出亲社会行为。

研究儿童观点采择能力对亲社会行为的影响的一条可行的途径是对儿童进行观点采择的训练,然后考察儿童的亲社会性或利他性是否随着儿童观点采择能力的发展而增加。已有的研究(Crusec & Lytton,1988)业已证明,观点采择训练可以提高儿童的观点采择能力和利他性。例如,斯陶布(Staub,1971)在其研究中让幼儿园儿童分别扮演助人者和被助者的角色,结果发现,通过这种训练可以增强儿童的亲社会行为。由此看来,儿童观点采择能力对以关注他人为动机的亲社会行为的发展具有促进作用。

然而,需要指出的是,观点采择并不会必然导致儿童的利他行为。观点采择作为一种信息收集的过程,其发展只能为儿童更好地理解情境和他人的需要及情感提供认知前提。但这种理解可以用于工具性的目的,而其本身并不具有实质意义上的利他性。个体是否应用已获得的信息去助人,还必须依赖于行动者的价值和个人需要。

2. 社会规范认知

儿童的亲社会行为不仅与儿童的社会认知能力发展水平相联系,而且还受社会规范和社会期望的调节引导。社会心理学家认为,影响儿童亲社会行为的社会规范主要包括三种:社会责任规范、相互性规范和应得性规范(Durkin,1997)。

(1) 社会责任规范(the norm of social responsibilty)。社会责任规范是指我们应该帮助那些需要帮助的人。这种规范通常是在社会化过程中由儿童的父母、教师或其他重要他人传授给儿童的。一般说来,儿童在童年中期即可形成对这种规范的认知,并意识到这种规范的重要性。

(2) 相互性规范(the norm of reciprocity)。相互性规范是指要帮助那些帮助过自己的人。早在学前期,儿童在社会互动中就开始遵从这种规范。随着年龄的增长,儿童对这一规范的意义的理解日益深刻。斯陶布和夏尔克的研究(Staub & Sherk, 1970)证明,4年级儿童更乐意跟那些以前在分享糖果时对他们慷慨的儿童分享彩笔。菲什拜因和卡明斯基(Fishbein & Kaminski, 1985)的研究也表明,儿童更倾向于帮助那些自愿帮助过自己而不是在实验者督促下才帮助自己的人。

(3) 应得性规范(the norm of deservedness)。所谓应得性规范,乃指帮助那些应该得到帮助的人。作为一种普遍的社会心理现象,不管是儿童还是成人都更愿意去帮助那些因为遇到不幸而需要帮助的人,而相对不愿意去帮助那些由于自己的粗心大意或懒惰而造成某种不良后果的人。马斯塔司的研究(Masters, 1971)发现,早在4、5岁的年龄,儿童至少在物品分享方面已对应得性规范表现出一定的意识。在该研究中,研究者创设一种情景,让被试处于一个捐赠者的位置。然后考察儿童在不同条件下对一位没有到场的同伴的捐赠行为的变化。结果发现,当被试自己被公平地分给自己应得的报酬时,他们对没到场的同伴的捐赠较多,而在被试得到的报酬少于班里的同学时,他们对没到场同伴的捐赠就较少。另外有人(Long & Lerner, 1974)发现,在儿童参与一项任务得到了过多的报酬时,如果告诉他们应该把自己的所得分给其他一些没有参与任务的儿童,这些儿童会非常慷慨地与其他儿童分享自己得到的报酬。似乎他们希望通过这种行为来保持一种现实世界中应有的平等与公平。达曼(Damon, 1980)对儿童公平概念的发展的研究也表明,儿童的公平概念的发展趋势是从最初的自我利益趋向向社会平等和人际相互性趋向过渡。到童年晚期,儿童在决定如何回报他人以前对自己的帮助时,已能够把各方面的因素考虑在内。

(二) 移情

移情（empathy）是指儿童在觉察他人情绪反应时所体验到的与他人共有的情绪反应。如前所述，移情包含两个认知成分和一个情感成分。认知成分是辨认和命名他人情感状态的能力和采纳他们观点的能力。情感成分是情绪反应的能力。儿童在生命的头一二年里表现出最初移情迹象。如1岁半的儿童看到另一个孩子跌倒哭了，他自己也会跟着哭起来，脸上还会表现出很难过的样子。这种反应是一种原始的移情。因为它出现得如此早，并且有相当的普遍性，所以某些理论家认为，移情是人类的一种先天的特征或倾向。这些理论家主张，人已经演化成共同生活的生物，关心和考虑别人的利益正像关心和考虑自身利益一样，具有生存的价值。而其他一些理论家则主张移情是通过早期的条件反射习得的。因为儿童早期有关的经验具有跨个体的普遍性。比如，一周岁的儿童，起码已在各种场合哭了上百次，这种哭声也反复地跟儿童自己的苦恼或痛苦连结在一起。通过这种简单的结合，另一个儿童的哭声就可能唤起儿童的痛苦或对先前痛苦的回忆。霍夫曼根据自己的研究提出了一个"移情发展的模型"，把移情的发展划分为4个阶段（参见本书第六章）。

尽管关于移情与亲社会行为关系的研究结论不尽相同，但是许多心理学家认为移情是儿童利他行为和其他亲社会行为的一个重要的中介因素，因为它通过使个体的亲社会行为建立在自愿的基础上而成为助人行为的重要动机源泉。霍夫曼曾提出，移情会逐渐变成儿童利他行为的重要动机。一旦儿童认识到他人的苦恼和不幸是他们自己移情情绪的原因，并且知道如果自己采取行动来安抚他人能减轻或消除这种情绪，儿童就会表现出利他行为。

艾森伯格和马森利用情感性移情调查表进行的研究发现，自愿助人与男孩的移情分数成正相关，与女孩的移情分数则无此种关系。昂特伍德和摩尔（1982）的研究发现，在年幼儿童身上，移情和利他行为的相关非常小;而从青少年前期到成年期,两者的相关较高。出现这种年龄差异的原因可能是年幼的儿童缺乏扮演能力和社会信息加工技能,因而不能充分理解和评价他人的苦恼。艾森伯格和米勒(1987)认为,移情与利他行为是相关的,但这种关系应该依赖于如何对移情进行测量。

尽管移情对儿童亲社会行为的影响得到了一些研究者的支持,但是,有必要指出,有关的研究结论存在较大的分歧。一些研究发现,移情与儿童的亲社会性之间并不存在相关。例如,勒温和霍夫曼发现,在学前儿童中,移情与合作之间无显著相关。还有人发现,移情与慷慨之间的相关也达不到显著水平。

观点采择和移情曾被看作是彼此分离的不同的结构,各自都在儿童的亲社会行为中具有独一无二的作用。而在现实中,儿童对他人悲伤的认知和情感性反应是紧密交织在一起的,并常常在引发助人反应中共同起作用。

近来的移情和积极社会行为的理论模型强调情感体验和对替代性情感唤醒进行解释的认知技能的发展。例如,根据费舍贝赤(Feshbach)三成分模型,与移情表达相联系的认知和情感成分作为儿童亲社会行为表现中的基本成分,两者之间呈高相关。与这种观念相一致,有关研究(Chandler,1973;Spivack & Shure,1974;Staub,1971)证明,通过对儿童进行角色采择和对他人情感的敏感性训练,可以增加其亲社会行为,减少反社会行为。

从霍夫曼(1987)的"儿童移情发展模型"中可以清楚地看到,儿童对他人的移情反应的发展与其社会认知,尤其是观点采择能力的发展有着密不可分的联系。儿童区分自我和他人能力的出现,以及认识到他人有不同于自己的内部状态和体验,是儿童移情反应向更高水平发展的必要的认知基础。霍夫曼认为,尽管婴儿已被证明能够表现出对他人的某种情感倾向,但这很可能只是一种"生来有之的移情的前提条件"(Hoffman, 1977)。在整个儿童期,观点采择过程与个人的移情"倾向"相互作用而引发以利他方式行动的动机。这样,尽管年幼儿童也经常对他人的悲伤有明显移情反应,但随着经验的增加和认知的发展,引发儿童情感唤醒和助人反应的情境也随之发生变化。

(三) 社会学习

社会学习有助于促进儿童的亲社会行为。实验表明:通过榜样学习,儿童不仅在实验后的即时测验中助人行为增多,而且在延缓测验中,这种效果也得到保持。一些研究都证实了榜样学习会对儿童助人行为具有长远作用。榜样学习法的突出特征是:第一,高大的榜样形象与身边具体的事迹结合,为儿童塑造了一幅具体的活生生的榜样群像,激发儿童效仿榜样的需要,使他们感到值得效法。第二,以情境故事的形式呈现榜样事迹,有助于儿童把握榜样助人的情境、助人方式,透过具体的行为表现把握榜样的助人动机。通过对榜样助人具体行为的分析,把榜样所代表的原则从具体的行为中分离出来,概括出一般共同的特征。第三,使儿童把榜样在具体情境中体现的助人原则、规范与自己的行为选择相对照,从而减少了榜样学习的难度,增强了学习者与榜样的相似性。这是榜样学习的核心的要素。

二、儿童亲社会行为的培养

怎样通过教育或训练的途径,运用一些适合儿童心理特点的切实可行的方法来促进儿童亲社会行为的发展,是学校道德教育的一个重要方面。根据国内外研究资料,提出以下几种方法。

(一) 角色扮演法

角色扮演(role-playing)是一种使人暂时置身于他人的社会位置,并按这一位置所要求的方式和态度行事,以增进人们对他人社会角色及自身原有角色的理解,从而更有效地履行自己角色的心理学技术。这一技术最初是由心理学家莫雷诺(Moreno)于本世纪30年代为心理治疗的目的始创的,后来许多心理学家在分析该技术的原理和推广方面做了大量工作,使得这一技术目前已成为心理学领域中公认的应用范围最广、实施最为容易且行之有效的方法之一。

角色扮演使人们能够亲身体验他人的角色,从而可以更好地理解他人的处境,体验他人在各种不同情境下的内心情感。心理学家证实,只有一个人内心世界之中具有了与他人相同(或类似)的体验时,他才知道在与别人发生相互联系时该怎样行动和采取怎样的态度。因此,角色扮演在发展人们的社会理解力和改善人际关系方面有着尤其重要的作用。

不仅如此,心理学家在研究中还发现,较长时间的角色扮演经验还可以改变人们的心理结构。由于扮演中真实、直接的情感体验的支持,所扮演的角色的某些特征最终能被"固定"在人们的心理结构当中,从而使人们的个性发生实质变化。斯陶布(Staub,1971)曾用实验的方法检验了儿童扮演角色的活动对道德行为发展的影响。他先把幼儿一一配对,然后让其中一个承担需要别人来帮助他的角色,如他想搬一张凳子,可凳子太重,搬不动;或他恰好站在自行车迎面驶来的马路上。另一个儿童扮演帮助别人的角色,他要想出合适的方法来帮助别人,并且要表现出来。然后两个人交换角色。训练一周后,为儿童提供如下的机会,以便测定儿童的助人行为是否有进步:

1. 一个儿童在隔壁房间里从椅子上跌下来在哭;
2. 一个儿童想搬一张对他来说很难搬得动的凳子;
3. 一个儿童因为积木被另一个孩子拿走了而感到苦恼;
4. 一个儿童正站在自行车道上;

5. 一个儿童跌倒受伤了。

实验结果表明,受过这类互惠训练的儿童比起没有受过这种训练的儿童表现出更多的助人行为。

我国研究人员也发现(李幼穗、王晓庄,1996),角色训练使幼儿角色意识显著提高;角色训练后,实验班幼儿助人行为呈上升趋势,实验班与对照班幼儿助人行为表现出显著性差异;角色训练对于幼儿在特定情境下的助人行为及动机水平有重要的促进作用。

(二)移情训练法

移情训练是一种旨在提高儿童善于体察他人的情绪、理解他人的情感,从而与之产生共鸣的训练方法。虽然几乎所有儿童都有移情能力,但某些儿童比较容易产生移情的反应。父母的教养方法对儿童的移情发展起着重要作用。亚罗等人1983年的研究证实,幼儿能够对他人的不幸产生同情与怜悯,但存在个体差异。对母亲行为的考察发现,那些不会怜悯他人的婴儿的母亲,当婴儿遇到他人苦恼的情境时,她们会通过限制、惩罚等方法使婴儿离开他人苦恼的情境;而会怜悯他人的婴儿的母亲,则倾向于对伤害事件进行有感情的说明,帮助孩子理解自己的行为与他人烦恼的关系。在后一种情况下,母亲实际上等于给孩子进行了移情训练。只有使儿童的注意集中于他人的苦恼,怜悯他人的行为基础才能确立。采取这种教养方式的父母,他们的孩子往往会对别人表现出移情,并可能表现出帮助、分享和同情等亲社会行为。

采用移情训练程序可以引导儿童对他人观点的注意,并给予需要者以帮助。费舍贝赤和她的同事曾利用她们设计移情训练程序对儿童的亲社会行为进行干预研究。在该实验中,研究者把儿童分为实验组(移情训练组)和控制组,让实验组参加一系列的移情训练活动,包括考虑他们的想法和情感,并设想自己在相似的情景下的感受。每周训练3次,每次大约45分钟,共10周。由同伴、教师对儿童在训练开始、训练中间和训练结束之后的亲社会性进行考察。结果表明,参加移情训练的3~4年级的儿童与没有参加此活动的儿童相比,确实增加了亲社会反应。

我国的李百珍(1993)、李福芹、叶文君和陈丽(1994)等人也进行了类似的研究。其中有的研究还强调认知——情绪系统的交互作用,综合运用认知提示、情感换位、巩固深化和情境表演等成套移情训练技术,由近及远、由浅入深、由具体到抽象地展开幼儿道德认知和道德行为的教育。她们的研究旨在增强移情能力,明显促进幼儿亲社会行为水平的提高和降低攻击性行为。

(三)榜样示范法

榜样学习在道德教育及亲社会行为领域的研究中曾引起广泛的注意。对榜样模仿问题的研究最突出的首推班都拉。班都拉认为,人在社会环境中进行学习从而形成自身的人格特征。因此,设置一定的社会情境,树立一定的榜样,使儿童有意无意间进行模仿,可以有效促进儿童品德的形成和发展。示范作用之所以能够影响学习,主要是因为它具有传递信息的功能。在观察过程中,示范行为会浓缩成符号性的表征,指引观察者在以后做出适当的行为。整个观察榜样进而模仿榜样的过程是由注意、保持、动作复制和动机这4个相互关联的过程构成。

自60年代班都拉提出社会学习理论后,大量研究表明,让儿童接触利他榜样可以增加利他行为。成人的利他主义榜样有助于儿童做出相应的助人行为。亚罗等人(Yarrow et al,1973)研究了榜样的类型和性质对儿童利他行为发展的影响。罗施通(Rushton,1975)所做的一个较典型的实验是:让7~11岁儿童观看一个成人玩滚木球的游戏,这个成人把得到的一部分奖品捐赠出来作为穷苦儿童的基金。然后让这些儿童单独玩这类游戏,结果发现，他们把奖励所得捐献出来的数量远远超过没有观看过成人模型的控制组儿童。即使实验后过了两个月，这些实验组的被试与不同的实验者在一起时仍然那么慷慨，说明榜样的影响是长期的。

我国的陈旭（1995）、周强和杨梓（1995）等人也进行了类似的研究。其中，陈旭的实验研究主要通过榜样学习，实验结果，儿童不仅在实验后的即时测验中助人行为得到发展，而且在延缓测验中，这种效果也得以保持。该实验采用了先呈现具有利益冲突的助人情境故事，让儿童在听故事时以"我"的身份作出行为选择，并阐述理由。由此引起他们强烈的内心冲突，迫切希望有外部因素来帮助他们作出行为抉择。此时，立即呈现榜样形象，既有教育者为他们选定的榜样，也有他们自己选定的榜样，还有他们自己做过的助人事迹，并且都以具体的行为情境出现。

除了上述几种主要的方法以外，还有认知冲突法、行为练习法等方法，在此就不一一赘述了。这些方法在培养儿童的亲社会行为上各有其独特的作用。作为家长和教育工作者，在培养儿童亲社会行为的过程中，应综合运用各种方法，使之互为补充。单独使用任何一种方法，不仅不能全面地实现培养发展儿童亲社会行为的目的，而且就连它自身该起到的作用也会受到限制。在具体应用时需要运用哪种方法或哪几种方法，这要根据活动的内容、教育的目的以及儿童的年龄特点、认知发展水平和个性特征等情况而定。

小　　结

道德的发展是儿童社会化过程中的一个极其重要的方面。皮亚杰揭示出儿童道德判断的发展经他律发展到自律。柯尔伯格对皮亚杰的理论进行修正和扩充，把皮亚杰揭示的关于儿童道德判断的他律和自律两种水平扩展为3种水平6个阶段，提出了"儿童道德发展的阶段理论"。但柯尔伯格研究所用的道德两难故事几乎都与法律、权威或正规的责任等问题有关。艾森伯格针对柯尔伯格道德两难故事的这一局限性，设计了不同于柯尔伯格道德两难故事的亲社会道德两难故事，并利用这些亲社会道德两难故事来研究儿童亲社会道德判断的发展，提出儿童亲社会道德判断发展的5个阶段。皮亚杰和柯尔伯格认为，公正而且只有公正才是人们组织其道德思维的框架，亦即唯一的道德取向。吉利根等人对公正是唯一的道德取向这一观点提出质疑。她认为，除公正取向外，个体还存在着另一种非常重要的道德取向，即"关怀"取向。

儿童的亲社会行为在很早的年龄就出现。分享、助人、安慰、保护、合作等各种形式的亲社会行为在生命的第一、二年即已出现。但是，关于儿童亲社会行为的一致性问题的研究表明，儿童不同类型、情境下的亲社会行为之间的相关相对较低。关于儿童亲社会行为的跨年龄的一致性问题的研究结果表明，不同年龄儿童的亲社会行为之间存在中等程度的正相关，表明个体的亲社会性具有相对较高的稳定性或连续性。

艾森伯格在吸收前人研究成果的基础上提出了儿童亲社会行为的发展模型，对儿童亲社会性行为发生的动态过程作出了具体分析。该模型把亲社会行为的发生过程划分为3个阶段：对他人需要的注意阶段、亲社会行为意图的确定阶段、意图与行为建立联系阶段。

儿童的亲社会行为受多种因素的影响，其中社会认知和移情是影响儿童亲社会行为的重要中介变量，两者之间存在着相互作用。除此之外，社会学习也是儿童亲社会行为获得的重要机制之一。心理学家提出了各种不同的培养儿童亲社会行为的方法,角色扮演、移情训练和榜样示范是三种主要的培养方法。

讨 论

惩罚与儿童道德行为的社会化

惩罚是通过对儿童呈现有害刺激以达到抑制其不良行为的目的的一种管教方式。几乎所有的父母在对孩子的管教中都或多或少地采用过这种方式。一般说来,为了防止孩子做出对自己或别人有严重伤害结果的行为,父母可以严辞命令孩子或者把孩子拖离现场。但是,其他一些惩罚形式,如用手戳孩子的脸、敲打孩子的头、打孩子的屁股或者是责骂孩子则会降低孩子的自尊心。有关研究表明,父母在管教孩子时应避免使用以上几种惩罚方式。其原因如下:

1. 惩罚可以暂时压抑某种反应,但不会促进儿童对抑制的长期内化。当惩罚者在场时,儿童通常会抑制其不良行为;但一旦惩罚者离开现场,他们又会立刻"故技重演"。事实上,高惩罚性的父母的孩子,在家庭以外特别具有攻击性和挑衅性。

2. 与身体和言语伤害相联系的惩罚会为儿童提供成人攻击榜样。不管是自然观察还是实验室实验均已表明,儿童在与其同伴的互动中会采用成人曾对他们使用过的惩罚手段。受虐待儿童会表现出特别强烈的攻击性,不管是在家中还是在学校,他们对同伴或成人的言语威胁和身体攻击远远超过其没有受过虐待的同伴。

3. 经常受惩罚的儿童会逐渐学会通过回避惩罚者的方式来保护自己。当儿童不愿接近父母,不愿跟父母打交道时,父母作为儿童社会化执行者的作用会大打折扣。

4. 由于惩罚暂时压抑了儿童的不良行为，可以使父母得到暂时的轻松，这种情况会对父母的惩罚行为起到强化作用，从而对孩子重复地使用惩罚的方法。其后果是成人对孩子的惩罚会日益频繁，并有可能使这种惩罚上升为虐待。

由于伦理学方面的原因，心理学家不能在实验室中对高度惩罚的管教方式进行研究。他们只能利用一些有限方法，如利用蜂音器或温和的言语责备来对惩罚问题进行研究。尽管如此，心理学家利用这些技术发现了一些有助于增强儿童行为抑制能力的因素：

（1）惩罚的时间。研究表明，当儿童表现出错误后，立刻惩罚儿童比几个小时以后再惩罚对抑制儿童错误行为的再发生更为有效。

（2）惩罚的一致性，既包括给予儿童惩罚的标准的一致，也包括对儿童的惩罚要有始有终。研究表明，父母反复无常、断断续续的惩罚方式与儿童违规行为的发生呈明显的正相关。当儿童表现出错误行为时，父母有时默许，有时反对，会使儿童不清楚行为的标准，导致再次犯错误。

（3）惩罚实施者与儿童的关系。当惩罚实施者与儿童关系较密切时，对儿童的惩罚可非常有效地减少儿童的错误行为的发生。因为惩罚的同时，伴随着父母对儿童情感的回收，这对儿童和父母来说都是比较痛苦的事情。因此，受惩罚后儿童会急切地想恢复与父母间的亲密关系。

（4）讲道理。惩罚与讲道理相结合是最为有效的惩罚方式。讲道理的内容包括：告诉儿童其行为对他人可能造成的危害或后果，指出儿童遇到类似的情景应怎样做才恰当，向儿童说明为什么要惩罚他等。这样做的目的在于使儿童认同父母的行为标准和观点，在以后遇到类似情景时,知道如何去做。同时,研究还表明,讲道理也会增加延迟惩罚的效果。通过讲道理,儿童可能回顾犯错误的经历,也因此而产生对以后行为的期望。

  总之,惩罚和讲道理两种方式交替使用可有效地约束儿童,同时,也防止了惩罚儿童可能产生的消极影响。另外让儿童远离犯错误的情境,收回给予儿童的特权等也是行之有效的方法。让儿童离开其犯错误的情境,可使儿童在能够改正错误之前得到积极的强化,也可使父母冷静下来处理儿童的问题。收回儿童的特权(如不允许儿童去看电影等),尽管可能导致儿童的愤怒和抵抗情绪,但至少可以避免因惩罚而导致的虐待或暴力事件。从长远来看,在儿童犯错误之前,父母鼓励或帮助儿童建立良好的行为方式是最好的训练儿童行为的方式。这样,成人帮助儿童获得了可接受的行为方式,儿童表现出的错误行为少,成人也就没必要通过惩罚来约束儿童了。

第八章 儿童的攻击

攻击（Aggression）是儿童、青少年中一种比较常见的社会行为，也是个体社会性发展的一个重要方面。攻击性发展状况既影响儿童人格和品德的发展，同时也是个体社会化成败的一个重要指标。任何一个社会，从维护社会秩序和保护其社会成员身心健康的目的出发，都会对其成员之间的攻击采取一定的控制措施。从这一意义上说，攻击基本上是一种不为社会提倡和鼓励的行为。20世纪以来，攻击的发展与控制问题一直是发展心理学最重要的研究领域之一。"在本世纪过去的岁月，很少有哪几个课题，像攻击及其控制那样，引起如此之多的理论与实验研究的关注"(Parke & Slaby, 1983)。从弗洛伊德的精神分析理论开始，直至近年来的认知心理学，持有不同观点的心理学家均对儿童攻击的发展问题进行过大量的理论探讨和实验研究。这些研究极大地丰富与深化了人类对于个体的攻击及其发展问题的认识，同时也为儿童攻击行为的控制与矫正提供了越来越多的科学依据。

第一节 攻击及其分类

一、攻击的涵义

尽管心理学家对攻击的科学研究已有近百年的历史,但是对攻击的性质的认识至今仍存在分歧。概言之,心理学家对攻击的界定主要有以下四种:

1. 解剖学定义(topographical definition)

攻击的解剖学定义认为,攻击是指那些导致对方逃跑或给对方造成伤害的行为或行为模式。习性学家在动物攻击性研究中通常持有这一观点。但是把这一定义应用于人类的攻击行为时却存在着一些问题,主要表现为对攻击的界定过分宽泛,同时又缺少对引发攻击的条件尤其是伤害意图与动机的限定。按照这一定义,一些本不属于攻击的行为也被看作是攻击。如医生给病人拔牙,虽然医生的行为可能会给他的病人造成伤害或痛苦,但是这类行为不能看作是攻击性的,因为它缺乏攻击行为的一个基本要素——伤害的意图。

2. 前提条件定义(antecedent approach)

这种定义方法强调攻击发生的前提条件——即伤害意图或伤害的有意性。例如,著名的攻击行为的"挫折-攻击"假设的创立者多拉德(Dollard, 1939)认为,"攻击是以给行为所指向的人造成伤害为目标的行为"。

前提条件定义法的优点在于它抓住了人类攻击的一个本质特征——伤害的有意性。但是这一定义在实际应用过程中也存在着较严重的问题:人的意图、动机都是内在心理活动,无法直接观察或测量，只能依靠对伤害者的外显行为或行为发生情况的观察进行推断。因此，采用这种定义方法所导致的观察的信度与效度问题往往是研究和应用中的一个不易克服的困难。

3. 行为后果定义（outcome approach）

这一定义强调要以个体的行为所造成的伤害性结果作为攻击的界定标准。按照这一观点，攻击是指"导致另一个体受到伤害的行为"。该定义的优点在于对行为的结果可以客观地观察，因而不需要对行为意图或动机等主观状态进行推断。但是，同解剖学的定义一样，缺点在于把攻击这一概念的外延扩大化，导致一些非攻击性行为（如牙医给病人拔牙、父母对孩子的管教），都被标定为攻击性行为。

4. 社会判断定义（social judgement approach）

班都拉认为（Bandura，1977），与道德及利他主义一样，攻击是一个涉及行为结果、形式、强度、意图以及行为者和行为对象之间的关系等多种因素的复杂结构（construct），所以在对其作出界定时，必须综合考虑上述各种因素，而不能仅仅以其中一种因素或一个维度作为依据或标准。因此，所谓攻击，实际上是人们根据行为者和行为本身的特性而对某些伤害性行为作出的一种判断。

二、攻击的分类

在20世纪80年代以前儿童攻击发展研究中，心理学家对攻击的分类主要有4种。劳伦茨（Lorentz）和雷斯（Reise）把攻击分为情感性攻击（affective aggression）和工具性攻击；哈吐普（Hartup）把攻击分为敌意性攻击（hostile aggression）和工具性攻击（instrumental aggression）；艾沃雷尔（Averile）把攻击分为可接受的攻击（acceptable aggression）和不被接受的攻击

(unacceptable aggression);另外,还有人把攻击分为个人驱动的攻击(personally motivated aggression)和社会驱动的攻击(socially motivated aggression)。在所有这些分类中,哈吐普(Hartup,1974)的观点得到了广泛的采纳。所谓工具性攻击乃指儿童为了获得某个物品而做出的抢夺、推搡等动作。这类攻击本身不是为了给受攻击者造成身心伤害,攻击在这里被当作一种手段或工具,用以达到伤害以外的其他目的,如获取某一物品等。敌意性攻击则是以人为指向的,其根本目的是打击、伤害他人。从研究的角度看,哈吐普的分类有较高的信度,但其效度有时很难保证。因为一些敌意性攻击具有工具性攻击的功能,而一些工具性攻击表现出敌意性攻击的愤怒反应。哈吐普也曾指出:"婴儿期和童年早期儿童表现出的攻击主要是对非社会性客体的获取,随着儿童年龄的增长,他们的攻击更多趋向于冲突中以人为指向的攻击。"由于以上问题的存在,这种分类在实际研究中的应用价值受到了一些限制。

80年代中期,美国发展心理学家道奇和考依(Dodge & Coie,1987)根据对儿童在实验室和自然情境中同伴间自由活动的观察,提出儿童同伴之间的消极互动可以根据是否属于攻击以及攻击行为的严重程度进行分类。根据这两项标准,首先可以把儿童之间的粗暴游戏与明显的攻击区分开来。粗暴游戏通常并不导致儿童在社会测量中的消极地位(即同伴拒斥)。明显的攻击可分为愤怒的反应型攻击(angry reactive aggression)和非愤怒的主动型攻击(non-angry proactive aggression),前者可简称为反应型攻击,后者为主动型攻击。这一分类与哈吐普的分类非常相似,但其优点在于既考虑到了与儿童攻击行为相联系的情绪唤醒状况,同时又强调了攻击行为的诱因。而哈吐普的分类基础则只是攻击行为指向的目标。就两类攻击行为在儿童身上的表现而言,反应型攻击主要表现为愤怒、发脾气或失去控制；主动型攻击则主要表现为物品的获取、欺负或控制同伴。道奇等人（Dodge & Coie, 1987）的研究表明，攻击行为的这一分类具有较高的信度，即不同的观察记录人之间对行为的评定有较高的一致性。同时这种分类也具有较高的效度。他们对儿童同伴活动的观察发现，在某些儿童的活动中，活动的双方都对对方做出大量的攻击行为，而且双方互不喜欢，看起来他们经常发生冲突，这类同伴可称为高冲突性同伴。而在另外一些同伴活动中，一方总是攻击另一方，但这种攻击没有相互性，攻击者和被攻击者的行为的分布表现出一种非对称性。在这类儿童同伴中攻击一方所表现出的82%的攻击行为属于主动型攻击。而在高冲突性同伴中，彼此之间的攻击行为的45%属于反应型攻击。

第二节 攻击的理论

一、习性学理论

习性学（ethology）是研究人和动物行为的生物学基础的科学。习性学家认为，动物行为模式的基本系或组成部分是在发育过程中随着成熟而出现的，而不是经过学习获得的。动物某种行为模式出现的时间和形式是由种系进化过程形成的"蓝图"（blueprint）所决定的。这些所谓的行为"蓝图"即是一些固定的行为模式（fixed action patterns）。

著名的奥地利习性学家、诺贝尔生物学奖得主劳伦茨（K. Lorentz）对动物和人类的攻击问题进行了深入系统的研究，出版了《论攻击》一书（该书中文版译名为《攻击与人性》，1987）。劳伦茨认为，攻击是人类和动物的一种本能，它同喂食、逃跑、生殖一起共同构成了人类和动物的四大本能系统。人和动物攻击的驱力来自有机体内部，而与外界刺激无关。随着个体攻击的能量在有机体内不断地积累，他必须借助于适当的外部刺激周期性地进行释放。

劳伦茨认为，人类和动物在种系发展中之所以形成高度复杂化的族内攻击行为模式，是因为攻击具有护种功能。首先，从生态学意义上看，人和动物为保卫自己边界而进行攻击有助于保持同一物种在环境中的分布平衡。由于食物、栖居场所和其他生活必需品的有限性，某一特定的地理环境内只能养活同一物种的有限成员。如果该地区内同一物种的成员的密度太大，就必然导致生活资料消耗殆尽，最终威胁到物种和个体的生存。因此，同一物种成员之间的相互攻击、排斥可以保持生态的平衡。它具有保证个体和物种生存的功能。攻击的第二个功能在于通过族内争斗挑选出最优秀的或最强壮的成员来繁殖后代。例如交配季节，雄性成员之间通过决斗产生出最强壮的成员来与雌性成员交配，从而使所繁殖的后代具有较强的适应性。攻击的第三个功能是护雏功能。通过与交配相联系的族内成员间的争斗而产生的选择过程能够使有机体适应族内和族间的竞争。劳伦茨认为，这一过程的最重要的结果是选择出具有攻击性的家庭保护者，由这种最好的保护者来保护幼雏，从而达到护种的目的。

劳伦茨的攻击理论主要存在三个缺陷：

其一，过分强调本能因素在动物和人类攻击中的作用，对学习因素重视不够。尽管不少习性学实验业已证明，某些事件可以不必经过先前的学习而直接引发动物的攻击性反应，但是亦有不少研究证明，动物的攻击模式通过学习是可以改变的。这些研究表明，攻击主要是由进化过程中先天生物因素决定的观点是不成立的。实际的情形可能是,在人类和动物的攻击中,先天因素和后天学习都发生作用。

其二,攻击能量模型不能成立。如前所述,劳伦茨认为,人和动物的攻击来源于与生俱来的攻击本能,而且这种本能在有机体内不断积累,最终通过攻击行为而获得释放。这一模型不仅缺少实验证据,而且本身也难自圆其说,因为按照这种观点,即使剥夺动物和人攻击的诱发刺激,机体的攻击能量也会不断增强,直至找到一个对象释放这种能量。照此逻辑,攻击或攻击他人是在所难免的。

其三,忽略了人和低等动物的差异。劳伦茨的理论主要来源于对动物界攻击的观察研究。他把这些结果用来解释人类的攻击,不仅忽略了人和动物的行为的复杂性,而且也忽略了人和动物之间的本质差异。人类的社会组织结构和文化系统决定了人类的活动,包括攻击在内,不可能服从于从动物界概括出来的原则和规律,人类的攻击,不仅受先天生物因素的制约,同时在更大程度上取决于社会的作用,受人的信念和意识的支配或调节。

二、挫折—攻击假说

本世纪 30 年代,多拉德 (J. Dollard) 等人曾提出过一种关于攻击行为的理论,称为"挫折—攻击假说"(frustration-aggression hypothesis)。多拉德认为,人类的攻击行为不是来源于攻击本能,而是由挫折所致。他明确提出:"攻击的发生总是以挫折的存在为必然前提"。所谓挫折,就是某种正在进行的活动受阻。该假说从表面上来看似乎很有道理,因而曾对早期的社会心理学和发展心理学关于攻击的研究产生了相当大的影响。但是在这一假说提出之后不久,人们就提出了质疑。因为不管是日常观察还是科学研究均表明,挫折并不总是导致攻击行为的发生。同时,攻击的发生也并不总是以挫折为前提。人们对挫折的反应有各种各样的方式，如哭泣、忧郁、发笑、回避，或者会更加努力以达到目标，也许仅仅会产生一种应对状态。因此，无法通过挫折对攻击是否发生作出准确的预测。有关研究发现，一些儿童在遭受挫折之后通常并不是进行攻击，而是经常表现出一种退缩或者放弃。还有一些实验研究表明，儿童在自己受挫折后或者观察过他人的努力受到挫折之后，他们会变得更加努力。

尽管多拉德等人关于挫折与攻击之间关系的武断表述受到很多批评和质疑，但是这一假说也并非完全缺少实验支持。一些研究发现，不管是儿童还是成年人，在受到挫折之后，其攻击有时会增加或被进一步加强。凯波斯等人（Campos et al, 1983）的研究表明，在把婴儿的四肢按住不让其活动时，他们的脸上会露出愤怒的表情。

60年代，"挫折—攻击假说"经由贝科威茨（L. Berkowitz）之手得到了修正。贝科威茨认为：挫折并不直接导致攻击，它只为攻击行为的实际发生创造了一种唤醒状态或准备状态。攻击行为的实际发生还需要一定的外部引发线索。贝科威茨对多拉德"挫折—攻击假说"进行修正，引入了情绪唤醒这一中介变量，这在一定程度上克服了后者完全把中介过程排除在外的致命缺陷。但这种进步仍没有跳出行为主义的窠臼，因为它同样没有考虑到认知过程对攻击行为的调节作用，也没有对情绪唤醒产生的机制作出清楚的说明。正如社会学习理论家班都拉（A. Bandura）所言："离开了对人类心理活动的理解，就无法真正理解人类的行为"（Crusec & Lytton, 1988）。对于像攻击行为这样复杂的社会行为的研究而言，离开了对认知中介过程的深入探讨，就永远无法作出令人信服的解释。

三、社会学习理论

社会学习理论认为，儿童的攻击是一种习得的社会行为。根据社会学习理论的基本观点，儿童对攻击的社会学习过程由4个子过程或机制构成（Bandura，1983）。

（一）获得机制

社会学习理论研究的重要课题是儿童的某种社会行为是如何获得或形成的。根据这一理论，儿童的攻击行为主要是通过两条途径获得的：一是观察学习，二是直接学习。前者又称模仿。儿童对攻击行为的观察学习或模仿由4个相互联系的子过程组成：(1)注意过程。即儿童把自己的心理活动集中在攻击榜样上，对攻击的榜样行为进行感知。(2)记忆重现过程。即儿童对其感知过的他人的攻击行为的有关信息进行编码，作为表象存储在他的记忆系统之中。这种表象对儿童以后的攻击行为起指导作用。(3)动作复制过程。儿童把记忆中构成攻击行为的动作表象整合为一种新的反应模式。(4)动机过程。这个过程对儿童攻击行为的实施起着激发和调节作用。

儿童获得攻击行为的第二条途径是直接学习。虽然观察学习或模仿是儿童获得攻击行为的重要机制，但是更应当重视儿童实际参与打架斗殴等冲突行为对儿童习得攻击行为的重要作用。这种直接学习的显著特点是行为的后果对儿童产生即时强化：儿童通过亲身体验自己采用的不同攻击方式所产生的不同结果，便逐渐认识到在不同的情境中哪些行为是适宜的，哪些会招致不良后果。这对于儿童攻击行为的诱发或抑制具有重要的作用，影响着儿童攻击行为的发生与发展。

（二）启动机制

攻击行为的获得与实际表现出的攻击行为不是一回事。也就是说，儿童获得了某种攻击行为并不等于他一定立即实施攻击。儿童攻击行为的发生取决于特定的内外因素的启动或激发。

启动儿童攻击行为的外部因素主要包括以下3个方面：(1) 消极事件启动。此类事件包括身体攻击、言语威胁与侮辱以及物品的剥夺等。(2) 诱发性启动。儿童具有认知能力，能够预料到通过攻击手段可能达到的结果。因此，儿童有时会为达到某些理想的结果（如夺取他人的物品、在同伴团伙中取得地位等）而发动攻击。(3) 榜样性启动。他人的攻击行为是激发儿童攻击的又一重要因素。研究资料令人信服地表明，与那些没有观看他人攻击行为的同伴相比，观看过他人攻击行为的儿童表现出更多的攻击行为。

(三) 保持机制

启动儿童攻击行为的原因是各不相同的，而且相同或相似的攻击行为对于不同的儿童或同一个儿童在不同的情境中也产生不同的结果。长期以来，人们一直认为攻击行为所产生的外部结果或收益是对攻击行为唯一起强化作用的因素。其实这种观点是片面的。事实上，儿童不仅依据其行为在受攻击者身上造成的后果，而且还依据该行为给儿童本人造成的后果来调节其攻击反应。班都拉认为，儿童攻击行为的保持机制包括以下3个方面：

1. 外部强化

儿童的攻击行为在很大程度上受其所造成的结果的调节。由攻击行为而获得的外部奖酬在儿童的攻击中具有特殊的重要性。虽然儿童的攻击行为会因不同的条件或情境而产生各种不同的结果，但是攻击行为经常会给儿童带来某些他所期望的结果。那些攻击同伴的儿童虽然也会在冲突中受到对方的攻击，但当他因打败了对方而"提高"了在同伴团伙中的"地位"时，就会获得一种心理上的满足。对儿童攻击起强化作用的外部因素不仅包括那些直观的奖酬,如儿童通过攻击所获得的物质和身份上的强化,而且包括社会性奖酬,如儿童的攻击行为得到他人或社会的认可、褒奖时,他们以后便会更倾向于攻击他人。社会的认可和褒奖不仅会使儿童那些受到认可的攻击方式增多,而且会增加儿童其他形式的攻击行为。已有的研究揭示了这样一个事实:高攻击性儿童的父母一般限制其子女在家庭内部的攻击行为,但却往往宽容甚至支持子女在家庭以外对他人的攻击。

2. 不恰当的惩罚

恰当的惩罚通常会导致儿童对攻击行为的焦虑,从而有助于抑制儿童攻击行为的发生。但是,不恰当的惩罚不但达不到这一效果,反而会起到增加儿童攻击的消极作用。这是因为某些惩罚手段本身就具有攻击行为榜样的性质,儿童在"适宜"的情况下会把别人惩罚他的这些手段用来攻击他人。希尔斯(Sears,1961)等人发现,一个因打架而受到家长严惩的儿童一般在家庭中攻击性较低,因为家庭对于儿童来说是惩罚的威胁最强有力的地方。但是,儿童一出家门,情况就不同了:一个在家里因攻击行为而受到严惩的儿童,比一个所受到的惩罚不怎么严厉的儿童在家庭外面具有更强的攻击性。

3. 替代性强化

儿童所观察到的他人的攻击行为产生的结果对其攻击行为具有重要的强化作用。在日常生活中,儿童自然有很多机会观察他人的行为。通过观察,他可以发现在哪些情况下他人的攻击行为会得到奖酬,在哪些情况下被忽视,或者是惩罚。儿童所观察到的这些发生在他人身上的结果,以一种与儿童亲身经历的结果相类似的方式作用于儿童,从而影响着其攻击行为的保持。这样,儿童既可以从自己又可以从他人的行为结果中获取信息,受到启发。

一般来说，如果儿童看到他人通过攻击而得到奖酬，那么其自身的攻击倾向便会增强。相反，如果他看到他人因攻击而受到惩罚，其自身的攻击倾向便会降低。

（四）自我调节机制

儿童作为意识的主体，并不像华生的行为主义所宣称的那样，只是外部刺激的简单反应者。儿童主体的认知结构（此处主要指道德认知结构）对其行为反应起着重要的调节作用。这种认知结构为儿童提供了一个对自己的行为作出评估判断并进而影响其行为反应的标准。

儿童攻击行为的自我调节机制由3个子过程组成：（1）自我观察。指儿童根据有关的维度（包括自己行为的后果、可靠性、伦理道德等）对自己的行为进行观察。（2）判断。儿童对自己的行为进行观察后，就要根据自己的内部认知结构对自己的行为作出判断，并据此确定自己反应的模式。判断包括儿童把自己的行为与其内部的道德认知标准进行比较，对自己所参与的活动价值的评估以及对引起自己攻击行为的原因的分析。（3）自我反应。通过判断，儿童对自己的行为得出消极或积极的评估结果，它从认知上制约着儿童是否做出攻击行为。如果儿童判断的结果是积极的，那么儿童的这种判断便会对其攻击起奖酬作用，驱使儿童发生攻击行为；如果判断的结果是消极的，儿童便会对自己进行惩罚，从而起到抑制攻击行为发生的作用。

四、认知理论

攻击的认知理论强调人类认知对攻击行为的调节作用，试图从人类心理活动内部来揭示攻击发生发展的规律与机制。认知心理学关于儿童攻击发生机制的解释主要包括以下三种理论模型（张文新，1995）。

(一) 攻击的信息加工模型

80年代以来，不少学者从信息加工的角度对儿童攻击行为的认知过程进行了专门探讨。尽管在不同的分析水平上，攻击行为所包含的认知机制是不同的，而且反应型攻击与主动型攻击的认知加工机制也很可能存在差别，但是从信息加工的角度看，从外界信息的输入直到作出行为决策，这个加工过程必须经过一系列的加工阶段。道奇（K. A. Dodge）于80年代初提出了一个颇有影响的儿童攻击行为的信息加工模型（如图8-1）。

该模型认为，儿童从面临某一社会线索到作出攻击反应的整个信息加工过程包括5个步骤和环节。第一步是对输入信息的译码（decoding）。在这一环节上，儿童必须通过感知精确接受来自环境的线索，与此相联的是儿童搜索环境中的有关线索并把注意集中到适宜线索上的能力。第二步为解释过程。在儿童知觉了环境中的线索之后，他首先必须把这些信息与他对过去事件的记忆、他的目标任务相整合，然后为这些线索寻找可能的解释。例如，一个儿童被同伴打了之后，他就要推测同伴的意图，同伴打他是和他开玩笑抑或出于敌意。最后他把从环境中获取的信息与他的程式化的规则相匹配。例如，这个儿童的规则可能是：如果同伴打了我以后又得意地笑了，那么我就知道他是有意打我。第三、四步是寻找反应、决定反应的过程。在儿童对某一情境做出解释之后，他便去寻找可能的行为反应，而行为反应的确定又与儿童对规则的运用密切地联系在一起。例如一个儿童可能会运用这样的规则：如果同伴有意伤害我，那么我就还击。最后，儿童进入执行自己选择的反应阶段。

道奇的这个模型为儿童攻击行为的认知分析提供了一个框架。根据这一模型，儿童在面临一个社会情境时，他在记忆中已存储了一些数据并有一个程序化的认知加工方向。儿童从环境中输入信息,依次通过上述5个认知加工阶段而后作出反应。如果儿童不能按顺序对输入的信息进行加工,或者在某个加工环节发生偏差,就有可能导致异常行为(如攻击行为)的发生。

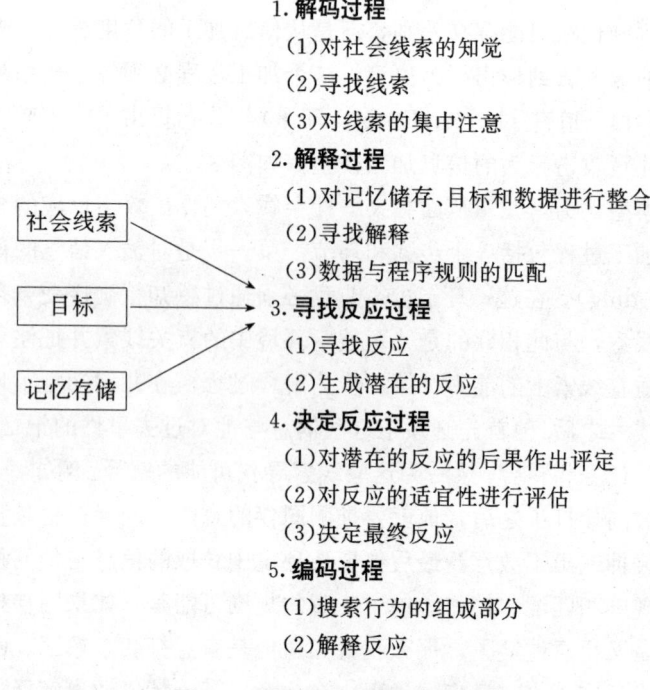

1. **解码过程**
   (1)对社会线索的知觉
   (2)寻找线索
   (3)对线索的集中注意
2. **解释过程**
   (1)对记忆储存、目标和数据进行整合
   (2)寻找解释
   (3)数据与程序规则的匹配
3. **寻找反应过程**
   (1)寻找反应
   (2)生成潜在的反应
4. **决定反应过程**
   (1)对潜在的反应的后果作出评定
   (2)对反应的适宜性进行评估
   (3)决定最终反应
5. **编码过程**
   (1)搜索行为的组成部分
   (2)解释反应

图8-1 攻击的社会信息加工模型

(资料来源:Mussen,P H. Handbook of child psychology,4:557)

近年来的一些实验分别探查了不同加工阶段上与儿童攻击行为相联系的认知缺陷。结论主要包括以下四个方面:

1. 攻击性儿童对敌意性线索表现出有偏向的注意。
2. 攻击性儿童对他人行为的解释中存在归因偏见。
3. 攻击性儿童的行为反应搜索和问题解决策略上存在缺陷。

4. 攻击性儿童对攻击行为的后果抱乐观的期待。

(二) 归因模型

在攻击行为的认知中介过程中，个体对他人的行为或伤害情境的归因是非常重要的一个认知加工环节。弗格森和鲁尔的研究 (Ferguson & Rule, 1988) 表明：一个受伤害者在遭受挫折之后的情绪唤醒状态和行为反应，与其说取决于挫折本身，不如说取决于他对伤害者的归因。如果他把自己所受到的伤害归因为伤害者的人格因素，而不是做情境归因，那么，他的愤怒程度和行为表达(攻击)要比在后一种情况下强烈得多。在总结有关实验研究的基础上，弗格森和鲁尔借鉴了社会心理学中的有关归因理论，提出了个体攻击行为的社会归因模型。这一模型的主要内容是：

1. 个体在受到伤害后首先要对他受伤害的情境进行评估,以确定伤害者应负的责任。确定伤害者应负的责任，受伤害者需要辨别他受的伤害是不是由对方有意造成的。如果不是，他进而需要辨别伤害者是否能够预见他的行为所可能产生的后果；如果是有意造成的，受伤害者则需确认伤害者动机的善恶。通过这些评估，受伤害者把自己所受到的伤害区分为四种类型：事故性的、可预见的、善意的和恶意的。

2. 在评估的基础上，受伤害者进而要确定伤害者因其造成的伤害所应承担的道德上的处罚。对伤害者应承担的惩罚的判断建立在对该情境中应该产生的结果与实际产生的结果两者之间的关系的评估上。伤害者所负的责任原因愈偏离常规，受伤害者赋予他的惩罚就愈重。

3. 受伤害者对行为者（伤害者）责任原因的归属反映了他对实际发生的结果的判断。

4. 对某一情境中应该发生的结果的判断是由多种因素决定的。根据海德（F. Heider）的个人责任类型，一个行为者可因以下原因之一而在道德上受到惩罚:(1)他不应该造成伤害。(2)他不应粗心大意或不竭尽全力。(3)不管在任何情境下他都不应有意伤害别人。(4)除非这种伤害是达到一个更为正当的结果的必要手段,否则,他不应伤害别人。

5. 导致受伤害者愤怒的因素是多方面的,其中包括因受到伤害而产生的唤醒。受伤害者的愤怒同时还是由现实结果与应该发生的结果之间的差距所决定的。

6. 受伤害者进行敌意性报复的愿望的强烈程度取决于他的愤怒程度。受伤害者越愤怒,他就越有可能作出报复性攻击,除非对攻击起抑制作用的因素发生作用。如果受伤害者认识到报复将导致社会不赞赏的结果,并用理智抑制其愤怒反应,那么他对自己的攻击欲望便有更强的抑制力。

近年来关于儿童攻击行为归因研究的具体实验主要是围绕攻击性儿童归因特点进行的。围绕这个课题,国外研究人员设计了一些很精巧的实验。首先应提到的是道奇等人的工作。在1980年完成的《社会认知与儿童的攻击行为》这项研究中,实验者让二、四、六年级的攻击性和非攻击性男生接受一个不知姓名的假设同伴造成的消极后果(自己搭的迷宫被弄倒)。同伴的行为意图分为三种:善良的、恶意的和意图不明的。用录像机记录被试的行为反应。被试的行为反应分七类,其中三类是攻击行为:(1)弄倒对方的迷宫;(2)言语攻击;(3)直接攻击(击墙、敲桌子、晃拳头等)。统计结果表明:在恶意的和善意的两种实验条件下,攻击性儿童与非攻击性儿童的反应无显著差异,两者在恶意的条件下均比在善意的条件下表现出更多的攻击行为。但在意图不明的条件下,攻击性与非攻击性儿童的行为反应出现显著差异。攻击性儿童往往对这种条件下同伴的行为做敌意性归因,从而表现出更多的攻击行为;而非攻击性儿童则往往对同伴的行为做善意的归因。这项研究得出的一个重要结论是，攻击性儿童在他人行为意图不明的情况下对他人造成消极结果的行为倾向于作敌意性归因。

另一项由道奇和弗雷姆（K. A. Dodge & C. L. Frame）1982年发表的实验报告进一步证实了攻击性儿童归因偏见的存在。在这项实验中，实验者利用假设情境让攻击性和非攻击性儿童接受一个意图不明的伤害（如在操场上被一个球打中后背）。要求被试对行为者的意图作出归因。结果发现：攻击性儿童倾向于作敌意性归因，而非攻击性儿童倾向于作事故性的或善意的归因。

除以上两项研究外，还有人（Waas，1988）考察了攻击性和非攻击性儿童在不同信息条件下两项对一意图不明的伤害性行为的归因。结果表明，在缺少归因所需要的信息条件时，攻击性儿童对同伴行为作出的敌意性归因显著多于非攻击性儿童。这个结果进一步证实前述两种研究所得出的结论。但在具备相应信息条件时，两种被试的归因相似，都能根据信息条件的变化而变化。因此，攻击性儿童并不存在识别环境线索能力低下的缺陷。

（三）社会问题解决模型

儿童在三四岁以后便日益频繁地参与到同他人的社会互动中，儿童与他人的社会互动包括一系列目标指向（goal-directed）和他人导向（others-oriented）的行为。所谓社会问题解决能力即指儿童在社会互动中达到个人目标同时又与他人保持良好关系的能力。鲁宾等人（Rubin et al，1991）曾提出了一个社会问题解决的信息加工模型（见图 8-2）。

该模型表明，对儿童的社会问题解决能力可以在不同水平层次上进行分析：(1) 个体行为水平。这一水平上评价的要点包括儿童的社会目标的分配；儿童对有关任务信息（如对他人的意图与情绪、他人的社会地位等）的知觉与理解，儿童提出的达到目标的策略的数量与质量等。(2) 行为效果水平。这一水平上的评估要点包括儿童的意图以及他人对儿童所选择的策略的判断。(3) 行为序列水平。这一水平上评估要点主要是儿童对所选择的策略失败后的反应。主要依据儿童的坚持性、灵活性以及行为是否升级做出评价。

80年代后期以来,国外同行已利用社会问题解决的模型对儿童的攻击行为进行了不少实验研究。研究的重点是高攻击性儿童问题解决的特点。但是,在这些研究中自然情境中的研究所占比例较小,大多数实验使用了假设—反应(hypothetical-reflective)的方法。所谓"假设—反应"的方法,就是在实验中向儿童被试呈现一些假设的问题情境,通过被试对这些问题的反应来测量其问题解决能力。近年中采用假设—反应的方法的实验探讨的重点是儿童对研究者所设计的社会目标的反应策略,即策略生成和策略选择问题。也有不少研究者运用PIPS(学前儿童人际关系问题解决测验)研究攻击性儿童的社会问题解决。在研究中要求被试对如下两种目标提出解决策略:(1) 同伴导向的目标,如儿童寻求得到其他儿童的玩具。(2) 成人导向目标,如让儿童在损毁财物后寻求不让妈妈生气的策略。除以上列举的目标,这类研究中常用的目标还包括发展友谊关系、给需要者以帮助、获得同伴帮助、解决同伴冲突等。

国外研究者运用假设—反应方法对攻击性儿童问题解决的研究主要得出了以下结论:(1) 被评定为攻击性的学前儿童,在涉及物品获得或寻求参与同伴活动的途径等目标时所提出的策略并不少于非攻击性儿童,但他们的策略中更多的是争斗性的或贿赂性的,亲社会的策略较少。(2) 在社会问题解决的信息加工模型的不同水平上,攻击性儿童经常发生加工的困难,这些困难因所遇到的社会性目标而异。例如,在涉及物品拥有的社会问题解决

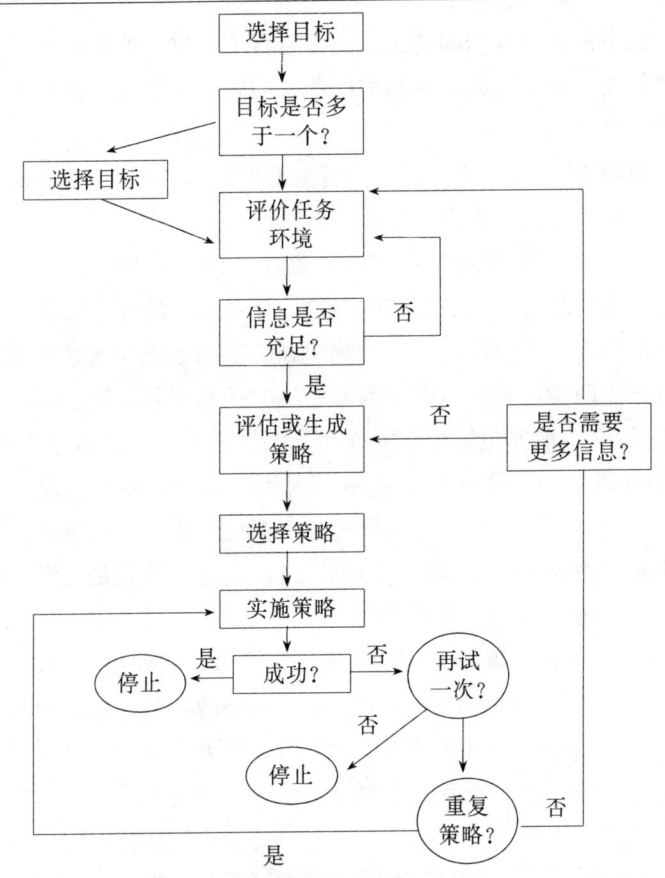

图8-2 儿童攻击的问题解决模型

（资料来源：Rubin, K. H. Social problem solving and aggression. In: Pepler, D. J., Rubin, K. H., (ed.) The development and treatment of childhood aggression. Lawrence Erlbum Associates）

中，小学一年级的攻击性儿童提出的策略多是贿赂和操纵性的。在友谊形成的目标上，攻击性儿童不仅提出的策略总数少于非攻击性儿童，而且其中古怪的或不正常的策略占很大比例。(3) 当攻击性儿童被告知他们起初选择的策略行不通时,他们较少提出其他替代性的策略去解决面临的问题,问题解决的灵活性低于非攻击性同伴。

通观 80 年代以来儿童攻击行为发展的认知研究,对于这一领域的研究现状我们提出以下几点看法。

1. 从认知发展的角度探讨儿童攻击行为的发展代表了儿童攻击行为发展这一领域研究的趋势。从系统论的观点来看,儿童的攻击行为是一个由若干子系统组成的复杂系统。这些子系统大致可分为两类:有机体内部因素组成的子系统和外部社会环境组成的子系统。前者包括生物因素和儿童的认知两个更小的子系统。80 年代以前的研究强调了生物因素和社会环境在儿童攻击行为发展中的作用。近十多年的研究重点探讨了认知在儿童攻击行为中所起的中介或调节作用。因此,可以说这种研究是儿童攻击行为研究历史上的一个重要进展。

2. 近年来儿童攻击行为认知研究的重点主要包括四个方面:鉴别儿童攻击行为的内部中介因素(内隐的法则、社会判断、归因等);论证认知的中介过程如何调节、制约个体的攻击反应;论证儿童攻击行为中所表现出的年龄差异和个别差异与特定的起中介作用的认知模式和认知能力之间的关系;解释特定的认知中介模式如何导致某一儿童在不同情境中反应的一贯性和不同时间里的稳定性。

3. 一些研究者在各自的实验探索的基础上建立了一些攻击行为的理论模型,这有助于对儿童攻击行为的认知分析。但是,这些认知模型都是高度分化的,各自建立在对认知加工的某一阶段或某一水平的研究之上,各模型之间缺少整合性。道奇的信息加工模型虽包含攻击行为认知加工的不同水平,但对不同攻击类型所涉及到的特定加工模式并没有作出区分。因此,如何整合各种具体的理论模型,建立统一的理论框架是攻击行为认知研究所面临的一项重大任务。

4. 近十几年来攻击行为认知研究存在的一个重要问题是忽视了情感对儿童认知加工的影响。虽然在道奇和弗格森等人的理论模型中曾提到情绪的作用,但是他们均把情绪仅仅看作儿童认知过程的一个副产品,而不是一个独立的过程或对儿童的认知有影响的过程。近年来的有关研究已揭示了情绪对儿童认知的影响。因此,今后对儿童攻击行为的认知研究必须把情绪的作用考虑在内,并予以充分的重视。可以认为,认知—情感的理论模型应是这一领域研究的发展方向。

第三节 儿童攻击行为的发展

一、儿童攻击行为的早期发展与特点

儿童的攻击行为起源于何时?它有哪些特点?发展心理学家对这些问题的兴趣由来已久。早在本世纪 30 年代,彪勒(C. Buhler)、格林(E. H. Green)、雪莉(M. M. Shirley)等一批发展心理学家就曾对此进行了许多观察研究。他们的研究表明,儿童与同伴之间的社会性冲突至少在儿童出生后的第二年就开始了。1977 年美国心理学家霍姆伯格(M. S. Holmberg)在一项《12~42 个月儿童社会交流形式的发展》的研究中也发现了类似的结果。霍姆伯格发现,他所观察的 12~16 个月的婴儿,其相互之间的行为大约有一半可被看作是破坏性的或冲突性的。他还发现,随着儿童年龄的增长,儿童之间的冲突行为呈下降趋势,到 2 岁半,儿童与同伴之间的冲突性交往只有最初的 20%。1982 年,

海（D. F. Hay）总结前人的研究，对婴幼儿冲突行为的发生频率和冲突持续的时间作了较为全面的评估。他系统地分析了前 50 年中发表于 3 个国家的有关刊物上的 10 篇研究儿童冲突行为发展的报告。这些报告共包括 31 组儿童冲突行为的发生发展情况。海对这些报告的数据作了换算，结果发现，31 组儿童（年龄在 18.4～62 个月之间）的冲突行为发生的平均频率为每小时 5～8 次。关于儿童冲突行为持续的时间问题，有人发现，婴幼儿之间冲突一般持续 31 秒左右；92％的儿童与同伴之间的言语冲突持续时间在 10 个回合之内，66％的在 5 个回合之内。其他一些研究者也发现了类似的结果，如奥基夫（O'Keefe）和贝诺特（Benoit）发现 2～5 岁儿童之间的言语冲突平均持续 5 个回合左右。

在儿童早期冲突行为的性质问题上，基本上存在着两种不同的观点。一种观点认为，儿童早期的冲突行为不具备特定的社会意义，因而在本质上是一种"社会性盲目"（Socially blind）。换言之，这一观点认为，儿童的这些早期冲突与大龄儿童之间以及成人之间的冲突具有不同的性质，后者是以消极的后果和敌意动机为特点的。持这一观点的人主要是早期的一批发展心理学家，如 30 年代的蒙德雷（M. Maudry）、那古拉（M. Nekula）等。

与上述观点相反的另一种意见则肯定儿童早期冲突行为的社会意义，认为儿童在冲突中"可能既受引起冲突的客体所具有的社会意义的影响，又受其客观刺激特性的影响"。D. F. 海和罗斯（H. S. Ross）发现，婴幼儿之间的冲突包含着具有社会意义的事件，这些事件与以后各年龄阶段中儿童之间发生的攻击性相互作用是相同的。幼儿在冲突中不仅关心空间和物品问题，而且还会因同伴的行为是否违反社会规范而发生争吵。这与大龄儿童争吵的内容是相似的。因此，尽管婴幼儿之间的冲突可能不具备大龄儿童和成年人的攻击行为所具有的全部特征（如特定的伤害意图），但是，他们的确具有一定的社会性，不能轻易地称之为"社会性盲目"。

美国心理学家 D. F. 海和 H. S. 罗斯（1982）对 24 对年龄为 21 个月的婴幼儿的冲突行为的观察研究，为我们了解儿童早期的社会性相互作用与攻击行为发展之间的关系提供了一定的证据。他们在游戏室里进行了 4 次每次时间为 15 分钟的观察，结果发现 87% 的儿童至少参与了一次冲突，其中 79% 的冲突是在没有成人干预的情况下由儿童自己终止的。这些冲突大多数（72%）与争夺物品有关，其余的要么纯粹是人际间的冲突，要么是争夺物品与人际冲突混合在一起。这项研究的意义在于它涉及到了这些早期冲突的社会性质问题。实验结果表明，儿童作出的不同行为反应将会引起同伴不同的让步。例如，操作性行为（即拖拉玩具、积极抵抗）比交际性行为（手势、言语表达、请求）更容易导致同伴让步。这项研究还表明，冲突中儿童的动作（行为）并不是随便选择的，冲突过程中儿童的言语活动通常与他的社会性定向一致。在一般情况下，婴幼儿喊叫物品的名称是为成功地得到同伴的物品（49%），或者是为保护自己的物品不被抢走（33%）。相反，否定词（"不、""不能"）和肯定词（"我"、"我的"）则在防卫和抗议同伴时使用。

总之，近年来的研究都强调了儿童早期冲突的社会性，反驳了早期研究人员提出的关于婴幼儿冲突行为是"社会性盲目"的观点。当今的研究人员认为，幼儿与同伴之间的冲突不仅有助于儿童学习如何有效地发动和终止相互攻击，而且这些经验还为儿童提供了有关社会秩序的信息，其中包括社会成员与他们的财产之间的关系的信息。

二、儿童攻击发展的基本模式

(一) 攻击行为起因的发展变化

随着儿童年龄的增长,引起儿童攻击行为的前提条件的性质也随之发生变化,婴儿和学前早期儿童的攻击与冲突主要是由物品或空间争夺引起,由具有社会意义的事件引发的攻击所占的比例很小。进入学前期,由具有社会意义的事件而引起的儿童之间的攻击行为逐渐增多。一些研究人员观察发现,儿童到 4 岁半时,由具有社会意义的事件(游戏规则、行为方式、社会性比较等)引起的攻击行为与由物品和空间问题引起的攻击行为首次达到平衡。这些研究还特别提到了声誉的损毁(消极的社会性比较、批评、讥讽、辱骂)在儿童攻击行为激发中的作用。这些声誉的损毁不仅会引起儿童之间的言语攻击,而且常常引起彼此之间的身体攻击(Parke & Slaby, 1983)。

张文新等(1996)采用自然观察法对幼儿园小、中、大班 270 名儿童攻击行为的起因、类型及其年龄差异进行了考察。根据对儿童攻击行为的观察记录,该研究把儿童攻击的起因分为 8 种类型:(1) 获取他人的物品(玩具、食物、图片等);(2) 保护自己的物品;(3) 争夺空间(座位、活动场所等);(4) 帮助好朋友或受人指使;(5) 游戏或其他活动的纠纷;(6) 他人违反纪律和行为规则(游戏规则、幼儿园的行为规则);(7) 无故挑衅、欺负他人;(8) 报复还击(在受到他人的伤害、干扰后对他人进行攻击)。统计结果显示,儿童攻击行为的起因次数间存在显著差异,各类起因次数由高到低排列依次为:还击报复、保护自己的物品、无故挑衅欺负他人、游戏活动产生纷争、违反纪律和行为规则、获取他人的物品、空间争夺和帮助朋友或受人指使。

(二) 攻击类型的发展变化

美国心理学家哈吐普（W. Hartup）把攻击行为分为敌意性攻击和工具性攻击（又称操作性攻击）两种。根据这一分类，他对 4～6 岁和 6～7 岁两个年龄阶段儿童攻击形式的发展进行了观察研究，发现年龄较小的儿童的攻击性要高于年龄大一些的儿童。哈吐普认为，这种现象产生的主要原因在于前者的工具性攻击的比率高于后者。相反，年龄大些的儿童与年龄较小的儿童相比，他们更多地使用敌意性攻击或以人为指向的攻击。另一个与此相联系的原因是，随着儿童年龄的增长，诱发其攻击行为的刺激类型也发生了变化。因此，哈吐普作出了这样的结论：在整个学前期，儿童的工具性攻击呈减少趋势，敌意性、报复性攻击呈增多趋势。

在前述张文新等人的研究中，研究者发现，在全部观察的 339 件攻击行为中，工具性攻击 176 件，占总数的 51.9%；敌意性攻击 163 件，占总数的 48.1%。研究者同时发现，两类攻击行为在幼儿园小班、中班、大班三个年龄组中的次数分布存在显著差异。小班儿童的工具性攻击极显著地多于敌意性攻击，中班儿童的工具性攻击和敌意性攻击行为次数之间不存在显著差异，大班儿童的敌意性攻击次数极显著地多于工具性攻击。三个年龄组儿童两类攻击行为的次数分布见表 8-1 所示。

表 8-1　三个年龄组儿童敌意性攻击与工具性攻击的次数

类型	小班	中班	大班
工具性攻击	73	52	51
敌意性攻击	36	48	79

另外，本世纪早期的一些研究人员还以言语攻击与身体攻击为区分标准研究了儿童攻击形式的发展变化。结果发现，儿童在 2～4 岁间，攻击形式发展的总趋向是：身体攻击逐渐减少，言语攻击相对增多。3 岁左右，儿童的踢、踩、打等身体攻击逐渐增多，

3岁以后，身体攻击的频率降低，但同时言语攻击却增多了。

三、儿童的意图认知及其对攻击行为的调节的发展

（一）攻击性与非攻击性儿童对他人行为意图认知的差异

道奇（Dodge，1980）对二、四、六年级的一些攻击与非攻击性儿童的归因倾向进行了研究。在实验中，道奇让这些儿童面对一个由不知姓名的同伴的行为造成的挫折后果进行解释，这个不知姓名的同伴的行为动机有三种：敌意的、善意的和意图不明的。结果发现，与对同伴由善意的动机而造成的挫折后果所做出的反应相比，各年龄阶段所有的男孩对由敌意动机所产生的挫折后果的反应都具有更强的攻击性。但当同伴的行为动机不明确时，攻击与非攻击性儿童的反应之间便出现了分化。攻击性男孩似乎把这个同伴的行为动机解释为敌意性的，并据此作出相应的反应；非攻击性男孩似乎把这个同伴的行为动机解释为善意的，结果化释攻击动机。道奇的研究结果表明，当同伴的意图明显表露出来时，攻击与非攻击性儿童都能根据这一动机相应地改变其报复行为。只有在意图模糊不清的条件下，攻击性与非攻击性男孩才会在对待他人的行为上产生差异。这种差异何以产生？道奇认为有两种可能的解释：一是攻击性儿童在对他人行为意图的认知过程中存在线索利用上的缺失，这与他们在把有关他人意图的信息整合为自己行为方面的能力发展上的滞后有关系；另一种不同的解释是，有些儿童一贯地对非有意性的消极后果作出攻击反应，是由于对线索的歪曲所致，简言之，即儿童错误地知觉或歪曲有关他人意图的线索。

为了考察攻击性与非攻击性儿童对意图不明的挑衅情景归因上的差异，道奇和弗雷姆（Dodge & Frame，1982）专门设计了一个后续实验。结果发现，与非攻击性儿童相比，攻击性儿童在他

人意图不明的情景中更多地对他人的行为作敌意性归因。此外，道奇认为，儿童对他人意图的解释（归因）预示着他对别人行为的期待，既然攻击性儿童更倾向于认为同伴会继续表现出攻击，所以他们更不信任同伴。道奇等人还发现，儿童的名声影响着同伴对他的行为的归因。与非攻击性儿童相比，那些以攻击他人而闻名的儿童在其意图不明确的情况下，其意图更容易被他人看作是敌意性的。而且，研究表明，其他儿童对这些儿童的报复更为强烈，这是因为其他儿童认为这些攻击性儿童会继续作出攻击性行为，因此不能相信他们。

此外，道奇的自然观察研究（Dodge，1983）还揭示这一现象：攻击性儿童不仅把一些非攻击性行为视为攻击性的，而且他们自己所受到的攻击也比同伴多。道奇认为：对攻击作有偏见归因的儿童可能在其经验中有一个基础，他们关于同伴偏向于攻击自己的整体期望与他们的经验是一致的。

为了进一步探索攻击性与非攻击性儿童在他人行为意图不明时归因上的差异产生的原因，美国北伊利诺斯大学的魏斯（Waas，1988）在道奇等人研究的基础上，把儿童分为受同伴拒斥的高攻击组、受同伴拒斥的低攻击组和不受同伴拒斥的非攻击组，以考察在缺少相应的社会信息的条件下各组被试对攻击行为归因的差异。结果发现，在缺少相应社会信息的条件下，受同伴拒斥的高攻击组和低攻击组与不受同伴拒斥的非攻击组之间，在对挑衅事件的归因上存在显著差异：两组受同伴拒斥的被试要比不受同伴拒斥的被试所作出的敌意性归因多得多。实验者发现，在受拒斥的高攻击组与受拒斥的低攻击组之间在上述归因中不存在显著差异。由此魏斯得出结论认为：被同伴拒斥的社会经验是攻击性儿童对意图不明的挑衅情景更多地作出敌意性归因的一个重要原因。这与上面道奇的论述是一致的。

(二)儿童对他人伤害性行为的归因及其对行为反应调节作用的发展

所谓儿童对攻击意图的归因,即是指儿童在与他人的交往中对他人意图、动机的认知与理解。对他人意图的归因制约着儿童的攻击反应,而这种归因自然又是随着年龄而发生变化的。美国心理学家舒茨和沃果坦洛夫(Shants & Vogtannoff,1973)进行了一项这方面的实验研究,旨在考察儿童对有意或无意的(事故性的)挑衅的反应的变化。实验中,研究者要求7、9、12岁儿童对一系列假设的攻击事件作出反应,描述出一男孩对另一男孩的言语攻击或身体攻击是有意的还是无意的。研究者为被试提供了大小不同的7块木板,木板的大小代表着报复性攻击的激烈程度的高低,主试要求被试表明,如果后者是受挑衅者的话,他将从7块木板中挑选哪一块打击(报复)挑衅者。结果表明,不同年龄的儿童之间存在着明显的发展变化,9岁和12岁的儿童对无意的攻击所作出的攻击性反应要比有意性反应少;而7岁的儿童则不能区分有意和无意两种类型的挑衅,并据此作出相应的反应。另外,尽管所有各年龄组的儿童同样对有意性挑衅作出报复性反击,但是,随着年龄的增长,儿童对无意性挑衅反击的激烈程度普遍表现降低的趋势。在不同的年龄中,儿童对言语和身体攻击的反应日益分化:12岁的男孩对有意的言语挑衅比有意的身体挑衅表现出的攻击性要低,而9岁和7岁的男孩则没有这种差别。很明显,儿童对于潜在动机和攻击形式的辨别能力左右着他们关于何种报复程度适宜的观点。

弗格森和鲁尔(T. J. Ferguson & B. G. Rule)1988年的实验也发现了与此相似的年龄差异。他们在实验中要求二年级和八年级儿童对一项呈现在不同故事中的攻击行为作出评价,在不同的故事中这项攻击行为涉及到攻击者不同的责任水平。结果发现，二年级儿童一般不能根据攻击者所负的责任水平相应地改变他们的评估，但八年级儿童则能够作出若干区分。八年级的儿童把有意的攻击视为更应受到谴责的，同时也是不可预见的。

鲁尔等人1974年对儿童是否能够根据攻击者潜在的攻击动机而作出相应的反应作了评估研究。儿童被要求对为了个人原因（敌意性的或工具性的）或亲社会原因（社会工具性的）而攻击的同性别儿童的"淘气"等级作出评估。实验中，男孩分为6、9和12岁3个年龄水平，女孩分为5、7和10岁3个年龄水平。两种性别的儿童均认为，为了个人意图而攻击的儿童要比为了亲社会性意图而攻击的儿童更坏。

随着儿童年龄的增长，他们不仅对他人行为意图的认知能力在迅速发展，同时他们开始把对他人的行为意图的知觉整合到自己的行为反应中去，即认知对行为的调节作用日益增强。我国发展心理学者张文新等人（1995）的研究发现：幼儿园大班儿童（6岁左右）已基本能够区分有意与无意的伤害，但是他们不能有效地根据自己的意图知觉来选择自己的反应方式，而主要是根据受伤害的轻重而作出反应。从二年级起（9岁），儿童开始逐渐依据对他人行为的意图知觉而选择反应方式，而不是根据伤害结果的严重程度。这一研究表明，随着年龄的增长，儿童社会认知对攻击行为的调节作用也逐渐增强。

第四节 儿童的欺负行为

欺负（bullying）是儿童间尤其是中小学生之间经常发生的一种特殊类型的攻击性行为。欺负对受欺负者的身心健康具有很大的伤害性。经常受欺负通常会导致儿童情绪抑郁、注意力分散、孤独、逃学、学习成绩下降和失眠,严重的甚至会导致自杀(Sharp & Smith,1994;Olweus,1993)。而对欺负者来讲,欺负他人则可能会造成以后的暴力犯罪或行为失调,因为欺负行为是一种相当稳定的现象(Olweus,1993)。可见,儿童欺负问题是发展心理学和学校心理学研究中极具实践意义的研究课题。虽然儿童攻击性行为在本世纪初以来就受到心理学家的高度关注,但是关于学校情景中儿童之间欺负问题的系统研究直到本世纪70年代初才开始出现,而且这些研究在很长时间内只局限在北欧的斯堪的那维亚半岛地区(Olweus,1993)。到80年代末90年代初,中小学生的欺负问题开始引起世界其他国家公众、教育行政机构和心理学家的广泛关注,如日本、英国、瑞典、美国、加拿大、澳大利亚等都开展了较大规模的研究。近20年来,国外心理学家在这一研究领域进行了许多有价值的实验研究和理论探索,积累了较为丰富的资料。但在我国,关于儿童欺负行为发展的研究尚属空白(张文新等人,1999年)。本节在较广泛地参阅有关研究文献的基础上,集中介绍当前西方儿童欺负行为研究的主要结论与最新动态,希望能为开展中国文化背景下儿童欺负行为的研究提供某些参考。

一、欺负及儿童欺负发生的一般特点

英国哥德斯密斯学院的史密斯教授(Smith,1991)认为:"欺负行为可以被归属为攻击行为的一个子集(subset)。与一般意义上的攻击性行为一样,欺负行为是指有意地造成接受者身体的或心理的伤害。欺负通常采取打、推、勒索钱物等方式,也包括讲下流的故事或社会拒斥等。欺负可由一个或多个儿童参与。"史密斯认为,欺负与一般的攻击性行为相比具有三个特征:(1)未受激惹性(有意性);(2)重复发生性;(3)欺负者和被欺负者之间力量的不均衡性。在形式上，欺负可以分为直接欺负（包括直接身体欺负如打、踢和直接言语欺负如辱骂、起外号）和间接欺负（如背后说人坏话、群体排斥）两种类型。有关研究表明，与直接欺负相比，间接欺负通常不易为人们察觉，应予以特别的重视（Sharp & Smith，1994；Olweus，1993）。

关于儿童欺负发生特点的研究主要涉及欺负发生的普遍性、欺负的性别差异、欺负随儿童年龄变化的趋势以及欺负发生的地点等问题。

（一）儿童欺负发生的普遍性

在"有多少儿童卷入欺负行为"这个问题上，奥维尤斯（Olweus，1993）用欺负问卷对挪威715所学校130 000名8～16岁的中小学生调查研究发现，大约15%的儿童"有时"或"经常"卷入欺负行为，其中约有9%的儿童为受欺负者，7%为欺负者。严重卷入欺负行为的约占5%（1周1次或更多），其中，约3%以上的儿童为受伤害者，2%为欺负者。与此同时，奥维尤斯还受瑞典政府的委托对瑞典60所学校的17 000名3～9年级的中小学儿童也进行了同样的问卷调查，发现了更高的比率。奥维尤斯的这两次调查是目前为止世界上规模最大的调查研究。

在英国，惠特比（Whitney）和史密斯（Smith）利用修订的奥维尤斯问卷对24所学校的6 758名中小学生的欺负发生的普遍性进行了调查，发现：有过"1学期至少1次"被欺负经历的儿童在小学和中学所占的比例分别为27%和10%。而"1周至少1次"这样频繁受欺负的儿童在小学和中学所占的比例分别为10%和4%。另外，研究者（Whitney & Smith，1993）发现，在小学，有12%的儿童每学期欺负别人超过1次，有4%的儿童每周欺负别人的频率在1次或1次以上；在中学，有6%的儿童每学期欺负别人超过1次，有1%的儿童每周欺负别人的频率在1次或1次以上。其他国家也得到了相似或更高的比率，如芬兰、美国、加拿大、日本、西班牙和澳大利亚等（Olweus，1993）。

由于研究者使用的方法或对欺负的定义不同，在欺负发生的普遍性问题上至今没能取得一致的结论。当然，即使使用了相同的方法，由于文化背景的差异及儿童对欺负性质的理解不同，也仍然不可能得到相同的比率。但是已有的研究结果已充分表明，欺负是存在于儿童之间的普遍现象，这是毫无疑问的。

（二）儿童欺负随年龄变化的情况

奥维尤斯（1993）对挪威和瑞典中小学儿童欺负行为的研究表明，在中小学，随着年龄的增长，儿童报告的被欺负的比率呈下降的趋势；而欺负他人的比率，女孩随年龄的增长而呈下降趋势，男孩则呈上升的趋势（只在14岁刚上中学时有一点下降）。导致欺负/被欺负发生率随年龄变化的原因主要有两个方面：一是儿童通常被其他同龄或年长儿童欺负，因此，当他们长大些时，欺负他们的年长儿童就相对减少了；二是随年龄的增长，学生逐渐"社会化"，他们比以前更清楚什么行为是可接受的，而且更能体会到别人被欺负时的"感情"（Ahmad & Smith，1993）。惠特尼和史密斯等人（Whitney & Smith，1993）在英国的研究也印证了上述结论。

1. 儿童欺负的性别差异

儿童的欺负存在性别差异，这些差异既表现在男女儿童参与欺负的比率上，同时也存在于欺负的方式中。早在本世纪70年代末，拉各斯派茨（Lagerspetz et al，1982）对1 774名儿童（分5～7岁、7～11岁、11～16岁三个年龄组）的研究结果表明，在欺负发生的频率方面，男生成为欺负者的可能性大约是女生的两倍。近期的研究也进一步表明，男孩比女孩更多地卷入欺负行为（Boulton & Underwood，1992）。

欺负方式的性别差异主要表现为，女生更多地使用言语和心理欺负，而男生则更多地使用身体欺负。比约克维斯特等人(Bjorkqvist et al，1992)用同伴评定法测量了8～15岁儿童的三种攻击类型及其随年龄变化的情况，发现男孩最为普遍地使用直接身体攻击，而女孩使用间接攻击最普遍，但是在言语攻击上无明显性别差异。随着年龄的增长，儿童从直接身体攻击逐渐变为更多地采用其他攻击方式。为验证这一结论在儿童欺负问题上的适用性，阿哈默德和史密斯（Ahmad & Smith，1993）利用个别访谈和修订的奥维尤斯问卷对8～11岁和13～15岁的儿童欺负的性别差异进行了研究。他们在定义中加入了诸如"送恶意的纸条"和"没有人与他们说话"之类的间接欺负方式，得到与上面类似的结果。

上述欺负方式的性别差异与男女儿童体格和同伴交往方面的差异相联系。一方面，男孩比女孩更强壮，尤其是青春期以后两性体格上的差异更为明显，因此，他们更多地采用身体欺负的方式。另一方面，男孩和女孩的同伴交往各有其特点。男孩社会友谊网络通常比女孩的大，但相对比较分散和开放。而女孩则容易结成规模较小但关系密切的小群体。这种小群体的友谊特点是不愿吸收新成员加入，且关系易破裂。不同的友谊网络，使得间接欺负对男孩可能不太有效，而女孩则可通过社会孤立和散布谣言等手段更有效地伤害别人。间接欺负的特点在于难以被察觉，平时学生也很少向老师或父母报告。因此，女孩欺负的普遍性容易被低估。但阿哈默德和史密斯（Ahmad & Smith，1993）的研究认为，即使将间接欺负包括进去，男孩仍然比女孩更多地卷入欺负事件。

欺负的性别差异除反映在上述方面外，还表现在欺负发生的地点、欺负的对象以及儿童对欺负的态度等方面。阿哈默德和史密斯的上述研究发现:小学阶段,男孩倾向于用身体欺负的方式欺负男孩和女孩,但在中学阶段这种欺负则主要指向男生。男生欺负多发生在教师监督较差的操场上。女孩通常只用间接方式欺负其他女生,但这种欺负常发生在教室和走廊等地方。此外,胡佛等人(Hoover et al,1992)对 207 名美国 7~12 岁儿童的调查发现,女孩比男孩更倾向于支持"欺负者比受伤害者具有更高社交地位"的观点。这也许表明,一些女孩(尤其在中学)可能崇拜有较高地位的欺负者。里格比和史利(Rigby & Slee,1991)在澳大利亚的研究也得到类似的结果。

二、关于儿童欺负产生原因的几种理论假设

关于欺负的研究迄今基本上还处于描述性研究阶段。尽管欺负的起因问题是该领域研究中的核心问题,并且直接制约着干预策略的提出,但是研究者至今还没有对此提出比较全面系统的理论解释。近年来,有关研究者就欺负产生原因的理论探索主要可以概括为以下几个方面。

(一)竞争假设和外部特异性假设

"竞争假设"和"外部特异性假设"是关于儿童欺负产生原因的两个比较流行的观点(Olweus,1993)。前者认为,儿童的欺负行为是在学校参与竞争和追求成绩的结果,即儿童对他人的这类攻击行为是对在校受到挫折和失败的一种反应。然而奥维尤斯(1993)对斯德哥尔摩 6~9 年级的 444 名男孩的研究发现,虽然儿童的学习成绩差与其攻击性之间有一定联系,但并不证明成绩差是导致儿童欺负的原因。"外部特异性假设"(external deviation)则认为,儿童之所以受欺负是由于其本身具有一些"外部异常特征",如肥胖、红头发、戴眼镜或讲异地方言等。为了检验这一假设,奥维尤斯(1993)对两组男孩被试做了比较研究,发

现与控制组中没有受过欺负的男孩相比,被欺负过的男孩一般并无"外部异常特征"。

(二)心理理论假设

80年代以来,在攻击性研究领域,有关研究者试图从认知能力或信息加工能力方面探讨儿童攻击发生的原因。其基本观点是:高攻击性儿童之所以攻击他人或者采用攻击的方式来处理人际问题,是因为他们对环境信息的认知加工存在偏差,或者由于社会认知能力和社会技能的低下。道奇等人(Dodge et al,1986)提出一个儿童攻击发生的社会信息加工模型,认为儿童对社会信息的认知加工包括"评价——解释——寻找反应——决定反应——作出反应"这五个子过程,从环境中输入信息依次通过上述五个加工阶段,而后作出行为反应。如果儿童不能按顺序对输入的信息进行加工,或者在某个加工环节发生偏差,就有可能导致攻击行为的发生。道奇等人(Dodge & Frame,1982)研究表明,高攻击儿童更多地倾向于对他人的意图进行敌意性归因,并据此作出攻击性反应。那么,经常欺负他人的儿童是否像道奇所说的那样存在社会认知的缺陷或偏见呢?史密斯和博尔顿(Smith & Boulton,1990)对此提出了不同的看法,他们认为欺负他人的一些儿童并不像道奇所说的缺乏信息加工的技能,而是因为他们对社会事件有着不同的价值观和目标。研究者通过与欺负他人的儿童进行个别访谈发现,这些儿童将操场看作是粗暴的地方。在这儿,为了避免被人欺负,就必须支配或役使他人。由此可见,研究者在欺负者是否存在认知或社会信息加工缺陷的问题上还存在争议。

鉴于儿童攻击行为发生"信息加工能力低下"的假设在解释欺负发生问题上所遇到的困难,近年来有关研究者试图从刚刚兴起的儿童"心理理论"的角度来探讨儿童欺负发生的原因。所谓儿童的"心理理论"(Theory of Mind),就是儿童头脑中形成的一种理解自己和别人思想、感情和动机的方式。从这一角度出发,有关研究者(Smith,1997)发现,欺负他人的儿童在欺负情境中知道如何去伤害对方,如何选择逃跑的机会,也就是说这些儿童对对方的心理有较好的把握。一些欺负他人的儿童首领在"心理能力"上得分较高,他们能较好地认识到自己行为的后果,但却喜欢给别人造成痛苦,即缺乏移情能力。他们把经常欺负他人的儿童的这种具有较高的认知能力但却缺乏移情能力的现象称为"冷认知"(cold cognition)。该理论在一定程度上解释了儿童欺负产生的原因,但是并不能解释为什么有些儿童虽然能够理解他人但往往缺乏移情这个问题。

(三)依恋理论假设

关于欺负产生原因的依恋理论认为,儿童早期与照看者之间形成的依恋类型(回避型、安全型和反抗型)影响着儿童将来处理人际关系的"内部工作模式"(IWM)。在婴儿期形成的不安全的 IWM,可能会使儿童以后在学校里产生不安全的和焦虑的行为,从而导致欺负的发生(Myron-Wilson & Smith,1997)。到目前为止,关于依恋与欺负行为关系的研究尚甚少。这一假设最早是由美国托里和斯若夫(Tory & Sroufe,1987)提出的。他们将具有不同依恋的儿童作了匹配,观察他们在自由游戏中的表现,结果发现,具有不安全依恋历史的儿童比其他儿童更多地表现了欺负行为,而具有安全依恋历史的几对儿童则能回避欺负行为。威尔逊和史密斯(Myron-Wilson & Smith,1997)对 196 名(平均 9 岁)儿童的研究发现了与托里等人类似的结果。

三、儿童欺负与家庭、学校及同伴群体的关系

近年来,在系统理论指导下,西方不少研究者试图从儿童生

活于其中的各个社会系统,包括家庭、学校和同伴群体等考察欺负发生的原因或者这些因素对儿童欺负发生的影响。

(一)家庭

家庭作为儿童社会化的最基本动因,对儿童早期行为的塑造起了关键性作用。关于家庭因素与儿童攻击行为之间关系的研究早已表明,缺乏温暖的家庭、不良的家庭管教方式以及对儿童缺乏明确的行为指导和活动监督等家庭因素都可能造成儿童以后的高攻击性(Olweus,1993;Smith,1991)。这同样适用于儿童的欺负行为。欺负他人的儿童不仅成人后仍可能成为欺负者,而且有可能"培养"出欺负他人的孩子。关于这方面的资料,许多攻击方面的研究表述得较详细,这里不再赘述。

(二)学校

不少研究发现,欺负发生率因学校不同而存在很大差异,这显然不是儿童个体或家庭因素造成的,而与学校的文化有重要的联系。史密斯(Smith,1991)认为,学校是否有反欺负的政策,在一定程度上影响着欺负的普遍性。不同的学校准则和学校风气也不同程度地影响着儿童欺负发生的情况。但学校和班级大小及学校位置与欺负行为发生的比率之间没有必然联系,这已被有关研究所证实(Whitney & Smith,1993)。此外,奥维尤斯(Olweus,1993)的研究发现,课余时间监督的教师越多,欺负发生率就越低。在欺负情境中,教师对欺负的态度和行为,影响着欺负行为的发生。

(三)同伴群体

在影响儿童欺负行为的因素中,同伴起着十分重要的作用。奥维尤斯(Olweus,1993)认为,欺负行为作为一种群体现象,欺负行为的发生一定有某些群体机制在起作用。他总结出欺负发生的四种群体机制:1)社会感染机制,即儿童的欺负行为是社会习得的结果；2）对攻击倾向控制力的减弱机制。在欺负情境中，一般的或非攻击的儿童会因欺负行为受到奖赏或得到较少的否定评价而减弱了自己对此行为的控制；3）责任分散机制。儿童会因为有很多人参与欺负行为而降低了自己的责任感，这种责任的分散或减弱导致对事件产生较少的负罪感；4）追随欺负者的儿童对受伤害者感知发生变化。由于被欺负者经常受到攻击和消极评价,他（她）将被认为是无用的人，应该受到攻击。正是由于这些机制的作用，导致群体欺负的产生。

小　　结

攻击是社会性发展研究中的一个重要领域，从弗洛伊德的"本能"理论算起，心理学对这一课题的探讨已有近百年的历史。心理学家对于人类攻击的性质问题至今尚存有分歧，班都拉提出的关于攻击的"社会判断"定义，强调攻击是人们根据行为本身的特性、行为者与行为对象的社会地位以及两者之间的关系而对某些伤害性行为作出的社会判断或标定（Labelling）。心理学家对攻击问题提出了不同的理论解释，其中最有代表性的有习性学理论、挫折——攻击假设、社会学习和认知理论。80年代以来，从认知角度对儿童攻击的探讨取得了长足的进步，但如何整合不同理论模型是该理论研究面临的一大课题。相对而言，儿童的情绪唤醒在攻击中的作用在近年来的研究中没有得到应有的重视。

儿童之间的消极社会互动在很早的年龄已经出现，儿童攻击的起因、类型随年龄的增长而变化，在幼儿早期，物品和空间争夺等引发的攻击的比率高于由社会事件引发的攻击；从攻击的类型上看，儿童攻击总的趋势是，工具性攻击随儿童年龄增长而逐渐减少，敌意性攻击随年龄的增长而增加。儿童对他人行为的意图认知和归因对攻击的发生起着重要的调节作用，高攻击性儿童对他人行为意图的归因存在偏见，随着年龄的增长，儿童区分他人行为意图以及根据意图知觉调节自己行为反应的能力不断增强。

欺负行为是攻击的一个子集，是一种特殊类型的攻击。西方文化中儿童之间的欺负是一个非常普遍的问题。欺负/被欺负发生的频率存在性别与年龄差异，并可能存在文化间的差异。对于儿童欺负产生的原因，心理学家提出了不同的假设，心理理论模型和内部工作模型是两个最新的理论现象，但这方面的研究尚显薄弱。已有研究表明，通过采取干预措施，可以在一定程度上减少欺负的发生。

讨 论

儿童欺负行为的干预

毫无疑问，研究欺负问题的根本目的在于控制和减少儿童的欺负行为，为儿童创造一个文明、民主、愉快的生活和学习环境。近年来，世界上不少国家的政府部门和教育机构采取有力的措施开展了大规模的反欺负运动。这些活动均是在心理学家对学校进行干预研究的基础上进行的。下面简要介绍西方两项较有代表性的干预研究。

1. 挪威的干预研究

奥维尤斯（1993）的研究表明，欺负现象在挪威中小学是很普遍的。这一发现加上1982年挪威又有3个10～14岁的男孩因为在校受欺负而自杀的事实，导致挪威教育部于1983年秋发动了全国性反欺负运动，采取了一系列干预措施，如为教师提供有关欺负材料的小册子、学校班级讨论的录像带、给家长建议信和问卷调查等。为评价这些干预的效果，奥维尤斯于1983~1985年采用自我报告问卷对卑尔根42所学校25 000名11~14岁儿童进行了三次调查，这三次调查的时间分别是干预前4个月、干预一年后、干预两年后。结果表明，经过两年的干预，儿童报告的欺负发生率下降了大约50%，男女儿童的各种欺负指数都下降了，而且对学校生活的满意度也提高了。这证明，以学校为基础的干预计划是比较成功的。

2. 英国中小学的欺负干预研究

在惠特尼和史密斯（1990~1993）在英国进行的到目前为止规模最大的调查研究之后，设菲尔德大学的研究者对这些学校的欺负问题实施了干预，其中23所学校参加了干预实验。这项研究的核心目的是在学校中建立一整套反欺负措施，为学校及有关人员提供有关反欺负的指导。为保证干预措施的有效性，干预方案中又对课程、操场建设和监督、学生训练及"同伴咨询"工作提出了具体详细的要求。经过两年的干预研究发现，各种欺负行为平均下降了46%，其中30%应归功于干预工作。两次调查的比较结果进一步证明欺负干预研究的可能性和有效性。

以上评估结果仅证明了对欺负进行干预的短期效果，而干预的长期效果是否理想呢？为弄清楚这个问题，1997年，英国的爱丽莎和史密斯（Eslea & Smith, 1997）用访谈法对11位教师进行调查发现，大多数学校在干预结束后，在反欺负措施完善、课程设置和环境改善方面仍取得了一定进展，但使用处理欺负问题方法的学校却很少。该研究还对4所小学的657名7~11岁儿童施测奥维尤斯欺负问卷，发现2所学校报告的欺负行为连续下降，另外两校中有一所持续上升，另一所则先下降后上升。在本研究中还有一个重要发现，在4所学校中男孩之间的欺负减少了，而其中有三所学校中女生之间的欺负却增加了。该研究结论认为,如果学校作出最大的努力,从长远来讲,减少儿童之间的欺负问题是可能的。但是有三个问题需要注意:一是每个学校都需要意识到坚持反欺负的重要性;二是有必要更多地注意受欺负的女生的体验,尤其是间接欺负;三是要鼓励学生将欺负问题报告出来,以促进反欺负工作的开展。当然,有关欺负干预的长期效果仍有待于进一步研究。

第九章　儿童自我的发展

　　个体的自我是一个由多种成份构成的动力系统,它具有两个基本特征:一是区别于他人的"分离感",即意识到自己作为一个独立的个体,在身体、情感和认知方面都具有自身的独特性。二是跨时间、跨空间的"稳定的同一感",即一个人知道自己是长期地持续存在的,不随环境及自身的变化而否认自己是同一个人。我国学者认为,自我是由知、情、意三方面统一构成的高级反映形式。"知"即自我认识,包括自我感觉、自我概念等;"情"指自我的情绪体验,包括自我感受、自尊、自爱等;"意"指自我控制和调节,包括自我控制和自我掌握等。其中自我概念、自尊和自我控制是个体自我系统的三个最主要的方面,也是该研究领域研究者关注的焦点。本章将从上述三个方面阐述儿童自我的发展过程。

第一节 儿童自我的发生

一、儿童自我的发生

儿童自我的发展顺序表现为自我认识－自我命名－自我评价。一般来说，在出生后的第一年，婴儿自我的发展主要集中在自我认识方面，即把自身和物体分开，把自己和他人分开，从而产生了主体我。在1～2岁时，儿童已开始学会说话，由把自己称呼为"宝宝"，逐渐学会称自己为"我"，这是自我命名的过程，也标志着客体我的产生。2～3岁以后，儿童开始能把自己与他人加以比较，从而产生简单的自我评价。

刘易斯（Lewis，1979）与其同事通过镜子、照片和电视来测查婴儿再认自己能力的发展，以探讨儿童自我的发生过程。结果表明，婴儿在9个月时，就已出现最早的视觉形象上的自我再认。如在镜像实验中，研究者在婴儿未觉察的情况下，给婴儿的鼻子涂上红点后，观察婴儿在镜前看到自己形象时的反应，发现婴儿比涂上红点之前更多表现出对自己微笑、摸自己等指向自己的行为。这说明婴儿已经建立了形象与自身动作的一致性，即婴儿很早就能根据形象和其自身动作一起移动的特点认出自己。当给15～18个月的婴儿看他自己的照片时，在只呈现婴儿面部和身体特征，不呈现形象和动作一致性的线索的情况下，婴儿也能够再认自己，这说明客体我已经产生。同时，研究还发现，儿童在一定程度上也能通过性别、年龄等特定的分类线索来区分自己和他人，如15个月的婴儿最容易从异性婴儿的照片和年长人的照片中区分出自己。研究者还认为，儿童除通过自己的视觉完成对自己的再认外,也许还能够通过听、嗅、摸等其他渠道再认自己。但是由于实验手段的限制,对6个月以下的儿童自我发生的情况尚缺少系统的实验。根据国外有关心理学文献,两岁以前儿童自我发展的状况如下:

表 9-1 两岁以前儿童自我的发展

年 龄	自 我 认 识
0~3个月	对人特别是婴儿感兴趣,在自己的身体与他人的身体之间开始有区分
3~8个月	利用动作一致性线索认出自己,对自己与他人的区分更巩固
8~12个月	利用动作一致性和自身外部特征认出自己,开始认识到自己是永久存在的,具有稳定的连续的特征
12~24个月	巩固基本的自我特征,如年龄,性别,能单独用部分特征线索认出自己,可以不需要动作一致性线索

(资料来源:周宗奎.儿童社会化.1995)

我国学者刘金花(1993)重复了"点红实验"的研究,发现婴儿自我认识出现所经历的阶段与刘易斯等人的研究结果基本一致:(1)对物(镜子)。9、10个月的儿童对镜子很感兴趣,而对镜中自我的映像并不感兴趣;(2)镜像伙伴游戏。1岁及稍大几个月的婴儿对镜中自我的映像很感兴趣,亲吻、微笑,还到镜子的反面去找这位伙伴;(3)相倚性探究。约在18个月左右,婴儿特别注意镜子里的映像与镜子外的物体的对应关系,对镜中映像的动作伴随自己的动作更是显得好奇。有的婴儿(占24%)已能根据相倚性线索认识镜中的映像就是自己。(4)自我认识出现。18~24个月的儿童看到镜中自己的映像立即去摸自己的鼻子的人次迅速增加,在有无意识的问题上出现了质的飞跃。

我国研究者对学前儿童自我的发展进行了协作研究(韩进之,1990),主要涉及儿童的自我评价、自我体验及自我控制三个方面。

结果发现，我国学前儿童自我意识随儿童年龄的增长而发展。儿童自我系统中各成份的发生时间比较接近，其中自我评价发生于3~4岁之间，自我体验发生于4周岁左右，自我控制则开始于4~5岁之间。

时蓉华（1988）则在综合国内外多项研究的基础上，提出了确定儿童自我意识形成的4个标准：

1. 儿童能够区分自己的动作，并意识到动作的目的和动机。如婴儿从抓自己的脸与抓其他物体没有区别，逐渐发展到能够有目的地抓握物体，产生初级的自我意识。

2. 儿童能够把自己与自己的动作分开，知道自己是活动的主体。

3. 儿童能够使用自己的名字。即儿童产生了概括自己的愿望和关于动作表象的"自我感觉"。

4. 儿童能用第一人称"我"来代表自己。这说明儿童已完成从自己的表象到抽象的飞跃，即自我意识已经形成。

二、儿童自我发展的一般趋势

随年龄的增长，儿童越来越多地参与社会交往，其认知能力，特别是社会观点、采择能力及社会比较能力不断发展，儿童的自我系统也不断发展变化，这主要表现在以下几个方面：

（一）自我认知的内容从反映外部的、可观察的、具体的、有明确参照系统的自我特点到反映内部的、不能直接观察的、抽象的、参照系统模糊的自我特点。如幼儿最初认识到的是生理自我，然后才逐渐认识行为自我、社会自我；到了青春期，对心理自我的认知才获得充分的发展。

（二）儿童自我的结构从简单的结构到分化的、多重的结构，并逐渐出现层次性，最后形成复杂的、整合的自我结构系统。

(三)儿童的自我评价一方面从以他人评价为标准发展到独立的自我评价;另一方面,儿童又在不断脱离自我中心,自我评价的客观化程度逐渐提高。

(四)从自我的功能来看,社会适应性逐渐提高,区分外部自我和内部自我的能力逐渐增强,儿童渐渐能够比较实际地判断社会交往情境,并根据这些判断而表现出复杂的社会自我。同时,自我的结构日趋稳定,儿童能够根据自己的内部价值标准和信念体系,根据外部情境的需要调整自己的行为。

第二节 儿童自我概念的发展

简言之,自我概念(self-concept)就是指个体对自己的知觉(Shavleson,1982)。它是指自我系统中的认知方面或描述性内容,它所表达的是人们关于自己身心特点的主观知识,所回答的是"我是谁"的问题。个体的自我概念主要有 3 种功能:(1)保持个体内在的一致性,即自我概念为个体的存在提供了自我认同感和连续性,并引导其行为按照有利于保持一致性的方式行动。(2)决定个体对经验的解释,即个体按照与自我概念相一致的方式解释自己与他人的行为。(3)决定个体的期望,即个体在自我概念的基础上建立自己的期望和后继行为。近年来的研究表明,儿童自我概念的发展状况与儿童的心理健康、学业成就等均有密切的关系,甚至有的研究发现,儿童的自我概念与其学业成就之间存在着因果决定关系。因此儿童积极的自我概念是学校教育者积极追求的一个有重要价值的目标。

一、谢弗尔森关于自我概念的结构模型

自我概念最早由詹姆斯（James，1890）在他的《心理学原理》中提出，其后许多心理学家都曾关注这一领域的研究。但由于当时自我概念的内涵和外延模糊而繁杂，测量工具效度不高，研究结果缺乏一致性，致使人们对自我概念的研究价值产生了怀疑。20世纪70年代以后，有关自我概念的研究才有了长足的进步，特别是谢弗尔森（Shavelson，1976）的多侧面等级模型的出现，使自我概念的研究出现了重大的突破。

谢弗尔森认为，个体的自我概念是一个多侧面多层次的心理结构，其顶端是一般自我概念（general self-concept）。一般自我概念又可分为学业自我概念（academic self-concept）和非学业自我概念（nonacademic self-concept）。学业自我概念又分为语文、数学等具体学科上的自我概念；非学业自我概念又包括社会、情感、身体三个方面，进而又分为更具体的许多方面（见图9-1）谢弗尔森指出（1976），自我概念具有以下7个特征：（1）具有一定的组织或结构。在这一结构中，人们对所遇到的关于自己的大量信息进行分类或划分范畴，并把不同的范畴相互联系起来。（2）自我概念是多侧面的，自我概念的特定侧面反映了特定的个体或群体所采纳的范畴系统。（3）具有等级性。自我概念结构的最底层是对行为的知觉，在此之上是对语文、历史等学业的分支领域的推断，进而是对自己在学业和非学业两个领域的推断，最后是对一般自我的推断。（4）个体的一般自我概念是稳定的，但随着结构等级的下降，自我概念越来越具有情景特殊性，并逐渐变得不稳定。（5）自我概念的维度随年龄的增长而增加。（6）自我概念既包括对自我的描述性内容也包括对自我的评价，前者如"我很快乐"，后者如"我在学校表现不错"。（7）自我概念能够和其他结

构如学业成就区别开来,即自我概念具有较高的结构效度。

在上述模型的基础上,马什(Marsh,1983)编制了分别适用于学龄前、学龄期和学龄后期儿童自我概念测量的3个自我描述问卷SDQⅠ、SDQⅡ、SDQⅢ。用这些工具进行的因素分析研究得出的结论基本上支持了谢弗尔森的模型,但也发现了一些与该模型不一致的地方,如个体关于语文和数学方面的自我概念尽管均与一般自我概念有关,但是彼此相关不高。由此,马什认为,个体的自我概念可能存在3个二级因素:非学业自我概念、语文自我概念、数学自我概念。以这一模型为基础,沃特金斯和董奇(Watkins和董奇,1994)又把自我概念的结构具体分为8个维度(见图9-2)。另外,后来的一些研究发现,自我概念的稳定性并不是像谢弗尔森原来所认为的那样,随着结构等级的降低而愈不稳定。相反,整个结构具有相对的稳定性。

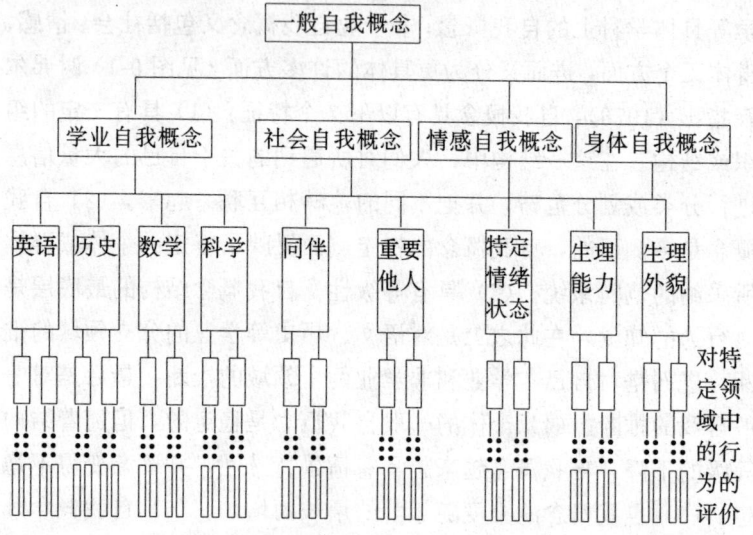

图9-1　谢弗尔森提出关于自我概念的"多侧面等级结构模型"示意图

(资料来源:Shavelson, R. J., & Bolus, R. Structure of self-concept. Self-concept: The interplay of theory and methods, Journal of Educational Psychology, 1982. 74 (1): 3~17)

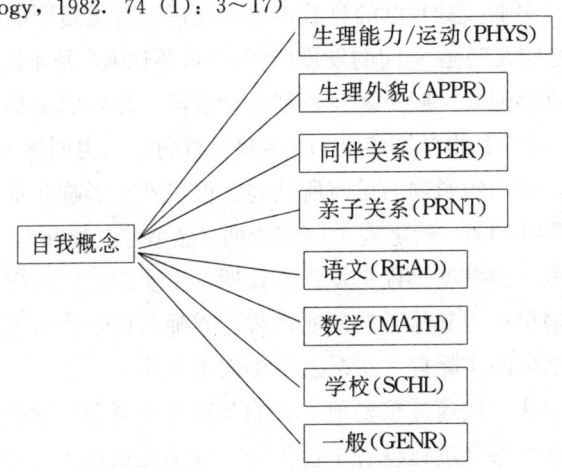

图9-2 儿童自我概念的多维结构模型示意图

(资料来源:Watkins 和董奇. Assessing the self-esteem of chinese school children. Educational Psychology, 1994, 1: 129~137)

二、儿童自我概念形成与发展的前提条件

(一) 社会互动

儿童的自我概念是在社会交往中形成发展的。在社会交往过程中,儿童通过他人的评价逐渐认识自己,自我概念不断得到发展。社会心理学家 C·库利(Cooley)和 G·米德(Mead)的"镜我理论"指出,儿童自我概念形成的过程是通过镜映(looking-glass process)形成"镜像自我"(looking-glass self)的过程,即儿童把他人当作一面镜子,通过他人对自己的表情、评价和态度等来了解和界定自己,形成相应的自我概念。他们认为,儿童的自我概念包括3个方面的内容:一是对自己呈现给他人的形象的

想象；二是对他人关于自己的评价的想象；三是自我情感。但在儿童的实际生活中，并不是每一个人的评价都对儿童具有同等的影响力，其中那些对儿童的自我概念的发展有着重要影响的人被称作"重要他人"。在不同的发展阶段，"重要他人"是不同的；学前儿童的重要他人一般是家长；到小学阶段，教师的影响力可能开始超越家长；到中学高年级，同伴对儿童的影响力明显增加；进入大学后，教师的影响力虽有所减弱，但仍然是影响儿童自我概念发展的重要因素。新近有关研究表明（金盛华，1996），教师在儿童自我概念的发展过程中发挥着长期、重要而持续的影响，而且这种影响很难为其他影响源所代替，教师对待学生的方式和态度会影响学生的实际自我状况及整个人生道路。

社会交往不仅通过重要他人影响儿童自我概念的发展，而且对儿童的自我整合过程也有重要作用。由于儿童自我认知能力的不断发展及其生活环境的逐渐复杂化，儿童的自我需求、角色责任及社会期望间必然存在许多的不一致，这使儿童的自我表现出不确定性。另外，社会的不同方面对儿童评价的标准的差异也会引起儿童自我评价及行为反应的无所适从。特别是到青春初期，儿童一方面将意识的焦点转向内部；另一方面，他们对他人的态度也非常敏感，关心他人对自己的评价，其自我则表现出一定的不确定性。这期间社会交往的成功对儿童自我的重新建构具有深远的影响。只有在社会交往中，通过人际间信息、观念的交流，个体才能获得丰富可靠的信息，并将这些信息协调起来，构成统一协调的自我概念。社会交往对儿童自我概念发展影响的基本机制包括：印刻、社会配合、知觉的父母教养行为、模仿、态度共享等。

在社会交往过程中，社会文化所赞许的内容对自我概念产生着潜移默化的影响。哈特的研究（Harter，1982）发现，身体外貌是一个非常重要的因素,认为自己外貌不好的儿童,不论男女,往往拥有较低的自我价值感。单纯从认知发展的角度来讲这是不可思议的,因为一般而言,从童年早期到中期,儿童的社会认知逐渐由对外部特征的认知转向对内部世界的认知。那么为什么较为表面的自我认识(如外貌)比那些实质性的特征(如能力、行为)与一般自我概念有着更为密切的联系呢?这是由于在大多数社会文化背景中,好的外貌一般受到较高的评价,通过与现实的或理想的社会标准进行比较,儿童在童年早期就已形成了关于身体外貌的自我意象,而且在社会交往中,这种自我意象不断得到验证和强化,对其自我价值感产生着长期、持续的影响。

值得注意的是,社会交往对儿童自我概念的发展也会产生消极影响。一方面社会各方面对儿童评价的标准不同,这可能导致个体的自我评价及行为反应无所适从,表现为自我的不确定性。另一方面,同伴是儿童进行社会比较的对象,由于同伴各方面的能力在不断发展,儿童往往感觉不到自己的进步,这类比较往往影响儿童的自我评价。

(二)社会认知发展水平

决定儿童自我概念发展的另一个条件是儿童社会认知能力发展的水平。在童年早期,由于认知能力的发展处于具体形象思维阶段,儿童往往把自我、身体与心理混淆起来。这一时期,儿童的自我概念严格局限于身体方面,自我被看作身体的组成部分,通常指头部,也有儿童提及身体的其他部位,甚至整个身体。塞尔曼(R. Selman)也认为,儿童最初的自我概念是"物理概念",在自我发展的这一水平上,儿童对内在的心理体验和外在的物理体验不加区分。在随后的第二水平,儿童认识到内部状态与外部状态的区别,知道根据主观的内部状态来定义"真正的自我"。

个体的观点采择能力指个体在自我认知或社会交往中脱离自我中心的限制，进行思维运算的能力。即个体与交往对象间转换观察问题的角度，在内部与他人的观点进行交流，想象、体验他人的观点，并将自我与他人的观点进行比较，进而采纳他人的观点的能力。儿童观点采择能力的发展有利于提高其自我认知的客观化程度。

社会比较能力指个体在头脑中同时将自己的观点与他人的观点，或自我的特征与他人的特征联系起来，加以对比的能力。人们每天都在进行着各种各样的社会比较，在一定意义上讲，自我概念与社会比较二者是不可分割的。费斯汀格社会比较理论认为，当没有现成的客观标准来评价自己的行为或观点时，人们往往希望别人能为评价自己或自己的观点提供一个基础。格根（Gergen，1977）则主张："自我评价的结果依赖于个体所进行的社会比较，如在虔诚者面前，我们会感到自己思想的贫乏，而在一味追求享乐的人面前，我们会感觉到自己思想的深刻。"因此没有比较，我们就无法做出确切的判断。例如你考试得了73分，你是高兴地手舞足蹈，还是伤心难过？当然这要通过与他人或自己先前成绩的比较才能决定。社会比较出现于学前时期，随儿童各方面能力的发展，儿童进行社会比较的内容逐渐广泛，社会比较的标准也更为抽象，儿童的社会比较先是仅限于身体和外部行为，而后转向学业成绩、人际关系和心理品质方面。值得注意的是，社会比较对儿童自我概念发展的影响是逐渐增大的。鲁布尔（Ruble，1980）与其同事的研究表明，7岁以下的儿童其自我概念较少受到与他人的社会比较的影响，9岁儿童的自我概念则受其社会比较影响较大。

三、自我概念发展的一般趋势

（一）从简单到分化

年幼儿童的自我非常简单，他们只是简单地把自己看作是"好"还是"不好"、"聪明"或"愚笨"、"身体强壮"或"软弱"，而不能作出更为细致的区分。后来，儿童逐渐认识到，在每一对两极的特征之间还存在着变差。因此儿童只能善长于某些方面，而不善长于另一些方面。与此同时，儿童自我概念的维度随儿童年龄的增长而增加。幼儿时期，儿童的自我概念主要是反映生理方面的内容；学前儿童的自我概念开始涉及其与父母及同伴的关系；入学后，儿童与学校有关的自我概念及学业自我概念开始形成。

（二）儿童一般自我概念的发展曲线是起伏变化的

还有研究发现，儿童自我概念的发展水平从小学到初中逐年下降，青春期后显著上升，大学毕业后又开始下降，到中年又再次回升，然后随年龄增长又表现出平缓下降的趋势，这种趋势发生的时间、起伏的高度因自我概念的内容不同而表现出差异。总之，许多研究者发现，儿童在小学阶段，其自我概念和自尊都呈下降趋势，而且均达到统计学上的显著水平。从小学到初中，儿童自我概念的水平下降的原因主要有以下几点：(1) 小学儿童还未消除自我中心现象，其自我概念往往具有一致性较高、区别性较小的特点，而且自我概念的内容往往是不符合现实的，因此水平较高。(2) 小学儿童不能凭借外在的标准进行自我评价。因为儿童还未发展起认知外界反馈信息的技能。(3) 到初中阶段，儿童通过学习的经验和获得的来自教师、父母及学校的反馈，降低了关于自己及其成就的乐观态度 (Burnett, 1996)。

（三）儿童自我概念结构的复杂性随年龄增长而不断增加

儿童自我不仅表现在儿童的自我概念从单一因素的结构逐渐

发展为多层次的整合的复杂结构，而且表现在儿童自我概念的结构中那些区别于他人自我概念中的成份的数量不断的增加。但是儿童自我概念结构各成份间相互依存关系的紧密程度随儿童年龄的增长却有所降低。一般来讲，随年龄的增长，儿童自我概念的结构日益复杂，并逐渐变得更为稳定。

（四）儿童自我概念的发展存在性别差异

伯内特（Burnett，1996）的研究发现，儿童对自我的描述和评价方面均存在性别差异。在数学和身体技能方面，男孩自我概念的得分比女孩要高；而在阅读方面，女孩自我概念的得分要比男孩高。儿童自我形象能力的发展存在性别差异，并且随年龄增长而变化，男性发展比较迟缓，女性发展比较迅速。这种差异产生的原因可能有两个方面，一是性成熟的影响，二是社会传统对男性和女性自我表现的要求、约束不同，从而促使女性更多地考虑自己给他人留下的印象。

四、我国有关儿童自我概念发展的研究

目前为止，我国发展心理学界关于儿童自我概念发展方面的直接研究还较少，但是在儿童自我认知和自我评价的发展方面，心理学工作者已经做了不少工作，并得出了一些有价值的结论，主要包括：我国儿童自我评价发生的年龄在3~4岁之间。自我评价的发展表现出以下特点：一是儿童自我评价的发展表现出年龄特征。学前儿童在评价身体和能力方面表现出从局部、具体向全面、概括的水平发展的倾向；中小学生自我评价发展的速度较快，自我评价的独立性随年级增长而升高，到初三后，儿童的自我评价发展较为缓慢。大学生自我评价的发展主要表现在概括性和广泛性方面。在自我评价概括性方面表现出理论性、辩证性和定型性的特点；在自我评价的广泛性方面表现为能对自己与同学间的关

系进行全面的比较和广泛的评价。二是儿童自我评价的具体性和抽象性、外部评价与内心评价都随年级升高而发展,但二者表现出不同步性,即初中一年级以后评价的抽象性继续迅速发展,而内部评价能力发展的速度变得缓慢。三是儿童自我评价的稳定性随年级升高而发展(韩进之,1990)。另外,卢蜀萍的研究(时蓉华,1986)还发现在儿童自我概念的具体结构上,从小学四年级到大学各个年龄段学生的自我概念结构,既有共同之处,也有不同点。群体隶属、心理类型、人际关系、爱好、理想和学生角色是自我概念中最为重要的几个方面。

第三节 儿童的自尊

一、自尊的定义

对自尊的认识和理解不同,研究者所下的自尊的定义也不同。下面简要介绍国内外几种有代表性的定义。

1. 最早给自尊下定义的心理学家是詹姆斯,他认为:自尊=成功(success)/抱负水平(pretension),即个人对自我价值的感受取决于其实际成就与其潜在能力的比值。

2. 库伯史密斯(Coopersmith,1967)认为,自尊指个体对自己所持有的一种肯定或否定的态度,这种态度表明个体相信自己是有能力的、重要的、成功的和有价值的。简言之,自尊就是一种个人的价值判断,它表达了个体对自己所持的态度。

3. 朱智贤主编的《心理学大词典》认为,自尊是社会评价与个人自尊需要的关系的反映。

4. 荆其诚主编的《简明心理学百科全书》认为,自尊是指个人自我感觉的一种形式,一种胜任、愉快、值得受人敬重的自我概念。

5. 林崇德主编的《发展心理学》认为,自尊是自我意识中具有评价意义的成份,是与自尊需要相联系的、对自我的态度体验,也是心理健康的重要指标之一。

魏运华(1997)在综合国内外已有的定义基础上指出,自尊是指个体在社会比较的过程中所获得的有关自我价值的积极的评价与体验。这一定义包含4层主要意思:

其一,自尊是一种评价与体验。尽管自尊与自我概念和自我控制密不可分,但是,作为自我系统的一个成份,自尊与自我概念和自我控制又有着本质的区别。如果说自我概念和自我控制分别对应于心理过程中的认知成份和意志成份的话,那么,自尊则对应于心理过程中的情绪和情感成份。同时,这种情绪情感体验与评价密切相关,评价是体验产生的前提和基础。

其二,自尊是一种积极的评价和体验。个体对自我的评价和体验既有积极的,也有消极的,前者称为自尊,后者称为自卑。自尊不是骄傲、自大或缺乏自我批评的同义词,而是对自己有信心,相信自己能够克服自己的缺点。因此,自尊是需要在教育工作中努力培养的。

其三,自尊是个体对自我价值的评价和体验。个体在社会比较的过程中可以获得许许多多的评价和体验,但并非所有的体验和评价都属于自尊,如恐惧、焦虑等便不属于自尊。只有那些对自我价值的评价和体验(如自信心、成就感等)才属于自尊。

其四,自尊是在社会比较过程中获得的。没有比较就不可能有评价和体验,这种比较既包括上行比较(与比自己好或强的人比较),也包括下行比较(与比自己差或弱的人比较);既包括个体把自己与他人相比较,也包括个体把自己的过去与现在、现在与将来相比较等等。

自尊和自我概念是两个比较容易混淆的概念。由于两者之间存在的密切的联系，有的心理学家把它们看作同一的结构而不做区分。例如，谢弗尔森提出的自我概念模型，同时也可看作是一个自尊的结构模型。但是，绝大多数心理学家认为，自尊和自我概念是自我系统的两个不同的成份或结构，自我概念是个体在外貌、学识、能力等方面对自己的感知，它主要属于自我描述方面的内容，而自尊指个体对自己作出的或通常持有的评价，它所表达的是个体对自己的一种肯定或否定的态度，表明个体在多大程度上相信自己是有能力的、重要的、成功的和有价值的。简言之，自尊是指个体对自己的情感和评价，是对自我价值的判断。如果说，自我概念是个体有关自我的描述和评价过程，那么自尊则是指个体自我评价的结果以及由此而产生的情感。两者密切联系又存在区别。

二、自尊的结构及其分类

(一) 自尊的结构

长期以来，心理学家们在自尊的结构问题上各持己见，提出了许多的假设，其中较有代表性的结构模型主要包括：

1. 单维结构模型

这一模型是由 W·詹姆斯 (James, 1890) 提出来的。他认为，自尊就是指个体的成就感，自尊取决于个体在实现其所设定的目标的过程中的成功或失败的感受。他提出一个著名的公式：

自尊＝成就感（成功/抱负水平）

从公式中可看出，对个体自尊有重要影响的不是个体所获得的实际结果，而是个体对所获得结果的认知，即个体对所获结果重要性的主观评价。也就是说，自尊的发展并不是简单的、机械的或行为主义的刺激反应 (S—R) 过程，对其行为进行评价的认知过程才是维持或发展自尊的因素。

2. 二维结构模型

波普和麦克黑尔（Pope & McHale，1988）认为，自尊由知觉的自我（perceived self）和理想的自我（ideal self）两个维度构成。知觉的自我就是自我概念，是个体对自己具备或不具备的各种技能、特征和品质的客观认识。理想自我是个体希望成为什么人的一种意向和一种想拥有某种特性的真诚愿望。当知觉的自我和理想自我相一致时，自尊就是积极的；当知觉的自我与理想自我不一致时，自尊就是消极的。

3. 三维结构模型

斯蒂芬哈根和波恩斯（Steffenhagen & Burns）提出的自尊结构模型包括3个相互联系的亚模型，即物质/情境模型（material/situational model）、超然/建构模型（transcendental/construct model）、自我力量意识/整合模型（ego strength awareness/integration model）。(1)物质/情境模型自尊包括自我意象、自我概念和社会概念3个成份，而每个成份又都包括地位、勇气和可塑性3个元素。(2)超然/建构模型自尊包括身体、心理和精神3个成份，每种成份又分为成功、鼓励和支持3个元素。(3)自我力量意识/整合模型自尊包括目标取向、活动程度和社会兴趣3个成份，每个成份都包括知觉、创造和适应3个元素（Steffenhagan，1990）。

4. 四维结构模型

库伯史密斯（Coopersmith，1967）的四维结构模型认为，自尊包含4个方面：(1) 重要性，指个体是否感到自己受到生活中重要人物的喜爱和赞赏；(2) 能力，指个体是否具有完成他人认为很重要的任务的能力；(3) 品德，指个体是否达到伦理标准和道德标准的程度；(4) 权力，指个体影响和控制自己生活与他人生活的程度。

5. 六维的结构模型

我国学者魏运华认为，儿童的自尊主要由6个因素组成：外表、体育运动、能力、成就感、纪律和公德与助人（见图9-3）。

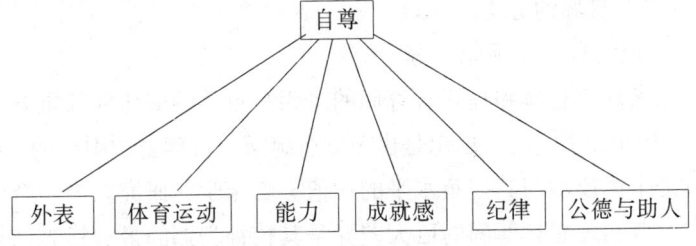

图9-3 儿童自尊的六因素结构模型

（资料来源：魏运华．少年儿童自尊发展的结构模型及影响因素的研究．北京师范大学博士论文，1997）

6. 八维结构模型

麦伯亚（Mboya，1995）将自尊的结构分为家庭关系、学校、生理能力、生理外貌、情绪稳定性、音乐能力、同伴关系、健康等八个维度（见图9-4）。

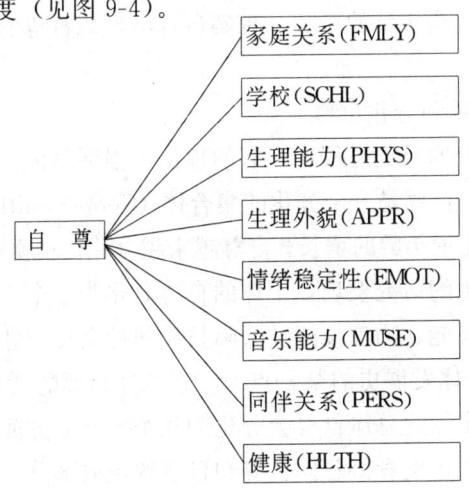

图9-4 自尊的多维结构模型示意图

（资料来源：Mboya, M. M. Perceived teachers behaviours and dimensions of adolescent self-concepts. Education Psychology, 1995, 1 (4): 491~499）

（二）自尊的分类

1. 现实自尊和理想自尊

考察现实自尊和理想自尊间的差距是自尊领域研究的重要内容。从历史上看，这一思想是由 W. 詹姆斯的自尊公式引出的，即自尊是个体成功与其抱负水平的比值。临床学的研究认为，个体现实自尊和理想自尊间的巨大差异是其精神失调的最初标志，是诱发神经症的一个重要原因。而后，这一思想又被广泛用于对成人的测验，其中最流行的测验工具就是 Q 分类任务（Butler & Haigh，1954）。这种方法是通过个体的描述和调查，找出现实自我与理想自我之间的关系。后来的研究者不断对"现实自尊与理想自尊的差异标志着失调"这一观点提出质疑，并进行了进一步的研究。他们发现，这种差异不仅仅是一种失调，而且是一种成熟的标志，随儿童年龄的增长，现实自尊与理想自尊的差异越来越大。

2. 总体自尊和分化自尊

在自尊研究的历史过程中，有的理论家强调总体自尊的重要性，而有的强调自尊是一个分化的集合体（Coopersmith，1967）。研究发现，随儿童年龄的增长，自尊越来越分化。一项对七年级、高中生和大学生的研究发现，个体的自尊分化为 5 个方面，即成就特质、智力技能、物理技能、人际技能和社会反应性。他们还指出，如果在个体发展史的某一点上存在总体自尊的话，那么，随年龄的增长，个体的总体自尊会分化为几个不同的方面。

那么，怎样正确看待总体自尊和自尊的组成部分呢？有研究者认为，二者是有区别的两个方面，每个方面都有值得研究的价值,并指出,那些认为个体在总体自尊上的潜在变化将会转移到自尊的特殊方面的想法,既没有逻辑上的依据,也没有得到经验研究的支持。有研究发现,学业能力的自尊与总体自尊的相关是.33,即二者只是部分的交叉,远没有达到完全一致。那么儿童究竟如何对其一般自尊作出判断呢?敏通(Minton)对此进行了研究,结果发现,小学儿童所给出的理由中主要有4个因素:①与父母的关系;②控制愤怒;③自我接纳;④社会适应。但是其中没有一个因素和能力有关。这说明儿童的一般自尊是不同于自尊的特殊方面,一般自尊的大部分变异也不能从自尊的各组成部分来解释,两者间不能相互代替(Harter,1982a,1982b)。

3. 内部自尊和外部自尊

近来有的研究者又把自尊分为内部自尊和外部自尊。外部自尊如同"镜我",即儿童社会生活中的重要他人像镜子一样,儿童就从这面镜子中感知自我,从别人对自己的反应中来评价自己并由此内化和产生这种情感。对儿童外部自尊影响较大的因素主要是来自别人的评价和反应及儿童生活中的成败经验。另外,父母的关心、爱和接受也是非常重要的因素,因为儿童特别是3岁以下儿童的自尊发展主要依赖于得到的积极的反馈和评价。而儿童的内部自尊主要来自于儿童的内部评价、自我接受和自爱,具有主动的、稳定的和动态的特点。儿童的内部自尊主要受到儿童实际的行为和能力、过去成功和失败经验的影响。这些儿童不喜欢和别人进行比较,而主要是和自己的目标进行比较。

三、自尊的稳定性

自尊稳定性大多是通过测验——再测验的相关程度来显示的。早期的许多研究发现,儿童自尊的重测信度系数大部分在0.70~0.90之间,并认为自尊测验可以对儿童作出相当持久的判断（Coopersmith，1967）。近期的研究则发现（Harter，1982），儿童进入青春期和由小学升入初中后，儿童的自尊水平明显下降。这种现象产生的原因可能有二：一是环境的改变使得青春期儿童出现了较高的自我意识、不稳定的自我意象和较低的自尊水平；二是这个年龄的儿童在适应新要求和对中学环境的期望上出现了困难，进而影响了他们对自己的认知能力作出真实的评价。上述结果告诉我们，从发展的观点考察自尊的稳定性问题时，不仅要考虑年龄的变化，而且要考虑环境的差异。由于小学高年级儿童的环境要求、期望和社会比较目标都相对稳定，所以，儿童的自尊水平也相对稳定。当儿童由小学升入初中时，上述因素发生了变化，伴随而来的是自尊水平的变化。研究还发现，由幼儿园升入小学，儿童能力的自我知觉与社会接纳间的相关也会出现类似的断层现象。由此推论，到成年期，如个体上大学或走向新的岗位时，其自尊也会出现不稳定的时期。

我国心理学者关于儿童自我情感发展的研究发现，我国儿童自我情感发生的年龄是在 4 周岁。学前儿童对社会情感的自我体验随年龄增长而逐渐丰富，并有一定的顺序性，同时自我体验又表现出易受暗示性的特点。在小学阶段，儿童的自我情感与自我认识的发展是比较一致的，都具有较高水平的发展速度。但是到小学六年级以后，儿童的自我情感发展的速度则缓慢下降，到高中至大学阶段，儿童自我情感的发展水平才逐渐趋于稳定（韩进之，1990）。张文新的研究（1997）发现，整个初中阶段学生的自尊是不稳定的，存在着极显著的年级（年龄）差异。初一学生的得分极显著地高于初二和初三的学生。从初中二年级（约14岁）开始，自尊出现了一种下降趋势。这一结果与国外的有关研究的结论基本一致，但发现我国儿童自我概念发生转折的时间要比国外儿童晚一年左右。研究者认为，与初一相比，初中二年级的儿童自尊下降主要与其自我意识的增强、生理的迅速发育成熟和学习的压力增大等因素及其交互作用有关。与刚升入中学不久的初一学生相比，由于认知能力的发展，初二和初三年级学生的自我意识进一步增强，身体迅速发育并接近成熟，他们更加关心自己的形象和别人对自己的看法，并经常与同学或同伴进行社会性比较；同时，进入二年级之后，学习上的压力更大，同学间的竞争更加激烈，家长和教师也对他们提出更高的要求和期待。这一切会使他们在一段时间内对自己的各个方面产生怀疑甚至自卑，导致消极的自我评价和自尊下降。

四、影响儿童自尊的因素

（一）主体特点

1. 外表吸引力

一般来讲，那些自认为在少年时代具有吸引力的成年人比那些自认为在少年时代没有吸引力的成年人具有更高的自尊感和幸福感。个体的自尊虽然不受儿童体重本身的影响，但是受儿童对其体重的感受的影响，那些对自己的外表有积极感受并且重视他人对自己外表评价的人通常具有较高的自尊；而那些身材矮小且发育迟缓的被试比正常身高的被试具有较低的自尊。

2. 年龄

维格菲尔德等（Wigfield & Eccles, 1994）的研究表明，在小学阶段，儿童的自尊基本保持稳定，但由小学转入初中后，自尊出现了明显的下降。关于我国儿童的研究（张文新，1997）发现，初中学生的自尊存在极其显著的年级差异，初中二年级学生的自尊开始极其显著的降低。

3. 性别

儿童的性别对其自尊发展的影响是一个存有争议的问题，它取决于研究者对自尊的界定。但是,自尊的性别差异已经得到了某些研究的证实,如研究发现,随儿童年龄的增长,儿童自尊的各个维度分化得更为明显,被试在各维度上都具有性别差异。在运动和外表两个维度上,男孩比女孩高;在其他3个维度上,女孩比男孩高。而布洛克和罗宾斯(Block & Robins,1993)发现,从儿童早期到青春期,总的来看,男性的自尊趋于增高,而女性的自尊则趋于降低。女孩的自尊到了青春期以后比男孩下降的幅度大。其原因可能是,女孩到了青春期,已经获得了"应该怎样"的性别刻板观念,她们为了成为好孩子而压抑自己的感受,因此,她们的自信心开始动摇。但是这些结果也可能是由于自尊量表中与性别角色定势有关的项目造成的。男孩除了在算术、体育和游戏方面外,在其他方面似乎比女孩有较低的自尊。而主张儿童自尊没有性别差异的研究者也提出了许多理由来论证自己的观点,如怀利(Wylie,1979)认为,由各个项目分数相加而得到总体自尊分数的过程不能充分证明自尊的性别差异,"也许女孩和男孩赞同了不同的项目,但他们的总分是相等的"。对"知觉的能力量表"进行因素分析的结果支持了上述观点,即男生在体育和室外活动的身体能力上高于女孩(Harter,1982)。张文新关于我国儿童的研究(1997)发现,初中阶段青少年学生的自尊总体上不存在显著的性别差异,但是性别与城乡因素交互作用影响儿童自尊的得分。具体表现为,城市女生自尊的得分高于男生,但是农村女生自尊极显著低于男生。

(二)家庭因素

1. 父母教养方式

家庭成员特别是父母对待儿童的态度或教养方式直接影响儿童自尊的形成和发展。库伯斯密斯的研究(1967)表明,高自尊儿童父母的教养方式具有如下特点:第一,接受、关心和参与。第二，严格。这些父母认为，其最重要的任务在于使孩子达到更高的发展水平，为此要明确规定孩子的行为并进行严格的训练。第三，使用非强制性的纪律。他们对孩子讲道理，较少用体罚。第四，民主。尽可能多地给孩子决策自己事情和表达自己观点的自由。

关于父母教养方式与儿童自尊关系的研究表明，父母对子女的接受与儿童的自尊之间存在着极显著的正相关，而父母对子女的控制则与儿童的自尊有极显著的负相关；父母的严厉与男性青少年的自尊呈显著负相关，但与女性青少年的自尊相关不明显。父母的支持、自主给予和避免使用"引发犯罪感"的控制行为对儿童的自尊发展均有积极的影响（Kawash，1984）。我国研究者（张文新，1998）也发现，青少年的自尊与其报告的父母教养方式的各个维度之间均存在密切的关系，具体表现为，青少年的自尊与父母的温情、理解间存在极显著的正相关，而与父母的惩罚严厉、拒绝否认、过分干涉和过分保护间存在显著的负相关。该研究还发现，不同群体青少年的自尊与父母教养方式的关系存在不一致性。

2. 父母的社会经济地位

父母的社会经济地位主要是由父母的职业、受教育水平和家庭经济收入所决定的。研究表明，母亲的职业和受教育程度影响儿童的自尊。但是儿童自尊和父母社会经济地位间的关系是十分复杂的。怀利（Wylie，1979）指出，父母社会经济地位和儿童自尊间存在直接关系的假设尚没有得到研究的支持。

（三）同伴关系

青少年时期，儿童的大部分时间是和同伴在一起度过的，同伴群体对儿童自尊的发展具有重要的影响。特别是对那些对同伴的反应较为敏感的儿童来讲，同伴群体对其自尊发展的影响更大。

儿童与同伴关系的亲密程度及儿童为其同伴接受的程度是同伴群体影响儿童自尊发展的两个重要方面。国外的研究发现,那些与同伴关系密切、同伴接受性高、或对同伴关系较为满意的儿童往往具有较高水平的自尊,而那些没有形成亲密的同伴关系或遭到同伴拒绝的儿童其自尊水平往往较低。儿童的同伴关系对其自尊发展的影响主要表现在以下几个方面:一是亲密的同伴关系有利于儿童建立同伴间的依恋关系和获得社会支持,从而有助于缓解社会生活压力对儿童的消极影响;二是由于儿童大多选择社会背景和个性特征相似的儿童作为自己的同伴,这有利于儿童建立与同伴较为一致的价值观,促进儿童自尊的稳定性。三是那些受到同伴喜欢的儿童在与同伴交往的过程中,其自我效能感和归属感得到强化,儿童的心理承受能力得到增强,这也有利于保持其自尊的稳定性。但是儿童的同伴关系与其自尊的发展间也可能是一种双向的相互影响关系,即自尊水平较低的儿童更容易遭到同伴的拒绝。

(四)教师

教师也是儿童生活中的重要他人。教师的教学风格、教师的提问方式、教师对儿童的期望、师生间的言语和非言语沟通方式及日常的接触对儿童的自尊发展都具有重要的影响。如教师的期望对儿童的学业成就和自我价值有直接的影响(Rosenthal & Jaboson, 1968);教师的提问会影响儿童的自尊。如果教师不断给学生提出问题直到学生不能回答为止,那么,学生的这种失败体验必将伤害学生的自尊。

(五)学业成就

许多研究已经发现,学生的学业成绩与其自尊或自我概念间存在着密切的关系。有的研究者认为,这是由于与较高水平的自尊有关的自我认知和情感对儿童身心健康及学业成功有着积极的影响。怀利（Wylie，1979）对该领域的大量研究进行总结后指出，儿童的学习成绩与自尊之间存在正相关，相关系数大多数在0.30～0.40间。但他同时又指出，社会经济水平、智力、能力等无法控制的因素也可能是引起儿童成就与自尊间较高相关的重要因素。对自尊与学业成就的关系的研究，传统理论家大多探讨儿童学业成绩对其自尊的影响，而自20世纪60年代以来，研究者则注重探讨通过提高儿童的自尊来促进儿童的学业成就水平。

（六）控制源

库伯斯密斯（Coopersmith，1967）认为，儿童往往通过自己控制事物的能力来评价自己，儿童的自尊在某种程度上是对这种控制能力的体验。由于儿童在一定程度上是依据自己控制事件发生的能力来评价自己的，因此儿童的自尊与其控制点也存在密切的关系。已有的研究发现，个体的控制点在小学三年级就已达到相当稳定的程度，并贯穿于个人的整个一生。当个体认为有关自身事情的发生主要由运气、命运和客观环境因素所决定时，则其具有外部控制点；而当个体认为自己有能力决定自己所做事情的结果，且对自己的成败负有责任时，就具有内部控制点。一般来讲，内部控制点往往和儿童较高水平的自尊相联系，而外部控制点则和儿童较低水平的自尊相联系。儿童内部控制点的形成必须具备两个条件：一是儿童周围所发生的事情与儿童自身的活动具有较高的一致性。如果儿童的需求不能得到他人的一致性反应，儿童感到对周围事件的发生无能为力，就容易形成外部控制点。二是儿童期待周围环境对其需要作出反应。儿童只有产生这种期待，才可能调动动机因素，发挥积极的作用。儿童只有相信自己对成败具有控制能力，才可能尽最大努力去追求成功。

第四节 儿童自我控制与自我调节能力的发展

一、自我控制与自我调节的过程

自我控制(self-control)和自我调节(self-regulation)两个概念虽然经常被交替使用,但两者含义却存在一些差别。自我调节是指在没有外部指导或监视的情况下,个体维持其行为历程以达到某一特定目的的过程。自我控制则是指在目标受阻时,个体抑制其行为或改变行为发生的能力。本节讨论的主要内容是儿童自我控制和自我调节能力的发展问题。

初生儿童是完全没有自我控制和自我调节能力的。这时儿童几乎完全受冲动和欲望的影响,因此很难长时间进行同一种活动,也不能控制自己的欲望和情感,更不能抑制自己去等待那些令人高兴的事情。大约3~4岁以后,儿童才逐渐发展起自我控制和自我调节能力。

根据哈特(Harter,1982)的观点,个体自我控制和自我调节能力的形成必须具备两个条件:对价值的内化和技能的获得。

所谓价值的内化,是指个体赞同和认可社会规范或道德准则所赞同的价值观,并认为根据社会规范或道德准则的要求而控制自己的某些行为是有价值的。如儿童根据社会规范和道德准则的要求,认识到控制冲动行为、对所遇挫折不进行攻击性反应是正确的。成人对儿童的价值文化起着重要作用,成人对儿童行为的惩罚和奖励是否依据社会规范的要求、成人是否给儿童树立了对行为进行推理的榜样,以及在儿童社会化过程中是否与重要他人建立了亲密的关系等都是促进儿童对社会价值观内化的重要因素。

技能的获得是指个体按照已经内化的行为标准，掌握控制自己行为的技能的过程。个体完成了社会价值观的内化并不等于掌握了相应的自我控制的技能。如抽烟的人大多能够意识到"抽烟有害健康"，但是依然抽烟，可见仅有关于抽烟的价值观的内化是不够的，还需获得戒烟的技能，使戒烟更容易成功。

二、自我控制的机制

儿童自我控制自己行为的机制有以下几种：利用言语自我调节，制定计划，采用有效的注意策略，延迟对儿童需要的满足及抵制欲望等。目前研究较多的是言语调节对儿童自我控制和自我调节能力发展的影响。研究发现，个体的自言自语及言语的内容对儿童自我控制能力的发展具有重要的作用，出声言语在技能学习的早期有促进作用，而在熟练掌握技能后却有干扰作用。通过言语进行自我调节训练之所以有利于提高个体的自我控制能力，主要有以下几个原因：(1) 言语能够使诱因的特点在情境中更为突出，对儿童起着提醒的作用；(2) 言语能够指导儿童特别注意事件的某些方面；(3) 言语能够帮助儿童形成有关某种行为的设想；(4) 言语有利于儿童保持短时记忆中关于其行为的信息。

言语调节对儿童自我控制能力发展的作用随儿童年龄的增长而有所变化。学前儿童在抵制诱惑和需要延迟得到满足时，除非言语的内容直接涉及诱惑物的优点，言语调节产生的作用和言语的内容大多无关。这是因为，儿童自言自语进行自我指导有利于分散儿童对诱惑物的注意力，从而增强儿童的自我控制能力；但是当这种自我指导的内容是提醒儿童注意诱惑物的优点时，自我指导的效果就较差。而对于年龄稍大的儿童，由于其内在价值观的形成，言语调节的作用显著减小。

三、自我控制和自我调节的发展

(一) 儿童自我控制与自我调节的早期发展

儿童的自我控制和自我调节能力分别要到 2 岁和 3 岁时才出现 (Crusec & Lytton, 1988)。儿童自我控制和自我调节能力的出现与儿童早期身心各系统的发展变化有着直接的联系。科普 (Kopp, 1982) 认为,在儿童早期,儿童自我控制和自我调节能力的发展要经历 5 个重要的发展阶段 (见表 9-2)。在每一个发展阶段中,儿童的身心机能都发生着一些质的变化。这些变化又是儿童更高水平的自我控制性行为的基础。

第一阶段为神经生理调节阶段。在这一阶段,儿童的生理机制保护着儿童免受过强刺激的伤害。譬如,在这一阶段,由于中枢神经系统没有发育成熟,很多刺激不被加工。此外,有的婴儿还用其他一些方式保护自己免受过多的刺激,例如,他们通过自我吮吸以降低他们自我的唤醒水平和减少身体活动,达到自我安慰的目的。在婴儿自我安慰方面存在很大的个体差异,但是,容易自我安慰的婴儿是否就能够发展成为行为上自控能力强并且能够灵活调节自我行为的儿童,这一点,尚未可知。在这个发展过程中,虽然照看者在儿童的常规发展方面对儿童有所帮助,但是成熟仍然是这一阶段促进儿童自控能力发展的重要因素。

第二阶段属于知觉运动调节阶段。在这一阶段,儿童能够从事一些自发的动作活动,并能根据环境的变化来调节自己的行为。例如,这一阶段的儿童能够伸出手去抓物体或人。儿童的行为反映出其气质和活动水平的个别差异。这一阶段,那些反应性强的照看者会鼓励儿童与环境发生相互作用,而儿童也逐渐学会通过他人的行为来区分自己的行为。这也是这个阶段儿童自我发展的重要标志。

表 9-2 儿童自我调节的早期形式

发展形式	特征	出现的年龄	中介变量
控制与系统组织	唤醒态状,早期活动的激活调节	从母亲怀孕晚期到儿童3个月	神经生理的成熟、父母间的交往、儿童的生活常规
依从	对成人警告性信号的反应	9~12个月出现	对社会行为的偏向、母子交往的质量
冲动控制	自我的发生、行为与言语间的平衡	第2年出现	成熟因素(如言语的发生)、照看者对儿童需要与情感的敏感性、降低压力的措施的采用
自我控制	社会品质的内化、动作抑制	第2年中儿童对成人的要求进行反应,3~4岁时利用外部言语进行自动调节,6岁时转换为内部言语的调节	社会互动与交流、言语的发展及其指导作用
自我调节	采用偶然性规则来引导行为而不顾及环境的压力	第3年出现	认知过程、社会背景因素

(资料来源:Kopp, C. B. The antecedents of self-control: A developmental analysis. Developmental Psychology, 1982, 18: 199~204.)

第三阶段属于外部控制阶段(1岁左右)。在这一阶段,儿童能够使自己的行为服从控制者的命令。儿童行为中的有意成份在增强,行为开始具有目标导向性。儿童开始能够行走,对身体机能的意识随之加强,其自我日益从周围世界中分化开来。尔后,随着记忆能力的提高,儿童开始能够识别出(或再认出)照看者的要求,并抑制自己的行为。这一阶段,照看者在儿童自控的早期发展中所起的作用也随之增大,因为他需要指导和鼓励儿童的活动。

第四阶段属于自我控制阶段。大约在两岁左右，儿童的自我控制能力逐渐发展起来。在自我控制阶段，儿童的心理表征能力开始发展起来，他们能够运用符号来代表物体，当物体不在眼前时能回忆并记忆物体的形象。这使儿童能够在没有外界监控的情况下服从照看者的要求，并根据他人的要求延缓自己的行为。

第五阶段属于自我调节阶段。在这一阶段，儿童获得了关于自我统一性和连续性的认识，开始把自己的行为与照看者的要求联系起来。由于上述能力或技能的获得，这一时期的儿童有可能在相应的动机产生以后，进行自我调节。科普认为，自我控制与自我调节两者之间只存在程度上的差异，而不存在类型上的差异。与自我控制相比，自我调节在对外界变化的适应性方面具有更大的灵活性。

语言在儿童自我控制的发展中具有什么样的作用呢？有的研究者认为，直到大约4岁以前，儿童还不会运用言语进行自我调节，语言发展早的儿童和语言发展缓慢的儿童在自我控制的发展水平上并不存在显著性的差异。因此，早期语言的发展水平在某种程度上并不影响自我控制能力的发展。

（二）洛文格的自我冲动与冲动控制模型

洛文格（J. Lovinger，1970）认为，人类行为调节的一个最基本、最一般的发展趋势是从盲目冲动—回避或被动反应发展到主动处理矛盾冲突以达到目的。因不同的人滞留在不同的发展阶段，从而形成了个体行为调节的差异。洛文格认为，个体的自我冲动与冲动控制的发展可以划分为6个阶段（Harter，1983）：

1. 冲动阶段

处于这个阶段的儿童不能控制自己的冲动，也不能理解社会规范和道德规则的意义。儿童行为因受到奖励而再现，因受到惩罚而消失。

2. 自我保护阶段

处于这个阶段的儿童不能够理解社会规则和道德规范，行为控制受自我的兴趣和已有的有利条件的影响，自我控制的出现不是由于遵守道德观念，而是由于凭经验进行的推理。个体进行自我控制是因为怕出麻烦和防止受到惩罚。

3. 一致性阶段

能够遵守规则，但不理解规则。进行自我控制是为了免于社会舆论的谴责，对别人的不赞成特别敏感。

4. 良心阶段

儿童主要受内在规则的调节，而较少受权威和同伴的压力的影响。自我控制失败则产生自我批评行为和负罪感。

5. 自主阶段

儿童开始意识到个人或社会的需要与义务间的矛盾，认识到在不伤害他人的情况下，表达自己的冲动是可以接受的行为。

6. 整合阶段

儿童能够调节而不仅仅是应付个人需求和社会需要间的矛盾。

（三）我国学者的某些研究

我国学者也对儿童自我控制和自我调节能力的发展进行过研究。韩进之等人（1990）的研究发现，儿童自我控制和自我调节能力发生的时间是5～6岁之间。这个年龄段的大多数儿童具有一定的控制能力。从小学、中学到大学，儿童自我控制能力发展的水平上升的幅度较大，高三和大学生基本上都能够注意调节和控制自己的行为和情感，且其自控水平基本已接近成年人。另有研究者发现，儿童的自控行为受多种因素的影响，自我控制水平随年龄而不断提高，言语指导在儿童自控行为中起重要作用，儿童从接受外部言语指导及诱因逐渐发展到根据自身要求和内部诱因的作用来控制行为,儿童的行为从不自觉逐渐发展到自觉。

小 结

儿童大约在1岁左右开始产生自我意识。儿童的自我系统主要包括3个部分:自我概念、自尊和自我控制。自我概念指儿童对自己的知觉,它是儿童自我系统中的描述性或认知方面的内容。社会互动尤其是同生活中重要他人的交往是儿童自我概念产生与发展的必要前提,但儿童自我概念的发展还必须以儿童认知能力特别是社会认知能力的发展为基础。随儿童年龄的增长,儿童自我概念的维度逐渐增多。儿童自我概念的发展水平是起伏变化的。

自尊是指个体关于自我价值的评价与体验。儿童的自尊具有一定的稳定性,但受环境的影响较大,与儿童的年龄也有一定的联系。影响儿童自尊发展的因素是多样的,主要可概括为儿童主体的特点、家庭因素、同伴的影响及儿童控制点和学业成就的影响。

自我控制和自我调节是儿童自我系统发展的又一个重要维度。儿童自我控制与自我调节能力的获得必须具备两个条件:价值观的内化和技能的获得。儿童主要通过言语调节来达到自我调节和自我控制的目的。国外研究认为,儿童的自我控制和自我调节分别在2岁和3岁时才能形成,在此之前儿童是没有自我控制和自我调节能力的。科普认为,儿童这两种能力的最终形成是以一系列的早期的发展变化为前提或前奏的,她将这些早期的发展划分为5个阶段或水平。洛文格认为,个体自我冲动和自我调节的发展在理论上可以划分出6个阶段,但是这些阶段并不是直接与个体的年龄相联系的,不同的个体所达到的阶段是不同的,因而表现出自我调节能力发展的个别差异。

讨 论

受虐待儿童自我的发展

儿童早期的社会关系与其自我概念的发展间存在密切的关系,被虐待的儿童往往受到或多或少的心理伤害。对5～11岁受虐待儿童与正常儿童的比较研究发现,受虐待儿童的自尊水平较低,而且在同伴关系方面表现出更多的社会退缩,这使他自信心较低,失败感较强。被父母虐待的儿童的自我概念的发展趋势与正常儿童也不同。他们对自己有消极的自我想象,很少谈及自己的事情或自己的内部情感。这些儿童对镜像的反应中消极情感反应较多。另外,在积极性、自信心、自我接受性等方面受虐待儿童的发展也受很大的影响。

第十章 儿童性别差异与性别角色发展

性别是儿童最早掌握并用于对他人进行分类的社会范畴之一，儿童在很小的年龄就能够使用性别标签把人分为男人和女人。性别又是儿童自我概念的一个基本的方面，2岁的儿童即能够用言语说出自己的性别。儿童在2岁左右就表现出性别偏好和性别差异；3~4岁的儿童开始形成严格的性别角色成见；到5岁左右，儿童则开始把某些特定的个性特点与性别联系在一起。儿童是如何获得性别角色的？儿童的性别差异究竟表现在哪些方面？影响儿童性别化发展的因素有哪些？近几十年来，心理学家对这些问题进行了大量的研究探讨，并提出了彼此不同的理论观点。本章首先介绍儿童心理方面的性别差异的表现，然后讨论儿童性别认知和性别角色行为的发展，最后对儿童性别角色发展的主要理论观点进行评价。

第一节 儿童的性别差异

承认性别差异是讨论性别角色的前提。发展心理学关于性别差异研究的重点是男女儿童心理发展的差异,主要涉及儿童在认知、个性及社会性发展三个方面的差异。

一、认知方面的性别差异

(一)数学与空间能力差异

已有的大量研究表明,童年中期以前,男女儿童的数学能力尚未表现出差异,但从青少年期开始,男孩的数学能力平均水平开始高于女孩。本补和斯坦利(Benbow & Stanley,1983)的研究发现,在学术性向测验(Scholastic Aptitude Test)定量分析分量表的测验中,男孩成绩显著高于女孩,即使是平均分间的最小差异,男孩也高出女孩30个百分点。海德通过元分析发现,男女儿童数学能力的差异为0.43个标准差。麦考比和杰克琳(Maccoby & Jacklin,1974)也认为男性在数学推理能力上要优于女性,特别是在几何、三角这类依靠空间技能的学科中。而且尽管空间能力方面的性别差异在各个年龄段都存在,但男性直到进入青少年时期(12~13岁),数学能力才开始超过女性。

空间能力是指空间知觉,即从不同角度确认同一现象的能力。人们普遍认为男孩的空间能力优于女孩。在从二维到三维空间的心理旋转、读图和确定目标物等活动中,男孩都表现出较大的优势,而且这种差异在童年中期就已相当明显。有关研究者(Liben & Golbeck,1980)曾设计这样的问题情境来考察3~11岁男女儿童在空间能力发展上的差异:一杯水由垂直竖立状态倾斜50

度,杯中的水平面看起来是什么样的?当一辆货车爬一个 50 度斜坡时,用线悬挂在车厢顶的灯泡会处于什么位置?结果表明,尽管儿童的回答因年龄而存在差异,但总的来看男孩成绩优于女孩。随着年龄增长,男女儿童成绩都有改善,但性别差异仍然存在。

对此,生物学上的传统解释为男女儿童大脑左右半球发达程度不同,这决定了其数学与空间能力存在差异,但近期研究对这种解释提出了质疑。如杰克伯斯和艾克里斯(Jacobs & Eccles,1992)在美国的研究发现,母亲的性别刻板观念与孩子的数学能力之间有密切联系。卢姆尼斯和斯蒂文森(Lumnis & Stevenson,1990)对台湾、日本和美国儿童进行的抽样调查也发现,尽管男女儿童数学能力的差异在五年级才出现,但儿童的母亲确信在一年级时他们就存在性别差异。这些证据表明,除生物因素之外,成人的性别角色观念也可能是导致儿童数学与空间能力差异的重要原因。美国于 1960 年和 1975 年进行的一项关于高中学生认知技能的全国性比较研究表明,当代女孩的机械或空间操作成绩都有很大提高,且男女差异在继续缩小。有关研究者认为,当代美国父母性别角色标准的变化可能对女孩的认知兴趣和能力发展产生了影响。

(二)言语能力的差异

大多数心理学家认为,女孩在言语能力上占优势,特别是在词汇、阅读理解和言语创造性等方面。尽管从婴儿期到小学阶段这种差异都不显著,但从青少年期开始,女孩的言语能力开始显著领先于男孩。麦考比和杰克琳指出:虽然不是每一项研究都表明了女孩在言语方面的优势,但至少大部分研究表明了这一点。有关研究者(Rutter & Tizard,1970)还发现,男孩的阅读水平不只是低于女孩,与女孩相比,男孩有更多的可能患阅读困难症。但也有些心理学家对上述观点提出疑议,认为断言男女言语能力存在差异的证据是不够的（Fairweather，1976；Plomin & Foch，1981），甚至近乎为零。海德和利恩（Hyde & Lynn，1988）也指出，对女性言语优势的较为合理解释是研究者选择了更适合于她们性别的环境。如女生阅读能力优于男孩，可能是小学低年级的女性化环境使男孩不能作出较好表现。在实证性研究方面，日本的一项研究表明，学校在低年级更多地使用男性教师来使学校"去女性化"，就可能降低男孩的阅读困难的发生。美国一项研究也得出了支持该观点的结论，由男教师教授的男孩比由女教师教授的男孩阅读成绩好。德尔金（Durkin，1997）则认为，男女在言语发展上的性别差异可能是由于对学习的期望不同而造成的。男孩阅读困难较多不可能是由于男女生理发展的原因造成的，因为生理上没有哪部分的成熟使其功能复杂到直接影响阅读困难的发生。因此，正如同智力的发展与身高关系不密切一样，生理的发展与6岁儿童的阅读能力的发展关系也不密切。

我们认为，男女儿童确实存在言语能力的差异，但这并不意味着在言语发展的所有方面女孩都优于男孩。女孩可能在言语表达的清晰性、流畅性、情感性等方面优于男孩，而在言语表达的逻辑性和缜密性上，可能比男孩差。众所周知，国内外著名的演讲家中男性居多。不过，这有待于实验研究的进一步证实。

（三）分析能力的差异

从幼儿时期开始，男女儿童的思维活动的特点就表现出差别，特别是在分析能力的发展方面，如在拆装玩具、探索环境、想点子玩等方面女孩逊于男孩。以往的研究者通常采用"打破思维定势"（breaking set）和"结构重建"（restructuring）方法研究儿童分析能力的差异。"水坛子"问题（Water Jar Problems）就是测试被试打破思维定势的较好例子。在实验前，被试必须解决几个类似于以下情境的问题："被试必须到河边去取6夸脱的水，然而手头只有4夸脱和9夸脱的坛子可以利用"。然后在实验中再呈现一个实际上可用一种简单而直接方法解决的问题,目的在于看被试能否不受前面问题解决的办法的影响从而很快发现更为简便的解决问题的方法。结果发现男孩成绩显著好于女孩。据此,研究者认为男孩分析问题的能力好于女孩。但是也有研究者对此结论持有不同观点。如在"变位字游戏"(anagram)(变换字母顺序组成不同单词如 are 和 ear)中,同样也要求被试具备同样的结构重组能力,而在这方面,女孩较男孩占优势。因此,看来男孩和女孩分析能力的差异表现为,男孩在空间方面更占优势,而女孩在言语方面更占优势。而布鲁克(Block,1976)认为,在"水坛子"任务中要求被试具有敏锐的观察与洞悉能力,立即发现有利于问题解决的新方法,而变位字游戏中则不必具备这种能力,因此男孩具有更高的"打破思维定势"的分析能力。

(四)学业成就与成就动机的差异

男女间的成就差异是显而易见的,无论在艺术领域,还是在科学领域,最高成就者往往是男性,而女性成就比男性更接近于平均值,很少出现极端值。德威克(Dweck,1980)认为,这种现象产生的原因在于两性具有不同的动机模式。女孩常常将失败归因于自己的能力低,而男孩常将失败归因于外部因素,所以在遭到失败或任务更困难的条件下,女孩比男孩表现出较少的坚持性或较差的成绩。成就动机是指人们希望从事对他们有重要意义的活动,并在活动中取得成功的内部动力。人们通常认为女孩较少对成就感兴趣,成就动机水平也较男孩低。如果这种观点正确,那么它应该首先表现在女生学业成绩低于男生,然而事实恰恰相反,在整个学校生活中,除了数学成绩以外,女生成绩普遍高于男生(Maccoby & Jacklin,1974)。斯本塞及其同事(Crusec & Lytton,1988)区分了三种成就动机的独立因素:工作(work)——

希望努力学习并从事一份好的工作;熟练(mastery)——达到优秀水平;竞争(competition)——希望打败别人。其研究发现女生在工作方面得分高于男生,而男生在熟练和竞争方面得分则高于女生。这样,男女成就动机的差异或许不在于成就动机水平,而在于成就动机种类。

近期研究表明,在成就动机取向的性别差异方面,我国各民族男性自我取向的成就动机 (individual-oriented achievement motivation) 普遍高于女性,而女性社会取向的成就动机 (social-oriented achievement motivation) 则普遍高于男性。众所周知,我国传统文化向来主张男女有别,社会文化对不同性别具有不同的角色期待,要求男子要"有出息、有主见、靠自己",而要求女子"善良、富有同情心、温柔"等。这种性别角色偏见影响着儿童的社会化历程和父母对儿童教养方式,如对男性更加注重其独立性的训练,对女性更加注重依赖性训练。而独立性训练有助于自我取向成就动机的发展,依赖性训练有助于社会取向成就动机的发展。

成就与成就动机水平只呈中等程度相关,虽然女性成就相对来讲低于男性,但这并不意味着其成就动机水平也低,成就动机水平过高引起的焦虑而导致退缩或成绩下降也是有可能的。女生学业成绩平均水平高于男生的事实也似乎进一步启示我们,男女的最初成就动机并无差异。成年后,由于传统性别角色观念影响,照顾子女、从事家务劳动等负担落到女性身上,使其几乎无暇顾及其他事情,时间渐渐消磨了斗志,"女人天生爱做梦"或许能让我们从中有所领悟,由"做梦"到"现实"并不是由于本身成就动机水平降低,而是外在的社会习俗、文化将其牢牢束缚在硬壳之中,一旦甲壳被冲破,或许人们将重新审视女性。当今女权运动已初见成效,愈来愈多的女性涉入商界、政坛,她们的出色表现为我们考察这一问题提供了新的视角。父母对男女儿童的不同态度与儿童成就的性别差异有重要关系。一般说来,父母尤其是父亲对儿子比对女儿更强调事业或职业成功的重要性。有关研究发现,父亲对男孩和女孩对待方式的不同在数学成就上表现尤为明显。在教学方面及问题解决情境中,男孩的父亲更多地注意男孩的成就和认知能力的发展,女孩的父亲则较少关心成绩而更多关心女儿的人际交往。父母的性别角色观念影响儿童自己的知觉,符合性别的活动与不符合性别的活动相比,儿童认为前者更重要,并对其确立较高的满意标准,希望自己完成得更好。

二、个性与社会性方面的性别差异

(一)玩具偏好的差异

男女儿童对玩具有着不同的偏好。这是性别行为发展的早期表现之一。男孩通常喜欢玩枪、汽车、建筑积木等玩具,而女孩则偏好洋娃娃和其他软体动物。儿童选择玩具的这些性别差异很早就表现出来。英国心理学家史密斯与其合作者(Smith & Daglish,1977)对家庭情景中儿童游戏的观察研究发现,14个月的婴儿即表现出上述不同的性别偏好。当为他们提供各种不同的玩具时,他们不仅更喜欢选择与自己性别适宜的玩具,而且玩这类玩具的时间较长。到幼儿阶段,儿童对玩具的性别偏好更趋明显和稳定。由于性别化的玩具可能促进儿童性别行为的某些重要成份的发展,如支配性、独立性及观察能力等,因此,有的心理学家把儿童选择玩具方面的差异作为其性别行为的早期表现,并且认为导致这种差异的原因主要是父母对儿童社会化的行为方式不同,如父母依据儿童的性别来为其选择玩具,对儿童选择适合其性别的玩具给予强化等。另外,儿童性别观念的发展也是一个重要的原因。布瑞温和哈斯顿(Brien & Huston,1985)则直接研究了 14～35 个月的婴幼儿的父母对儿童所用的玩具的期望、儿童的性别认知发展与儿童喜爱的玩具的关系,结果表明,男孩与女孩都显著地偏爱适合自己性别的玩具。但这种偏爱倾向发展的趋势不同,随年龄的增长,男孩对适合其性别的玩具的偏爱更为明显,而女孩对玩具的偏爱程度变化不大,与男孩对待女孩的玩具相比,她们从很小的时候就更多地选择适合男孩的玩具。结果还发现,父母对儿童所喜爱的玩具的期望与儿童偏爱的玩具间相关不显著,儿童对性别的认知也仅与男孩的玩具选择有关,与女孩的玩具选择相关不显著。由此研究者认为,女性性别观念发展的相对缓慢是造成男女两性偏爱玩具的发展趋势存在差异的主要原因。

(二) 游戏和玩伴选择中的差异

儿童的游戏活动很早就表现出性别差异。在社会性游戏中,儿童在绝大多数情况下选择同性别的儿童作为游戏的伙伴,同时,在游戏中儿童对同性别伙伴作出的社会性行为也显著多于对异性伙伴(见图 10-1)。麦考比和杰克琳的研究(Maccoby & Jacklin, 1974)发现,3 岁的儿童已明显表现出上述特征。同时,他们的研究还发现,不同性别的游戏伙伴在游戏方式上也存在差异。与女孩和女孩的游戏相比,由男孩和男孩组成的游戏伙伴更容易因为争夺玩具而发生冲突。当男孩和女孩之间发生这类冲突时,女孩通常是放弃对玩具的争夺而退到一边观看男孩独自一人玩玩具。但当女孩和女孩之间发生玩具争夺时,这种情形却很少发生。

男女儿童游戏伙伴的数量也存在显著的性别差异。学前阶段的男孩更喜欢结成两人以上的群体一起玩,女孩则更喜欢在两个人之间交往。到小学阶段以后,男孩的游戏伙伴群体中的人数更多,而女孩更喜欢发展两人间的亲密关系。当男孩与女孩(12～13 岁)都在进行两人互动时,一个陌生儿童的到来往往诱发男孩两人群体的积极态度,而女孩两人群体的态度较为消极。但也有的研究结果并不支持上述结论（Brownell & Hartup，1981）。

性别还是影响儿童游戏群体结构的一个重要因素。史退尔（Strayer，1977）对加拿大学前儿童的研究发现，这一阶段的儿童通常是根据性别来结成不同的游戏群体。史退尔以儿童在游戏活动中的"距离最近的邻居"为标准，区分出四种不同结构的游戏群体（见图10-2）。在每种类型的游戏群体中，都存在着一对核心伙伴，他（她）俩之间发生着互动。同时，另外的儿童只与他俩中的一个发生互动，处于边缘位置。在不同类型的游戏群体中，群体的核心成员通常都是同性别的儿童。在以男孩为核心成员的小组中，女孩总是处于互动的边缘位置，她通过一位男孩的联系而参与游戏活动。与此相似，在以女孩为核心的游戏群体中，男孩也只能是处于"边缘"位置，而不可能成为游戏群体的核心成员。

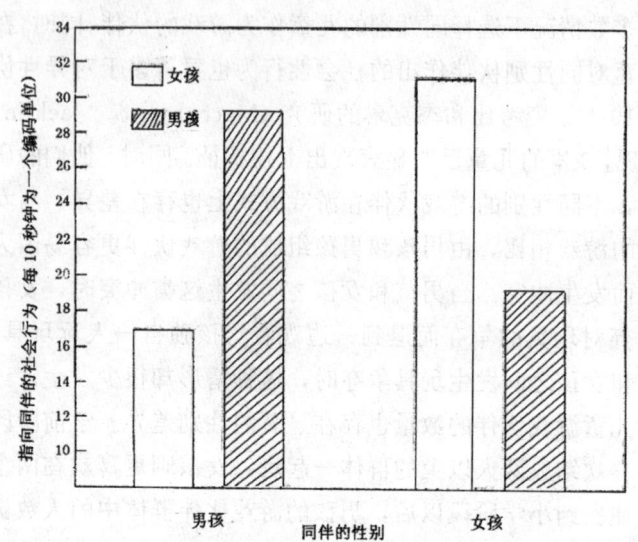

图 10-1　儿童游戏中与同性别与异性别儿童交往
（资料来源：Maccoby. Social Development，1980，215）

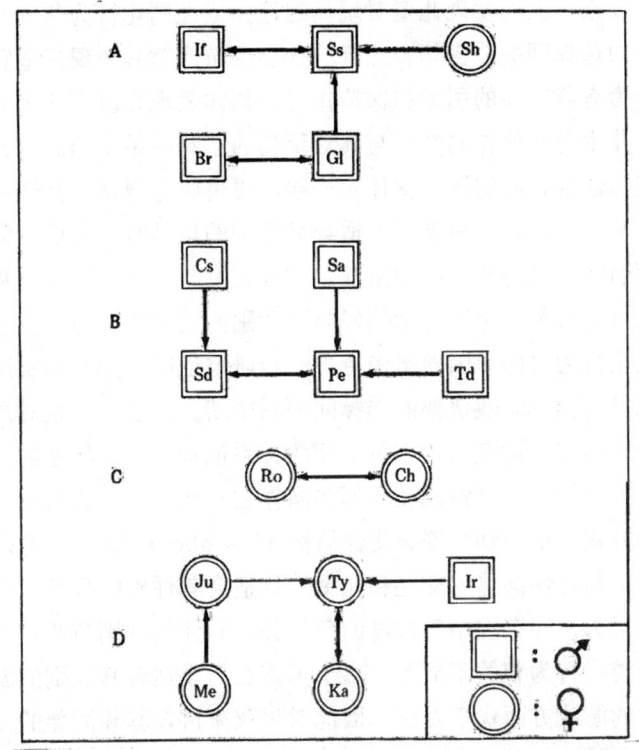

图 10-2 学前儿童班级中四种稳定的社会群体

注：图中的双箭头代表每一群体中的一对核心儿童。需要注意的是，几乎每一个群体都是由同性别儿童组成，而所有的核心对子都是同性别儿童。

（资料来源：Maccoby. Social Development, 1980, 213）

张文新等（1998）采用录像观察法考察了我国幼儿园大班儿童自然情景中儿童游戏活动同伴交往的性别差异，发现在儿童的社会性游戏中，男孩游戏伙伴的人数平均多于女孩游戏伙伴的平均人数。无论男孩还是女孩，其同性别的游戏伙伴都显著多于异性别的游戏伙伴。

长期以来，人们发现儿童对玩具的选择或性别化行为与其对游戏伙伴的选择间关系密切。儿童的社会性游戏对其表现出适宜的性别行为有着重要的引发和保持作用。具体表现在以下几个方面：(1) 儿童游戏伙伴的性别与其对玩具的选择关系密切。一方面，儿童与性别相同的游戏伙伴在一起，更可能选择适合其性别的玩具；另一方面，儿童选择了适合其性别的玩具时，也更可能选择或吸引同性别的儿童参与游戏。(2) 儿童与其同伴的交往和其性别化行为有关。至于儿童偏好与同性别的儿童交往与儿童适宜的性别化行为之间孰因孰果尚待进一步研究证明。(3) 儿童所拥有的玩具与其对游戏伙伴的选择间关系密切。总之，儿童对游戏伙伴的选择与其适宜的性别行为间的关系依赖于儿童所处的情景因素，如谁拥有玩具？儿童与哪些同伴在一起？儿童获得玩具后的互动方式（谁启动）等。艾森伯格（Eisenberg，1984）的研究则表明，与异性同伴的交往和儿童选择适合其性别的玩具（适合的性别行为）间存在中等程度的负相关。同伴的性别与儿童后发的选择游戏行为相关不显著。由于男孩在启动适合其性别的游戏或中性的游戏方面优于女孩，因此对男孩来讲，其和同伴的交往与其玩具的选择关系尤为密切。这说明儿童的互动方式影响其对玩具的选择。

(三) 抚育性（nurturance）方面的差异

几乎在所有的文化中，抚养婴儿的任务通常都是由女性来承担的。即使在今天高度发达的工业化社会中，女性仍承担着抚育婴儿的主要责任。这种现象毫无疑问与女性的生物学特点和社会分工有着密切的联系，但同时也与两性对待婴幼儿的态度或者抚育性方面的差异相联系，即女性对待婴儿的反应性高于男性，而且这种差异在幼儿阶段就表现出来。近年来有关研究发现，与男孩相比，3～6岁的女孩更倾向于对婴儿表现出兴趣，同时也更乐意为他们提供帮助,对他们的感情表达较多,而这一年龄段的男孩一般不乐意去接近婴儿。即使有时候接近他们,通常也是为了控制婴儿或抢夺儿童的东西。爱德华滋和怀汀(Edwards & Whiting,1977)曾对非洲的8个不同的社会进行调查,发现在所有这些社会中,6~10岁的女孩都比男孩更多地注意年龄更小的儿童,并为其提供帮助。

需要指出的是,虽然从总体上说,女孩对婴儿的反应性高于男孩,但是在个体发展的不同阶段,这种高反应性并非总是稳定的。主要表现为,在青春期,女孩的这种反应性不但没有随着年龄的增长而增强,反而表现出下降的趋势。

(四)攻击的性别差异

男女两性在攻击性方面存在的差异,作为性别差异的重要方面,是心理学家颇感兴趣的一个研究领域。吉恩(Geen,1990)认为,男女两性在攻击性方面的差异可以概括为以下两个方面:

一是攻击倾向的差异。男性比女性具有更强的攻击倾向。麦考比和杰克琳(Maccoby & Jacklin,1980)认为,两性攻击倾向(意向)的差异来源于两性生物学方面的差异,其证据有以下4个方面:(1)几乎在所有文化中男性都比女性更具有攻击性;(2)在生命早期,男孩的攻击性就高于女孩;(3)在灵长类动物中雄性的攻击性高于雌性;(4)攻击性与性激素有关,使用这些激素物质会影响个体的攻击性。

二是反应性的差异。男女两性的行为反应性的差异主要表现在4个方面:(1)反应方式。男女两性在攻击的整体水平上并不存在差异,但是男性更多地使用身体攻击,而女性则更多地使用言语攻击。(2)对攻击的抑制性。大量研究的结果表明,在做出攻击行为后,女性比男性更容易产生犯罪感和害怕情绪。女性的这些情绪反应会对其日后的攻击产生抑制作用。(3)对情景认知反应的差异。男性最容易因为来自他人的身体或言语攻击而愤怒，而女性则最容易因为来自他人的傲慢而愤怒，男女两性在遇到挫折情景时的认知反应存在差异，而这种差异可能会对其后的攻击反应产生影响。(4) 目睹攻击后的反应差异。与女性相比，男性在接触暴力电视后更容易产生攻击。

1. 儿童攻击性的性别差异的一般表现

儿童攻击性在多大年龄出现性别差异？这是一个心理学家颇感兴趣并着力探讨的问题(Parke & Slaby, 1983)，麦考比和杰克琳（1980）对有关这一问题的研究文献进行了分析，发现 6 岁以下儿童的攻击性已存在明显的性别差异，男孩的攻击性显著地高于女孩，而且这种差异既存在于言语攻击方面，也存在于身体攻击之中。由于这项分析所涉及的研究包括来自各种社会阶层的儿童，因此研究者对攻击性性别差异与儿童社会阶层之间的关系进行了分析，结果发现，男女儿童攻击性的差异并不随儿童的社会阶层而变化。这一结果表明，男女儿童攻击性的性别差异是一种广泛存在于各社会阶层的普遍现象。

儿童攻击性的性别差异也得到了跨文化研究的支持。史密斯和格林 (Smith & Green, 1974) 对英国 15 所幼儿园儿童攻击行为的观察研究发现，男孩的身体攻击和言语攻击行为均多于女孩。有关研究者对肯尼亚、印度、菲律宾、墨西哥等国家儿童攻击行为的研究发现，3～6 岁儿童中，男孩在身体攻击和言语攻击方面均高于女孩，但在 7～14 岁这一阶段，尽管男孩的言语攻击仍多于女孩，在身体攻击方面却不存在显著差异。

对于年龄更大的儿童而言，有关研究以青少年犯罪作为攻击性的指标考察了男女儿童的性别差异，发现男孩因暴力犯罪而被逮捕的人数是女孩的 5 倍。

我国发展心理学者张文新等人（1996）对学前儿童攻击行为

的观察研究也发现,男女儿童的攻击行为发生频率存在显著的性别差异,男孩的攻击性显著高于女孩。

2. 攻击类型上的性别差异及其发展变化

儿童攻击方式上的性别差异是近年来该领域研究中的一个课题。有关文献指出,男女儿童攻击性的差异可能与两者攻击方式的不同相联系,即也许男性和女性在攻击性总体水平上并不存在差异,而女性更多采用间接攻击的方式,男性更多地采用直接的攻击方式。由于研究者没有把间接攻击作为攻击行为,导致得出男性攻击性高于女性的结论(Geen,1990)。针对这一问题,彼约克维斯特等人(1992)考察了8~15岁儿童使用直接攻击和间接攻击的发展趋势。他们发现,8岁以下的女孩还没有充分掌握间接攻击这一攻击形式,到11岁时,这一方式已成为女孩主要的攻击方式。该研究结果同时证实,11岁和15岁两个年龄段的女孩更多地采用间接攻击,而男孩则更多地采用直接攻击的方式。有关研究者(Cheyne,见 Parke & Slaby,1983)的观察研究发现,3岁半至4岁半的儿童的报复性攻击存在显著的性别差异,男孩在受到来自同伴的伤害后所做出的报复性攻击明显多于女孩。

(五)亲子关系

无论在哪个年龄阶段,男孩与其父母间的交往总是不同于女孩与其父母间的交往。男孩对父母的管教较多表现出抗议,不依从行为也较多。早在10个月时,男孩在要求母亲的注意时表现得更为执拗。1~2岁的儿童更喜欢进行那些被父母所禁止的活动,如接触危险的物品、爬高等。4~5岁的男孩违抗父母的意愿较多。总之,父母对男孩的约束需要更大的社会压力。女孩则更容易与父母形成积极的互动关系。

父母,特别是父亲对男孩的行为与对女孩有很大的差异。在塑造儿童的性别行为、完成性别社会化方面父亲起着更为重要的作用。由于父亲是家庭经济的支撑者,他们因而也希望男孩承担起这一角色,因此他们对男孩的行为与对女孩差别较大,特别是在家庭外部的活动中,父亲更注重通过强化、约束等方式发展男孩的自主能力和独立性,他们尽管也鼓励女孩的独立性,但更强调发展女孩的同情心和身体方面的魅力。希格乐(Siegal,1987)对以往研究进行元分析的结果表明,父亲对儿子和女儿的行为存在显著的差别,特别是在约束和行为参与方面差异较大,在情感和与子女对话方面差异较小。而母亲对儿子和女儿的行为差异很小。父亲对儿子的严厉性、体罚和物质奖励都多于女儿,而母亲在这些行为方面不存在差异。母亲对男孩的言语反抗忍耐性较大,而对女儿的依从、成熟行为的期望方面要求较多。另外,男孩和女孩对父母特别是父亲的社会化行为的感知也有显著差异。

男孩相对于女孩来讲,亲子冲突发生较多。男孩更可能违背父母的意愿,但尚没有研究探讨这种冲突是在父子之间发生较多,还是在母子之间发生较多。大量的研究还发现,当家庭处于压力之中时,男孩的亲子关系恶化得更快,而且压力对男孩的影响不同于女孩。在离异家庭中,男孩从儿童早期在家庭中就直接反抗父母,亲子关系较差,在学校中出现行为问题,学业成绩下降;而父母离异对女孩的影响则较慢,主要影响其青少年时期的发展。总之,不良的家庭关系对男孩的消极影响大于女孩。

第二节 儿童性别概念与性别角色知识的发展

曾经在很长一段时间内,关于儿童性别角色发展的研究结论分歧较大,甚至是相互矛盾。修斯顿(Huston,1983)认为,概念上的混乱是导致以往研究结论不一致的主要原因。因此,为了讨论的方便，有必要首先对性别角色文献中常用的术语及其定义作简要介绍（见表 10-1）。

表 10-1 儿童性别角色发展文献中常用的术语及定义

术 语	定 义
男女同体	男性和女性特质的融合
性别概念	关于社会对男性和女性的期望的理解
性别恒常性	对人的外表的改变而其生物学意义的性别保持不变的认识
性别认同	对自己和他人性别的正确的标定
性别图式	个体据以对有关性别的信息进行组织的认知结构
性别稳定性	对人的性别终生保持不变的认识
性别角色行为	与社会对性别角色的定义相一致的行为表现
性别角色概念	同性别概念
性别角色知识	关于哪些行为模式适合于男性、哪些适合于女性的知识
性别角色成见	性别角色概念的过度延伸
性别化	个体获得性别角色行为和性别角色信念的过程

（资料来源：Schaffer. Social Development, 1996, 187）

一、性别概念的发展

儿童的性别概念主要包括三个成分：性别认同、性别稳定性和性别恒常性。如表 10-1 所示，性别认同是儿童对自己和他人的性别的正确标定。性别稳定性是儿童对人一生性别保持不变的认识。性别恒常性则是对人的性别不因为其外表（如发型、衣着）和活动的改变而改变的认识。在上述性别概念的发展中，性别认同出现的年龄最早，然后是性别稳定性，最后则是性别恒常性（见表 10-2）。

表 10-2 儿童性别概念发展的顺序

步骤	年龄（岁）	测验问题	特点
性别认同	1.5~2	你是个男孩还是女孩？	正确地把自己和他人认作男性或女性。
性别稳定性	3~4	你长大后是当妈妈还是当爸爸？	理解人一生性别保持不变。
性别恒常性	6~7	如果一个男孩穿上一个女孩的衣服，他会是一个女孩吗？	意识到性别不依赖于外表（如头发或衣服等）。

（资料来源：Schaffer. Social Development，1996，187）

（一）性别认同（gender identification）

1. 性别认同的发展

大多数研究认为，儿童的性别认同出现的时间在1岁半到2岁之间。但是由于研究方法及测验任务等方面存在差异，不同研究所获得的结果并不完全一致。汤姆逊（Thompson，1975）在一项研究中向2~3岁的儿童提供一些性别化的洋娃娃和杂志的图片，要求儿童按性别把这些图片进行分类。同时问儿童他们自己的性别以及他们与这些图片是否一样。然后给每一位被试拍摄一张快照，让其添加到已经分类的图片中。最后把两张中性物品的图片（如苹果）分别标上"好"或者"坏"，或者标上"给男孩"或"给女孩"，让他们从中选一个带回家去。汤姆逊该项研究的结果见表10-3。在该研究中，研究者把被试正确猜中的机率为50%这一水平看作是缺少性别认同的表现；把75%的正确反应率这一水平作为性别认同出现的标准。如果被试的反应达到75%这一成绩，就被看作是：一些儿童能够理解和使用性别标签，而另外一些却不能，但大部分儿童有些时候能够正确使用性别标签。

在表10-3中，"偶尔"、"有时候"和"经常"代表被试对性别认同任务的理解程度。从该表中的数据可以看出，2岁儿童的性别认同发展水平还很低。他们能够挑选出自己的照片,但是却不知道把自己的照片放在男性还是女性那一类盒子里。他们已开始理解男人和女人这些词的一些含义,甚至开始知道一些特定的活动与物体同男性相联系,另一些同女性相联系,如领带是"爸爸的",口红是"妈妈的",但是这一阶段的儿童还不知道自己与其他一些人属于同一性别类型。到 2 岁半时,儿童开始理解这些问题,他们能够正确回答自己的性别,而且能够区分图片中的人物的性别,也开始知道自己与图片中的同性别的人更相似。到 3 岁时,儿童对上述问题的理解有了更进一步的提高。但是,这一年龄的儿童依旧不能根据性别标签挑选与自己性别相适宜的物体。汤姆逊在该项研究中还证实,男女儿童性别认同的发展不存在性别差异。

表 10-3 儿童对自己和他人性别标签的理解(%)

被试作业	被试年龄		
	2 岁组	2.5 岁组	3 岁组
在一套自己性别和不同性别的图片中,回答"哪个是你?"	正确 (82)	正确 (100)	正确 (100)
当被问"哪个是男人、女人、男孩、女孩、他、她、兄弟或者姐妹时,指出正确的图片	偶尔正确 (62)	经常正确 (79)	正确 (89)
回答"你是个男孩(不是女孩)吗?"	正确 (45)	正确 (83)	正确 (88)
回答"你和这个洋娃娃(男孩)或这个洋娃娃(女孩)一样吗?"	正确 (50)	有时正确 (68)	正确 (95)
把一张陌生人的照片放进装有"男孩"或"女孩"的盒子里。	不正确 (50)	正确 (95)	正确 (95)

被试作业	被试年龄		
	2 岁组	2.5 岁组	3 岁组
把自己的一张照片放进装"男孩"或"女孩"的盒子里。	不正确(57)	经常正确(75)	正确(95)
把"妈妈的东西"和"爸爸的东西"放到正确的盒子里	偶尔正确(61)	经常正确(78)	正确(86)
回答:"你将会做一位爸爸(妈妈)吗?	不正确(35)	不正确(55)	偶尔正确(61)
偏好标有"好的"物品	不正确(58)	有时正确(70)	经常正确(79)
偏好与性别相适合的物品("给男孩"或"给女孩")	不正确(52)	不正确(57)	经常正确(78)

注:(1) 50%的分数属于机率反应;75%界于机率水平和正确的一致性反应之间。(2)表中括号内的数字为正确反应的百分比,即与被试性别相符合的反应在全部反应中所占的百分比。

(资料来源:Thompson. Gender labels and early sex-role development. Child Development,1975,46:339~347.)

2. 性别认同的线索

在进行性别认同所依据的线索方面,儿童与成人间存在差异。成人首先依据生殖器官,其次是身体的轮廓等线索,最后是服饰特点来确定性别。当提供的身体轮廓等线索男女差异较小时,成人更偏向于确认为男性。而儿童往往先依据发型特别是头发的长度,其次是服饰的特点来确认被观察者的性别。

3. 性别认同与性别角色发展的关系

儿童性别认同的发展影响其性别行为。研究发现,能够进行性别认同的儿童的性别行为显著地多于不能进行性别认同的儿童。性别认同早(27个月以前)的儿童对性别的认知好于性别认同晚的儿童(Schaffer,1997)。

(二）性别稳定性（gender stablity）

性别稳定性指儿童对自己的性别不随其年龄、情境等的变化而改变这一特征的认识。一般在3~4岁的年龄达到。这一年龄的儿童能够认识到，一个人的性别在一生中是稳定不变的。斯莱比和弗雷（Slabey & Frey，1975）曾在研究中向被试提出以下问题来考察儿童的性别认知稳定性："当你是个婴儿时，你是个男孩还是个女孩？"，"当你长大后你是当妈妈还是当爸爸？"。研究结果表明，直到4岁儿童才能对以上问题作出正确回答。

儿童性别稳定性的发展早于性别恒常性。有关研究者（Wehren & De Lisi，1983）认为，性别稳定性的发展依赖于儿童对其心理方面的特征的感知，性别恒常性的发展是儿童对其活动、外表特征的认识。因为心理、个性方面的特点变化较小，这使儿童对心理这方面的性别信息刺激的判断相对简单，而活动、外表或身体方面的特点是可见的，变化较大，使儿童对这些方面反映的性别信息的判断复杂化，如对女性的温柔、男性的攻击性等心理特点的感知早于其通过个体的活动、外表等对性别的感知，这导致性别稳定性出现较早，恒常性出现较晚。

(三）性别恒常性（gender constancy）

性别恒常性指儿童对一个人不管外表发生什么变化，而其性别保持不变的认识。例如达到性别恒常性的儿童能够知道无论自己穿什么衣服、留什么样的发型自己的性别都保持不变。柯尔伯格认为，性别恒常性是儿童性别认知发展中的一个重要的里程碑。儿童一般要到六七岁才能获得性别恒常性的认识。

艾莫勒西等人（Emmerich et al，1976）对几千名4~7岁的社会处境不利儿童的性别恒常性进行过系统研究。这项研究可被称为该领域的开创性研究。在这项研究中，研究者向儿童呈现一些男孩和女孩的图片（见图10-3）。把这些图片在颈部切开，这样通过把身体部分和头部图片进行组合,可以向被试呈现不同的图片形象。实验开始时首先向被试呈现一个完整的男孩或女孩图片,然后再向被试呈现把男孩的头部和一个女孩的身体组合在一起的图片,或者相反,一个女孩的头部安在男孩的身体上的图片。通过这些操作考察儿童的性别恒常性的发展。

图 10-3 艾莫勒西性别恒常性测验中用的样本图片

(资料来源:Maccoby. Social Development,1980,228)

实验开始后,实验者首先向被试呈现一个完整的女孩图片,告诉被试"这个女孩叫珍妮"。然后依次指着图片问被试如下问题:

1. 如果珍妮想成为一个男孩,她能吗?

2. 如果珍妮玩了卡车和男孩的东西,她会怎么样?她会是男孩还是女孩?

3. 如果珍妮穿上男孩的衣服（像图片上的样子），她会怎样？她会是一个男孩还是女孩？

4. 如果珍妮把头发剪短了（像图片上的样子），她会是什么？她会是一个男孩还是女孩？

5. 如果珍妮把头发剪短了（像图片上的样子），并且穿上男孩的衣服（像图片上这样），她会是什么？她会是一个男孩还是女孩？

完成上述测验后，再用一个男孩图片为材料重复上述程序。在每一步骤都要求被试说出为什么他们认为图片中的人物仍然是男孩或女孩，或者为什么不再是男孩或女孩了。

实验结果发现，只有大约24%的被试达到了性别恒常性，认识到珍妮在活动、衣着和发式改变后仍然是女孩。同时研究结果还表明，在4～7岁这一阶段儿童性别恒常性的作业成绩提高很少。但是，在这项研究中的不少聪明的被试却在7岁以前达到了性别恒常性。近期的研究认为，大部分儿童在六七岁的年龄就能够达到性别恒常性（Schaffer，1996）。因此，看来艾莫勒西研究的结果很可能与特定的样本有关系。

我国方建移对幼儿园大班、小学一二年级儿童的性别恒常性与性别角色偏爱的发展进行了研究（1992），结果指出：性别恒常性因年龄不同而有显著性差异；性别角色偏爱在各年级儿童中均无显著性别差异。

关于性别恒常性与性别角色发展间的关系，以往的研究得出了很不一致的结论。有研究发现达到性别恒常性与其性别角色的发展无关，而在另外的研究中则发现两者关系密切，也有研究发现性别恒常性与对性别的认知有关。此外，有的研究者认为儿童达到性别恒常性的年龄晚于其性别行为的出现，这与儿童特别是男孩对性别图式开始关注的时间有关。

总之，儿童性别概念与性别稳定性、恒常性间的关系具有以下特征：(1)性别认同的产生早于性别稳定性；(2)性别恒常性出现最晚。儿童所处的生活情境对其性别恒常性的发展影响不大；(3)大约在9岁左右，儿童开始能够用言语解释性别的稳定性和恒常性。

二、儿童性别角色知识的发展

由于性别角色行为具有较强的情境性，不易进行系统的实验研究，因此，关于儿童性别角色发展的大量研究主要集中在儿童性别角色知识的发展上。所谓性别角色知识，乃是个体关于男性和女性各自适宜的行为方式和活动的认识。婴幼儿性别角色知识发生和发展的研究通常采用的方法是向儿童列举一些典型的男性或女性的行为活动，如打架、烧饭、玩玩具枪、玩洋娃娃等，让儿童说出哪些活动是适合男孩干的，哪些活动是适合于女孩干的，借此达到考察其性别角色知识发展的目的。通过上述方法，研究者发现，儿童很早就形成了一些对男性行为特点和女性行为特点的认识。例如，2.5～3岁的幼儿已能做出以下判断："男孩打人"，"女孩话多"，"女孩经常需要别人的帮助"，"男孩玩汽车"。

库恩等人（Kuhn et al, 1978）曾进行过一项有趣的实验，考察儿童性别角色出现的年龄。在实验中，他们向儿童宣读一些表述，诸如"我很强壮"，"当我长大后我要开飞机"等。同时向被试提供两个洋娃娃，一个是男的，另一个是女的，要求儿童挑出上面的话是哪个娃娃说的。实验者发现，儿童早在2岁就已具备了一些性别成见知识，从而进一步证实，在婴儿期儿童已初步形成了一些性别角色知识。

儿童的性别角色知识随年龄的增长而增加。有人（Best et al, 1977）对美国、英格兰和爱尔兰3种文化中5～11岁儿童性别角色认知的发展进行研究。结果发现，在所有3个被调查的地区中，所有年龄段男孩的性别角色知识发展的速率均高于女孩,且其性别角色知识也远比女孩丰富和详细。研究者认为,男孩和女孩性别角色认知发展产生差异的主要原因可能在于男孩在性别角色发展方面所承受的社会压力大于女孩。换言之,女孩可能在性别角色发展中有更大的自由。

到童年中期,儿童的性别角色已相当稳定,但是这并不意味着随着年龄的增长,个体的性别角色认知变得日益刻板和僵硬。有关研究者认为,从婴儿期到青少年这一阶段,儿童性别角色成见的发展呈一种"U"趋势,即年龄较小的儿童,由于其认知能力发展的局限,通常把规则看作是必须绝对服从的要求,因而不能容忍不适宜性别行为的出现,而年长的儿童由于能够认识到规则只是一种社会习俗,因而在性别角色认知上其态度相对灵活,性别角色成见反而少于年龄较小的儿童,而认为在某些情境中,出现不适合性别的行为是可以理解的。但是需要指出的是,在青春期这一阶段,由于性意识的觉醒,青少年会产生相当强烈的与性别相联系的期望,他们的性别角色态度会重新恢复到早期所曾有的刻板状态(Schaffer,1996)。

第三节 儿童性别角色发展的理论

性别角色乃是社会规范和他人期望对男女两性的行为模式的要求。性别角色的发展是儿童社会化发展中的一个重要方面,也是发展心理学家十分关注的一个问题。长期以来,关于儿童性别角色的发展及其成因这一问题,不同的研究者提出了不同的理论解释,主要有生物学的解释、社会学习理论、认知发展理论、性别图式理论、群体社会化理论等。

一、生物学的解释

一些研究者认为,男女两性之间的心理差异以及儿童性别角色的分化发展主要是由两性在遗传及生物因素方面的差异所决定的。最早持此种生物决定论观点的代表人物是弗洛伊德。其生物模型认为男女行为的性别差异反映的是其生理上的差异。近期的实验研究,如对双胞胎人格特质遗传性方面的研究,以及荷尔蒙—化学物质与人格特质的相关研究等一系列的研究结果表明,男女在控制和攻击性行为方面的性别差异主要是由性激素的差异引起的。染色体的差异使得女性表现出与男性不同的人格特征,如女性的压抑、焦虑水平较高。

但是如果把性别差异归于生物性因素的话,需符合4个标准:1.儿童早期就存在性别差异。因为儿童早期较少受社会经验的干扰,表现出的大多是生物特征;2.这种差异必须是各种社会文化中的普遍现象。即每种文化中都能看到相似的性别行为差异和性别刻板观念,则说明这些差异中有生物性成分;3.这种差异具有跨种属的特征。在与人类相近的动物种属中也应有类似的差异存在。4.这种差异是否与荷尔蒙的多少呈正比。达到以上标准,性别差异方可被视为由生物性因素造成的。

近期的生物社会模型理论则融合了生物和社会环境两方面的因素来解释性别差异问题。该理论承认社会文化模型对性别差异的解释是合理的,但又主张生物及与进化有关的因素仍然可以直接导致性别差异。认为男性从事狩猎、建筑,女性抚养孩子等这种由社会分工而形成的社会角色不同在前工业社会本是两性身体方面如在体格、力量以及解剖学上存在差异的结果,传统的男女社会角色在前工业社会是有其生存意义的。在当今的技术时代,性别差异更多的是社会文化因素的产物,但仍留有以前时代的痕迹。

生物社会模型认为生物和社会文化因素都是性别差异的原因,社会因素可能放大了内在的生物因素造成的性别差异。

二、社会学习理论

社会学习理论关于儿童性别角色发展的观点是建立在其关于儿童社会行为发展的基本理论观点之上的。按照社会学习理论的观点,无论儿童性别角色中的性别刻板印象,还是性别角色规范,都是儿童在生活环境中由成人,特别是父母和教师塑造而成的。这一理论特别重视父母对儿童"性别适宜性行为"(sex-appropriate behavior)的强化在儿童性别角色形成中的作用。例如,父母鼓励、表扬女孩的顺从和抚养性行为,而对男孩的这类行为则给予否定的反应。除强化以外,该理论认为儿童对同性别榜样的观察学习或模仿也起着重要作用。同强化一样,儿童对游戏中的攻击行为以及电视、电影中的榜样行为的模仿学习也是其获得性别角色的重要机制。那么是不是男孩喜欢模仿自己的父亲而女孩喜欢模仿其母亲呢?对6岁以前的儿童来讲,答案是否定的。研究发现,父母的性别模式与儿童的性别模式间相关较低。一般来讲,最男性化的父亲并不一定比别的男子更可能有男性化的儿子,这个规律同样适用于最女性化的母亲。海泽灵顿(Hetherington,1966)认为,儿童的性别行为不是通过模仿同一性别的父母获得的;父母对儿童的社会化压力不可能导致儿童接受与自己性别一致的父母的性别化风格。海泽灵顿发现,无论是男孩还是女孩都善于模仿在家庭生活中占统治地位的父亲或母亲的个性特征,但并不一定与自己的性别相同。希尔斯等人(Sears at al,1965)的研究也发现,如果父母对儿童的性别或攻击行为过分抑制的话,其子女都比同龄儿童更为女性化。海泽灵顿对这个观点进行了验证,发现这个结论只适用于女孩。

社会学习理论的儿童性别角色发展观是有一定的研究依据的。有关研究发现（Fagot，1978），父母确实在儿童很小的年龄（20～24 个月）就以不同的方式对待男孩和女孩。他们通常鼓励女孩学习跳舞、打扮、跟随、玩洋娃娃等行为，但不鼓励她们跑跑跳跳。而对男孩，父母则鼓励他们玩积木和卡车，但不鼓励他们去玩洋娃娃和表现出寻求帮助的行为。朗格劳易斯和唐斯（Langlois & Downs，1980）的实验研究则进一步证明了父母在儿童性别角色形成中的作用。为了考察父母对儿童的适合性别的行为和不适合性别的行为的反应，实验者在这项实验中为男孩和女孩准备了一些适合其性别的玩具：为女孩准备的玩具包括：一个洋娃娃屋，里边有家具、一个大炉子、炉子上有锅和盘子。化装柜里放着裙子、帽子、钱包、鞋子和一个小镜子。为男孩准备的玩具是游行的士兵、战车、高速公路和收费小屋、一套牛仔服饰，包括帽子、枪、枪套和大手帕等。实验开始后告诉男孩按男孩的方式玩玩具，告诉女孩按女孩的方式玩玩具。然后让这些被试的父亲、母亲和一些与被试同性别的同伴进入房间观看儿童玩玩具。然后实验者记录被试父母和同伴对被试适合性别和不适合性别的行为所作出的积极的和消极的反应。积极的反应包括加入到被试的玩耍中、帮忙、对被试的活动表现出兴趣和赞许等；消极的反应则包括干扰被试的活动、对被试的活动表现出厌恶和不赞许。实验结果见图 10-4。

图中结果清楚地表明，儿童的父母，尤其是父亲对儿童玩不合自己性别的玩具表现出强烈的否定性反应。而且他们对儿子的异性别行为的否定反应显著高于对女儿异性别行为的反应，而母亲对女儿的异性别行为的消极反应则显著高于对儿子的异性别行为的消极反应。上述研究结果从一个侧面说明，父母对儿童的强化和惩罚对儿童性别角色的发展确实有着重要的影响。

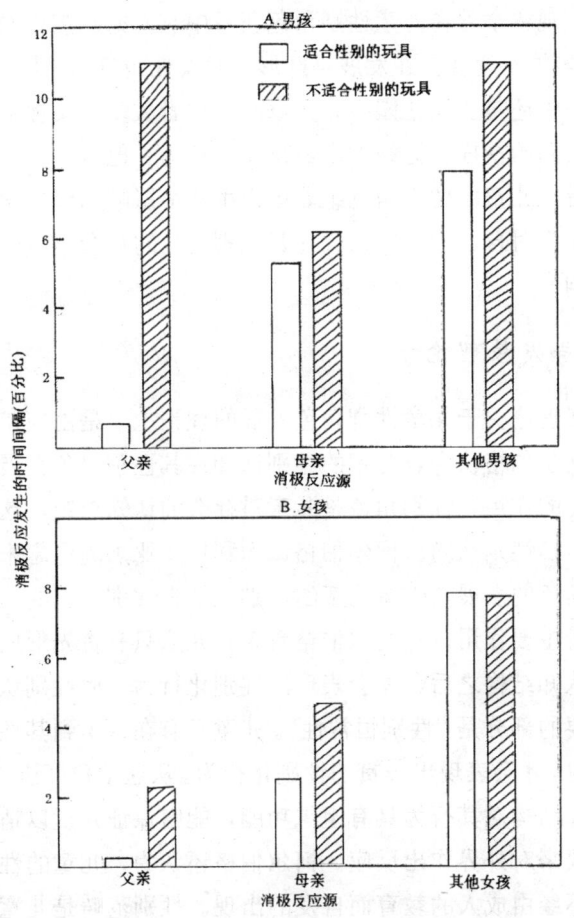

图 10-4 父母及同性别同伴对被试玩适合性别和不适合性别玩具的消极反应

（资料来源：Maccoby，Social Development，1980，241）

社会学习理论的性别角色发展观虽然取得了一定的实验支

持,但是却存在着一些无法克服的局限。如果像社会学习理论所强调的那样,观察学习在儿童性别角色获得中有着如此重要的作用,那么,大多数儿童就会在发展早期形成对女性角色的认同,因为不论在家庭中还是在幼儿园中,儿童的照顾者大多为女性,因此他们所观察到的榜样行为绝大多数是女性行为。但事实并非如此。由此来看,儿童的性别角色绝非单纯由环境影响和模仿学习所决定的。儿童对自己性别的认知在其性别角色的社会学习中也起着重要影响。

三、认知发展理论

认知发展理论关于儿童性别角色发展的理论主要是由柯尔伯格提出的。柯尔伯格认为,儿童的性别认知在其性别角色发展中起着至关重要的作用,性别角色是儿童对社会的认知组织,这种组织的第一步是性别认同。柯尔伯格试图利用皮亚杰的概念来解释儿童性别角色的发展,强调儿童的性别认知在性别角色的形成和发展中起着主要作用。在柯尔伯格看来,儿童只有首先形成关于其性别的认知结构之后,才会表现出性别化行为。而性别认知结构中最重要的部分是"性别恒常性"。儿童只有在认识到其性别将永远恒定时,才会表现出一贯的性别化行为。从这个角度讲,儿童的性别认知结构对其行为具有组织功能,能够保证儿童以适合其性别的方式来对外界作出反应。柯尔伯格还认为,儿童的性别认知结构可不经由成人的教育而自发的出现。性别范畴是儿童最早自发形成的,同时也是最有用的社会范畴之一。到达一定的年龄阶段,儿童能够依据性别范畴自发地对与性别有关的信息如外表、衣服、活动、心理特点等进行分类,通过这种分类,儿童可对信息刺激作出适合其性别的解释。只有在儿童形成了相应的性别结构之后,他们才会去注意和模仿同性别的榜样。这不同于社会学习理论的性别角色发展观。后者认为儿童对同性别榜样的模仿发生在学会对性别进行分类之前。

毫无疑问，儿童的性别认知或性别概念在其性别角色的建构和发展中起着重要的解释、组织、调节功能。但是柯尔伯格的观点存在着一个根本性缺陷。通过上节的介绍我们知道，儿童的性别恒常性一般要到6岁左右才会出现，而在此之前，儿童已表现出性别化行为。因此，柯尔伯格关于成熟的性别概念是儿童性别化发展的必要前提条件的观点是站不住脚的。社会学习理论和认知发展理论关于儿童性别角色发展的解释可用下图示之。

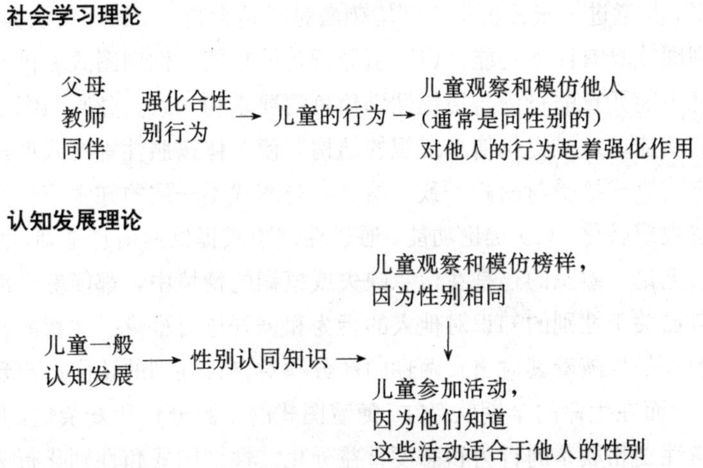

社会学习理论

父母
教师　强化合性　→　儿童的行为　→　儿童观察和模仿他人
同伴　别行为　　　　　　　　　　（通常是同性别的）
　　　　　　　　　　　　　　　　对他人的行为起着强化作用

认知发展理论

　　　　　　　　　　　　　　　儿童观察和模仿榜样，
　　　　　　　　　　　　　　　因为性别相同
　　　　　　　　　　　　　　　　　↓
儿童一般　→　性别认同知识　→
认知发展　　　　　　　　　　　儿童参加活动，
　　　　　　　　　　　　　　　因为他们知道
　　　　　　　　　　　　　　　这些活动适合于他人的性别

图10-5　社会学习理论与认知发展理论关于儿童性别角色发展的观点的比较

（资料来源：Smith et al. Understanding Children's Development，1998，159）

四、性别图式理论

"性别图式"是指人们关于男性特点和女性特点的朴素理论观。图式加工理论的基本单元是图式,其假设是儿童和成人都有关于性别的图式,这些图式直接影响行为和思维。性别刻板观念可以作为组织社会信息的图式。该理论界定了两种不同的性别图式:第一种包括两性别的普遍信息,第二种包括适合特定性别行为的详细信息。这两种图式发挥着两个水平的功能:(1)在第一种水平,儿童评价信息是否适合自己的性别,这就需要建立男性和女性双方的图式而非仅仅关于自己性别的图式。(2)在第二种水平,儿童进一步评价一个环境刺激是否适合自己。该理论认为,性别图式具有以下功能:(1)引导行为的功能。性别图式提供的信息可使儿童的行为与传统性别角色的要求相一致。(2)组织信息的功能。通过提供信息组织的结构,使个体按照性别图式搜索特定信息或接受与图式一致的信息,与图式不一致的知觉信息会被忽视或转化。(3)推论功能。通过性别图式提供的信息基础,使儿童无论在熟悉的还是在信息缺失或模糊的情境中,都能够借助于自己关于性别的知识对他人的行为和偏好进行推论。儿童的性别图式是伴随着其对男女两性的区分和对自己性别的认同而出现的,因而在生命的早期就存在。随着图式的不断分化和复杂化,儿童与性别相联系的行为和态度日益分化。性别图式和性别化行为两者的发展是平行进行的而不是先后进行或同一进行的。

性别图式理论是融合了认知发展理论和社会学习理论中那些被人们接受的内容来解释儿童性别角色发展的一种新的理论观点。性别图式理论与认知发展理论的性别角色发展观主要有两点区别:(1)不把儿童成熟的性别认知结构看作是儿童性别化行为的必要的前提条件。(2)强调性别图式的信息加工功能。也就是说，并不像柯尔伯格所说的那样，只有形成了"性别恒常性"以后才会出现行为的性别分化。色宾（Serbin，1993）等人的研究发现，即使到童年中期，儿童的性别认知（图式）和性别化行为仍不存在完全的一致性。这种状况产生的原因可能在于，儿童性别图式的发展主要受认知成熟的制约，而性别化行为主要受环境因素的影响。因此，性别图式理论与柯尔伯格的认知发展理论相比，承认社会因素对儿童性别角色发展的影响。这种影响主要表现在：（1）激活儿童的性别图式；（2）为儿童提供性别图式的内容。可见，根据这一理论观点，儿童间性别角色发展的差异可以归因于其社会化经历。

近年来，本姆（Bem，1981）在承认性别图式是信息的重要组织者的同时，又指出性别图式的组织作用具有个别差异。对一些性别高度分化的人，性别图式被用于日常生活中的很多事情，按性别组织信息的阈限很低，认为处理些许小事都有性别差异。对那些"双性化"的人，按性别组织信息的阈限较高，性别图式的主导性较低，对待生活中的许多事情时很少考虑自己的性别。本姆认为"双性化"不是指男女特征的结合而是指个体对有关性别的判断较为自由。也就是说，对性别分化的人来说，他们比"双性化"者更容易把性别作为一个重要的组织图式，把与性别有关的特征与行为联系在一起，而"双性化"者对同样的特征则有另外的信息分类和组织标准。

五、群体社会化理论

这是目前关于儿童性别角色发展一种较新的理论观点。哈雷斯（Harris，1995）认为，家庭在儿童的角色发展中的影响并不大，起重要作用的是同伴群体。一项元分析研究发现父母对待儿子和女儿的态度并无显著性差异，以"双性化"方式教养的孩子其具有性别特征的行为和态度并不减少。

群体社会化理论预测当另一性别不在场时,性别分化的行为减少。一项研究证明了男孩在场对女孩行为的影响:女孩单独玩球时表现得很有竞争性,在男孩加入后,女孩的行为发生了很大变化,她们显得比较害羞而且没有竞争性(朱莉琪、方富熹,1998)。

以上理论的共性是都同意儿童通过两种途径来学习性别常模和社会文化的期望,即经由社会提供观察学习的榜样和直接指导(通常是通过强化和惩罚)。每一个与儿童接触的人都是潜在的榜样。早期的精神分析理论把父母作为主要的榜样,认为儿童与父亲或母亲的认同趋势泛化到与自己性别相同的人,从而就把与自己性别相同的人作为模仿的榜样。近期的社会学习理论和认知发展理论认为儿童可以通过广泛观察他们环境中以及大众传媒中的成人和儿童来学习性别角色,而且社会学习理论和认知发展理论都没有简单地认为儿童更可能模仿与自己同性别的人的行为。按照社会学习理论,很多变量会影响模仿学习,如榜样的权力、声望、能力、与儿童的共同点等都是影响模仿的因素。那么在什么情况下榜样的性别这一变量会超过其他变量,成为影响儿童注意和模仿的突出因素?研究认为强调性别分类的情境会把儿童的注意力吸引到性别维度上,当某种行为与刻板的男性或女性角色有关时,他们以前学习到的概念就使得他们注意动作者的性别。

在认知发展和图式理论中,同性别榜样的作用是给儿童提供他自己性别的社会期待的模范,儿童从所观察的许多榜样的行为中抽取出共同特征来建构男性和女性的概念,与儿童性别图式不一致的行为会被忽视或很快被忘掉,或被同化到认知结构中。

小 结

儿童性别差异的发展是儿童社会化的重要方面,是研究儿童性别角色发展的前提。儿童性别差异的发展是一个从无到有、从大到小的发展过程。在儿童生活的早期,其各方面的发展中性别差异较小或几乎没有。大约3~4岁以后,随着儿童性别概念及性别角色知识的发展,在社会交往中特别是父母、同伴及教师的影响下,儿童发展的许多方面出现了性别差异。主要表现在以下几个方面:

在认知方面,男孩在空间能力、数学及分析能力的发展方面优于女孩,而女孩在言语发展方面占有相对的优势。

在个性和社会性发展方面,性别差异主要表现在儿童对玩具、游戏行为、游戏伙伴的选择、抚养性行为、攻击行为及亲子关系等发展方面。早在14个月左右,男女儿童在玩具的选择上就开始表现出差异。在游戏行为上男孩更喜欢玩显示力量的游戏,而女孩则偏好安静的游戏。在游戏伙伴的选择上,从2岁起,儿童就明显表现出喜欢与同性别的儿童一起玩的倾向,且男孩游戏伙伴的人数显著超过女孩。在社会行为方面,女孩对年幼儿童的抚养性行为显著多于男孩,而男孩的支配和攻击行为多于女孩。儿童的性别不同,其亲子关系的发展特点也不同。父亲对儿童性别行为的发展更具有极其重要的作用。当家庭处于压力中时,男孩的亲子关系更可能受到消极的影响。

儿童性别概念的认知发展主要包括三个方面的内容:性别认同、性别稳定性和恒常性。性别认同发展最早,其次是性别稳定性,性别恒常性发展最晚。

关于儿童性别角色的发展及其成因,目前存在着以下几种较有影响的理论观点：生物学理论、社会学习理论、认知发展理论、性别图式理论和群体社会化理论。

讨 论

性别认知与性别角色行为的关系

儿童的性别角色行为是否以性别概念或者性别认知为基础？儿童的性别概念是不是其性别化行为或性别偏好的原因，或者说对其起着影响作用？儿童是否一定要等掌握了性别角色知识才会表现出性别化行为？儿童的性别概念是不是其性别化行为的必要前提？关于儿童性别化发展的认知理论强调性别认知在儿童性别化发展中的作用。儿童对性别角色的认知可能影响儿童的自我感知和行为表现。然而，近期有关研究发现实际的情况可能不像认知发展理论家所强调的那样。首先，对性别的认知未必早于性别化行为。性别认同出现于儿童2岁时，在这之前，儿童的性别行为已经出现。这说明性别概念与性别角色的发展是两个平行的发展过程。其次，认知与行为及性别角色的其他表现间的关系并不密切。从理论上讲，处于性别角色刻板状态的个体比性别角色较为灵活的个体更加不能容忍不适合性别的行为，因此对性别的认知与其性别行为呈中等程度的相关。但已有研究却发现，把阅读活动归于女性活动，把数学学习归于男性活动的儿童却有非常显著的性别化成就动机。修斯顿（Huston，1983）的研究也发现，男孩与女孩具有不同的性别角色发展途径，在性别认知发展方面不存在显著差异，但无论在哪一年龄阶段，女孩的性别角色观念都比男孩灵活，都认为有更多的适合两性的行为。随年龄增长，男孩更多地表现出男性化行为，而女孩在五六岁到青少年期这一阶段，对女性活动的兴趣反而降低，对男性活动的兴趣增强。第三，儿童性别认知的变化与其性别认同、表现及行为的发展关系不密切。约翰逊和艾塔玛的研究（Johnson & Ettema, 1982）发现，改变儿童的性别角色观念并不能很好地引起其性别化态度和行为趋向的改变。

法哥特（Fagot，1985）的研究发现，那些能够正确标识自己性别的儿童，其 80% 的时间在同性别群体中玩耍，而那些还没有形成正确的性别认同的 2 岁儿童只有 50% 的时间在同性别同伴中度过。同时有关研究（Fagot & Leinbach，1989,）还发现，提早形成正确的性别认同的儿童在玩具选择方面的性别分化多于未形成性别认同的同伴，同时前者的性别成见知识也比后者丰富。在更近期的一项研究中（Martin & Litlle，1990），研究者对 3~5 岁儿童施以的性别概念的 3 个内容（即性别认同、性别稳定性和性别恒常性）测验，同时对儿童进行衣服、玩具、同伴偏好等方面的性别角色成见的测验，以考察儿童性别概念发展水平与性别角色成见之间的关系，结果发现，在性别概念的三项指标中，只有性别认同是儿童性别成见的必要前提条件。换言之，只要儿童能够达到性别认同，他就能够表现出性别角色成见，而不必达到性别稳定性和性别恒常性。谢弗（Schaffer，1996）认为，在学前期，儿童性别概念与性别角色行为之间也许实际上是一种相反方向的关系，即儿童对自己和他人行为的观察导致了其性别认知结构的发展。当然，这是一个有待进一步研究探讨的问题。

参考文献

Affleck, G., Tennen, H., & Rowe, J. Effects of formal support on mothers, adaptation to the hospital-to-home transition of high-risk infants: The benefits and costs of helping. Child Development, 1989, 60: 488~501

Ahmad, Y., & Smith, P. K. Bullying in Schools and the Issue of Sex Differences, In: Archer J, (Ed.), Male Violence. London: Routledge, 1993: 70~83

Ainsworth, M. D. S., & Wittig, S. A. Object relations, dependency and attachment: A theoretical review of the infant—mother relationship. Child Development, 1969, 40: 969~1025

Ainsworth, M. D. S., Bell, S. M., & Strayton, D. J. Individual differences in strange situation behavior of one-year-olds. In: H. R. Schaffer (Ed.), The Origins of Human Social Relations. London: Academic Press, 1971

Ainsworth, M. D. S., Blehar, M., Waters, E., and Wall, E. Patterns of Attachment. Hillsdale, NJ: Erlbaum, 1978

Anderson, K. E., Lytton, H. and Romney, D. M. Mothers' interactions with normal and conduct-disordered boys: Who affects whom? Developmental Psychology, 1986, 22: 604~609

Archer, J. Ethology and Human Development, Brighton, UK: Harvester Wheutsheaf, 1992

Astington, J. , Harris, P. and Olson, D. Developing Theories of Mind. New York: Wiley, 1988

Bandura, A. Social Learning Theory, 2nd. Englewood Cliffs, NJ: Prentice Hall, 1977

Bandura, A. Psychological mechanisms of aggression. In: R. G. Geen, Aggression — Theoretical and Empirical Reviews. Academic Press, 1983, 1: 1～36

Baumrind, D. Rearing competent children, In: W. Damon (Eds.), Child Development Today and Tomorrow, San Francisco: Jossey—Bass, 1991: 349～378

Belsky, J. and Rovine, M. Temperament and attachment security in the strange situation: a rapprochement. Child Development, 1987, 58: 787～795

Belsky, J. , Rovine, M. and Taylor, D. G. The Pennsylvania infant and family development project, III: The origins of individual differences in infant-mother attachment: Maternal and infant contributions. Child Development, 1984, 55: 718～728

Belsky, J. and Marriage, Parenting and child development, In: J. Belsky, R. M. Lerner and G. M. Spanier (Eds.), The Child in the Family Reading, MA: Addison, Wesley, 1984

Bem, S. L. Gender schema theory: A cognitive account of sex typing. Psychological Review, 1981, 88: 354～364

Benbow, C. P. and Stanley, J. C. Sex Differences in Mathematical reasoning ability: Morefads, Science, 1983, 222: 1029～1031

Berndt, T. J. and Hoyle, S. G. Stability and change in childhood and adolescent friendships. Developmental

Psychology, 1985, 21: 1007~1015

Best, D. L. , Williams, J. E. , Cloud, J. M. , Davis, S. W. , Robertson L. S. , Edwards, J. R. , Giles, H. , and Fowles, J. Development of sex-trait stereotypes among young children in the United States, England, and Ireland. Child Development, 1977, 48: 1375~1384

Bjorkqvist, K. and Lagespetz, K. M. J. and Kaukiainen, A. Do girls manipulate and boys fight? Development trends in regards to direct and indirect aggression. Aggressive Behavior, 1992, 18: 117~127

Block, J. and Robins, R. B. A longitudinal study of consistency and change in self-esteem from early adolescence to early adulthood, Child Development, 1993, 64: 909~923

Block, J. H. Issues, problems, and pitfalls in assessing sex differences: A critical review of the psychology of sex differences. Merrill-Palmer Quarterly, 1976, 22: 285~308

Blurton, J. N. Friendship, Altruism and Morality. London: Routledge and Kegan Paul.

Borke, H. Interpersonal perception in young children: Egocentrism or empathy. Developmental Psychology, 1972, 5: 263~269

Boulton, M. J. Underwood K. Bully/victim problems among middle school children. British Journal of Educational Psychology, 1992, 62: 73~87

Bowers, L. , Smith, P. K. and Binney, V. Perceived family relationship of bullies, victims and bully/victim in middle children. Journal of Social and Personal Relationships, 1994, 11:

215～232

Bowlby, J. Attachment and Loss. Vol. 1: Attachment. London, UK: Hogarth Press, 1969

Bowlby, J. Attachment and Loss, Vol. 2: Separation. London, UK: Hogarth Press, 1973

Bowlby, J. Attachment and Loss. Vol. 3: Loss, Sadness and Depression. London, UK: Hogarth Press. 1980

Bretherton, I. Intentional communication and the development of an understanding of mind. In: D. Frye and D. Moore (Eds.), Theories of Mind, Lawrence Erlbaum Associates Publishers, 1991: 49～76

Brien, M. O., Huston, A. C., Development of sex-typed play behavior in toddlers. Developmental Psychology. 1985, 24 (5): 866～871

Brochin, H. A. and Wasik, B. H. Social problem solving among popular and unpopular children. Journal of Abnormal Psychology, 1992, 20: 377～391

Bronfenbrenner, U. The Ecology of Human Development, Cambridge, Harvard University Press, 1979

Brookhart, J. and Hock, E. The effects of experimental context and experimental background on infants' behavior toward their mothers and a stranger. Child Development, 1976, 47: 333～340

Brownell, C. A. and Hartup, W. W. Indeterminate and sequential goal structures in relation to task performance in children's small groups, Child Development, 1981, 52: 651～659

Bryant, B. K. The neiborhood walk: sources of support in

middle childhood. Monographs of the Society for Research in Child Development, 1985, 50 (3): 210

Bukowski, W. M. and Hoza, B. Popularity and friendship: issues in theory, measurement and outcome. In T. J. Berndt and G. W. Ladd (Eds.), Peer Relationships in Child Development: Chichester, Wiley, 1989

Burchinal, M. R., Follmer, A. and Bryant, D. M. The relations of maternal social support and family structure with maternal responsiveness and child outcomes among African American families,Developmental Psychology,1996,32(6):1073~1083

Burnent, P. C. Gender and grade differences in elementary school childrens descriptive and evaluative self-statements and self-esteem. School Psychology International, 1996, 17: 159~170

Butler, J. and Haigh, G. Changes in the relation between self-concepts consequent upon client centered counseling. Inc. C. R. Rogers and R. Dymond (Eds.), Psychotherapy and Personality Change, Chicago: University of Chicano Press, 1954: 55~75

Cairns, R. B. A contemporary perspective on social development. In P. S. Strain (Eds.), Children's Social behavior. Academic Press, 1986: 2~46

Campos, J. J., Barrect, K. C., Lambe, M. E., Goldsmith, H. H. and Sternberg, C. Socioemotional development In M. M. Haith and J. J. Campos (Eds.), Handbook of Child Psychology. 2: Infancy and Development Psychology. New York: Wiley, 1983

Carlson, V., Cicchetti, D., Barnett, D. and Braunwald, K. Disorganized/disoriented attachment relationships in maltreated infants. Developmental Psychology, 25: 525~531.

Cassidy, J. The ability to negotiate the environment: An aspect of infant competence as related to quality of attachment. Child Development, 1989, 57: 331~337

Chandler M. J. and Greenspan, S. E. Ersatz-egocentrism: A reply to H. Broke. Developmental Psychology, 1972, 7: 104~106

Chandler, M. J. Social cognition: A selective review of current research, 1979

Chandler, M. Egocentrism and antisocial behavior: The assessment and training of social-perspective skills. Developmental Psychology, 1973, 9: 326~332

Cicchetti, D. The organization and coherence of socioemotional, cognitive, and representational development: Illustrations through a developmental psychopathology perspective on Down Syndrome and child altreatment. In: A. Thompson (Eds.), Socioemotional Development: Nebraska Symposium on Motivation, Lincoln: University of Nebraska Press, 1990

Clarke—Stewart, A. Interactions between mothers and their young children: Characteristics and consequences. Monographs of the Society for Research in Child Development, 1973, 38: 6~7

Coie, J. D. and Dodge, K. A. Multiple sources of data on social behavior and social status in the school: A cross-age comparison. Child Development, 1988, 59: 815~829

Coie, J. D. , Dodge, K. A. and Coppotelli, H. Dimentions and types of social status: A cross-age perspective. Developmental Psychology, 1982, 18: 557

Colby, A. , Kohlberg, L. , Gibbs, J. , and Liebermann, M. A longutudinal study of moral development. Monographs of the Society for Research in Child Development, 1983, 48 (1—2): 200

Coopersmith, S. The antecedents of self-esteem. San Francisco: Freeman, 1967

Crnic, K. A. , Greenberg, M. T. , Ragozin, A. S. , et al. Effects of stress and social support on mothers and premature and full-term infants. Child Development. 1983, 54: 209~217

Crnic, K. A. , Greenberg, M. T. Minor parenting stresses with young children. Child Development, 1990, 61: 1628~1637

Crusec, J. E. and Lytton, H. (Eds.), Social development: History, theory and research. Spring-Verlag, 1988

Daman, W. Exploring children's social cognition on two fronts. In D. Frye and D. Moore (Eds.), Theories of Mind, Lawrence Erlbum Associates Publishers, 1991: 49~76

Damon, W. The Social World of the Child. San Francisco: Jossy-Bass, 1977

Damon, W. Patterns of change in children's social reasoning: A two-year longitudinal study. Child Development, 1980, 53: 1010~1017

Damon, W. and Phelps, E. Strategic uses of peer learning in children's education. In T. J. Berndt and GW. Ladd (Eds.), Peer Relations in Children Development: New York, Wiley, 1989

Darling, N. and Steinberg, L. Parenting style as context:

An integrative model. Developmental Psychology, 1993, 113: 487~496

Darwin, C. The Expression of Emotions in Man and Animals. London: John Murray, 1872

DeCasper, A. J., Lecanuet, J. P., Bunuel, M. C., Granier, D. C. and Maugeais, R. Foetal reactions to recurrent maternal speech. Infant Behavior and development, 1994, 17: 159~164

Devries, R. Development of role-taking as reflected by behavior of bright, average and retarded children in a social guessing game. Child Development, 1970, 41: 759~770

Dodgek. A. and Coie, J. D. Social-information-processing factors in reactive and proactive aggression in children's peer groups. Journal of Personality and Social Psychology, 1986, 53: 1146~1158

Dodge, K. A., Pettit G. S., MaClaskey C. L. and Brown, M. M. Social competence in children. Monographs of the Society for Research in Child Development, 1986, 51 (2): 1~85

Dodge, K. A. and Frame, C. L. Social cognitive biases and deficits in aggressive boys. Child Development, 1983, 53: 620~635

Dodge, K. A. Social cognition and children's aggressive behavior. Child Development, 1980, 51: 161~170

Doies, W. The development of individual competences through social interactions. In: H. C. Foot, M. J. Morgan and R. H. Shute (Eds.), Children Helping Children: Chichester, UK: Wiley, 1990

Dollard, J. Frustration and Aggression, New Haven: Yale

University Press, 1939

Dowdney, L., Skuse, D., Rutter, M., Quinton, D. and Marzek, D. The nature and quality of parenting provided by women raised in institutions. Journal of Child Psychology and Psychiatry, 1985, 26: 599~626

Dunn, J. and Kendrik, C. The speech of 2 and 3-year-olds to infant siblings: Baby talk and the context of communication. Journal of Child Psychology and Psychiatry, 1982, 27: 583~597

Dunn, J. Studying relationships and social understanding. In: P. Barnes (Ed.), Personal, Social, and Emotional Development of Children. Oxford: Basil Blackwell, In Association with the Open University, 1995

Dunn, J. and Brown, J. Relationships, talk about feelings, and the development of affact regulation in early childhood. In: J. Garber and K. A. Dodge (Eds.), The Development of Emotion Regulation and Dysregulation. Cambridge University Press, 1991

Durkin, K. Developmental Social Psychology: From Infancy to Old Age. Blackwell Publishers (reprinted), 1997

Dweck, C. S., Goetz, T. E. and Strauss, N. L. Sex differences in learned helplessness. IV: An experimental and naturalistic study of failure generalization and its mediators. Journal of Personality and Social Psychology, 1980, 38: 441~452

Eckeraman, C. O. and Stein, M. R. How imitation begets imitation and Toddlers' generation of games. Developmental Psychology, 1990, 26: 370~378

Edwards, C. P. and Whiting, B. Sex differences in children's social interaction. Unpublished Report to the Ford Foundation,

1977

Eisenberg, N. and Miller, P. A. The relation of empathy to prosocial and related behavior. Psychological Bulletin, 1987, 101: 91~119

Eisenberg, N. and Mussen, P. H. The Roots of Prosocial Behavor in Children. Cambridge: Cambridge University Press, 1989

Eisenberg, N., Tryon, K. and Cameron, E. The relation of preschoolers: Peer interaction to their sex-typed toy choices. Child Development, 1984, 55: 1044~1050

Eisenberg, N. The Caring Child. Cambridge, Mass: Harvard Univerisity Press, 1992

Eisenberg-Berg, N. and Neal, C. Children's moral reasoning about their own spontaneous prosocial behavior. Developmental Psychology, 1979, 3: 446~457

Elicker, J., Englund, M. and Sroufe, L. A. Predicting peer competence and peer relationships in childhood from early parent-child relationships. In: R. D. Parke, and G. W. Ladd (Eds.), Family-Peer Relationships: Modes of linkage: Hillsdale, NJ, Erlbaum, 1992

Elkind, D. Children and Adolescents: Interpretive essays on Jean Piaget. Oxford University Press, Inc. , 1981

Ellis, S., Rogoff, B. and Cromer, C. C. Age segregation in children's social interaction. Developmental Psychology, 1981, 7: 399~407

Emmerich, W., Goldman, K. S., Kirsh, B. and Sharabany, R. Development of gender constancy in economically disadvantaged children. Report of the Educational Testing Service, Princeton, New Jersey, 1976

Erickson, E. H. Childhood and Society. New York: Norton, 1950

Erickson, E. H. Identity: Youth and crisis. New York: Norton, 1968

Erwin, P. G. Friendship and peer relations in children: Chichester, Wiley, 1993

Eslea, M. and Smith, P. K. The Long-Term Effectiveness of Anti-Bullying Work in Primary Schools. Educational Research, 1997

Ewin, P. G. Social problem solving, social behavior, and chilren's peer popularity. Journal of Psychology, 1994, 128: 299~306

Fagot, B. I. Changes in thinking about early sex role development. Developmental Review, 1985, 5: 83~98

Fagot, B. I. and Lernbach, M. D. The young child's gender schema: Environmental input, internal organization, Child Development, 1989, 69: 663~672

Fagot, B. I. The influence of sex of child on parental reactions to toddler children. Child Development, 1978, 49: 459~465

Fairweather, H. Sex differences in cognition. Cognition, 1976, 4: 231~280

Feiring, C., Fox, N. A., Jaskir, J., et al. The relation between social support, infant risk status and mother-infant interaction, Developmental Psychology. 1987, 23 (3): 400~405

Ferguson, T. T. and Rule, B. G. Children's Evaluation of Retalitary aggression. Child Development, 1988, 59: 961~968

Feshbach, N. D. Parental empathy and child adjustment / maladujstment. In: N. Eisenberg and J. Strayer (Eds.), Empathy and Its Development. Cambridge, UK: Cambridge University Press, 1987

Festinge, L. A theory of social comparison processes. Human Relations, 1954, 7: 117~140

Fishbein, H. D. and Kaminski, N. K. Children's reciprocal altruism in a competitive game. British Journal of Developmental Psychology, 1985, 3: 393~398

Flavell, J. H. The Development of Role-Taking and Communication Skills in Young Children. New York: Wiley, 1968

Flavell, J. H. Cognitive Development, Pretnce Hall, 1985.

Flavell, J. H. , Green, F. L. and Flavell, E. R. Development of knowledge about the appearance-reality distinction. Monographs of the Society for Research in Child Development, 1986, 51: 212

Fonagu, P. and Steele, M. Maternal representations of attachment during pregnancy predict the organization of age. Child Development. 1991, 62: 891~905

Foot, H. C. , Chapman, A. J. and Smith, J. R. Friendship and social responsiveness in boys and girls. Journal of Personality and Social Psychology, 1977, 35: 401~411

Foot, H. C. , Morgan, M. J. and Shute, R. : H. (Eds.), Children Helping Children: Chichester, Wiley, 1990

Ford, M. R. and Lowery, C. R. Gender differences in moral reasoning: A comparison of the use of justice and care orientations. Journal of Personality and Social Psychology, 1986, 50: 777~783

Fox, N. A., Kimmerly, N. L. and Schafer, W. D. Attachment to mother/attachment to Father: A meta-analysis. Child Development, 1991, 62: 210~225

Freud, A. and Dann, S. An experiment in group upbringing. Psychoanalytic Study of the Child, 1951, 6: 127~168

Freud, S. An Outline of Psychoanalysis. The Standard Edition of the Complete Psychological Works of Sigmund Freud, Vol. 23. London: Hogarth Press, 1964

Frye, D. and Moore D. (Eds.), Theories of Mind, Lawrence Erlbaum Associates Publishers, 1991, 82~96

Furman, W. and Bierman, K. L. Developmental changes in young children's conceptions of friendship. Child Development, 1983, 54: 549~556

Furman, W. and Bierman, K. L. Children's conceptions of friendship: A multimethod study of developmental changes. Developmental Psychology, 1984, 20 (5): 925~931

Furman, W. and Buhrmester, D. Children's perceptions of the personal relationships in their social net-works. Developmental Psychology, 1985, 21: 1016~1024

Galambos, N. L., Almeida, D. M. and Petersen, A. C. Masculinity, femininity, and sex role attitudes in early adolescence: Exploring gender intensification, Child Development, 1990, 61: 1905~1914

Geen, R. G. and Donnenstein, E. D. Aggression. Academic Press, 1983

Geen, R. G. Human Aggression. Milton Keynes: Open University Press, 1992

Gelman, R. and Baillargeon, R. A review of Piagetian concepts. In: P. H. Mussen (Ed.), Handbook of Child Psychology. Vol. 3. New York: Willy, 1983

Gergen, K. J. The social construction of self-knowledge. In: T. Mischel (Ed.) The Self: Psychological and Biological Issues, Totowa, NJ: Rowman and Littlefield, 1977

Gerwirtz, J. L. A learning of the effects of normal stimulation, privation and deprivation on the acquisition of social motivation and attachment. In: B. M. Foss (Ed.), Determinants of Infant Behaviour, Vol. 3. London: Methuen, 1961

Gilligan, C. In a different voice: Women's conception of the self and of morality. Harvard Educational Review, 1977, 47: 481~517

Gilligan, C. In a different voice: Psychological theory and women's development. Cambridge, Mass: Harvard University Press, 1982

Glasgow, K. L., Dornbusch, S. M. and Troyer, L. Parenting styles, adolescents attributions, and educational outcomes in nine heterogeneous high schools, Child Development, 1997, 68 (3): 507~529

Gnepp, J. Children's use of personal information to understand other people's feelings. In: C. Saarni and P. L. Harris (Eds.), Children's Understanding of Emotion. Cambridge:

Cambridge University Press, 1989

Gnepp, J. and Chilamkurti, C. Children's use of personality attributions to predict other people's emotional and behavioral reactions. Child Development, 1988, 59: 743~754

Goldberg, W. A. Marital quality, parental personality, and spousal agreement about perceptions and expectations for children. Merrill-Palmer Quarterly, 1990, 36: 531~556

Green, M. Aggressive behavior in English nurseries and playgroups. Child Development, 1974, 45: 211~214

Greespan, S., Barenboim, C., and Chandler, M. J. Empathy and psudeo-empathy: The effective judgement of first and third graders. Journal of Genetic Psychology, 1976, 129: 77~88

Grusec, J. E. The socialization of Altruism, In: Eisenberg (Ed.), The Development of Prosocial Behavior, New York: Academic Press, 1982

Gurucharri, C. and Selman, L. The development of interpersonal understanding during childhood, preadolescence, and adolescence: A longitudinal fellow-up study. Child Development, 1982, 53: 924~927

Harkness, S. and Super, C. M. Parental ethnotheories in action. In: I. E. Sigel, A. V. McGillicuddy-De Lis, J. J. Goodnow (Eds.), Parental Belief Systems: The Psychological Consequences for Children. 2nd Edition, Hillsdale, NJ: Erlbaum, 1992

Harlow, H. F. and Zimmerman, R. R. Affectional responses in the infant monkey. Science, 1959, 130: 421~432

Harris, J. R. Where is the child's environment? A group

socialization theory of development. 1995, 102 (3): 419~457

Harter, S. The perceived competence scale for children. Child Development 1982, 53: 87~97

Hartup, W. W. Aggression in childhood: Developmental perspectives. American Psychologyist, 1974, 29: 336~341

Hartup, W. W. Social relationships and their developmental significance. American Psychologist, 1989, 44: 120~126

Hashima, P. Y. and Amato, P. R. Poverty, social support, and parental behavior, Child Development. 1994, 65: 394~403

Hay, D. E. and Vespo, J. E. Social learning perspectives on the development of the mother- child relationship. In: B. Birns and D. F. Hay (Eds.), The Different Faces of Motherland. New York: Plenum Press, 1988

Hay, D. F. and Ross, H. S. The social nature of early conflict. Child Development, 1982, 53: 105~113

Hetherington, E. M, Effects of parental absence on sex-typed behaviors in Hegro and white preadolescent males, Journal of Personality and Social Psychology, 1966, 4: 87~91

Higgins, E. T. Role taking and social judgement: Alternative developmental perspectives and process. In: J. Flavell and L. Ross (Eds.), Social Cognitve Development, 1983, 255~290

Higgins, E. T. and Parsons, J. E. Stage s as subcultures: Social cognitive development and the social life of the child. In: E. T. Higgins, W. W. Hartup and D. N. Rubble (Eds.), Social Cogntion and Social Development: A social cultural perspective. New York: Cambridge University Press, 1983

Hinde, R. A. and Tamplin, A. Relationship between motherchild interaction and behaviour in preschool. British Journal of Developmental Psychology, 1983, 1: 231~257

Hoffman, M. L. Interaction of affect and cognition in empathy. In:C. Izard,J. Kagan and R. Zajonc (Eds.),Emotions, Cognition and Behavior. New York: Cambridger University Press, 1984

Hoffman, M. L. Altruistic behavior and the parent-child relationship. Journal of Personality and Social Psychology, 1975, 31: 937~343

Hoffman, M. L. The contribution of empathy to justice and moral judgement. In: N. Eisenberg and J. Strayer (Eds.), Empathy and Its Development. Cambridge:Cambridge University Press.

Hollos, M., and Cowan, P. A. Social isolation and cognitive development: Logical operations and role-taking abilities in three Norwegian social settings. Child Development, 1973, 44: 630~641

Holmberg, M. S. The development of social interchange patterns from 12 to 42 months: Cross-sectional and short-term longitudinal analysis. Doctoral Dissertation, University of North Carolina at Chapel Hill, 1977

Hoover,J. H,Oliver,R. and Hazler,R. J. Bullying:Perception of adolescent victims in the midwestern USA. School Psychology International, 1992, 13: 5—16

Huesman, L. R., Eron, L. D., Lefkowitz, M. M. and Walder, L. O. Stability of aggression over time and generations, Developmental Psychology, 1984, 20: 1120~1134

Huesman, L. R. , Eron, L. D. , Lefkowitz, M. M. and Wallder, L. D. Television violence and aggression: The causal effect remains. American Psychologist, 1973, 28: 617~620

Huston, A. C. Sex-typing. In: Mussen P H. (Eds.), Handbook of Child Psychology. New York: John Wiley and Sons. , 1983, (4): 388~467

Hyde, J. S. and Linn, M. C. Gender differences in verbal ability: a meta-analysis. Psychological Bulletin, 1988, 104: 53~69

Jacobs, J. E. and Eccles, J. E. The impact of mothers, stereotypic beliefs on mothers, and children's ability perceptions. Journal of Personality and Social Psychology, 1992, 63: 932~944

Jacobson, S. W. and Frye, K. F. Effect of maternal social support on attachment: Experimental evidence, Child Development. 1991, 62: 572~582

James, W. Principles of Psychology. New York: Holt, 1890

Jennings, K. D. , Stagg, V. and Connors, R. E. Social networks and mothers, interactions with their preschool children, Child Development, 1991, 62: 966~978

Johnston, J. and Ettema, J. S. Positive Images: Breaking stereotypes with children's television. Beverly Hills and London: Sage, 1982

Kagan, J. , Kearsley, R. B. and Zelazo, D. R. Infancy: Its place in human development. Cambridge, Mass: Harvard University Press, 1998

Kagan, J. Unstable Ideas: Temperament, cognition and self. Cambridge, Mass: Harvard University Press, 1989

Kail, R. The Development of Memory in Children, Third edition. New York: Freeman, 1990

Kanfman, I. C. and Rosenblum, L. A. Depression in infant monkeys separated from their mothers. Science, 1967, 155: 1030~1031

Kawqash, K. and Clewes, Self-esteem in children as a function of perceived parental behavior. Journal of Psychology 1985, 119 (3): 235~242

Kenrick, D. T. Evolutionary social psychology: From sexual selection to social cognition. Advances in Experimental Social Psychology, 1994, 26: 75~121

Kinderman, T. A. Natural peer groups as contexts for individual development: The case of children's motivation in school. Developmental Psychology, 1993, 29: 970~977

Klaus, M. H. and Kennell, J. H. Bonding: The beginnings of parent-infant attachment. New York: Plume, 1983

Kohlberg, L. A cognitive developmental analysis of children's sex role concepts and attitudes. In: E. E. Maccoby (Ed.), The Development of Sex Differences. Stanford, CA: Standford University Press, 1966

Kolvin, I. ,Garside, R. , Nicol, R. ,Leitch, I. and Macmillan, A. Screening school children for high risk of emotional and educational disorder. British Journal of Psychology, 1977, 131: 192~206

Konner, M. Biological aspects of mother-infant bond. In: R. Emde and R. H. Harmon (Eds.), The Development of Attachment and Affiliative Systems, New York: Plenum Press,

1982

Kopp, C. B. The antecedents of self-regulation: A developmental perspective. Unpublished Manuscript, University of California, Los Angeles, 1981

Kosslyn, S. M. and Kagan, J. Concrete thinking and the development of social cognition. In: D. Frye and D. Moore (Eds.), Theories of Mind, Lawrence Erlbaum Associates Publishers, 1991: 82~96

Krebs, D. L. and Sturrup, B. Role-taking ability and altruistic behavior in elementary school children. Personality and Social Psychology Bulletin, 1974, 1: 407~409

Kruger, A. C. Peer collaboration: Conflict, cooperation or both? Social Development, 1993, 2: 165~182

Kuhn, D, Nash, S. C. and Brucken, L. Sex role concepts of two and three year olds. Child Development, 1978, 49: 445~451

Kupersmidt, J. B. and Coie, J. D. Preadolescent peer status, aggression and school adjustment as predictors of externalizing problems in adolescence. Child Development, 1990, 61: 1350~1362

Ladd, G. W. Themes and theories: Perspectives on processes in family-peer relations. In: R. D. Parke and G. W. Ladd (Eds.), Family-Peer Relationships: Modes of Linkage, Hillsdale, NJ: Erlbaum, 1992

Ladd, G. W. and Golter, B. S. Parent' management of preshoolers' peer relations: Is it related to children's social competence? Developmental psychology, 1988, 24: 109~117

Lagerspetz, K. M. J. Group Aggression among School Children in three Schools. Scandinavian Journal of Psychology, 1982, 23: 45~52

Lamb, M. E., Thompson, R. A., Garnder, W. and Charnov, E. L. Infant-mother Attachment: The origins and signifance of Individual Differences in Strange Situation Behavior. Hillsdale, NJ: Erlbaum, 1985

Lamb, M. E. and Nash, A. Infant-mother attachment, sociability and peer competence. In: T. J. Berndt and G. W. Add (Eds.), Peer Relationships in Child Development, New York: Wiley, 1989

Langlois, J. H. and Downs, A. C. Mothers, fathers, and peers as socialization agents of sex-typed play behaviors in young children. Child Development, 1980, 51: 1237~1247

Lempers, J. D., Flavell, E. R. and Flavell, J. H. The development in very young children of tacit knowledge concerning visual perception. Genetic Psychology Monographs, 1977, 95: 3~53

Levitt, M. J., Guacci-Franco, N. and Levitt, J. L. Convoys of social support in childhood and early adolescence: Structure and function. Developmental Psychology, 1993, 29: 811~812

Levitt, M. J., Weber, R. A. and Clark, M. C. Social network relationships as sources of maternal support and well-being, Developmental Psychology, 1986, 22 (3): 310~316

Lewis, M. and Brooks—Gunn, J. Social cognition and the acquisition of self. New York: Plenum Press, 1979

Lewis, M. and Ferring, C. Infant, mother, and mother-infant interaction behavior and subsequent attachment. Child Development, 1989, 60: 831—837

Liben, L. S., and Golbeck, S. L. Sex differences in performance on Piagetian spatial tasks: Differences in competence or performance. Child Development, 1980, 51: 594~597

Loevinger, J. and Wessler, R. Measuring ego development. Vol. 1. San Francisco: Jossey—Bass, 1970

Long, G. T. and Lerner, M. J. Deserving, the " personal contract", and altruistic behavior by children. Journal of Personality and Social Psychology, 1974, 29: 551~556

Lorenz, K. Z. Die Angeborenen former moglicher Ehfahrung Zeitschrift fur Tierpsychologie, 5: 239~409.

Lummis, M. and Stevenson, H. W. Gender differences in beliefs and achievement: A cross-cultural study. Developmental Psychology, 1990, 26: 254~263

Lytton, H. Parent-child interaction: The socialization process observed in twin and single son families, New York: Plenum Press, 1980

Lytton, H. and Romney, D. M. Parents differential socialization of boys and girls: A meta-analysis, Psychological Bulletin. 1991, 109: 267~296

Maccoby, E. E. and Jacklin, C. N. The Psychology of Sex Differences, Stanford, CA: Stanford University Press, 1974

Maccoby, E. E. and Matin, J. A. Socialization in the context of family: Parent—child interaction, In: P. H. Mussen (Ed.), Handbook of Child Psychology. Vol. 4, 1983

Maccoby, E. E. and Jacklin, C. N. Sex differences in aggression: A rejoinder and reprise. Child Development, 1980, 51: 964~980

Maccoby, E. E. Social Development: Psychological Growth and Parent-Child Relationship. Harcourt Brace Jovanovich Publishers, 1980

Macfarlane, A. Olfaction in the development of social prefrence in the human neoate. In: R. Porter and M. O'Connor (Eds.), Parent-Infant Interaction, Amsterdam: Elsevier, 1975

Main, M. and Solomn, J. Discovery of a disorganized disoriented attachment pattern. In: T. B. Brazelton and M. W. Yogman (Eds.), Affective Development in Infancy. Norwood, NJ: Ablex, 1986

Main, M. Exploration, play, and cognitive functioning related to infant mother attachment. Infant Behavior and Development, 1983, 6: 167~174

Malson, G. F., Ladd, G. W. and Hsu, H. C. Maternal support networks, maternal cognitions, and young children, social and cognitive development, Child Development. 1993, 64: 1401~1417

Marcus, R. F. The attachments of children in foster care. Genetic, Social and General Psychology Monographs, 1991, 117: 365~394

Marsh, H. W., Byrne, B. and Shavelson, R. J. A multifaceted academic self-concept: Its hierarchical structure and its relation to academic achievement. Journal of Educational Psychology, 1988, 80: 3, 366~380

Marsh, H. W., Smith, I. D., Barnes, J. and Butler, S. Self-concept: Reliability, stability, dimensionality, validity, and the measurement of change. Journal of Educational Psychology, 1983, 75: 5, 772~790

Martin, C. A. and Johnson, J. E. Children's self-perceptions and mothers' beliefs about development and competencies. In: I. E. Sigel, A. V. McGillicuddy—De Lisi and J. J. Goodnow (Eds.), Parental Belief Systems: The Psychological Consequences for Children. 2nd ed. Hillsdale, NJ: Erlbaum, 1992

Martin, C. L. and Little, J. L. K. The relations of general understanding to children's sex-typed preferences and gender sterotypes. Child Development, 1990, 61: 1427~1439

Masangkay, Z. S., McClaskey, K. A., McIntyre, C. W., Sims-Knight, J., Vaughn, B. E. and Flavell, J. H. The early development of inferences about the visual percepts of others. Child Development, 1974, 45: 237~246

Masters, J. and Wellman, H. Human infant attachment: A procedural critique. Psychological Bulletin, 1974, 81: 218~237

Masters, J. C. Effects of social comparison upon children's self reinforcement and altruism toward competitors and friends. Developmental Psychology, 1971, 5: 64~72

Matas, L., Arend, R. A. and Sroufe, L. A. Continuity of attachment in the second year: The relationship beween quality of attachment and later competence. Child Development, 1978, 49: 547~556

Mboya, M. M. Perceived teachers behaviours and dimensions of adolescent self-concepts. Education Psychology, 1995, 1: 4,

491～499

McCall, R. B. Challenges to a science of developmental psychology. Child Development, 1977, 48: 333～344

Mcloyd, V. C., Jayaratne, T. E. and Ceballo, R., et al. Unemployment and work interruption among African American single mothers: Effects on parenting and adolescent socioemotional functioning, Child Development, 1994, 65: 562～589

Michael, J., Boulton, and Smith, P. K. Bully/Victim problems in middle-school children: Stability, self-perceived competence, peer perception and peer acceptance. British Journal of Development Psychology, 1994, 12: 315～329

Miller, P. A., Kessel, F. S. and Flavell, J. H. Thinking about thinking people thinking about...: A study of social cognitive development. Child Development, 1970, 41: 613～623

Miller, N. and Gentry, K. W. Sociometric indices of children's peer interaction in the school setting. In: H. C. Foot, A. J. Chapman and J. R. Smith (Eds.), Friendship and Social Relations in Children, Chichester, Wiley, 1980

Mussen, P. H. Handbook of Child Psychology. Vol. 4. John Willey and Sons, 1983

Mussen, P. H. and Eisenberg—Berg, N. Roots of Caring, Sharing and Helping. San Francismo: W. H. Freeman, 1977

Myron-Wilson, R. and Smith, P. K. Attachment relationships and influences on bullying, Postgraduate Article, 1997

Nelson, J. and About, F. E. The resolution of social conflicts among friends. Child Development, 1985, 56: 1009～1017

O'Brien, S. F. and Bierman, K. L. Conception and perceived influcence of peer groups: Interviews with preadolescents and adolescents. Child Development, 1988, 59: 1360~1365

Olweus, D. Familial and temperamental determinants of aggressive behaviors in adolescent boys: A causal analysis, Developmental Psychology, 1980, 16: 644~666

Olweus, D. Bullying at School. Blackwell Publishers, UK (reprinted 1994), 1993

Parke, R. D. and Slaby, R. G. The development of aggression, In: E. M. Hetherington (Ed.), Handkook of Child Psychology, Vol. 4: Socialization, personality, and social development, New York: Wiley, 1983

Parke, R. D. and Ladd, G. W. (Eds.), Family-Peer Relationships: Modes of Linkage: Hillsdale, NJ: Erlbaum, 1992

Pellegrini, D. S. Social cognition and competence in middle childhood. Child Development, 1985, 56: 253~264

Pepler, D. J. and Rubin, K. H. The Development and Treatment of Childhood Aggression. Lawrence Erlbaum Associates, 1991

Perner, J. Understanding the Representational Mind. Cambridge, MA: MIT Press, 1991

Perner, J. and Wimmer, H. John thinks that Mary thinks that...: Attribution of second order beliefs by 5—10 year old children. Journal of Experimental Child Psychology, 1985, 39: 437~471

Piaget, J. The psychology of intelligence. San Diego: Harcourt Brace Jovanovich, 1950

Piaget, J. Piaget's theory. In P. H. Mussen (Eds.), Handbook of Child Psychology, Vol. 1. John Wilry and Sons, 1983

Piaget, T. and Inhelder, B. The Psychology of the Child. London: Routledge and Kagan Paul, 1969

Plomin, R. and Fock, T. T. Sex differences and individual differences, Child Development, 1981, 52: 383~385

Pope, A. W. Mchale, A. M. and Craighead, W. E. Self-esteem Enhancement with Children and Adolescents, Pergamon Press, Inc, 1988, 2~21

Porter, R. H. and Laney, M. D. Attachment theory and the concept of inclusive fitness. Merrill-Palmer Quarterly, 1980, 26: 35~51

Promnitz, J. Peer interactions in young children. In P. C. L. Heaven (Ed.), Life Span Development: Sydney and London, Harcourt Brace Jovanovich, 1992

Putallaz, M. and Heflin, A. H. Parent-child interaction. In S. R. Asher and J. D. Coie (Eds.), Peer Rejection in Childhood, Cambridge, UK: Cambridge University Press, 1990

Radke—Yarrow, M., Zahn-Waxler, C. and Chapman, M. Children's prosocial dispositions and behavior. In: P. H. Mussen (Ed.), Handbook of Child Sychology, Vol. 4: Socialization, Personality, and Social Development. New York: Wiley, 1983

Reisman, J. M. and Shorr, S. I. Friendship claims and expectations among children and adults. Child Development, 1978, 49: 913~916

Rest, J. R. Morality. In: J. H. Flavell and E. M. Markman

(Eds.), Handbook of Child Psychology, Vol. 3: Cognitive Development, New York: Wiley, 1983

Rheingold, H. L. Little children's participation in the work of adults: A nascent prosocial behavior. Child Development, 1982, 53: 114~125

Richard, B. A. and Dodge, K. A. Social maladjustment and problem-solving in school-aged children. Journal of Consulting and Clinical Psychology, 1982. 50: 226~233

Rigby, K. and Slee, P. T. Bullying among Austrlian school children: Reported behavior and attitudes towards victims. Journal of Social Psychology, 1991. 131: 615~627

Rivers, I. and Smith, P. K. Types of bullying behavior and their correlates. Aggressive Behavior, 1994, 20: 359~368

Robison-Awara, Kehle, T. and Jenson, W. R. Adolescent self-esteem and sex role perceptions as a academic achievement. Journal of Educational Psychology. 1986, 78 (3): 179~183

Rosenthal, R. and Jacobson, L. Pygmalion in the classroom. New York: Holt Rinehart and Winston, 1968

Ross, G., Kagan, J., Zelazo, P. and Kotelchuk, M. Separation protest in infants in home and laboratory, Developmental Psychology, 1975, 11: 256~257

Rubin, K. H. Social problem solving and aggression, In: D. J. Pepler and K. H. Rubin (Eds.), The Development and Treatment of Childhood Aggression. Lawrence Erlbaum Associates, 1991

Rubin, K. H. Egocentrism in childhood: A unitary construct? Child Development, 1973, 44 (1): 102~110

Rubin, K. H. Role taking in childhood: Some methological considerations. Child Development, 1978, 49: 428～433

Rubin, K. H. and Krasnor, L. R. Interpersonal problem competence in children. In: V. B. Van. Hasselt and M. Hersen (Eds.), Handbook of Social Development: A Life Perspective: New York and London: Plenum Press, 1992, 133～178

Rubin, K. H. From family to peer group: Relation between relationships systems. Social Development, 1994, 3: 3

Ruble, D. N., Boggiano, A. K., Feldman, N. S. and Loebl, J. H. A developmental analysis of the role of social comparison in self-evaluation. Developmental Psychology, 1980, 16: 105～115

Ruk—Ki Chen, T. and So—Kum Tang, C. Stress appraisal and social support of Chinese mothers of adult children with mental retardation. American Journal on Mental Retardation. 1997, 101 (5): 73～482

Rule, B. G. The hostile and instrumental functions of human aggression. In: W. W. Hartup and J. D. Wit (Eds.), Determinants and Origins of Aggression Behavior. The Hague: Mouton, 1974

Rushton, J. P. Generosity in children: Immediate and long term effects of modeling, preaching and moral judgment. Journal of Personality and Social Psychology, 1975, 31: 459～466

Rutter, M. and Quinton, D. Long-term follow-up of woman institutionalized in childhood: Factors promoting good functioning in adult life. British Journal of Development Psychology, 1984, 2: 191～204

Sagi, A. and Lewkowicz, K. S. A Cross-cultural evaluation

of attachment research. In: L. W. C. Tavecchio and M. H. Van Ijzendoorn (Eds.), Attachment in Social Networks: Contributions to the Bowlby-Ainsworth attachment theory. Amsterdam: North-Holland, 1987

Sagi, A. , Lamb, M. E. , Lewkowicz, K. S. , Shcham, R. , Doir, R. and Estes, D. Security of Infant—mother, —Father, and — Metaplet Attachments among Kibbutz — reared Israeli Children. In: I. Bretherton and E. Waters(Eds.),Growing Points of Attachment Theory and Research. Monographs of the Society for Research in Child Development, 1985, 50 (1—2): 209

Schaffer, H. R. Social and personality development. Brook/Cole Pulishing Company, 1993, 106~143

Schaffer, H. R. and Emerson, P. E. The development of social attachments in infancy. Monographs of the Society for Research in Child Development, 29 (3, Whole No. 94), 1964

Schaffer, H. R. Sense of self: Sense of Other. In A. Mudditt (Eds.), Social Development. Oxford: Blackwell Publishers, 1996

Schaffer, H. R. Social Development, Blackwell publishers Ltd, (Reprinted), 1997

Sears, R. R. Relation of early socialization experiences to aggression in middle childhood. Journal of Abnormal and Social Psychology, 1961, 63: 466~492

Sears, R. R. , Maccoby, E. E. and Levin, H. Patterns of Child Rearing. Evanston, Ill: Row Peterson, 1957

Sears, R. R. , Rau, L. R. and Alpert, R. Identification and Child Rearing. Stanford, Calif: Stanford University Press, 1965

Selman, R. L. and Bryne, D. A structural developmental analysis of levels of role-taking in middle childhood. Child Development, 1974, 45, 803~806

Selman, R. L. and Shultz, Making A Friend in Youth. The University of Chicago Press, 1990

Selman, R. L. Social-cognitive Understanding: A guide to educational and clinical pratice. In: T. Lickona (Ed.), Moral Development and Behavior: Theory, Research and Social Issues. New York: Holt, Rinehart & Winson, 1976

Selman, R. L. The Growth of Interpersonal Understanding: Development and Clinical Analysis, New York: Academic Press, 1980

Serbin, L. A., Powlishta, K. K., and Gueko, J. The development of sex typing in middle childhood. Monographs of the Society for Research in Child Development, 58 (2, serial No. 232), 1993

Shantz, C. U. Social cognition. In: P. H. Mussen (Ed.), Handbook of Child Psychology, Vol. 3, John Willey and Sons, 1983

Shantz, C. U. The development of social cognition. In: E. M. Hetherington (Ed.), Review of Child Development Research, Vol, 5. Chicago University Press, 1975

Shantz, C. U. and Hobert, C. J. Social Confict and Development: Peers and Siblings. In: T. J. Berndt and G. W. Ladd (Eds.), Peer Relationships in Child Development, New York: Wiley, 1989

Shantz, D. W. and Voydanoff, D. A. Situational effects

on retaliatory aggression at three age levels. Child Development, 1973, 44: 149~153

Sharp, S. and Smith, P. K. Tackling Bullying in Your School: A practical handbook for teachers. London: Routledge, 1994

Shatz, M. and Gelman, R. The development of communication skills: Modification in the speech of young children as a function of listener. Monographs of the Society for Reseach in Child Developemnt, 38 (5, serial No. 152), 1973

Shatz, M., Wellman, H. M. and Silber, S. The acquisition of mental verbs: A systematic investigation of first references to mental state. Cognition, 1983, 14: 301~321

Shavelson, R. J., Hubner, J. J. and Stanton, G. C. Self-concept: Validation of construct interpretations. Review of Educational Research. 1976, 46: 407~441

Siegal, M. Are sons and daughters treated more differently by fathers than by mothers? Developmental Review, 1987, 7: 183~209

Slaby, R. G. and Frey, K. S. Development of gender constancy and selective attention to same-sex models, Child Development, 1975, 46: 849~856

Smetaqna, J. G. Understanding of social rules. In: M. Bennett (Ed), The Child as Psychologist: An introduction to the development of social cognition. New York: Harvester Wheatsheaf, 1993

Smetana, J. G., and Braeges, J. L. The development of toddlers' moral and conventional judgments. Merrill-Palmer

Quarterly. 1990, 36: 329~346

Smetana, J. G. Preschool children's conceptions of moral and social rules. Child Development, 1981, 52: 1333~1336

Smith, P. K., Helen, C. and Mark, B. Understanding Children's Development. Blackwell Publishers, 1998

Smith, P. K. The silent nightmare: Bullying and victimisation in school peer groups. Psychologist, 1991, 4: 243~248

Smith, P., Cowie, H. and Blades, M. Understanding Children's Development, 3rd Edition, Oxford: Blackwell Publishers, 1998

Smith, P. K. and Daglish, L. Sex differences in parent and infant behavior in the home. Child Development, 1977, 48: 1250~1254

Smith, P. K.. What can we do to prevent bullying in school. Summer, 1994, 12~15

Smith, P. K.. Ethological Methods. In: B. M. Foss (Ed.), New Perspectives in Child Development. Harmondsworth: Penguin, 1974

Smith, P. K. A longitudinal study of social participation in preschool children: Solitary and parellel play re-examinied. Developmental Psychology, 1978, 14: 517~523

Smith, P. K. Bullying for you: Coping with the abuse of power—an inaugural lecture. London: Goldsmith College, 1997

Smith, P. K. and Boulton, M. J. Rough-and tumble play, aggression and dominance: Perception and behavior in children's encounters. Human Development, 1990, 33: 271—282

Sonia, S. and Smith, P. K. Tackling Bullying in Your School,

London: Routledge (reprinted 1995), 1994

Spangler, G. Mother, child and situational correlates of toddlers social competence. Infant Behavior and Development, 1990, 13: 405~419

Spivack, G. and Shure, M. B. Social Adjustment of Young Children. San Francisco: Jossey-Bass, 1974

Sroufe, L. A. , Fox, N. E. , and Pancake, V. R. Attachment and dependency in developmental perspective. Child Development, 1983, 54: 1615~1627

Staub, E. A. The use of role playing and induction in children's learning of helping and sharing behavior. Child Development, 1971, 42: 805~816

Staub, E. and Sherk, L. Need for approval, children's sharing behaviors and reciprocity in sharing. Child Development, 1970, 41: 243~252

Steffenhagen, R. A Self—esteem Therapy, 1990, 1~25

Strayer, J. What children know and feel in response to witnessing affecttive events. In: C. Saarni and P. Harris (Eds.), Children's Undrestanding of Emotion. Cambridge University Press, 1991

Strayer, F. F. Peer attachment and affiliative subgroups. In: F. F. Strayer (Ed.), Ethological perspectives on preschool social organization. Memo de Recherche #5, Universite du Quebec. A Montreal, Department of Psychology, Avril, 1977

Suess, G. J. , Grossmann, K. E. and Sroufe, L. A. Effects of attachment to mother and father on quality of adaptation in preschool: From dyadic to individual organization of self.

International Joural of Behavioral Development, 1992, 15: 43~65

Sullivan, H. S. The Interpersonal Theory of Psychiatry: New York: Norton, 1953

Thompson, S. K. Gender labels and early sex role development. Child Development, 1975, 46: 339~347

Thompson, W. R. The inheritance and development of intelligence. Proceeding of Association for Research on Nervous and Mental Disease, 1954, 33: 209~231

Tory, M. and Sroufe, L. A. Victimisation among preschools: Role of attachment relationship history. Journal of American Academy of Child and Adolescent Psychiatry, 1987. 26: 166~172

Turiel, E. The Development of Social Knowledge: Morality and Convention. Cambridge: Cambridge University Press, 1983

Underwood, B. and Moore, B. Perspective-taking and altruism. Psychological Bulletin, 1982, 12: 111~116

Urberg, K. A. and Dochery, E. M. Development of role-taking skills in young children. Developmental Psychology, 1976, 12: 198~204

Vandell, D. L. and Mueller, E. C. Peer play and friendship during the first two years. In: H. C. Foot, A. J. Chapman, and J. R. Smith (Eds.), Friendship and Social Relations in Children, Chichester: Wiley, 1980

Vandell, D. L. and Wilson, K. S. and Buchanan, N. R. Peer interaction in the first year of life: An examination of its structure, content, and sensitivity to toys. Child Development, 1980, 51: 481~488

Van IJzendoorn, M. H., and Kroonenberg, P. Cross—cultural patterns of attachment: A meta—analysis of the strange situation. Child Development, 1988, 59: 147~156

Waas, G. A. Social attributional biases of peer-rejected and aggressive children. Child Development, 1988, 59: 969~975

Wachs, T. D. The Nature of Nurture, Newbury Park, Canada: Sage, 1993

Walker, L. J., De Vries, B. and Trevethan, S. D. Moral stages and moral orientations in real-life and hypothetical dilemmas. Child Development, 1987, 58: 842~858

Walters G. C. and Grusec, J. E. Punishment. San Francisco: W. H. Freeman, 1977

Waters, E. The reliability and stability of individual differences in infant—mother attachment. Child Development, 1978, 49: 483~494

Watkins, D. and Dong, Q. Assessing the self—esteem of Chinese school children, Educational Psychology, 1994, 14 (1): 129~137

Weinraub, M. and Wolf, B. M. Effects of stress and social supports on mother—child interactions in single—and two—parent families, Child Development. 1983, 54: 1297~1311

Weiss, R. S. The provisions of social relationships. In: Z. Rubin (Ed), Doing onto Others, Englewood Cliffs, NJ: Prentice—Hall, 1974

Wellman, H. M. The Child's Theory of Mind. Cambridge, MA: MIT Press, 1990

Wellman, H. M. and Estes, D. Early understanding of mental

entities: A reoxamination Of childhood realism. Child Development, 1986, 57: 910~923

Whitney, I. and Smith, P. K. A survey of the nature and extent of bullying in junior/ middle and secondary schools. Educational Research, 1993, 35: 3~25

Wigfield, A. and Eccles, J. S. Children's competence beliefs, achievement values, and general self-esteem: Change across elementary and middle school. Journal of Early Adolescence, May Vol. 1994, 14 (2): 107~138

Wilson, E. O. Sociobiology: The new synthesis. Cambridge, Mass: Harvard University Press, 1975

Wilson, E. O. On Human Nature. Cambridge, Mass: Harvard University Press, 1978

Wimmer, H. and Perner, J. Beliefs about beliefs: Representations and constraining function of wrong beliefs in young children's understanding of deception. Cognition, 1983, 13: 103~128

Wyer, R. S. and Srull, T. K. (Eds.), Handbook of Social Cognition, Vol. 1. Lawrence Erlbaum Associates, Inc, 1984

Wylie R. The Self-concept, volume 2, Theory and Research on Selected Topic. Lincoln, Nebr: University of Nebraska Press, 1979

Yarrow, L. J. and Groodwin, M. S. Infancy experience and cognitive and personality development at ten years. In: L. J. Stone, H. T. Smith, and L. B. Murphy (Eds.), The Competent Infant. New York: Basic Books, 1973

Yarrow, M. R., Scott, P. M. and Waxler, C. Z. Learning

concern for others. Developmental Psychology, 1973, 8: 240~260

Zahn-Waxler C. and Radke-Yarrow, M. The development of alternative strategies, In: N. Eisenberg (Ed), The Development of Prosocial Behavior, New York: Academic Press, 1982, 109~137

Zahn—Waxler, C., Radke—Yarrow, M. and King, R. A. Child rearing and children's prosocial initiations toward victims of distress. Child Development, 1979, 50: 319~330

Zahn—Waxler, C., Radke—Yarrow, M., Wagner, E. and Chapman, M. Development of concern for others. Developmental Psychology, 1992, 28: 126~136

Zarling, C. L., Hirsch, B. J. and Landry, S. Maternal social networks and mother—infant interactions in full—term and very low birthweight, preterm infants. Child Development. 1988, 59: 178~185

Zhang Wenxin and Cheng Xuechao, A Social Congnitive of Children's Aggressive Behavior, Beijing University Press, 1993, 347~352

奥布霍娃. 皮亚杰的概念. 史民德译. 商务印书馆, 1985

陈会昌、李淑湘、王莉. 训练对6岁儿童友谊特性认知发展的影响. 心理学报, 1997（2）

陈会昌、王莉. 1~10岁儿童父母的教育观念. 心理发展与教育, 1997（1）

陈会昌、辛浩力、叶子. 青少年对家庭影响和同伴群体影响的接受性. 心理科学, 1998（3）

陈旭. 情境讨论、榜样学习和角色扮演对儿童助人行为影响

的实验研究.西南师大学报（哲社版）1995（1）

程学超、王美芳.儿童亲社会道德推理的发展研究.心理科学，1992（3）

方富熹、Keats.中澳两国儿童社会观点采择能力发展的比较研究.心理学报，1990（4）

方建移.儿童性别恒常性与性别角色偏爱的发展研究（硕士论文）.1992

韩进之.中国儿童青少年自我意识发展与教育.中国儿童青少年心理发展与教育，朱智贤.中国卓越出版公司，1990

贺岭峰等.自我概念研究的概述.心理学动态，1996，4（3）

金盛华.自我概念及其发展.北京师范大学学报（社科版）1996（1）

劳伦茨.攻击与人性.王守珍、吴月娇译.作家出版社，1987

李百珍.移情能力培养与幼儿亲社会行为研究.社会心理研究，1993（2）

李福芹、叶文君、陈丽.移情训练对幼儿分享行为的影响的实验研究.心理科学，1994（3）

李淑湘、陈会昌、陈英和.6～15岁儿童对友谊特性的认知发展.心理学报，1997（1）

李幼穗、王晓庄.角色训练对幼儿助人行为影响的实验研究.天津师大学报（社科版）1996（5）

林崇德.发展心理学.人民教育出版社，1995（1）

林崇德、张文新.认知发展与社会认知发展.心理发展与教育，1996（1）

刘金花.儿童发展心理学（修订版）.华东师范大学出版社，1996

莫雷.5～7岁儿童道德判断依据的研究.心理学报,1993(3)

墨森P. H.,康杰J. J.,凯根J.,郝斯顿A. G. A. C.,缪小春等.儿童发展与个性.上海教育出版社,1990

潘菽.潘菽心理学文选.江苏教育出版社,1987

皮亚杰、英海尔德著.儿童心理学.吴福元译.商务印书馆,1980

皮亚杰著.儿童的道德判断.傅统先、陆有铨译.山东教育出版社,1984

时蓉华.现代社会心理学.华东师范大学出版社,1988

陶沙等.6岁儿童母亲的教育方式及影响因素的研究.心理发展与教育,1994(3)

王美芳.艾森伯格的亲社会道德理论简介.心理学动态,1996(2)

王美芳、庞维国.艾森伯格的亲社会行为理论模式.心理学动态,1997(5)

魏运华.少年儿童自尊发展的结构模型及影响因素的研究.北京师范大学博士学位论文,1997

邬佩霞等.2～6岁儿童的气质特点与母亲抚养困难的关系.心理发展与教育,1995(3)

曾奇、陈欣银等.母亲教养方式与儿童的学校适应.心理发展与教育,1997(2)

张卫、徐涛、王穗萍.我国6～14岁儿童对道德规则和社会习俗的区分与认知.心理发展与教育,1998(2)

张文新.80年代以来儿童攻击行为认知研究的进展与现状.山东师大学报（社科版）,1995(2)

张文新.城乡青少年父母教养方式的比较研究.心理发展与教育,1997(3)

张文新．初中学生自尊特点的初步研究．心理科学，1997（6）

张文新．儿童侵犯行为的心理机制与教育对策．山东师范大学学报（社科版），1992（2）

张文新．儿童社会观点采择的发展及其与同伴互动经验关系的研究．北京师范大学博士学位论文，1998

张文新、林崇德．青少年的自尊与父母教育方式的关系——不同群体间的一致性与差异性．心理科学，1998（6）

张文新、程学超、苗逢春．儿童对伤害情境的认知与反应倾向关系的发展研究．心理科学，1995（3）

张文新、武建芬、程学超．儿童欺侮问题研究综述．心理学动态，1999（3）

张文新、张福建．学前儿童在园攻击性行为的观察研究．心理发展与教育，1996（4）

张文新、郑金香．儿童社会观点采择的发展及其子类型间的差异的研究．心理科学，1999．3，22（2）

潘菽、荆其诚．中国大百科全书心理学卷．中国大百科全书出版社，1991

周强、杨梓．榜样影响儿童利他行为发展的实验研究．陕西师大学报（哲社版），1995（1）

周晓虹．西方社会心理学史．中国人民大学出版社，1993

周宗奎．儿童社会化．湖北少年儿童出版社，1995

朱莉琪、方富熹．儿童性别角色发展的理论与研究．心理学动态，1998（4）

朱智贤、林崇德．儿童心理学史．北京师范大学出版社，1988

后　记

个体心理机能的发展包括三个方面：认知发展、情绪情感发展和社会性发展。认知发展（cognitive development）是指个体一般认知能力和认知机能的形成及其方式随着年龄、经验增长而发生的变化。从信息加工的观点来看，认知发展就是人的信息加工系统不断改进的过程。认知发展的研究着重考察知觉、注意、记忆、思维等具体的认知发展过程。社会性发展（social development）是指儿童在与他人关系中表现出来的行为模式、情感、态度和观念以及这些方面随着年龄而发生的变化。儿童社会性发展的过程又称为儿童社会化。

发展心理学关于儿童社会性发展的系统研究始于本世纪30年代。经过半个世纪的探索，发展心理学家不仅获得了关于儿童社会性发展的大量资料和丰富的知识，同时也对社会性发展在个体心理发展中的重要地位和意义获得了更为深刻的认识。尤其是进入80年代以后，随着认知发展心理学影响的减弱，儿童社会性发展问题更是受到了发展心理学家的空前关注，使这一领域的研究进入一个快速发展的时期，并成为发展心理学中一个与认知发展研究并驾齐驱的研究领域。近年来国内外出版的一系列发展心理学著作可以从一个侧面反映出这种趋势。例如，1983年出版的儿童心理学巨著《儿童心理学手册》（Handbook of Child Psychology，Willy & Sons）第三版专设第四卷介绍儿童个性与社会性发展领域的研究成果。近年来国外出版的发展心理学教科书中也均把儿童社会性发展与认知发展并列讨论。在我国，新近出版的林崇德教授主编的《发展心理学》(人民教育出版社，1995年第一版)一书中，社会性发展也被作为重要内容予以介绍。我国心理学刊物近年来发表的研究报告中，有关儿童社会性发展的研究所占比例迅速增加，在数量上已接近甚至超过认知发展的研究。

然而，由于种种原因，我国发展心理学界关于儿童社会性发展的研究尚处于起步阶段。不论在研究选题、研究思路与方法、成果的质量与数量以及理论建设等方面均与当前国际先进水平之间存在较大的差距。鉴于此，在近十年学习、研究儿童社会性发展的基础上，我撰写了这本《儿童社会性发展》。希望能够在促进我国该领域的研究方面起到一点作用。

关于本书的特点，序言中已有概括。在此仅就本书的内容体系问题略作说明：

儿童社会性发展是一个十分广阔的研究领域。从概念上讲，举凡与自己、他人及社会有关的心理现象(包括认知的、情感的、行为的)的发展都属于社会性发展研究的内容。但是，一本书的容量毕竟有限，要想在有限的篇幅之内把所有这些内容都进行全面的介绍是非常困难的。根据个人的理解，并参考国外近年来出版的有关学术著作，本书把儿童社会性发展的体系结构确定为三个大的方面：(一)社会性发展的理论与研究方法；(二)社会性发展的遗传生物基础以及社会化动因(家庭、父母、同伴等)；(三)儿童社会性发展的具体内容，包括儿童的依恋、社会认知、道德与亲社会行为、攻击、性别差异与性别角色以及儿童自我系统的发展。它们构成了儿童社会性发展的主要方面。

另外，在参考文献注释方式方面，本书了采用国际惯例。凡书中参考的文献均在书后一一列出，以便于读者在需要时对文献进行查阅。但是由于参考文献篇目较多，疏漏、错误之处定不在少数。尚请读者批评指正。

为本书作序的两位心理学家分别是我在攻读博士和硕士期间的导师——北京师范大学的林崇德教授和山东师范大学的程学超教授。多年来，两位老师不仅在为人与治学方面给我以教诲，而且在工作和生活上给予我很多的关心与帮助。在本书的写作过程中，两位老师又多次耳提面命、指点迷津，使我受益匪浅。书稿写成之后，两位老师又亲自审读并为之作序。我攻读博士期间的另一位导师沈德立教授多年以来一直关心我的成长，并在各个方面给予我关心和指导。在此，我谨向各位师长表示衷心的感谢。同时，我还要感谢我的心理学启蒙老师刘述均先生。但愿本书是一份合格的答卷，没有辜负多年来各位老师对我的教诲、关怀、提携和期待！

在本书的写作过程中，山东师范大学教育系在读研究生郑金香、武建芬、谷传华、王美萍，已毕业研究生丁芳、董会芹及教育系本科生马艳、纪林芹等同学在文稿打印、文献编排等方面付出了辛勤的劳动，对于他们的帮助，我深表感谢。

本书资料搜集的部分工作及部分书稿的撰写是我于1998受山东师范大学派遣赴英进行合作研究期间完成的。在此，谨向山东师范大学和资助我此次访问的英国文化委员会表示感谢。此外，英国伦敦大学歌德史密斯学院心理系的 Peter K. Smith 教授，作为儿童欺负问题研究的专家，为欺负一节的写作提供了大量珍贵的资料。在此一并表示谢忱！

在此我还要特别感谢北京师范大学出版社编辑康长运先生，他为本书的出版付出了大量的劳动。没有他的的鼎力相助，本书难以与读者见面。

水平所限，书中不妥及错误之处在所难免，恳请读者批评指正！

张文新

1999年4月

于山东师范大学